# 网络游戏中四足动物NPC设计——鹿

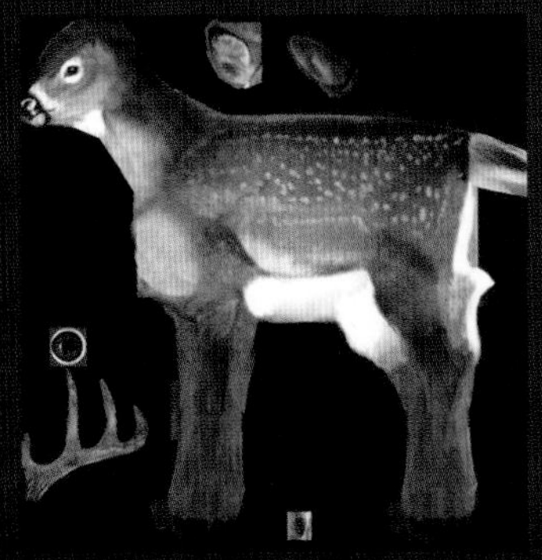
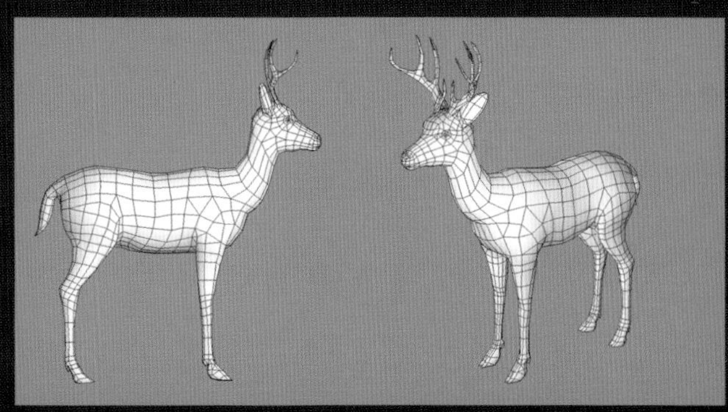

## 网络游戏中飞行动物NPC设计—— 吸血蝙蝠

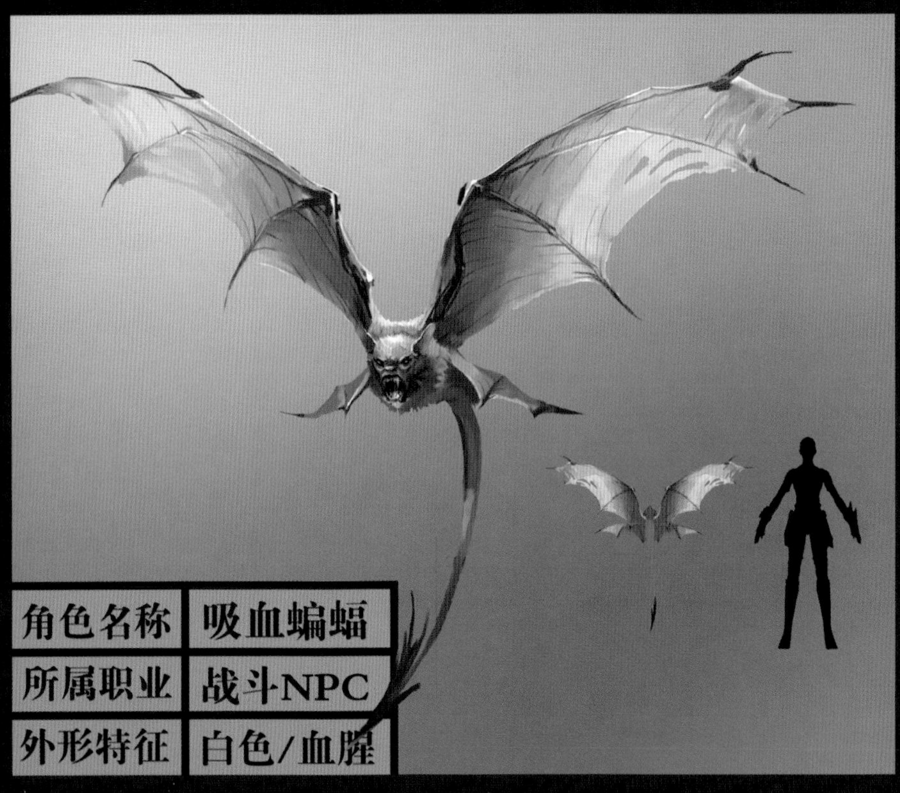


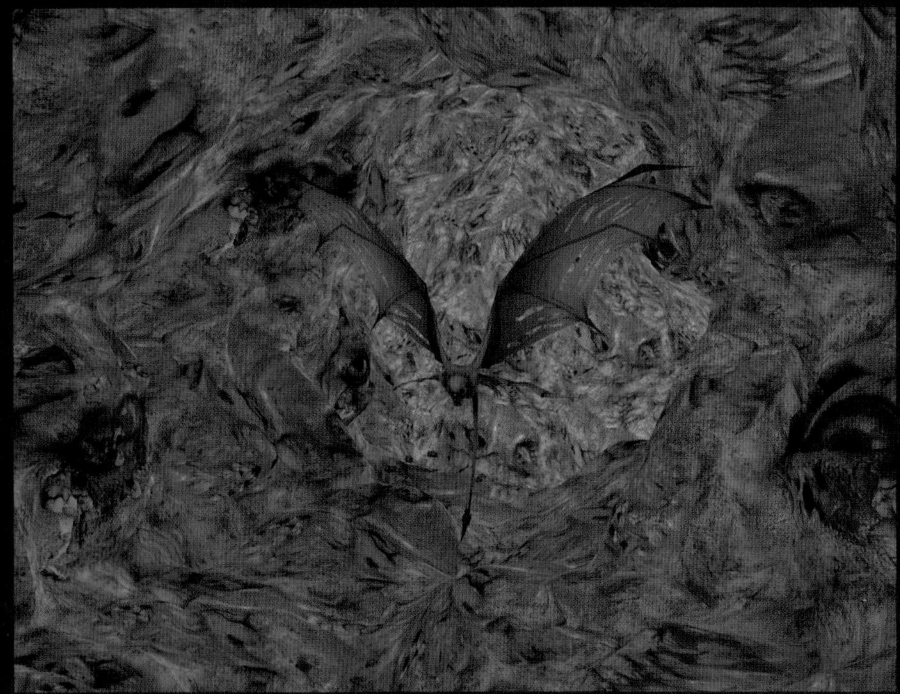

# 网络游戏中两足主角——换装女性角色

## 网络游戏中两足主角——一体化贴图男性角色

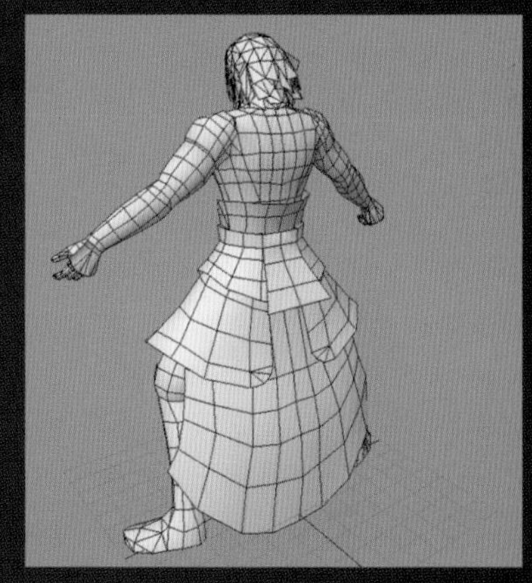

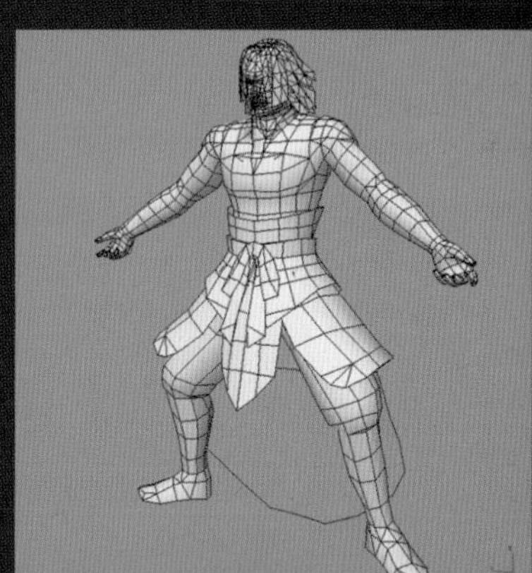

动 漫 游 戏 系 列 丛 书

# 3ds Max 游戏角色设计

3ds Max YOUXI JUESE SHEJI

张 凡 等编著

中国铁道出版社
CHINA RAILWAY PUBLISHING HOUSE

## 内容简介

本书共分5章：第1章分析了游戏角色，讲解了游戏角色设计技法；第2章详细讲解了简单四足NPC动物的制作技巧；第3章详细讲解了飞行动物的角色制作技巧；第4章详细讲解了具备换装系统的女性角色制作规范；第5章详细讲解了不具备换装系统的一体化贴图角色制作规范。

为了辅助游戏角色制作的初学读者学习，本书的配套光盘中含有所有实例的素材以及源文件，供读者练习时参考。

本书适合作为大中专院校艺术类专业和相关专业培训班的教材，也可作为游戏美术工作者的参考书。

**图书在版编目（CIP）数据**

3ds Max游戏角色设计 / 张凡等编著. — 北京 ： 中国铁道出版社，2015.12（2019.1重印）
（动漫游戏系列丛书）
ISBN 978-7-113-21105-9

Ⅰ. ①3… Ⅱ. ①张… Ⅲ. ①三维动画软件 Ⅳ. ①TP391.41

中国版本图书馆CIP数据核字（2015）第271012号

**书　　名**：3ds Max 游戏角色设计
**作　　者**：张凡　等编著

**策　　划**：秦绪好　孙晨光　　　**读者热线**：010-63550836
**责任编辑**：秦绪好　徐盼欣
**封面设计**：付　魏
**封面制作**：白　雪
**责任校对**：汤淑梅
**责任印制**：郭向伟

**出版发行**：中国铁道出版社（100054，北京市西城区右安门西街8号）
**网　　址**：http://www.tdpress.com/51eds/
**印　　刷**：中国铁道出版社印刷厂
**版　　次**：2015年12月第1版　　2019年1月第3次印刷
**开　　本**：787 mm×1 092 mm　1/16　**印张**：14.75　**插页**：2　**字数**：353千
**印　　数**：4001～6000册
**书　　号**：ISBN 978-7-113-21105-9
**定　　价**：64.00元（附赠光盘）

**版权所有　侵权必究**

凡购买铁道版图书，如有印制质量问题，请与本社教材图书营销部联系调换。电话：（010）63550836
打击盗版举报电话：（010）51873659

# 动漫游戏系列丛书编委会

**主　任：** 孙立军　　北京电影学院动画学院院长

**副主任：** 诸　迪　　中央美术学院城市设计学院院长

廖祥忠　　中国传媒大学动画学院副院长

鲁晓波　　清华大学美术学院信息艺术系主任

于少非　　中国戏曲学院新媒体艺术系主任

张　凡　　设计软件教师协会秘书长

**委　员：**（按姓名笔画排列）

于元青　马克辛　冯　贞　许文开

孙立中　李　岭　李　松　李建刚

关金国　刘　翔　张　翔　郭开鹤

郭泰然　程大鹏　韩立凡　谭　奇

PREFACE

# 丛书序

随着全球信息社会基础设施的不断完善，人们对娱乐的需求开始迅猛增长。从20世纪中后期开始，世界各主要发达国家和地区开始由生产主导型向消费娱乐主导型社会过渡，包括动画、漫画和游戏在内的数字娱乐及文化创意产业，日益成为具有广阔发展空间、推进不同文化间沟通交流的全球性产业。

进入21世纪后，我国政府开始大力扶持动漫和游戏行业的发展，“动漫”这一含糊的俗称也成了流行术语。从2004年起，国家广电总局批准的国家级动画产业基地、教学基地、数字娱乐产业园至今已达16个；全国超过300所高等院校新开设了数字媒体、数字艺术设计、平面设计、工程环艺设计、影视动画、游戏程序开发、游戏美术设计、交互多媒体、新媒体艺术与设计和信息艺术设计等专业；2006年，国家新闻出版总署批准了4个“国家级游戏动漫产业发展基地”，分别是：北京、成都、广州、上海。根据《国家动漫游戏产业振兴计划》草案，今后我国还要建设一批国家级动漫游戏产业振兴基地和产业园区，孵化一批国际一流的民族动漫游戏企业；支持建设若干教育培训基地，培养、选拔和表彰民族动漫游戏产业紧缺人才；完善文化经济政策，引导激励优秀动漫和电子游戏产品的创作；建设若干国家数字艺术开放实验室，支持动漫游戏产业核心技术和通用技术的开发；支持发展外向型动漫游戏产业，争取在国际动漫游戏市场占有一席之地。

从深层次上讲，包括动漫游戏在内的数字娱乐产业的发展是一个文化继承和不断创新的过程。中华民族深厚的文化底蕴为中国发展数字娱乐及创意产业奠定了坚实的基础，并提供了广泛而丰富的题材。尽管如此，从整体上看，中国动漫游戏及创意产业面临着诸如专业人才缺乏、融资渠道狭窄、缺乏原创开发能力等一系列问题。长期以来，美国、日本、韩国等国家的动漫游戏产品占据着中国原创市场。一个意味深长的现象是，美国、日本和韩国的一部分动漫和游戏作品取材于中国文化，加工于中国内地。

针对这种情况，目前各大专院校相继开设或即将开设动漫和游戏相关专业。然而，真正与这些专业相配套的教材却很少。北京动漫游戏行业协会应各大院校的要求，在科学的市场调查的基础上，根据动漫和游戏企业的用人需要，针对高校的教育模式及学生的学习特点，推出了这套动漫游戏系列教材。本套教材凝聚了国内外诸多知名动漫游戏人士的智慧。

整套教材的特点为：

- 三符合：符合本专业教学大纲，符合市场上技术发展潮流，符合各高校新课程设置需要。
- 三结合：相关企业制作经验、教学实践和社会岗位职业标准紧密结合。
- 三联系：理论知识、对应项目流程和就业岗位技能紧密联系。
- 三适应：适应新的教学理念，适应学生现状水平，适应用人标准要求。
- 技术新、任务明、步骤详细、实用性强，专为数字艺术紧缺人才量身定做。
- 基础知识与具体范例操作紧密结合，边讲边练，学习轻松，容易上手。
- 课程内容安排科学合理，辅助教学资源丰富，方便教学，重在原创和创新。
- 理论精练全面，任务明确具体，技能实操可行，即学即用。

动漫游戏系列丛书编委会

FOREWORD

# 前 言

游戏作为一种现代娱乐形式，正在世界范围内创造巨大的市场空间和受众群体。我国政府大力扶持游戏行业，特别是对我国本土游戏企业的扶持，积极参与游戏开发的国内企业可享受政府税收优惠和资金支持。近年来，国内的游戏公司迅速崛起，而大量的国外一流游戏公司也纷纷进驻我国。面对飞速发展的游戏市场，我国游戏开发人才储备却严重不足，与游戏相关的工作变得炙手可热。

目前，在我国游戏制作专业人才缺口很大的同时，相关的教材也不多。而本书定位明确，专门针对游戏制作过程中的角色制作定制了相关的实例。所有实例均按照专业要求制作，讲解详细、效果精良，填补了游戏角色制作专业教材的空缺。

本书内容丰富、结构清晰、实例典型、讲解详尽、富于启发性。全书游戏角色的实例全面，结构合理，便于读者学习。

全书共分5章，第1章分析了游戏角色，讲解了游戏角色设计技法；第2章详细讲解了网络游戏中四足动物NPC设计——鹿的制作技巧；第3章详细讲解了网络游戏中飞行动物NPC设计——吸血蝙蝠的制作技巧；第4章详细讲解了网络游戏中两足主角——换装女性角色的制作技巧；第5章详细讲解了网络游戏中两足主角——一体化贴图男性角色的制作技巧。本书所有实例的制作方法均是由从事多年游戏设计的优秀设计人员和骨干教师（中央美术学院、中国传媒大学、清华大学美术学院、北京师范大学、首都师范大学、北京工商大学传播与艺术学院、天津美术学院、天津师范大学艺术学院、河北艺术职业学院）从教学和实际工作中总结出来的。

为了便于大家学习，本书的配套光盘中包含了第3章实例的多媒体影像文件。

参与本书编写的人员有张凡、李岭、郭开鹤、王岸秋、吴昊、芮舒然、左恩媛、尹棣楠、马虹、章建、李欣、封昕涛、周杰、卢惠、马莎、王上、谭奇、宋兆锦、于元青、曲付、刘翔。

编 者

2015年10月

CONTENTS

# 目 录

# 第 1 章

# 角色设计分析

## 1.1 游戏角色剖析

本书结合了游戏领域的最前沿技术，将游戏角色中需要掌握的实际内容更加系统地分布到每个具体章节中，让学生真正体会到游戏制作的内部流程，并提炼出游戏项目中所接触的一些成熟技巧和制作思路。因为游戏角色是游戏美术制作环节中工作量最大、也是包括内容最多最广的部分，所以只有掌握一套灵活完整的制作方法才能应对自如。本书的教学特点是让学生通过由浅入深的学习，从后面每个精彩章节实例中不断学习制作新角色内容的同时，对前面章节中的所学知识进行反复加强，从而起到融会贯通的效果。

### 1.1.1 人体解剖基础概述

角色建模是游戏美术中最具挑战性和创造性的一项工作。要想很好地塑造人物形象，就必须掌握人体解剖学的有关知识。实践证明，在塑造人物形象时，如果缺乏解剖学知识的引导，往往会感到无从入手。即便能勉强塑造出人物的形象，也不会制作出理想的作品。因此，对艺用解剖学知识的基本学习，是非常重要和必要的。本章将从游戏角色建模的角度出发，向大家介绍游戏角色建模时常用的一些艺用解剖学基础知识。

#### 1. 人体比例

人体是一个有机联合体。人体的整体比例关系，现在通用的是以自身的头高为单位来测量人体的各个部位。每个人都有自己的长相，高矮胖瘦不尽相同，其比例相态也因人而异。按照生长发育正常的男性中青年平均数据，中国男性中青年的比例高度为7.5头高。

##### 1）基本人体比例

7.5头高的人体比例分段如下：

（1）头自高。

（2）下巴到乳头。

（3）乳头到脐孔。

（4）脐孔到耻骨联合下方。

（5）耻骨联合到大腿中段下。

（6）大腿中段下到膝关节下方。

（7）膝关节下方到小腿3/4处。

男性中青年人体比例如图1−1所示。

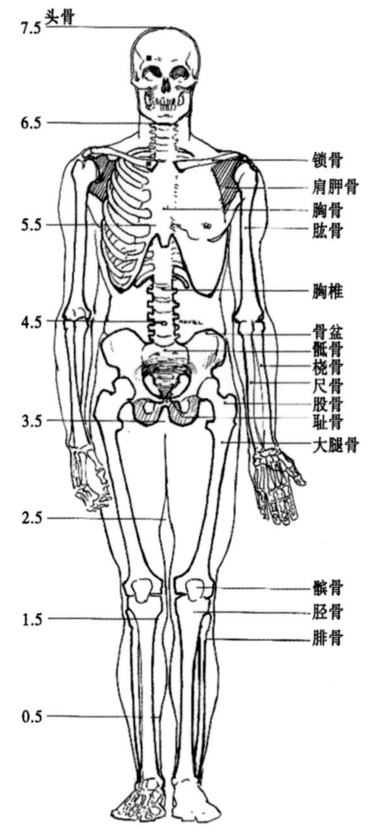


图1−1 男性中青年人体比例

假如被描述的游戏角色难以确定其高度（头被遮挡或是戴着帽子），可以采用从下往上量的方法，即7.5头高的人体，足底到髌骨为2头高；再到髂前上棘又是2头高；再到锁骨又是2头高；剩下的部分1.5头高。当然在实践中不一定是从下往上量，这实际上是一种以小腿为长度单位的测量方法。手臂的长度是3头高，前臂是1头高，上臂是 4/3头高，手是2/3头高。肩宽接近2头高。庹长（两臂左右伸直成一条直线的总长度）等于身高。第七颈椎的臀下弧线约3头高。大转子之间1.5头高，颈长1/3头高。

一般来说，个子越高，其四肢越长；个子越矮，其四肢越短。

2）男性和女性人体比例

男性与女性之间有比较明显的形体差异，在进行角色设计的时候，一定要注意强化这种差异。

成年男性身高为7.5头高，其中脖子到腰2.5头高。身材高大的男子9头高，即脖子到腰3.5头高，臀部到脚底4.5头高，头部1头高。男性肩较宽，锁骨平宽而有力，四肢粗壮，肌肉结实饱满。外形可以用倒梯形来概括。

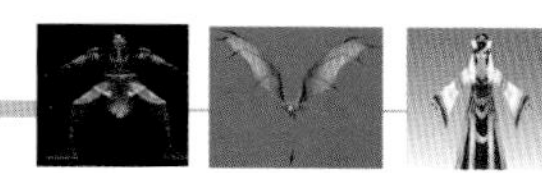

成年女性身高为7头高，其中头部1头高，脖子到腰是2.5头高，臀部到脚底为3.5头高。如果矮小女子，则身高为6头高，其中脖子到腰、臀部到脚底各减0.5头高。女性肩膀窄，坡度较大，脖子较细，四肢比例略小，腰细胯宽，胸部丰满。男女身体比例和外形的区别如图1–2和图1–3所示。

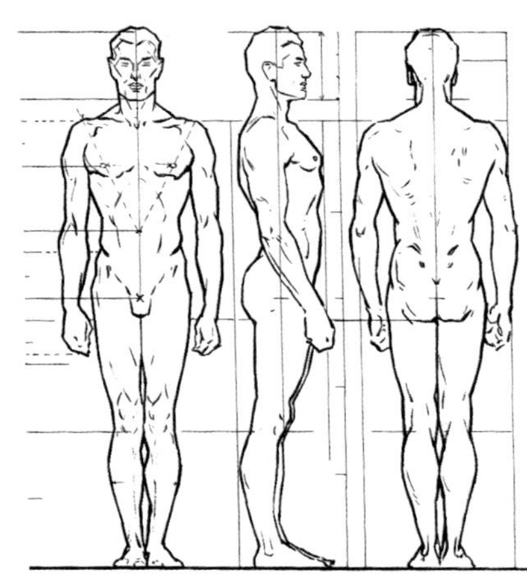

图1–2　男性身体和比例

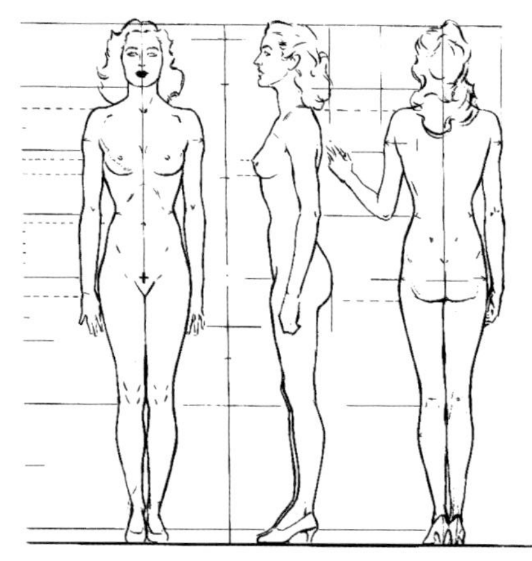

图1–3　女性身材外形比例

3）儿童和老年人体比例

儿童的头部较大，身高的一般比例为3～4头高。同时四肢比较短小，手臂长度一般只能达到胯部，腿也比较短，而头部则无论是从宽度还是高度上都占有比较高的比例。儿童由于性未成熟，因而男女形态差异较小。儿童颈部和腰部的曲线不如成人明显，肢体的曲线也不如成人明显。儿童形态，年龄越小越显得平直、浑圆。

老年人身高比青年时要矮，往往不足7.5头高。身材比例较成年人略小一些，头部和双肩略近一些。老年人会有一定驼背现象，腿部稍弯曲。步伐也会显得有些蹒跚。老年人的这些身体特征，在设计游戏角色的时候需要特别注意。

4）不同人种的人体比例

由于人类种族的不同，反映在人体上的体型就有些差别，人类3大种族在体型上略有差别。从地域划分，与亚洲人相比，欧洲人的身高比例更大。就身高来说，欧洲人比亚洲人高，而非洲人处于欧洲人和亚洲人身高之间。表1–1所示为亚洲、非洲和欧洲男性与女性成年人的身高比例，单位是1头高。

**表1–1　亚洲、非洲和欧洲男性与女性身高比例**

| 成年人身高比例 | 亚洲 | 非洲 | 欧洲 |
| --- | --- | --- | --- |
| 男性 | 7～7.5 | 7.5～8 | 8～9 |
| 女性 | 6～6.5 | 6.5～7 | 7～8 |

人体比例的种族差别主要反映在躯干和四肢的长短不同，总体来说，白种人躯干短、上肢短、下肢长，黄种人躯干长、上肢长、下肢短，黑种人躯干短、上肢长、下肢长。人体比例在种族上的差别女性比男性明显。

5）不同形体的人体比例

人体体型的个性特征，大体可分为均匀、胖、瘦。这3种类型的区别，首先取决于骨骼的差别，其次是肌肉和脂肪多少之别。匀称的人体骨骼粗细中等，腹部长度和宽度比例适中。胖的人皮下脂肪较多，主要分布在肩、腰、脐周、下腹、臀、大腿、膝盖和内踝上部等，身体一般呈橄榄形，腹大腰粗，面颊因脂肪多而呈“由”字型或“用”字型，有双下巴。较瘦的人体骨骼纤细、胸部长而窄，骨骼的骨点、骨线显于体表。瘦的人脊椎曲线一般都呈“弓”形，颈前凸明显而腰前凸不明显。勾腰杠背，骨形显露。另外还有健壮型的人体，均骨骼粗大、肌肉结实。

要注意，女子再瘦，其胸部和臀部的造型依然呈现出女子的形态；男子再胖，也不可能有丰满女子隆起的胸部和臀部。胖男子腰粗，丰满的女子由于臀部脂肪加厚而显得腰更细。胖男子曲线简单，丰满的女子曲线大，节奏感强。

6）人体黄金比例

人体黄金比例是意大利的著名画家达·芬奇提出的人体绘画规律：标准人体的比例，头部是身高的1/8，肩宽是身高的1/4，平伸两臂的宽度等于身长，两腋之间宽度与臀部宽度相等，乳房与肩胛下角在同一水平线上，大腿正面宽度等于脸的宽度，跪下的高度是身高的3/4。

而所谓黄金分割定律，是指把一定长度的线条或物体分为两部分，使其中一部分对于全体之比等于其余一部分对这部分之比。这个比值是0.618:1。就人体结构的整体而言，肚脐是身体上下部位的黄金分割点，肚脐以上的身体长度与肚脐以下的比值也是0.618:1。人体的局部也有3个黄金分割点：一是喉结，它所分割的咽喉至头顶与咽喉至肚脐的距离比也是0.618:1；二是肘关节，它到肩关节与它到中指尖之比也是0.618:1；此外，手的中指长度与手掌长度之比，手掌的宽度与手掌的长度之比，也是0.618:1。牙齿的冠长与冠宽的比值也与黄金分割的比值十分接近。当然，以上比例只是一般而言，对于不同的个体来说，其各部分的比例有所不同，正因为如此，才有千人千面，千姿百态。

2. 面部比例

人的面部是由头面部的各种器官按不同长短比例关系组合而成。

正常人的面型常有4种形态，即圆形、方形、椭圆形、长形。又有人按区分为“田、由、国、用、目、甲、风、申”等面型，目前比较公认椭圆形即鹅蛋形脸最为俊美，方形脸则显得比较刚毅，圆形脸显得憨厚，长形脸给人以精明能干的感觉。

人的面部三庭、五眼的比例关系，如图1—4所示。

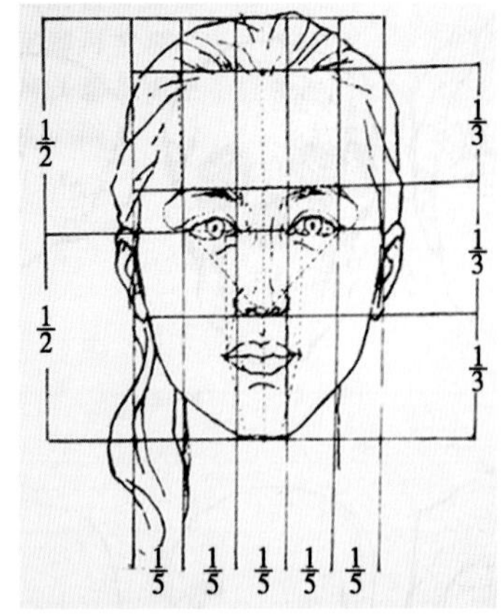

图1—4　三庭、五眼示意图

三庭，是指上自额部发际缘，下至两眉间连线的距离为一庭；眉间至鼻底为第二庭；鼻底至下颌缘为第三庭。这三庭比例相同，各占面长的1/3。五眼，是指眼裂水平的面部比例关系，两只耳朵中间的距离为5只眼睛的长度。在两侧眼裂等长的情况下，两内眼角的宽度是一只眼长的距离，鼻梁低平或内眦赘皮时，两眦间距显示较宽。单眼皮的人多存在上述情况。从两侧外眼角至发际缘又各是一只眼裂的长度。三均，

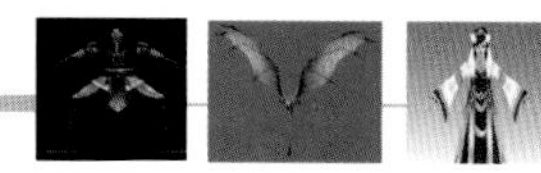

在口裂水平方向，面宽是口裂静止时的长度（正面宽）的3倍，而且比较协调。下颌角宽大或咬肌肥厚的人，从正面看，面宽就超过三均比例。

如图1−5所示，成人眼睛在头部的1/2处，儿童和老人略在1/3以下。眉外角弓到下眼眶，再到鼻翼上缘，3点之间的距离相等，两耳在眉与鼻尖之间的平行线内。这些普通化的头部比例只能作为角色建模时的参考，最重要的是在实践中灵活运用，正确区别不同的形态结构，才能体现所描述对象的个性特征。

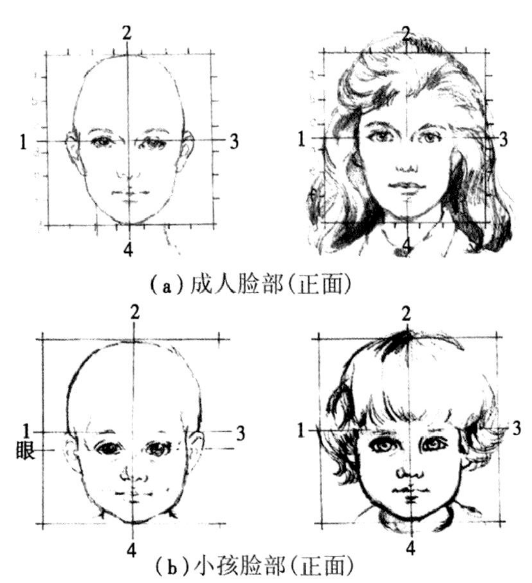

（a）成人脸部（正面）

（b）小孩脸部（正面）

图1−5　成人与儿童的面部形态区别

### 3. 五官形态

#### 1）眼

眼睛是由瞳孔、角膜、眼角组成球形嵌在眼睛窝里，上、下眼睑包裹在眼球外，上下眼睑的边缘长有睫毛，呈放射状。上眼睑睫毛较粗长向上翘，下眼睑睫毛细而短向下弯。两只眼球的运动是联合一致的，视点在同一方向上，由于头部的扭动，眼睛出现了不同的透视变化。眼睛形状不同，有圆、扁、宽、双眼皮、单眼皮等区别。年龄段不同，眼睛的形状也不同。有的人内眼角低，外眼角高；有的人内外眼角较平，应认真注意区分。

眼窝（或称眼眶）里面，被厚重的额角所支撑，颧骨在其下方进一步起到支撑的作用。眼睛位于眼窝内，被脂肪抬垫着，眼球的形状有点圆。暴露在外的部分由瞳孔、虹膜、角膜和白眼球组成。角膜是一层透明物质，覆盖在虹膜上，就像手表上面的水晶表壳，这也是眼球前面轻微突出的原因。

#### 2）眉

眉头起自眶上缘内角，向外延展，越眶而过称为眉梢，分上、下两列，下列呈放射状，内稠外稀，上列覆于下列之上，气势向下，内侧直而刚，并且常因背光而显得深暗，外侧呈弧形，因受光显得轻柔弯曲。人的眉毛形状、走形、浓淡、长短、宽窄都不尽相同，是显示年龄、性别、性格、表情的有力标志。

3）鼻子

鼻隆起于面部，呈三角状，如图1–6所示，由鼻根和鼻底两部分组成。鼻上部的隆起是鼻骨，它小而结实，其形状决定了鼻子的长、宽等。鼻骨下边连接鼻坎骨、鼻侧软骨和鼻翼软骨，鼻翼可随呼吸或表情张缩。鼻子的形状很多，因人而异，有高的、肥厚的，也有尖细的或扁平的等，都是形象特征的概括。鼻子的软骨部分能动，笑的时候鼻翼上升，呼吸困难时鼻孔张开，表示厌烦时鼻孔缩小，表示轻蔑时鼻翼和鼻尖上翘，鼻子表面的皮肤还可以皱起来。

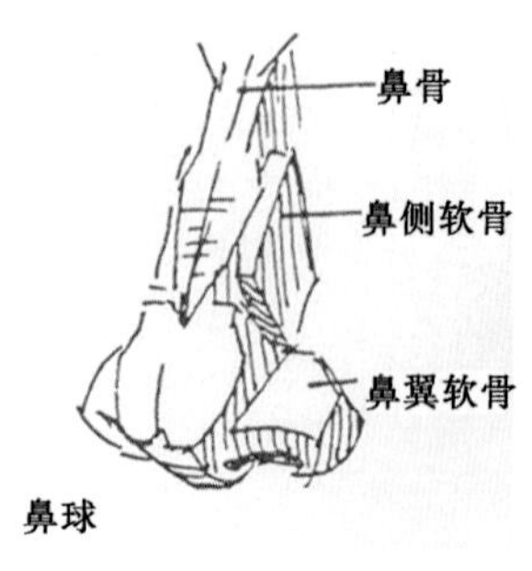


图1–6　鼻子的结构

4）嘴

如图1–7所示，嘴唇由口轮匝肌组成，上下牙齿生在半圆形的上下颅骨齿槽内，外部呈圆形，上唇中间皮肤表面有条凹，称为人中。嘴唇的表面有唇纹，各人的唇纹形状不同。椭圆形的口腔周围有肌肉纤维（口轮匝肌），在嘴角处交织叠合，使皮肤收缩附着在嘴柱上。嘴边边缘的皮肤有一条皱纹，是从两侧鼻翼延伸下来的，这条皱纹向下同下颌裂纹融合，由这块肌肉伸展出各种不同的面部表情肌肉。比较来看，嘴唇有很多形状：厚嘴唇、薄嘴唇，嘴唇向前突和嘴唇向后缩。每种形状还可以比较着看：直的、弯曲的、弓形的、花瓣形的、后撅嘴的以及扁平的。

5）耳朵

耳朵由外耳轮、对耳轮、耳屏、对耳屏、耳垂组成，是软骨组织，具有一定的弹性，形似水饺，如图1–8所示。耳朵稍斜长在头部的两侧。耳朵与面部相接处在下颌上方的那条线上。

耳朵有3个平面，用两条从耳洞向外放射的线分割出来表示，第一条线表示平面中下降的角，第二条表示平面中上升的角。

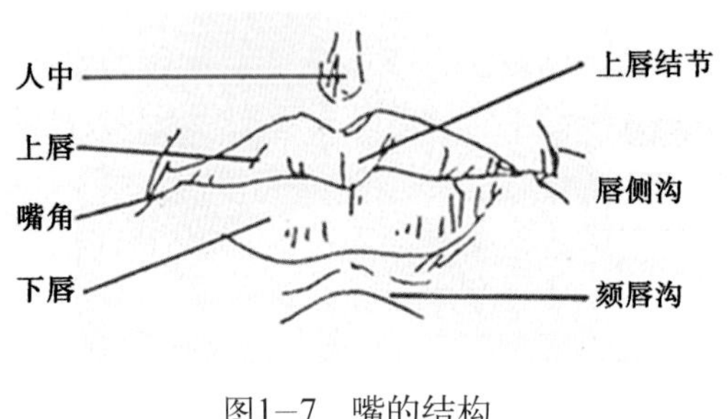


图1–7　嘴的结构

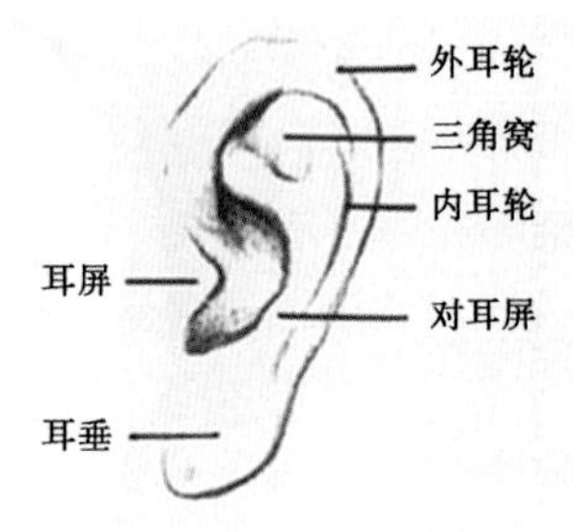


图1–8　耳朵的结构

### 1.1.2　游戏角色的区分（Q版、欧美、日韩）

随着制作水准的不断提高，计算机性能的不断升级，游戏的可操作性与画面质量已经成为一款游戏成功与否的衡量标准。而主机游戏（次世代游戏）与PC游戏之间的竞争加剧，也使得游戏公司不断开发出画面风格迥异的游戏作品，希望以此来吸引不同风格的玩家们。

作为一名从事游戏美术工作的模型设计师，需要对不同风格的游戏角色有必要的了解。本节将选取一些典型的游戏角色作品，为大家简要介绍。

### 1．不同美术风格的游戏角色

#### 1）卡通风格的游戏角色

卡通风格的游戏角色在人体结构的变形上取舍很大。这样夸张的特点致使画面的视觉元素比较单纯，玩家所接受的信息量相对较少，符合低龄玩家与女性玩家心理的适应和承受能力。

卡通风格的游戏中，人物的比例通常会缩小到6头高以下，甚至只有2头高。图1−9和图1−10所示为卡通角色的身体比例特点。

图1−9 《武林外传》角色

图1−10 《龙士传说》角色

卡通风格的游戏角色，在五官上的夸张变形是最为明显的。尤其是眼睛，作为心灵的窗户，眼睛在所有卡通人物形象中几乎都被夸张得非常大，甚至占到整个面部的一半面积。大眼睛可以使卡通角色们看起来更加可爱和有趣。而相对的，在五官中，鼻子则被夸张变小，小而翘的鼻子同样可以使角色的年龄看上去比较小，这样的角色更有亲和力，也更符合低龄玩家和女性玩家的审美。图1−11和图1−12所示为卡通风格的游戏角色。

图1−11 《热血江湖》角色

图1−12 《龙士传说》角色

2）写实风格的游戏角色

写实风格的人物设计，虽然也有夸张和变形，但还是在遵循正常人体比例的基础上有节制、有目的地进行适当的调整，所绘制出来的形象符合一般大众心理认同的标准，即要有形象的真实感和现实感。图1–13～图1–15所示为写实风格的游戏角色。

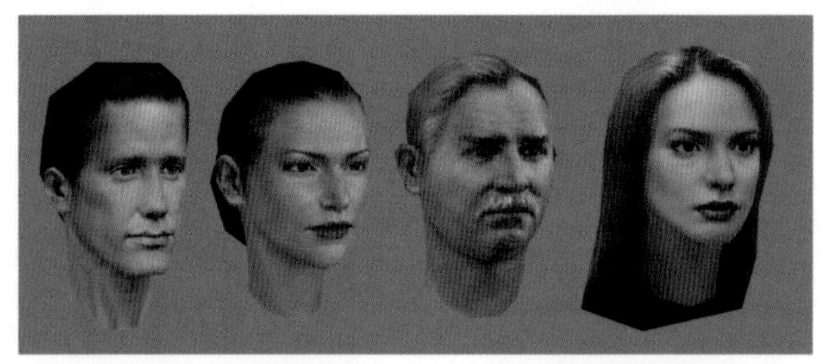

图1–13 美国游戏《反击之战》中的测试角色

图1–14 《使命召唤》角色

图1–15 《恶夜杀机2》男、女主角

3）唯美风格的游戏角色

唯美风格的设计思路与写实风格基本相似。之所以分开介绍，是因为该风格的人物设计以日韩游戏居多。该类游戏中的角色画质精美，服饰精致，动作华丽，很受青少年玩家的喜爱。图1–16～图1–18所示为唯美风格的游戏角色。

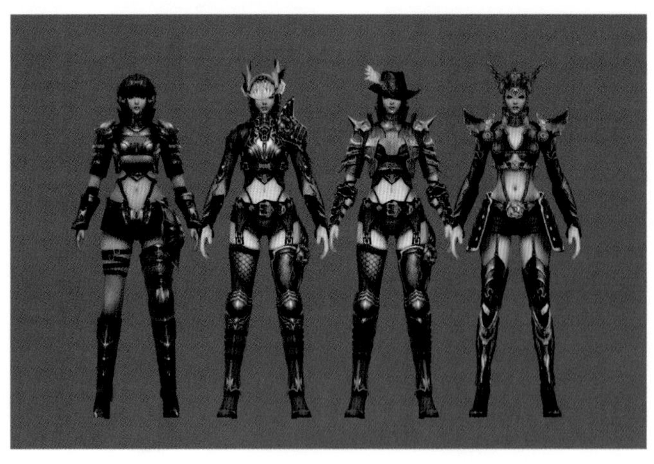

图1–16 《奇迹世界》圣射手角色

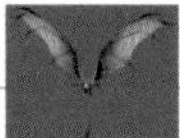

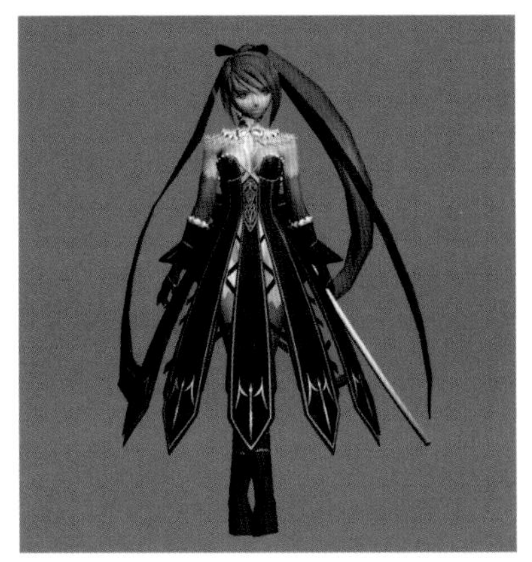

图1-17　日本唯美风格游戏角色效果1

图1-18　日本唯美风格游戏角色效果2



2. 不同角色的地位（主角、BOSS、NPC）

在一款游戏中，角色的重要作用是不言而喻的，没有角色的游戏就好像没有演员的电影一样。这些包括主角、BOSS、NPC（见图1-19～图1-22）等在内的游戏角色将游戏的故事情节、娱乐文化、画面品质有效地贯穿一线，深深地吸引着玩家，是决定一款游戏长盛不衰的重要因素之一。

图 1-19　《真三国无双》主角貂蝉

图 1-20　《真三国无双》主角曹操

图1-21 《真三国无双》NPC女护卫

图1–22 《真三国无双》NPC和BOSS

3．不同游戏平台

目前常常被称为次世代主机的代表机型是PS3、XBOX360和REVOLUTION。众所周知，从画面品质与程序运算能力来讲，次世代主机游戏（见图1–23）比PC游戏（见图1–24和图1–25）具有明显的优势，而随着硬件更新以及国外高级程序引擎的不断优化，PC游戏也在不断提高着画面品质与视觉冲击感。

图1–23 XBOX360游戏《战争机器》的4位主角

图1–24 国产网游大作《诛仙》主角色1

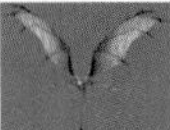

图1–25　国产网游大作《诛仙》主角色2

## 1.2　游戏角色设计技法

游戏角色设计技法包括角色原画概念设定、原画和角色建模的关系两部分。

### 1.2.1　角色原画概念设定

原画设定属于美术领域，但并非传统的美术。随着网络游戏进入中国，原画作为游戏制作中所必需的一项工作逐渐在中国普及开来。优秀的游戏角色原画不仅可以为三维美术师提供参考和素材，同时也为游戏的市场推广提供了有利的宣传素材。玩家会在游戏相关网站上首先看到各种宣传文案和角色原画。好的原画形象会立刻抓住玩家的心，使之期待游戏的发售。本节将为大家介绍一些经典游戏中出色的角色原画作品。

#### 1. 《魂之利刃》角色原画赏析

如图1–26所示，一个身着白色短裙，手拿刀盾，头戴绿色植物的女孩，给人一种非常清纯、甜美的感觉。角色整体形象可以使人们联想到她拿起刀和盾是为了某个世界的和平而战。头上佩戴绿色、充满生命力的植物（罗马式佩戴）更是表明她对和平的渴望，对生存、自由的渴望。

如图1–27所示，角色的盔甲设计明显为欧洲重甲类型，柔软飘逸的长发和盔甲形成鲜明的对比，巨大的武器可以更进一步表现出角色的善战，该角色属于正面人物。

图1–26　《魂之利刃》角色原画1

图1–27　《魂之利刃》角色原画2

### 2．*SUN*角色原画赏析

*SUN*作为韩国WEBZEN公司自制研发的欧美风格大作，首次导入了网络游戏中没有采用的normal mapping技术，其画面质量达到了前所未有的高度。游戏中的角色设定充满个性，人类和怪物的形象都被刻画得栩栩如生，怪物设定充满想象力，在游戏中为玩家带来无与伦比的视觉冲击，如图1–28～图1–30所示。

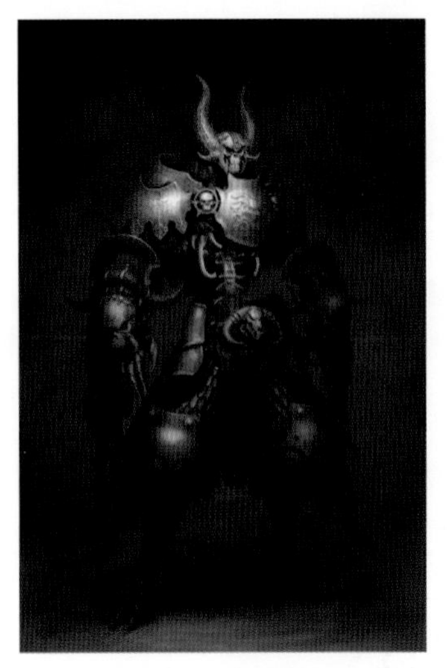
图1–28　*SUN*怪物设定1

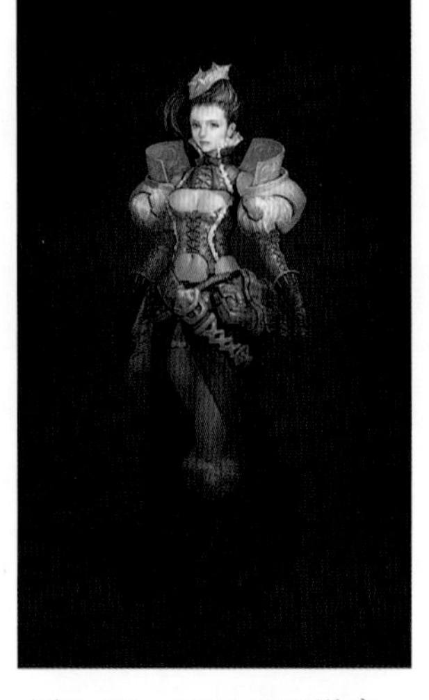
图1–29　*SUN* NPC设定

图1–30　*SUN*怪物设定2

怪诞的敌方角色形象，同样被设计得表情丰富。并且在原画艺术家们的努力下，这些敌方角色也避免了千人一面的情况，使每一个小角色都有自己的形象和个性，如图1–31所示。

图1–31　*SUN*怪物原画设定

### 3. 《炽炎帝国》角色原画赏析

《炽炎帝国》是韩国Plantagram公司基于XBOX360平台开发的一款即时战略游戏。游戏中的角色形象设计极具个性，游戏中每个角色的样貌、服饰以及身体各部位的铠甲部件、材质等，都表达得很清晰，如图1－32和图1－33所示。

图1－32 《炽炎帝国》主角色原画

图1－33 《炽炎帝国》敌方角色原画

### 4. 《剑侠情缘Online》原画赏析

图1－34所示为《剑侠情缘Online》中峨嵋派仙子的原画线稿。从她的姿态可以看出这个年轻女子的很多特征：娇媚，活泼，巾帼不让须眉的气质。服饰的设计非常具有中国传统服装的特点。

图1－35所示为金国武官的原画，在服饰的设计上要比普通的枪兵华贵，厚重，其体态和所用兵器也显得更加霸气。

图1－34 《剑侠情缘Online》人物设定1

图1－35 《剑侠情缘Online》人物设定2

### 1.2.2　原画和角色建模的关系

游戏角色是最具生命特征的游戏元素，因此也是最具表现力的。游戏任务角色设计就是要通过外在的形象来表现人物内在的精神气质和性格特征。游戏角色设计的质量影响到整个游戏的生动性，进而影响到玩家的置入感。在游戏开发中，角色原画绘制完成并敲定后，就会交给三维美术设计师来按照原画制作模型和贴图。

角色原画的主要作用是为三维美术提供建模参照和贴图参考，如图1–36和图1–37所示。

图1–36　《卓越之剑》原画

图1–37　《卓越之剑》角色模型

有些原画还可以直接为三维美术提供贴图素材，如图1–38和图1–39所示。

图 1–38　《龙士传说》原画

图 1–39　《龙士传说》角色模型

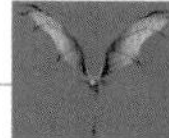

## 1.3 游戏角色制作流程

优秀的角色设计，不但可以为玩家带来轻松快乐的游戏体验，同时这些角色形象也可以成为游戏开发公司的标志性角色。比如育碧公司的雷曼，任天堂公司的马里奥，HUDSON公司的炸弹人，等等。这些都是世界上最为成功的游戏角色。如何创作出这样优秀的游戏角色呢？本节主要通过使用3ds Max 2012和Photoshop设计制作出的角色实例，让大家基本了解制作游戏角色的流程，为后面的学习做好铺垫。

### 1.3.1 原画分析

我们先来看一张游戏原画（见图1–40），并分析这张原画：这是一张卡通风格的原画，画面表达的是一个10岁左右的女孩，身高在1.3 m左右。那么，可以根据前面介绍的制作原则，确定女孩的身材比例在6头高以下。同时，制作女孩的眼睛要夸张得大一些，使她看起来更加可爱和有趣。而鼻子则夸张变小，小而翘的鼻子同样可以使角色的年龄看上去比较小，这样的角色更有亲和力。

图1–40 原画

### 1.3.2 模型和贴图

以下部分为角色建模和贴图绘制的大体过程：

（1）首先创建一个长方体来制作头部。方法：运行3ds Max 2012，在顶视图中创建一个长方体对象，并将其转换为可编辑多边形。接着进入（修改）面板，利用“FFD4×4×4”修改器修改多边形，使其接近人头的形状，如图1–41所示。再将其转换为可编辑多边形。最后在（修改）面板中，进入可编辑多边形的相应子对象层级，利用切割、快速切片、塌陷等编辑命令对多边形物体进行布线编辑，深入刻画头部造型，如图1–42所示。

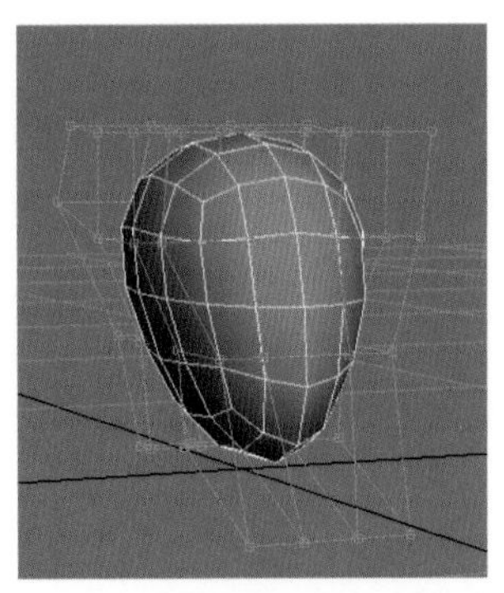

图1-41　修改头部大体轮廓

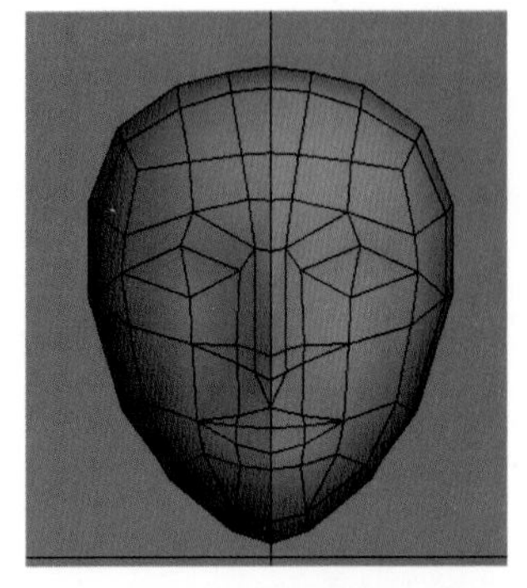

图1-42　深入编辑头部模型

编辑的同时，可以在（顶点）、（边）、（多边形）不同状态之间进行切换以方便操作，最终头部成型，如图1-43所示。同理，制作出身体、四肢和女孩身上的饰物，如图1-44所示。

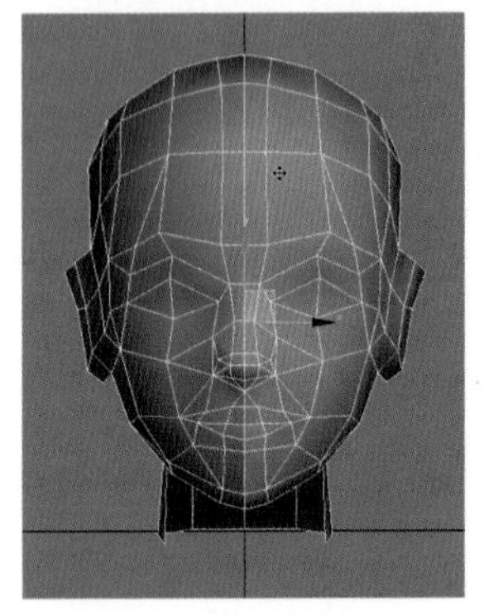

图1-43　头部成型

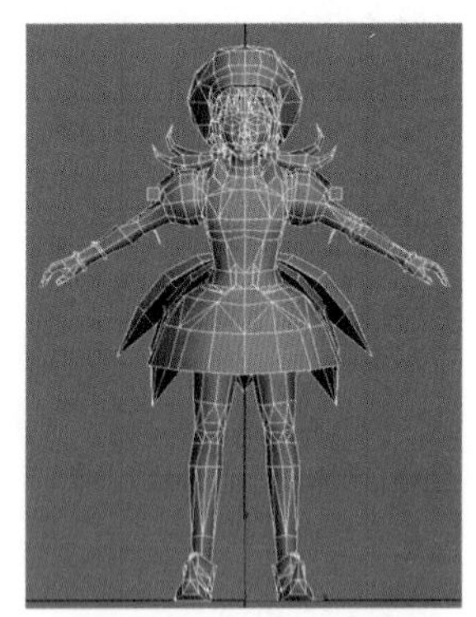

图1-44　身体成型

（2）模型做好以后，要检查模型接缝线是否合理，以防止出现多余的顶点、边、多边形而导致模型错误。查错的方法为：在线框显示模式下，进入（边界）层级，然后框选整个模型，此时模型的错误部分将出现红色报警线。接下来根据报警线提示修改模型，直到确认模型准确无误，保存文件，如图 1-45 所示。

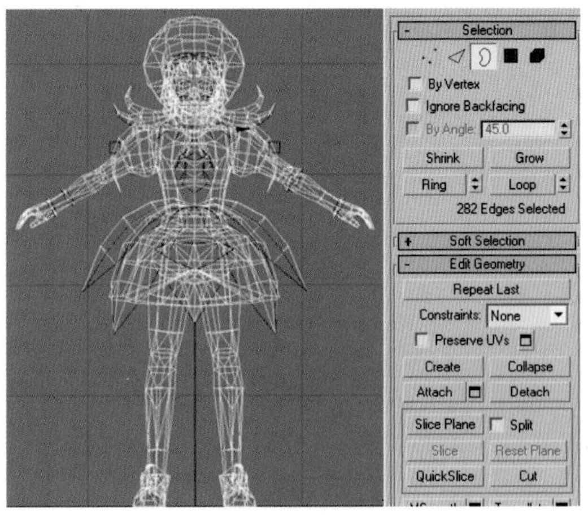


图1-45　检查模型接缝是否合理

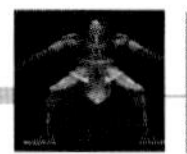
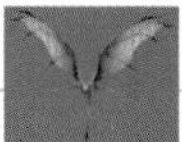

（3）模型建好以后，接下来要为模型确定UVW坐标（UVW坐标对于后面的绘制贴图很重要）。方法：在材质编辑器中，为模型指定一个默认材质，并为默认材质指定棋盘格贴图。然后进入（修改）面板，执行修改器中的“UVW贴图”命令，为模型指定UVW坐标，通过坐标轴向调节使坐标与模型基本匹配，如图1–46所示。接着在修改器列表中选择“UVW展开”命令，进入UVW编辑界面，进行UVW坐标的编辑，使测试贴图能够较好地匹配模型（棋盘格图案保持为方格形状），如图1–47所示。最后导出UVW坐标线框图。

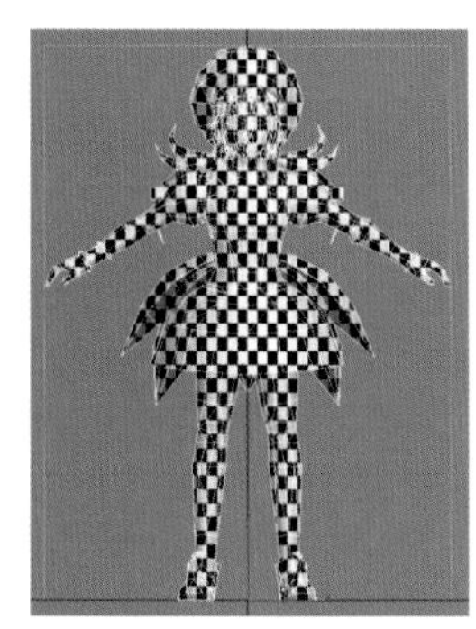

图1–46　匹配模型的贴图坐标

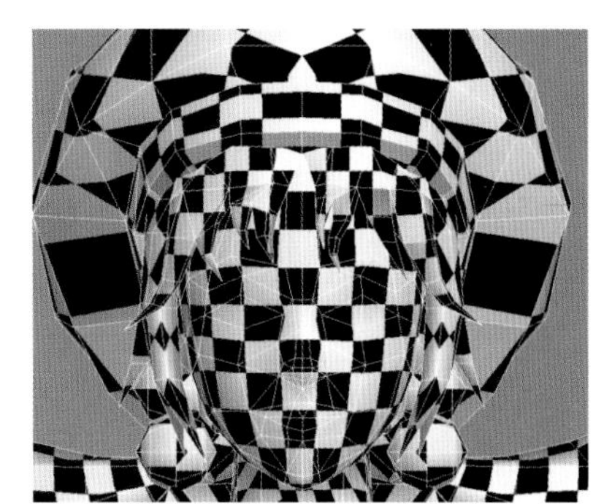

图1–47　调节贴图坐标，使之完全匹配模型

（4）在Photoshop中打开导出的UVW线框图，对照与测试贴图匹配好的UVW坐标线绘制原画中所表现的角色特征，即绘制角色贴图，如图1–48和图1–49所示。

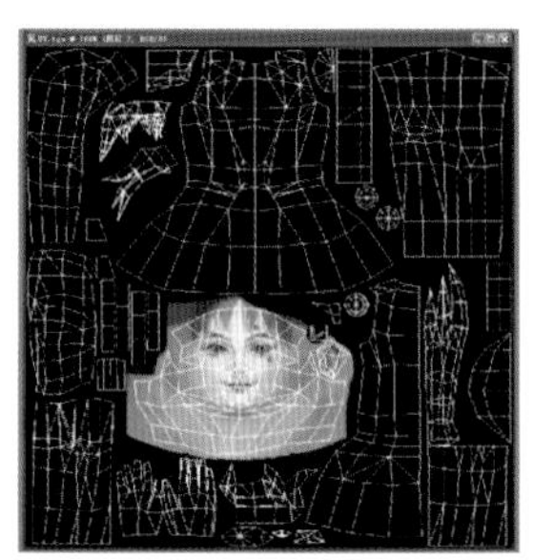

图1–48　根据UVW线框绘制贴图

图1–49　贴图绘制完成

（5）贴图绘制好以后，以girls.psd为文件名保存。然后在材质编辑器中，用该文件取代模型原有棋盘格贴图，观察效果，如图1–50所示。

图1–50　最终完成的模型

至此，一个完整的人物角色的建模工作就完成了。本节是介绍性内容，大家只要对游戏角色建模的流程有一个简单认识就可以了，许多操作步骤的细节会在接下来的内容里一一详述。

## 课后练习

1. 简述不同风格的游戏角色的特点。
2. 简述游戏角色制作流程。

# 第 2 章

# 网络游戏中四足动物NPC设计——鹿的制作

本章主要讲解游戏中最普遍的NPC——鹿的设计和制作技巧。本例渲染效果图及UVW展开如图2–1（a）所示。放置到编辑器中进行测试的最终效果如图2–1（b）所示。通过本章学习，应掌握游戏中动物角色的美术表现技巧并加深对游戏NPC角色的制作理解。

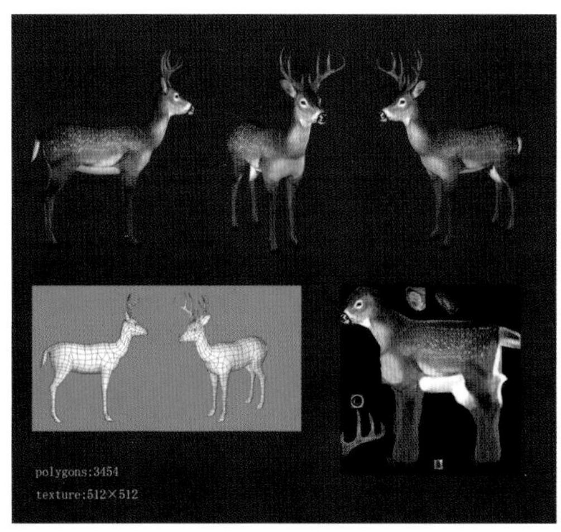


（a）鹿的渲染效果图及UVW贴图

（b）放置到编辑器中进行测试的最终效果

图2–1　鹿的效果图

## 2.1 原画造型的设定分析

在制作游戏角色模型之前，不管是动物还是怪物角色，都要对所制作角色的形体、造型以及所生活的环境等进行仔细分析，在充分了解以后给角色绘制出基本的结构图，以便在以后的制作中准确把握形体和合理利用贴图资源，更好地对角色细节进行刻画。

在设计动物原画时，要尽量多收集素材，参考一些优秀的图片资源，如不同地区、不同环境的变化及优秀的动物造型模板等。图2–2为制作本例前收集的相关图片。

图2–2 梅花鹿

原画设计要按照游戏整体风格，对要制作的NPC动物进行设计定位。在游戏设计过程中，首先是确定动物基本比例结构，然后按照从整体到局部、由大体到细节的制作方式，进行整体的规划和设计，把握整体的制作效果。同时，可以对一些细节部位进行单独的绘制，如头部的结构及躯干部分的造型等。

## 2.2 制作鹿的模型

对于制作一个游戏中的动物角色来说，深入刻画的身体结构与形体表现，可以直接影响后期的贴图及动画的制作品质，好的形体表现能够让角色充满生命力，更具感染力。

### 2.2.1 身体模型的制作

身体模型的制作分为躯干、尾巴和四肢3部分。

#### 1．制作鹿的躯干部分

（1）进入3ds Max 2012的主界面，单击 （创建）面板下 （几何体）中的“长方体”按钮，然后在透视图中拖动鼠标创建一个长方体，接着单击鼠标右键（以下简称右击）结束创建。

（2）进入 （修改）面板，将长方体的长、宽、高分别设置为30、45、25，并设置其长、宽、高的分段数为1、1、1，如图2–3（a）所示。然后右击工具栏中的 （选择并移动）工具，在弹出的面板中将X、Y、Z均设为0，如图2–3（b）所示。

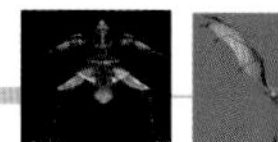
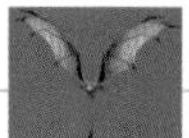

**提 示**

将物体坐标归0，是为了便于以后进行编辑。

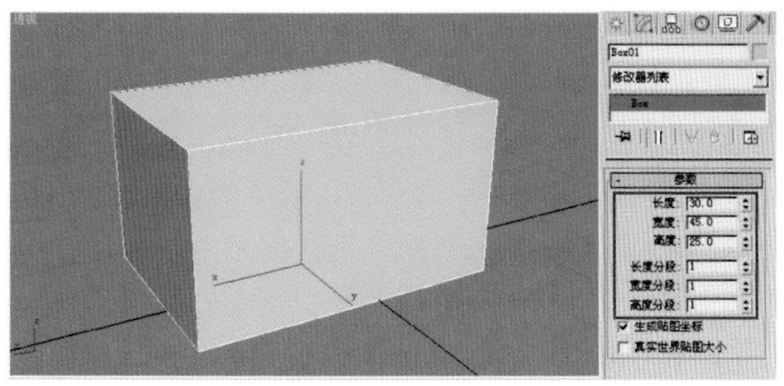

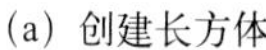
(a) 创建长方体

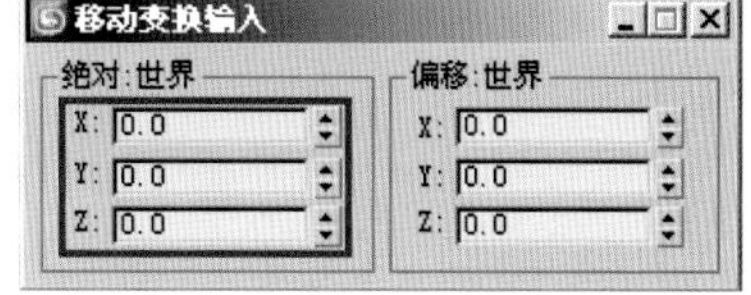

(b) 修改世界坐标

图2–3　创建长方体并修改世界坐标

(3) 右击视图中的长方体，从弹出的快捷菜单中选择“转换为|转换为可编辑多边形”命令，将其转换为可编辑的多边形物体。然后进入（修改）面板，执行修改器中的“网格平滑”命令，设置“迭代次数”为2，“平滑度”为1，效果如图2–4 (a) 所示。接着再次将其转为可编辑多边形物体，如图2–4 (b) 所示。

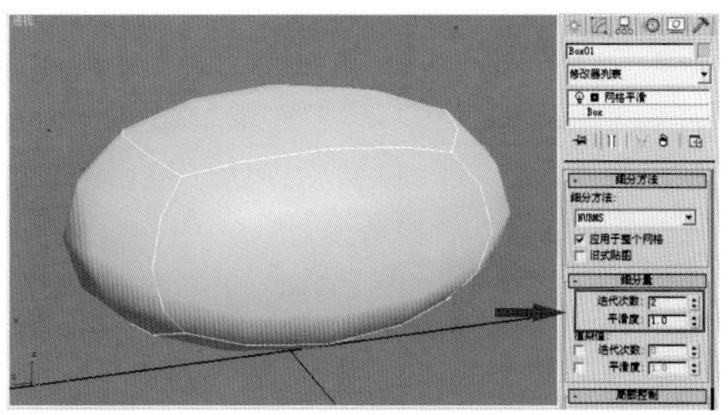
(a) “网格平滑”效果

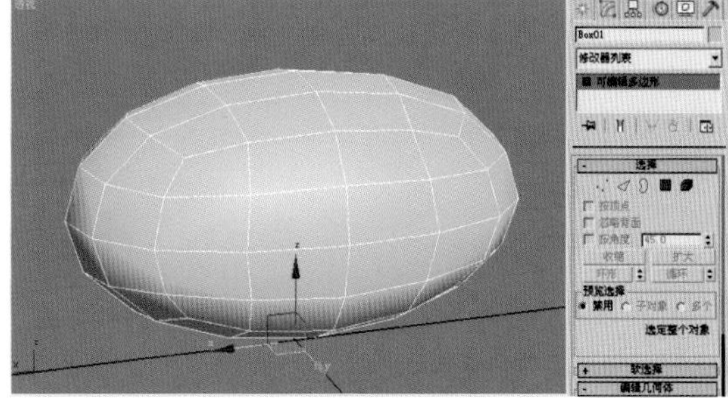
(b) 转为可编辑多边形物体

图2–4　编辑多边形

(4) 从整体上调整角色的造型。方法：在前视图中选择模型，执行修改器中的“FFD 4×4×4”命令。然后进入“FFD 4×4×4修改器”的“控制点”层级，如图2–5所示，利用工具栏中的（选择并均匀缩放）工具，在前视图中选择相应的控制点沿X轴方向进行单轴向的拉伸，接着沿Y轴单向拉伸，效果如图2–6所示。最后进入左视图，沿X轴单向拉伸，效果如图2–7所示。

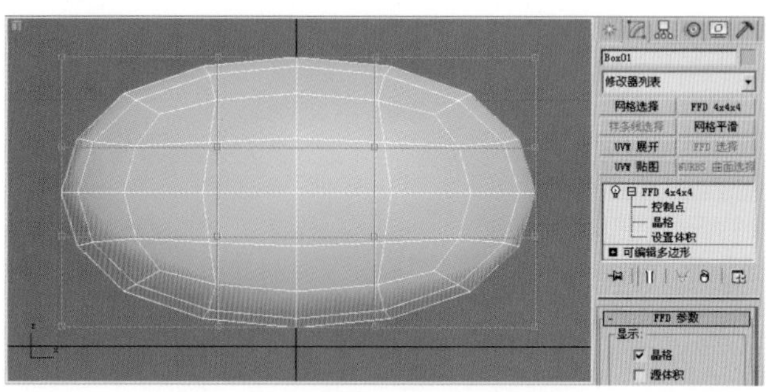


图2–5　添加“FFD 4×4×4”修改器

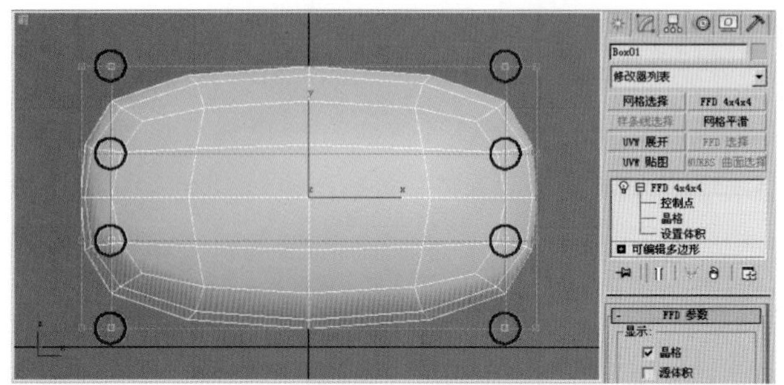


图 2–6　使用“FFD 4×4×4修改器”调节控制点

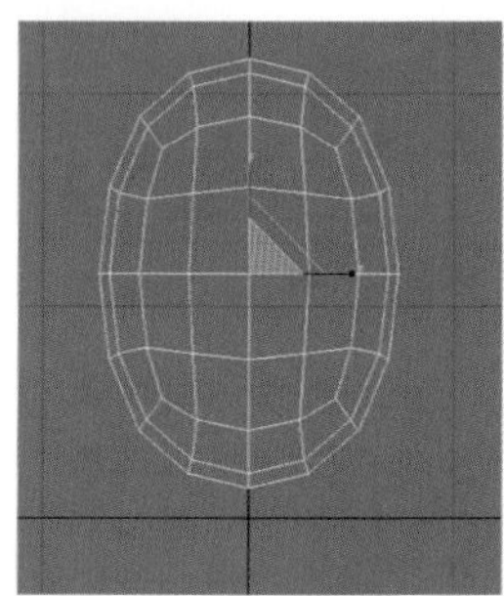

图2–7　在左视图进行调整的效果

**提 示**

视图切换可以使用快捷键进行。前视图快捷键为<F>，左视图快捷键为<L>，顶视图快捷键为<T>，透视图快捷键为<P>。

（5）进入“FFD 4×4×4”的“控制点”层级，然后在左视图中选择相关的控制点，利用工具栏中的 （选择并均匀缩放）工具进行适当缩放，接着在“FFD 4×4×4”修改器上右击，在弹出的快捷菜单中选择“塌陷到”命令，保存模型修改效果，如图2–8所示。

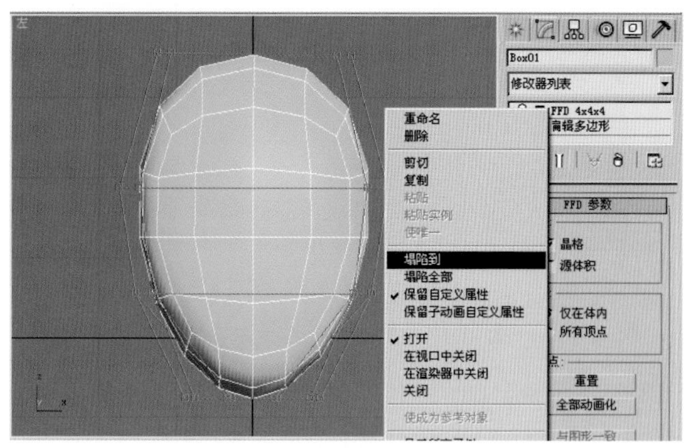


图2–8　使用 （选择并均匀缩放）工具调节

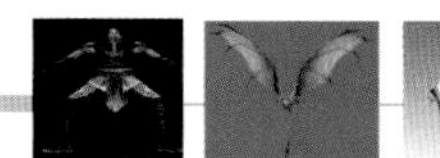
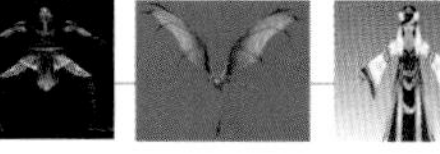

（6）优化模型。方法：进入▣(多边形)层级，在左视图中选择模型右侧的多边形，按< Delete>键进行删除，如图2–9（a）所示。然后再次单击▣（多边形）按钮，退出多边形层级。接着选中左侧的模型，单击工具栏中的▣（镜像）按钮，在弹出的对话框中进行设置，如图2–9（b）所示，单击“确定”按钮。

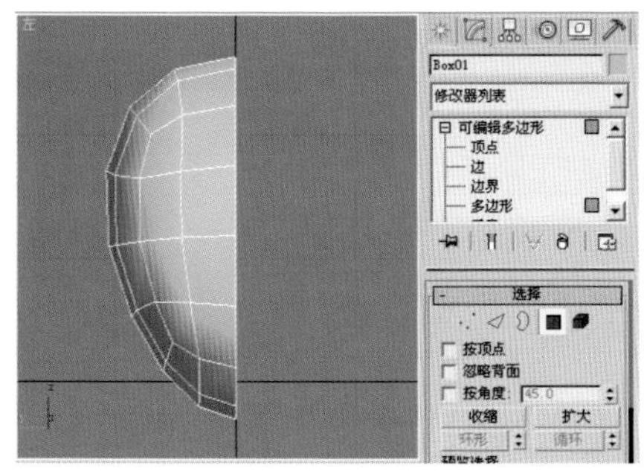


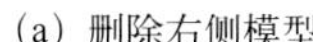
（a）删除右侧模型

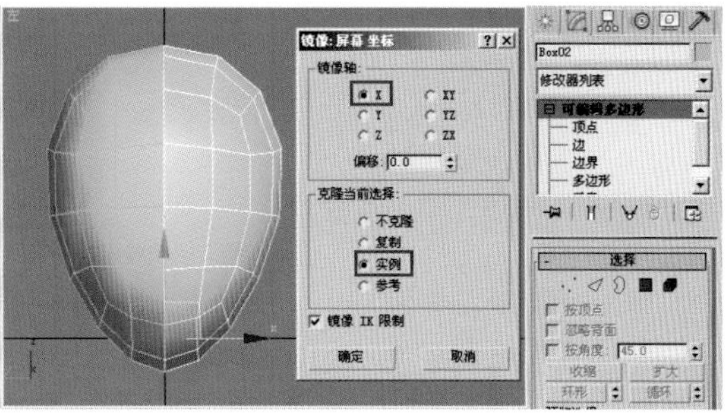


（b）镜像复制模型

图2–9　优化模型

**提 示**

选择“实例”的方式进行镜像复制后，得到一个左右对称的完整模型。同时，对一侧进行编辑时，另一侧也会随之同步变化，大大提高了工作效率。

（7）进入◁（边）层级，在前视图中选择图2–10所示的边，然后右击，在弹出的快捷菜单中选择“连接”命令，为模型添加新的边，如图2–11所示。

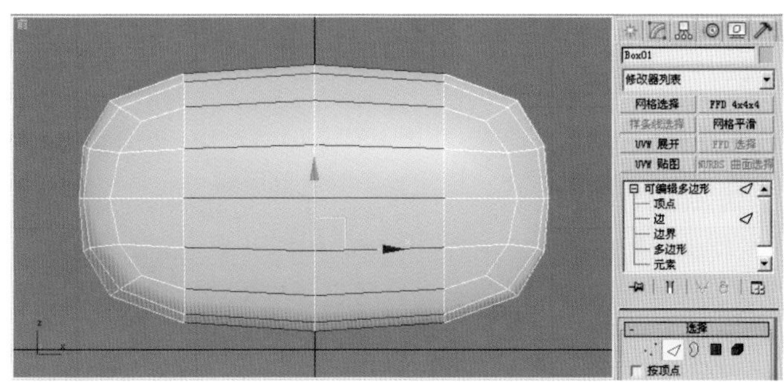


图2–10　选择边

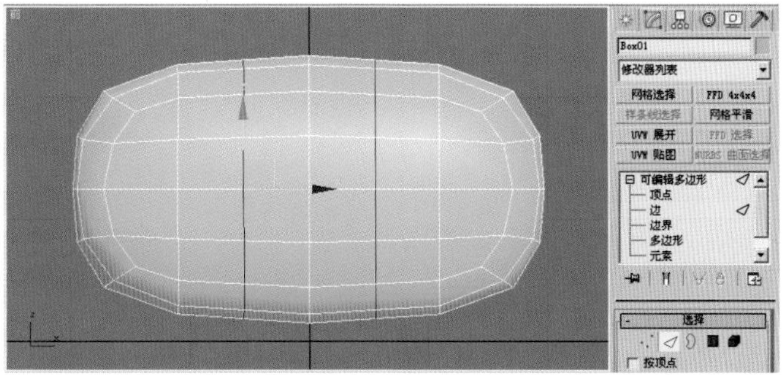


图2–11　添加边

（8）进入（顶点）层级，选中“使用软选择”复选框，然后在前视图利用工具栏中的（选择并移动）工具对模型进行调整，如图2–12所示。

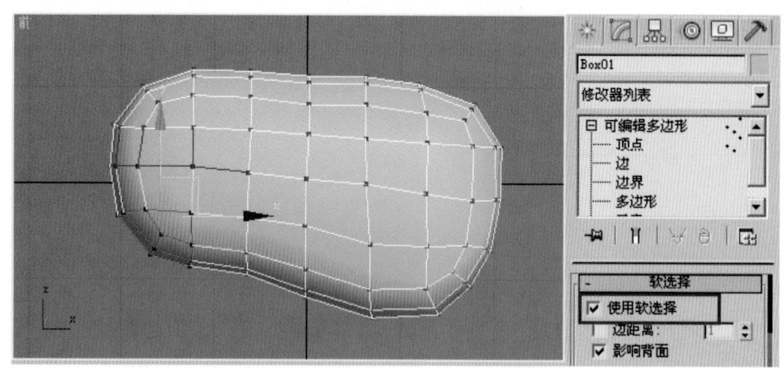


图2–12　应用“FFD 4×4×4”修改器调整大体效果

（9）创建脖子的底部区域。方法：进入（多边形）层级，选中图2–13（a）所示的多边形，然后按<Delete>键进行删除。接着进入（顶点）层级，利用工具栏中的（选择并移动）工具对被删除多边形周围的顶点进行调节，如图2–13（b）所示。

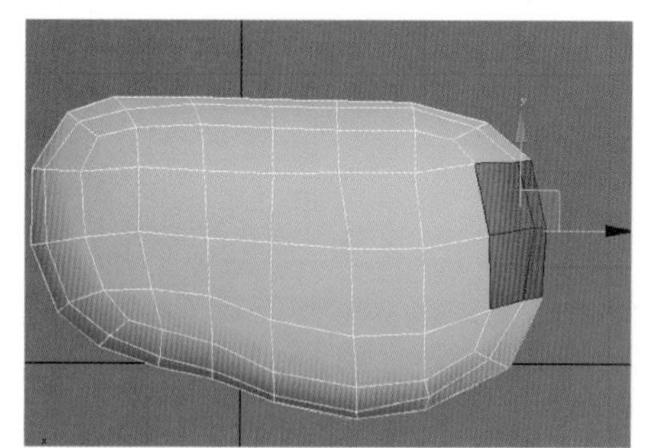

（a）选中多边形

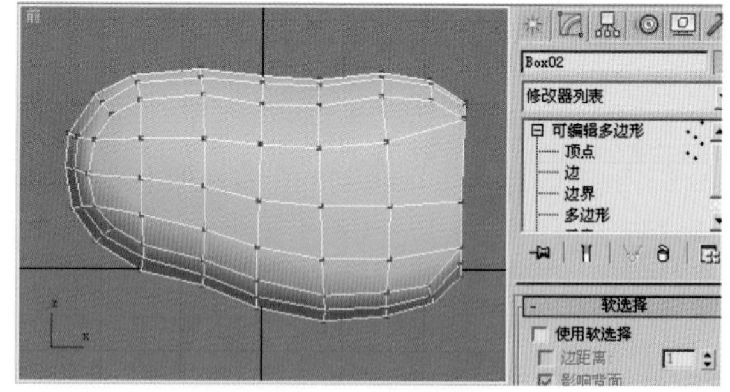


（b）进入（顶点）层级调整顶点

图2–13　创建脖子的底部区域

（10）创建要制作后腿的区域。方法：再次进入（多边形）层级，选中图2–14（a）所示的多边形进行删除，然后进入（顶点）层级，对被删除的多边形周围的顶点进行调节，如图2–14（b）所示。

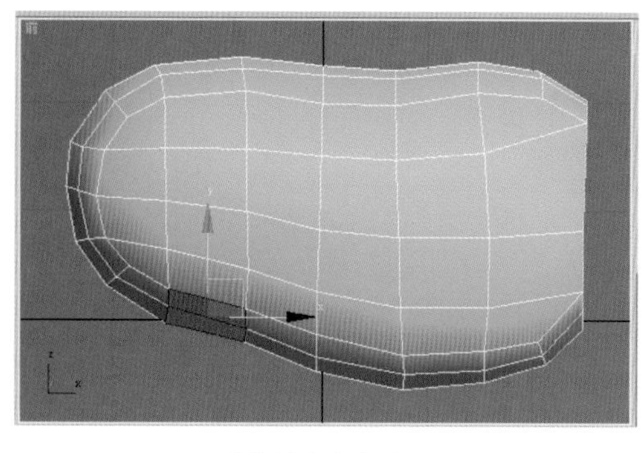

（a）选中多边形

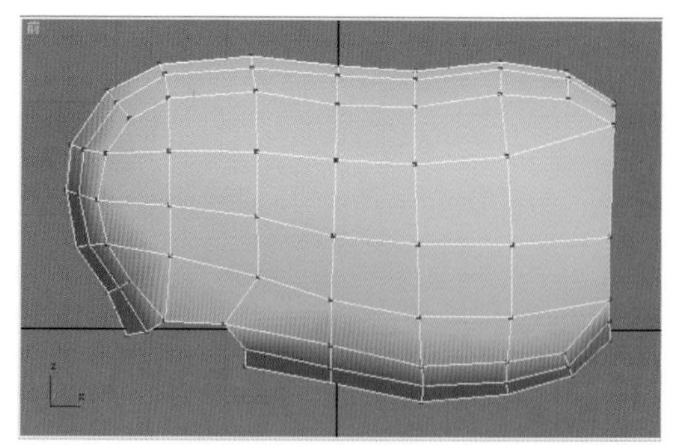

（b）进入（顶点）层级调整顶点

图2–14　创建要制作后腿的区域

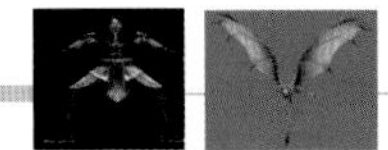
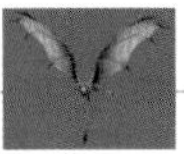

（11）创建要制作前腿的区域。方法：选择图2−15（a）所示的多边形进行删除。然后进入（顶点）层级，右击，从弹出的快捷菜单中选择“剪切”命令。接着使用鼠标左键，在模型上添加边，并对顶点进行适当调整，效果如图2−15（b）所示。添加完成后，右击取消“剪切”命令。

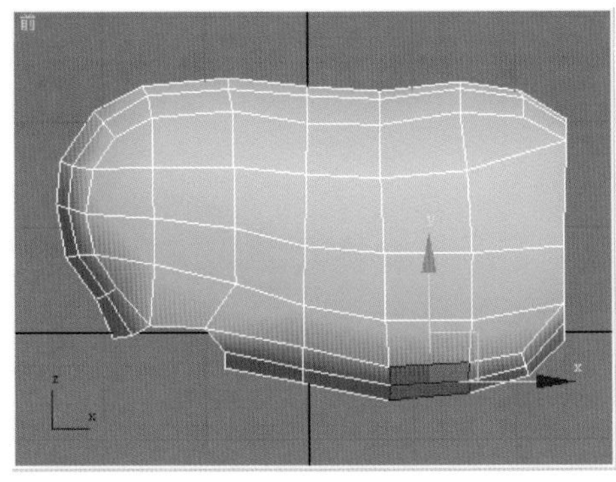

（a）选中多边形

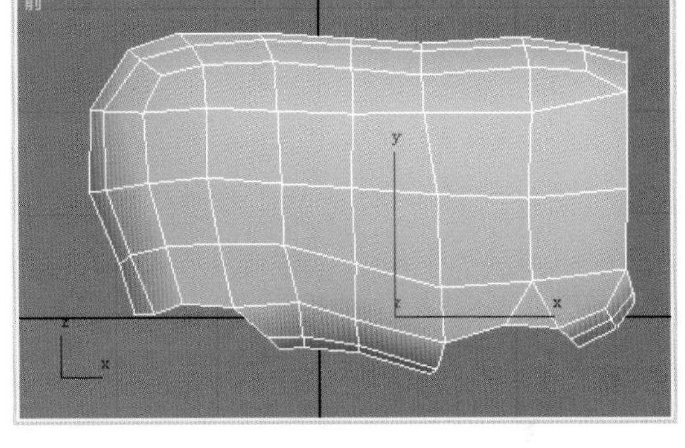

（b）进入（顶点）层级调整顶点

图2−15 创建要制作前腿的区域

（12）赋予模型蓝色材质。方法：单击工具栏中的（材质编辑器）按钮（或者按<M>键），进入材质编辑器。然后选择一个空白材质球，单击“漫反射”右侧的颜色框，如图2−16（a）所示。从弹出的对话框中选择一种蓝色RGB（90，85，130），单击“确定”按钮。接着将材质球拖动到场景模型上，从而将材质赋予它。

（13）进入顶视图，或者按<T>键。然后进入（顶点）层级，选中“使用软选择”复选框，然后将鹿的臀部、肩部的宽度拉出。注意结构，鹿的臀部宽度要超过肩部，效果如图2−16（b）所示。

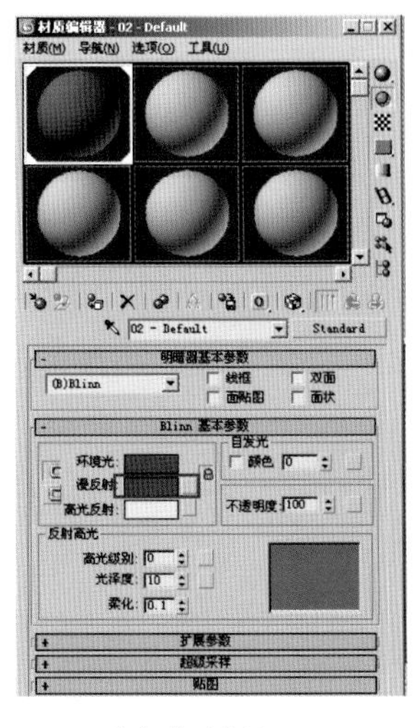

（a）修改颜色

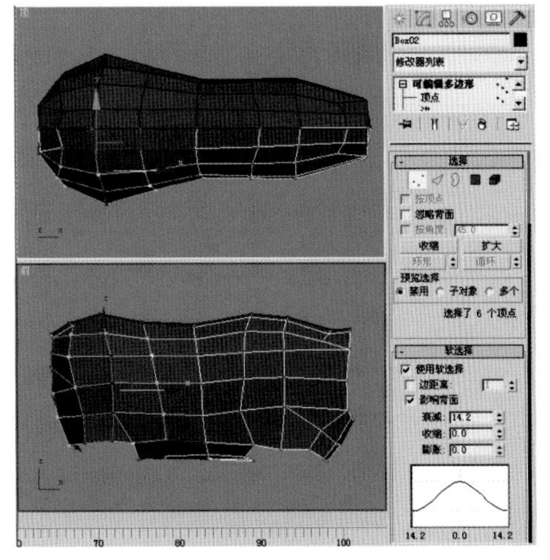

（b）整体调节模型

图2−16 修改颜色并整体调节模型

## 2．制作鹿的尾巴部分

（1）在透视图中，进入（多边形）层级，选择尾部的多边形进行删除。然后进入

（顶点）层级，利用工具栏中的（选择并移动）工具对被删除多边形周围的顶点进行调节，如图2-17所示。

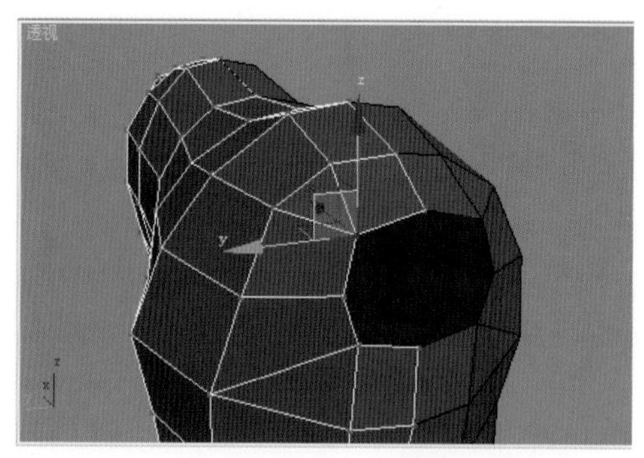

图2-17　调节尾巴根部的顶点

（2）在透视图中，进入（边）层级，在按住<Ctrl>键的同时，选择尾部开口处的多条边，如图2-18（a）所示。然后在前视图中利用工具栏中的（选择并移动）工具，按住<Shift>键，沿着X轴拖动被选择的边，从而挤压出尾巴根部的形状，如图2-18（b）所示。

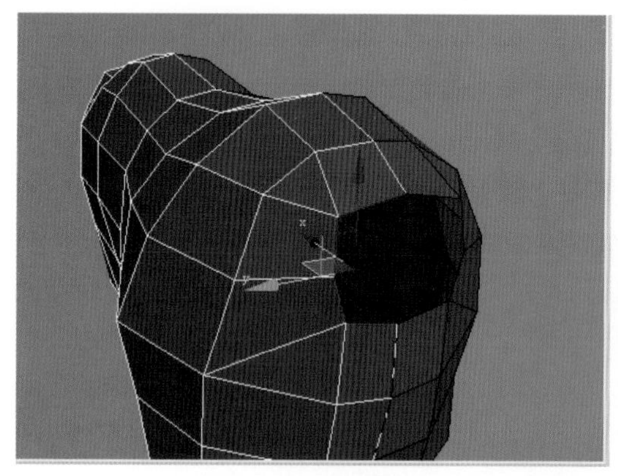

（a）选择制作尾巴的边

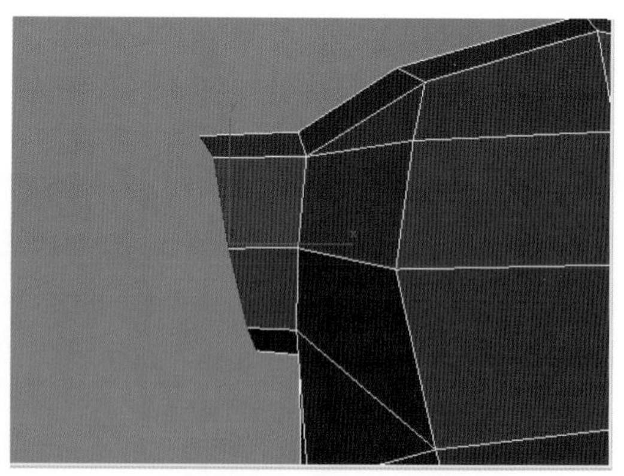

（b）在前视图中挤压出尾巴根部的形状

图2-18　制作尾巴

（3）继续挤压被选择的边，然后利用工具栏中的（选择并旋转）工具，在前视图中沿Y轴旋转，使尾巴开口方向朝下，如图2-19所示。

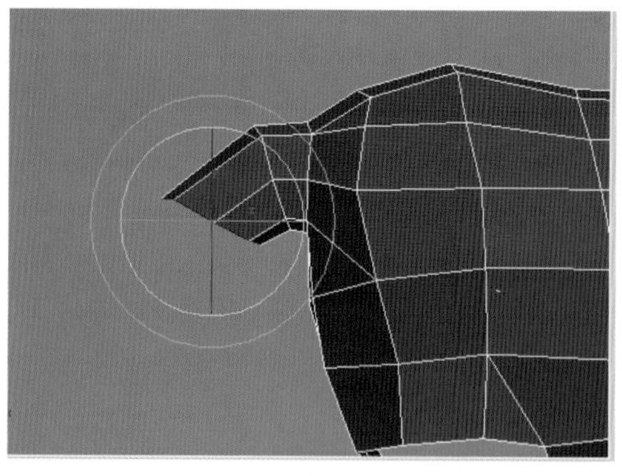

图2-19　挤压并旋转边

 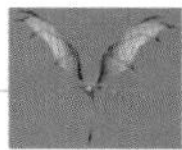 

（4）连续挤压被选择的边两次，并进行相应的旋转，然后右击，在弹出的快捷菜单中选择“塌陷”命令，如图2–20（a）所示，从而将选中的所有边合并成一点，如图2–20（b）所示。

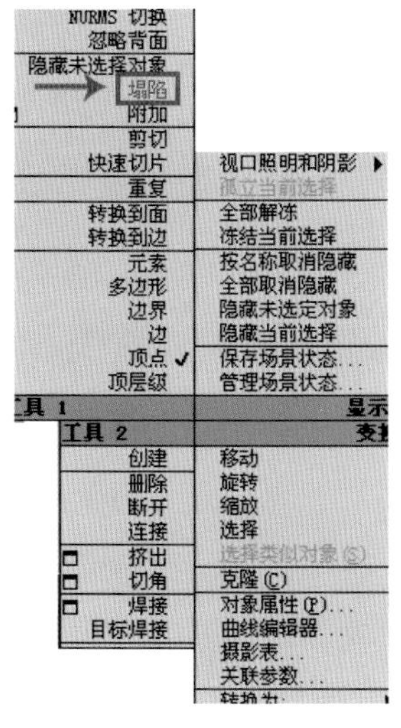

（a）右键快捷菜单

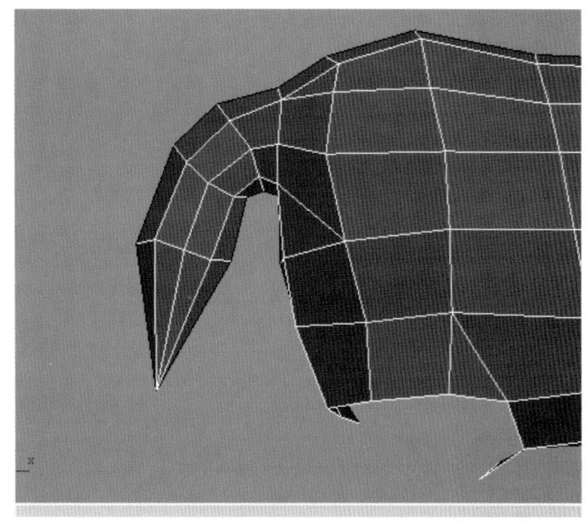

（b）在前视图塌陷边制作尾巴

图2–20　连读挤压并旋转及塌陷

（5）进入（顶点）层级，利用工具栏中的（选择并移动）工具分别在前视图和顶视图中调整尾巴形状，如图2–21所示。

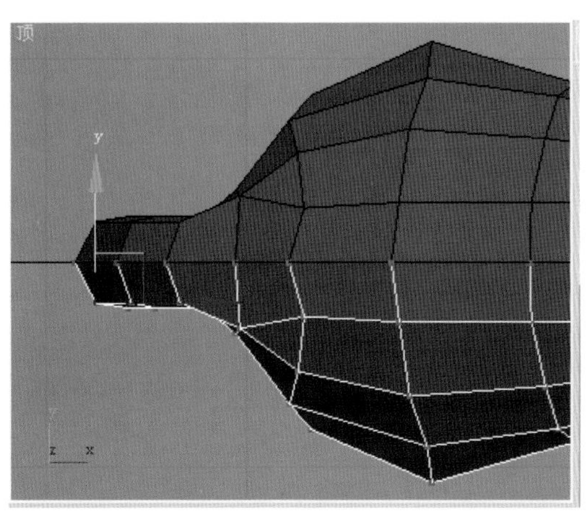


图2–21　从顶视图调整尾巴造型

### 3．制作鹿的四肢部分

（1）进入（顶点）层级，利用工具栏中的（选择并移动）工具在前视图中选取后腿底部周围的顶点进行调节，如图2–22所示，将后腿底部基本形状调整出来。

（2）进入（边）层级，按住<Ctrl>键的同时，在前视图中选择后腿开口处的一圈边。然后利用工具栏中的（选择并移动）工具，按住<Shift>键沿着Y轴向下拖动，从而挤压出新的边。接着利用工具栏中的（选择并均匀缩放）工具沿Y轴进行缩放，从而将被选择的边压平，如图2–23所示，为下一步挤压出后腿做好基本准备。

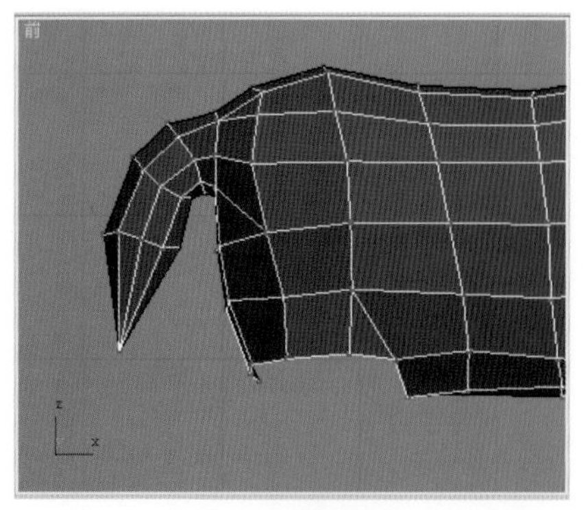

图2−22　调节后腿底部的基本形状

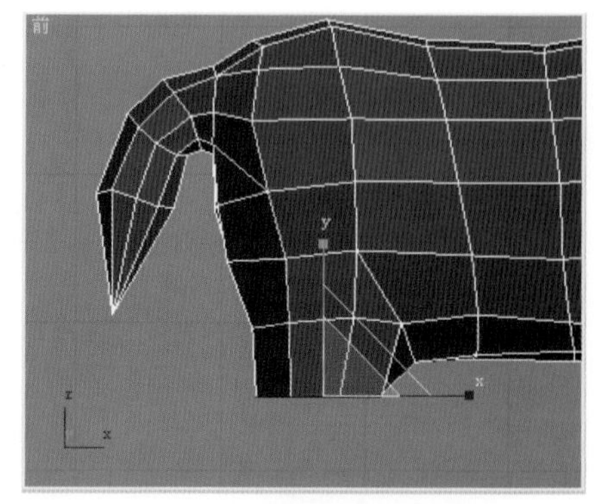

图2−23　挤压出后腿底部

（3）现在开始制作鹿后腿内侧的结构。方法：进入（边）层级，在透视图中利用工具栏中的（选择并移动）工具选取鹿后腿内侧的边，如图2−24（a）所示。然后沿Z轴移动缩短的边线，如图2−24（b）所示。接着进入（顶点）层级，选择旁边的两个顶点，右击，在弹出的快捷菜单中选择“连接”命令，在两点之间添加一条边，从而制作出后腿到臀部的转折边，如图2−24（c）所示。

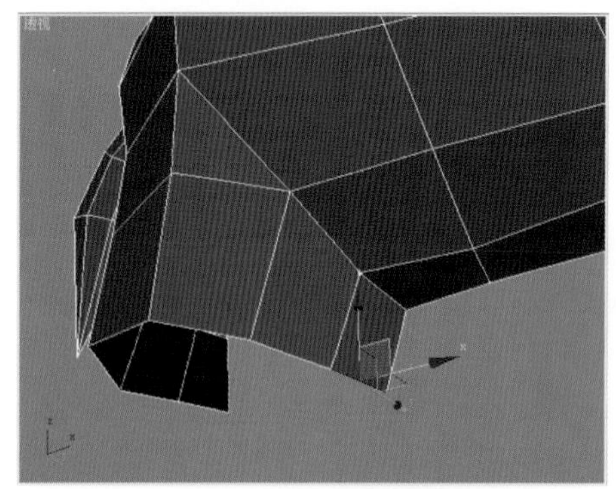

（a）选中后腿内侧边

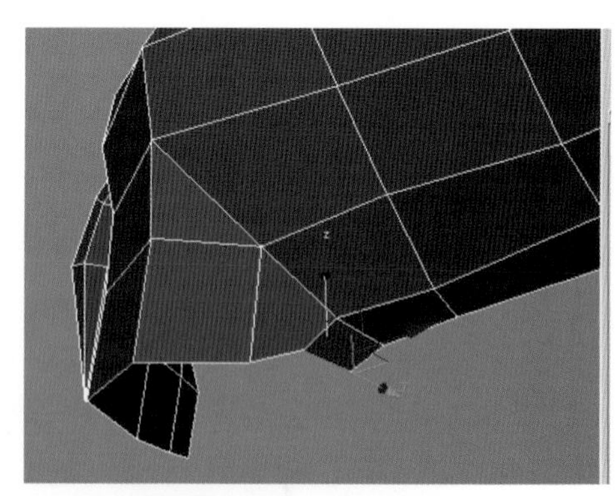

（b）移动边到合适的位置

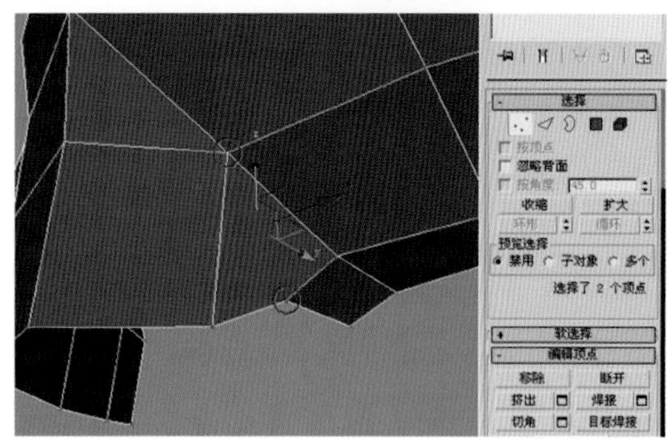

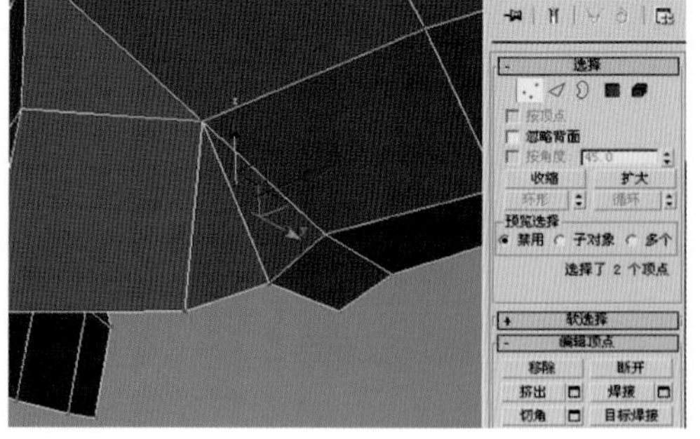

（c）为模型添加边调整后腿结构

图2−24　制作后腿内侧的结构

（4） 进入（边）层级，选中刚才调整过的转折边。然后利用（选择并移动）工具，同时按住<Shift>键，沿着X轴拉伸。接着进入（顶点）层级，将拉出的多边形的顶点与臀部的对应顶点使用“塌陷”命令进行合并，如图2−25所示。

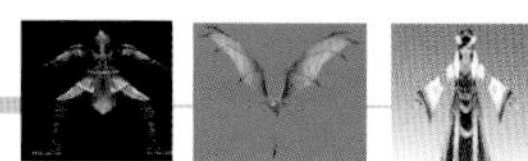



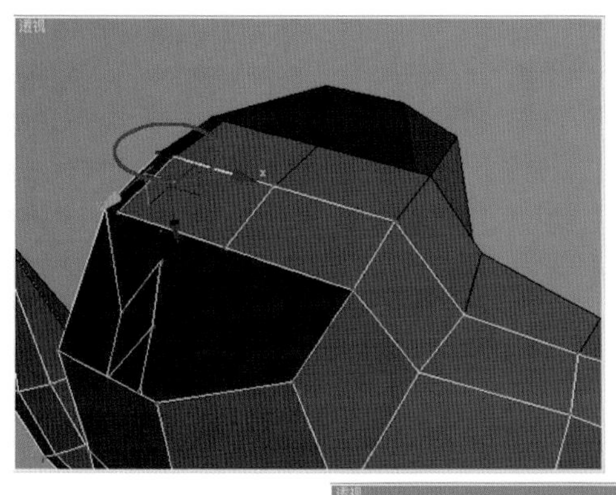


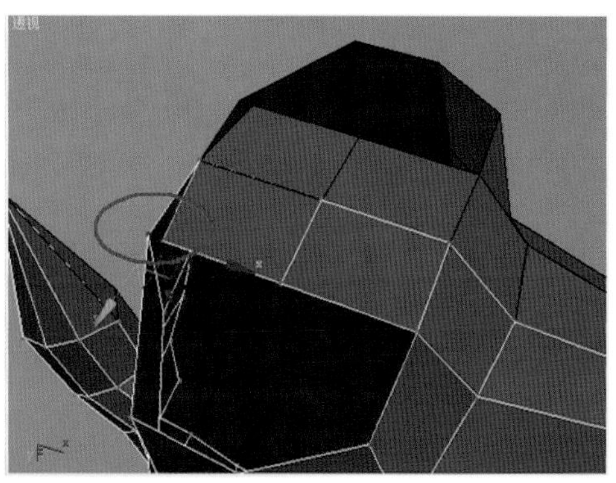


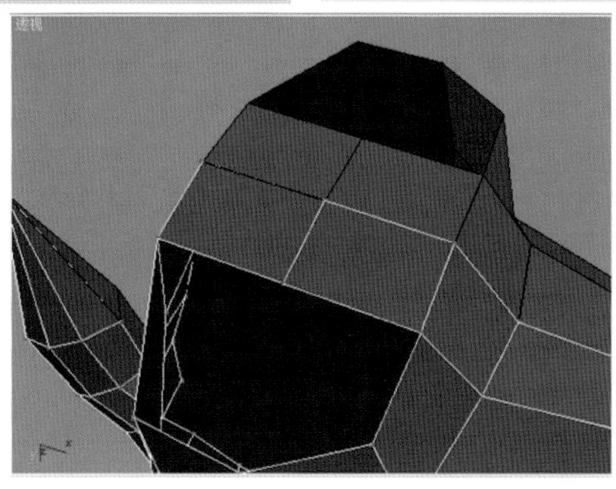


图2–25　使用“塌陷”命令合并消失点

（5）继续调整后腿底部形状，对于调整过程中出现的多余顶点和边，按<Backspace>键在不破坏多边形的基础上进行删除。调整后的形状如图2–26所示。

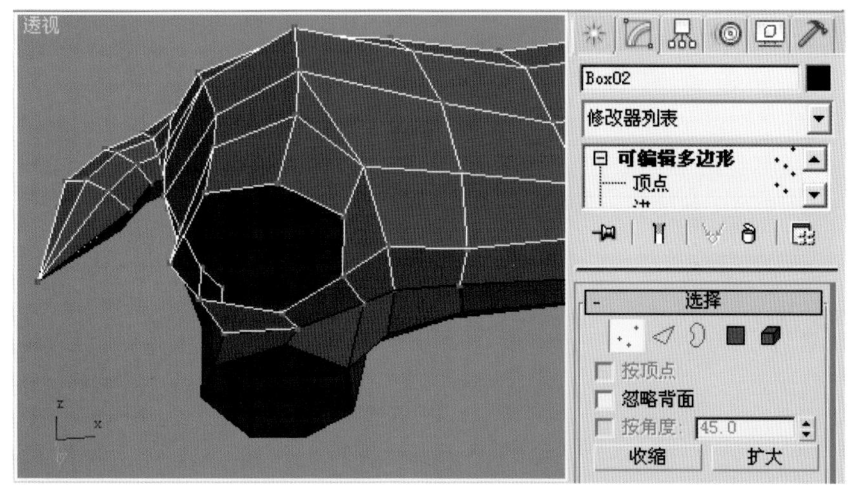


图2–26　第一次拉伸出的后腿底部

（6）进入（边）层级，在前视图中按住<Ctrl>键的同时选择后腿开口处的多条边，然后利用工具栏中的（选择并移动）工具，按住<Shift>键，沿着Y轴向下拖动，挤压后腿，如图2–27所示。接着进入（顶点）层级，对后腿形状不断进行调整，注意关节处的分段要适当密集些，直到挤压出整条后腿，如图2–28所示。

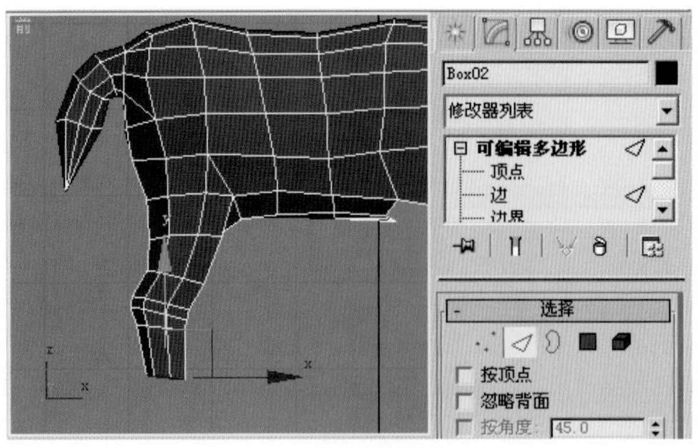


图2–27　挤压出后腿关节

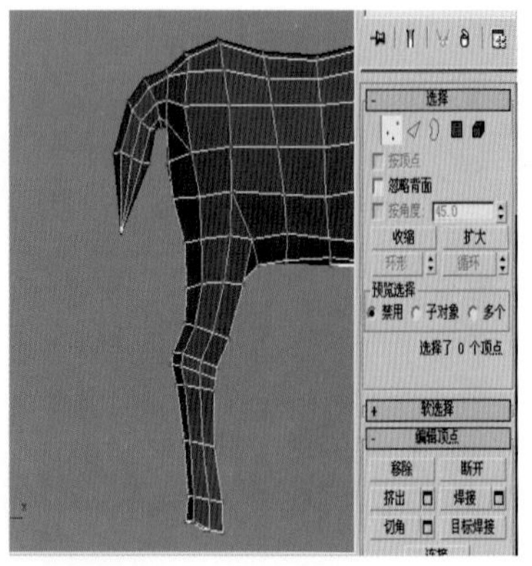

图2–28　将下半部分的腿挤压出来

（7）制作鹿的蹄子。方法：继续选择后腿底部的一圈边并向下挤压，然后进入（顶点）层级调整成如图2–29所示的形态。

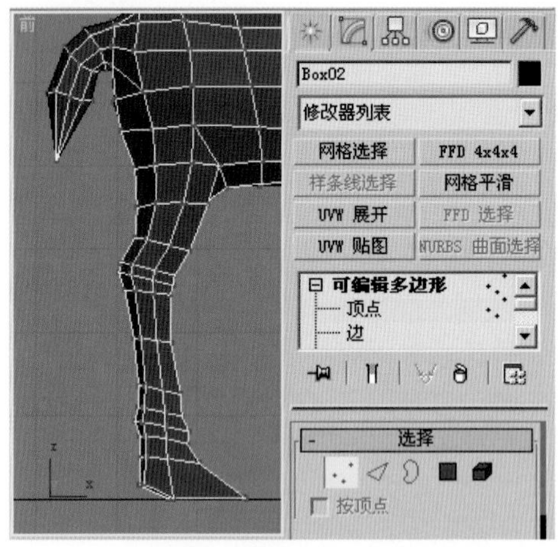


图2–29　制作出鹿的蹄子

（8） 继续调整蹄子的模型，拉出蹄子的底部，并将临近对应的顶点依次塌陷，使蹄子底部封口，从而形成完整的面，如图2–30所示。

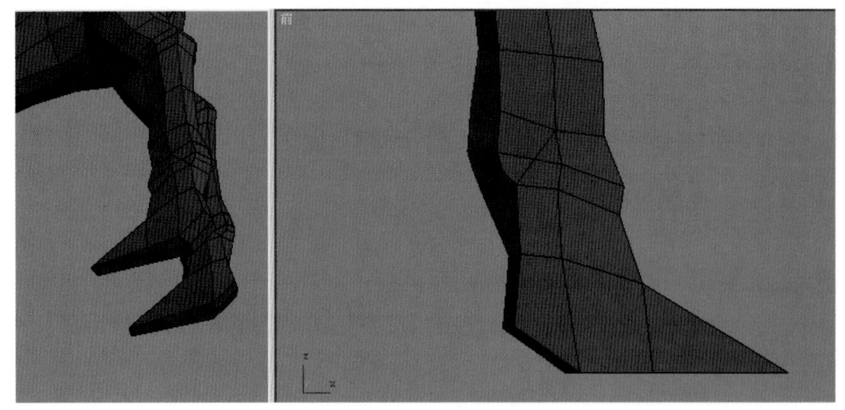

图2–30　制作蹄子的底部

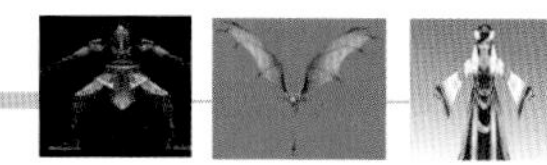



（9）现在开始做前腿部分。方法和后腿制作基本相同，需要注意形体和关节结构上与后腿的区别。首先，进入（边）层级，然后利用工具栏中的（选择并移动）工具，选择前腿最下沿的边，按住<Shift>键沿着X轴拖动，挤压出新的边。接着进入（顶点）层级，调整前肢基本结构，如图2–31所示。

（10）在前视图中，进入（边）层级，继续选择并挤压出新的多边形。然后按住<Ctrl>键，选中两腿之间的线，使用（选择并移动）工具沿Y轴移动，如图2–32所示将两腿分开。

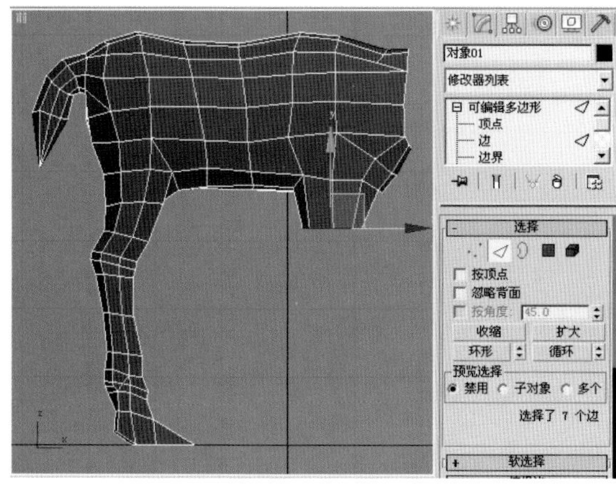


图2–31　挤压出鹿的前腿

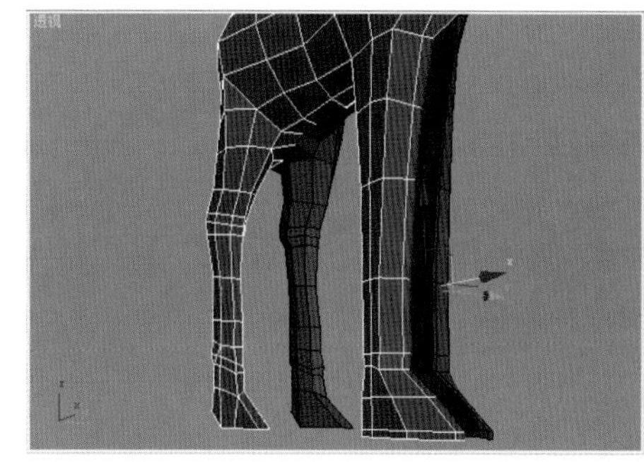

图2–32　使两腿分开

（11）进入（多边形）层级，利用工具栏中的（选择对象）工具选中前肢，如图2–33所示。进入（修改）面板“分离”命令，在弹出的对话框中，单击“确定”按钮。将前肢与躯干分离。取消（多边形）层级，选中分离的前肢，右击，在弹出的快捷菜单中选择“隐藏未选择的物体”命令，将躯干部分隐藏。这样就可以方便地、不受妨碍地制作双腿内侧部分的结构。

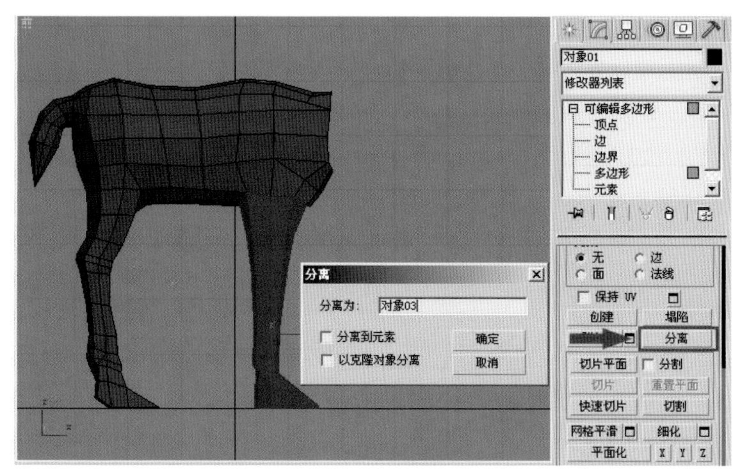


图2–33　分离前肢

（12）在左视图中，利用工具栏中的（选择对象）工具，框选前肢内侧的顶点，如图2–34（a）所示。然后单击（选择并均匀缩放）工具，在前视图沿着X轴缩放对应顶点之间的距离，使需要合并的两点间距不断缩小，如图2–34（b）所示。

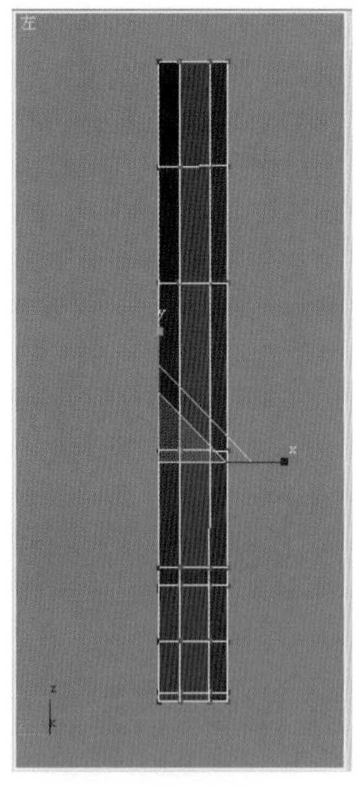


(a) 左视图选择顶点

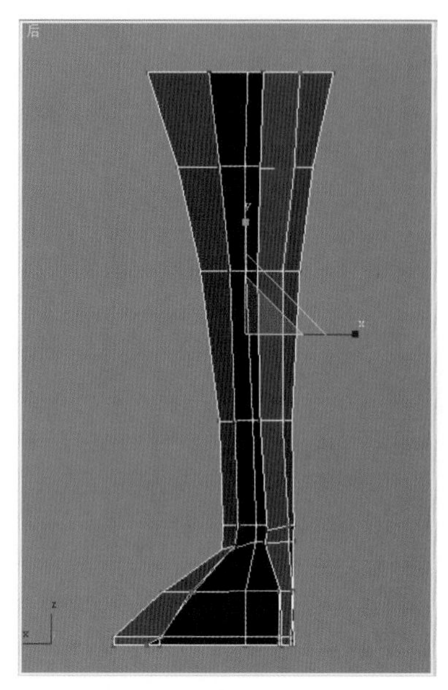


(b) 在前视图调整顶点

图2–34　选择并调整顶点

(13) 在透视图中利用工具栏中的(选择对象)工具框选内侧需要合并的对应顶点，右击，在弹出的快捷菜单中选择“塌陷”命令， 合并顶点。然后不断重复这一步骤，直到把前腿部顶点依次缝合，如图2–35所示。

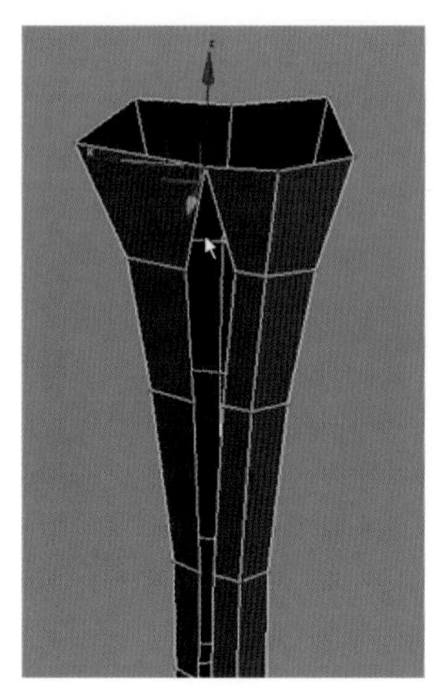

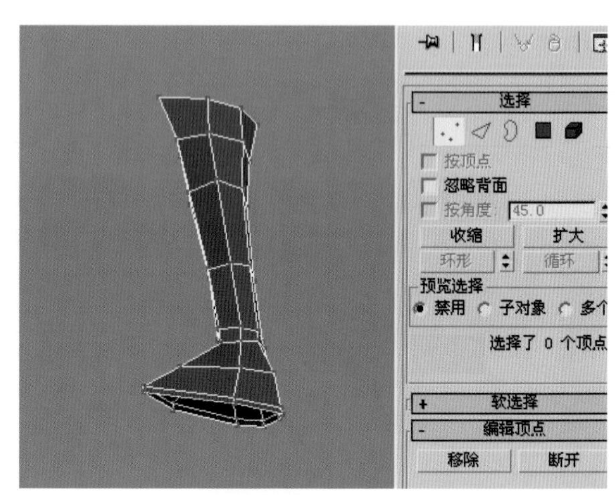


图2–35　用塌陷命令合并前腿的顶点

(14) 右击，在弹出的快捷菜单中选择“取消隐藏的物体”命令，将身体显示出来。然后在前视图中进入(顶点)层级，利用工具栏中的(选择并移动)工具，把两腿进一步分开，如图2–36所示。需要注意，前肢和躯干交接处的顶点不能移动，否则会发生错位。

**提 示**

在操作过程中，为了便于观察顶点，可以按<F3>键进入线框模式对模型进行编辑。

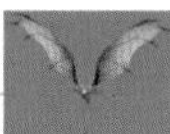

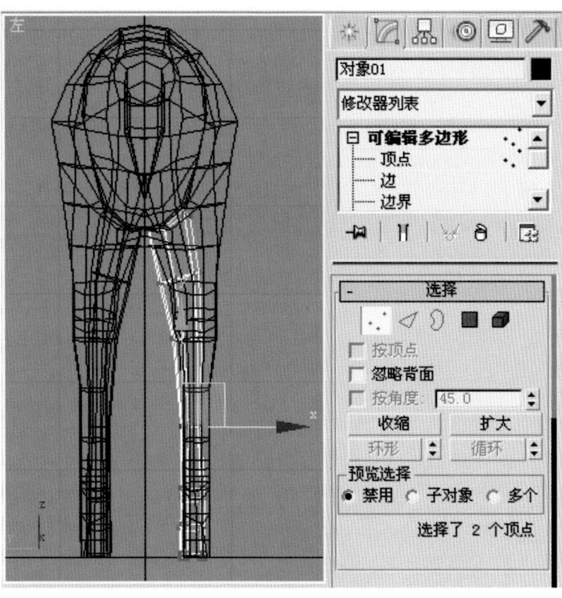


图2-36 合理调整两腿的摆放位置

（15） 在前视图中选中前肢，右击，在弹出的快捷菜单中选择“附加”命令。将躯干和前肢重新合并为一个物体。进入（顶点）层级，选中“软选择”复选框，调节衰减至合适的大小，利用工具栏中的（选择并移动）工具调整身体的局部形状。

（16）完成的鹿的身体模型结构如图 2-37 所示。

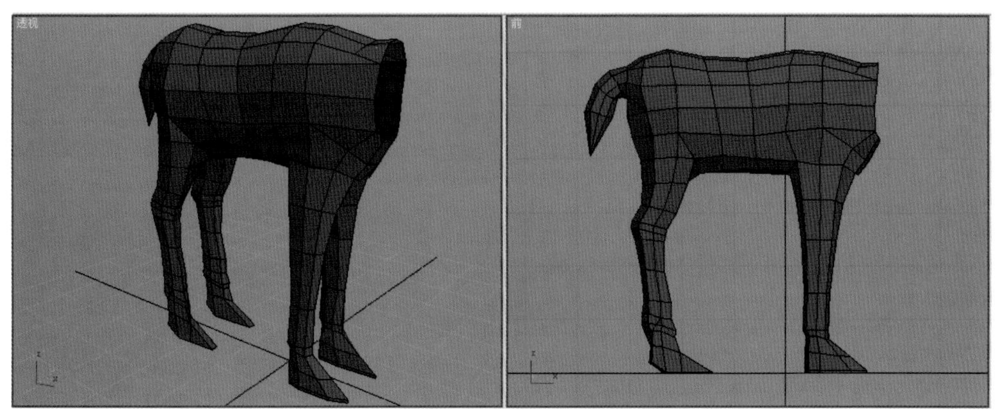

图 2-37 鹿的身体模型效果

## 2.2.2 头部模型的制作

下面开始制作鹿的头部模型。

（1）进入（边）层级，按住<Ctrl>键，选中脖子开口处的一圈边。然后按住<Shift>键，利用工具栏中的（选择并移动）工具拉出新的边。接着利用工具栏中的（选择并均匀缩放）工具，将拉出的边沿X轴压平，再利用工具栏中的（选择并旋转）工具，沿Z轴旋转20°，调整好的效果如图2-38所示。

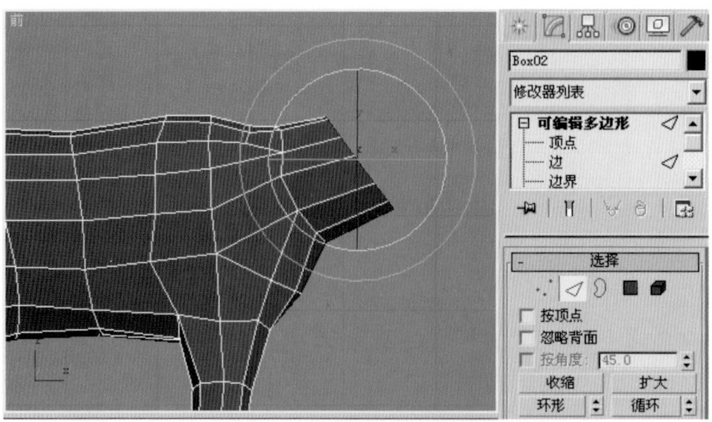


图 2−38　挤压出脖子的根部造型

（2）重复上面的动作，一段一段地拉出整个脖子。注意脖子和躯干之间的比例，不要做的过长，如图 2−39 所示。

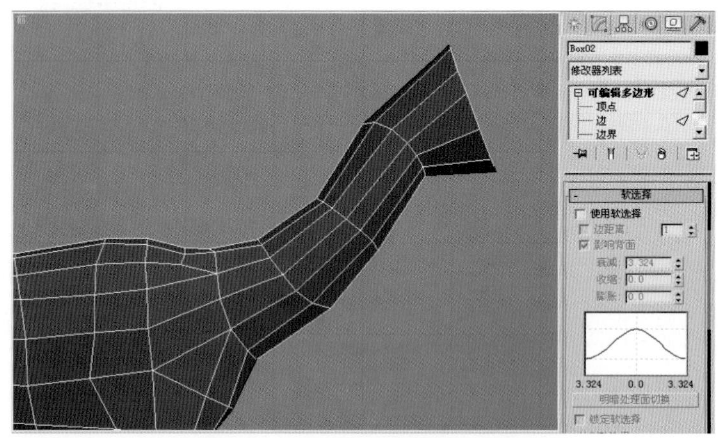


图2−39　拉出脖子的整体形状

（3）在前视图中，继续分 3 次拉出鹿的头部，然后利用工具栏中的（选择并均匀缩放）工具，将最末端的线段沿 Y 轴缩短，做出鹿嘴巴大致形状，如图 2−40 所示。

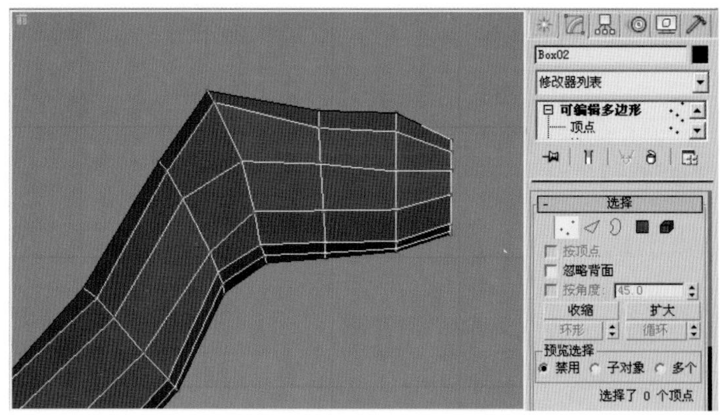


图2−40　使用压缩工具制作鹿嘴巴

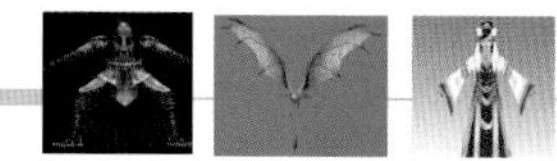

（4）在透视图中，进入（边）层级，选中嘴部最前端的一圈边。然后按住 <Shift> 键，利用工具栏中的（选择并移动）工具，沿 Y 轴拉出边。再利用工具栏中的（选择并均匀缩放）工具将拉出的边压成一条直线，如图 2–41 所示。接着进入（顶点）层级，按 <S> 键，打开捕捉开关，将对应的点捕捉到一起。

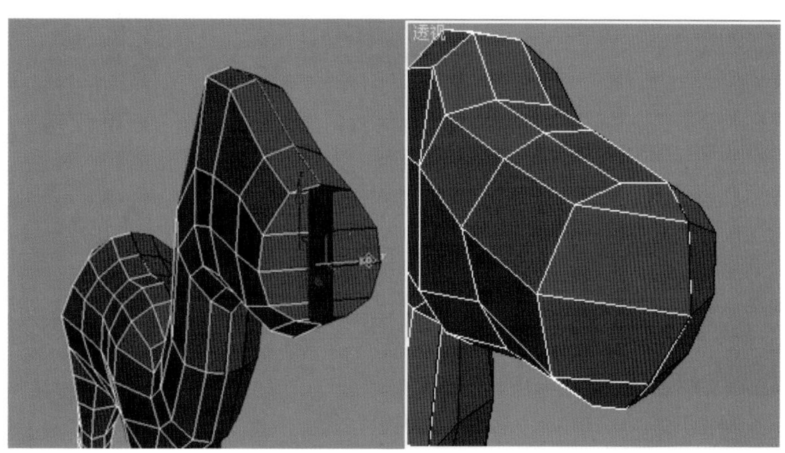


图2–41　将嘴部模型的前端封闭

（5）在前视图中，进入（顶点）层级，右击，在弹出的快捷菜单中选择“剪切”命令，为头部添加边。然后利用工具栏中的（选择并移动）工具，继续调整头部模型。效果如图2–42所示。

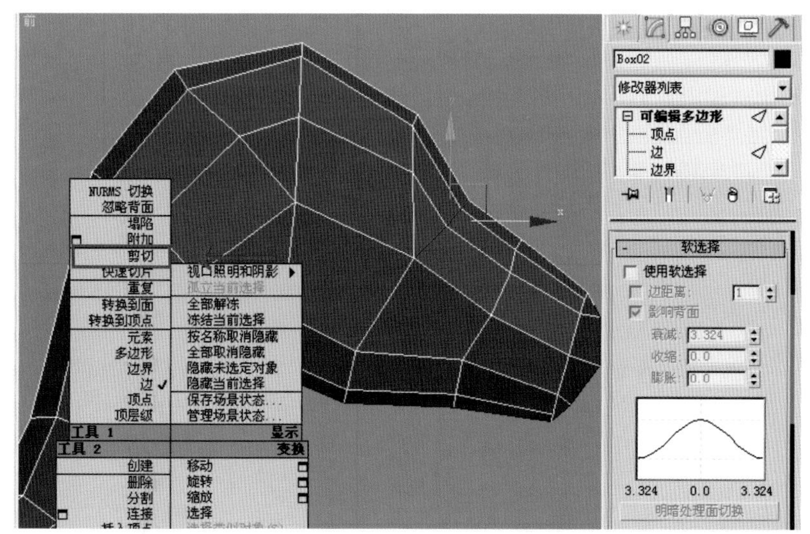


图2–42　使用“剪切”命令为头部模型添加线段

（6）做到这里模型主体基本完成，下面根据鹿的形体特点开始调整模型的整体形状。

鹿的形体特点为：臀部发达，有明显的腰身，四肢修长，蹄子小巧，脖子弯曲而纤细。制作的模型要体现出以上特点。

最终完成的效果如图2–43所示。

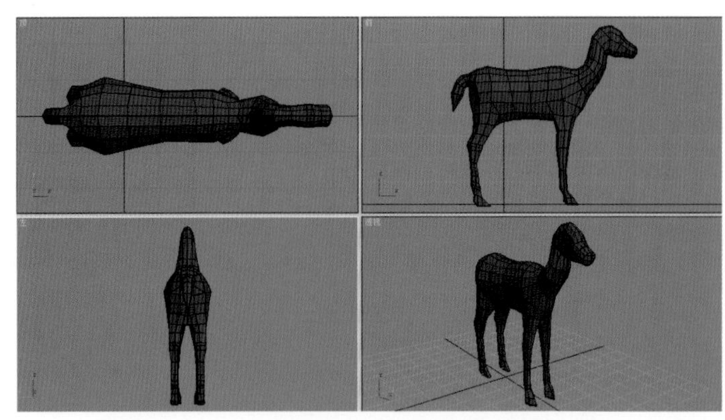

图2-43　在四视图模式下，观察身体的模型

（7）下面开始制作眼睛部分。方法：在前视图中进入（顶点）层级，如图2-44（a）所示。然后选中要制作眼睛的顶点，右击，在弹出的快捷菜单中选择“切角”命令，将眼睛位置切出。为了刻画眼睛的形状，下面进入（边）层级，利用 “剪切”工具为模型添加边，同时使用键盘上的<Backspace>键对多余边进行删除，效果如图2-44（b）所示。

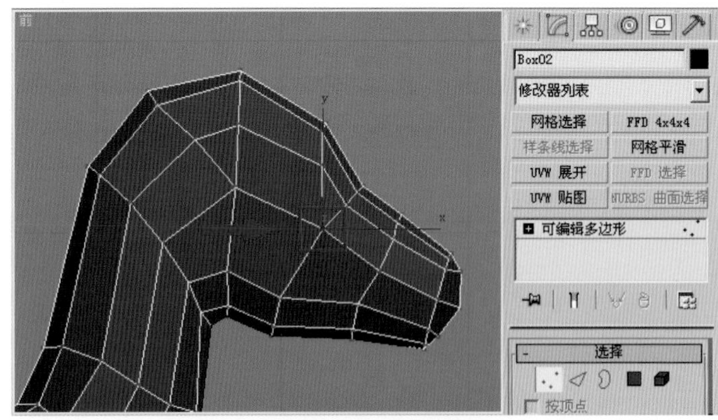


（a）选择需要切出眼睛的顶点

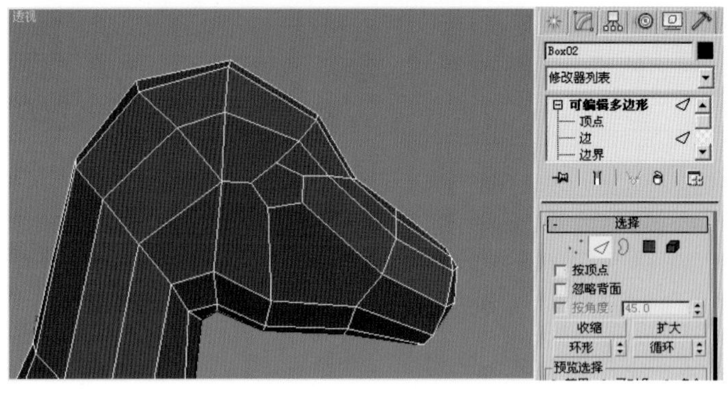


（b）刻画眼睛造型

图2-44　制作眼睛部分

（8）进入（多边形）层级，在透视图中选择眼睛的多边形，右击，在弹出的快捷菜单中选择“倒角”命令。然后拖动鼠标将选中的多边形向内挤进，并利用工具栏中的（选择

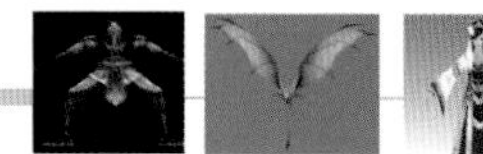

并均匀缩放）工具缩小选中的多边形，再单击结束。接着重复以上动作，最终完成的效果如图2–45所示。

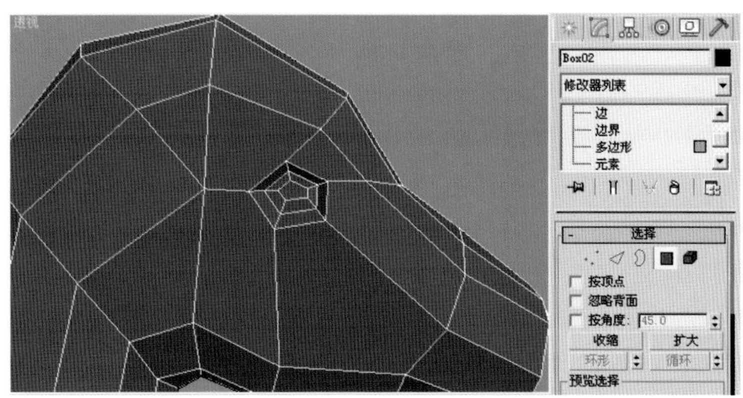


图2–45　刻画眼睛造型

（9）进入（顶点）层级，利用工具栏中的（选择并移动）工具进一步调整头型，并使用“剪切”命令添加边，调整模型效果如图2–46所示。

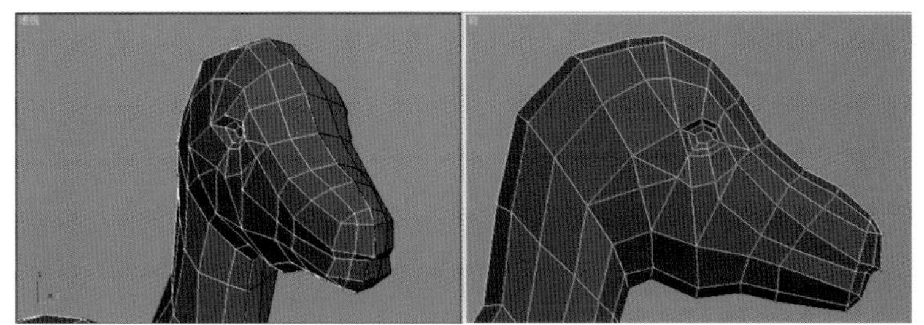

图 2–46　结合眼睛结构完善头部模型

（10）进入（顶点）层级，右击，在弹出的快捷菜单中选择“切角”命令，然后将耳朵位置切出，如图2–47所示。

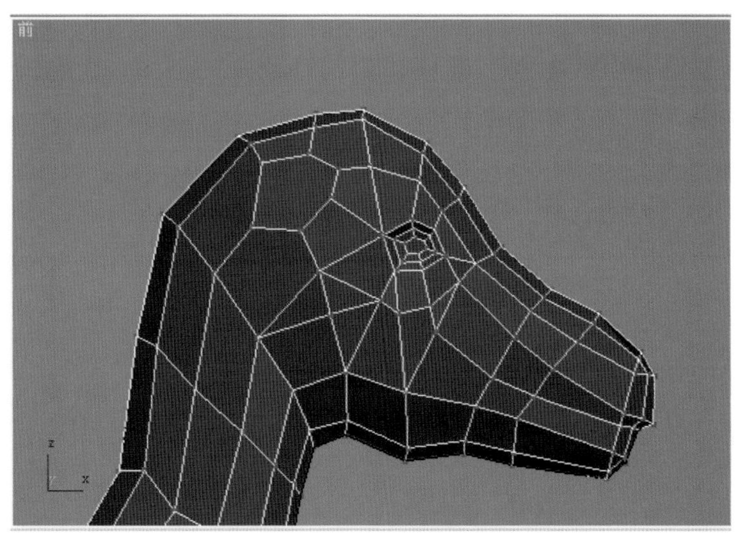


图2–47　切出耳朵的位置

（11）进入（多边形）层级，再次右击，在弹出的快捷菜单中选择“倒角”命令，拉出耳朵，如图2-48所示。

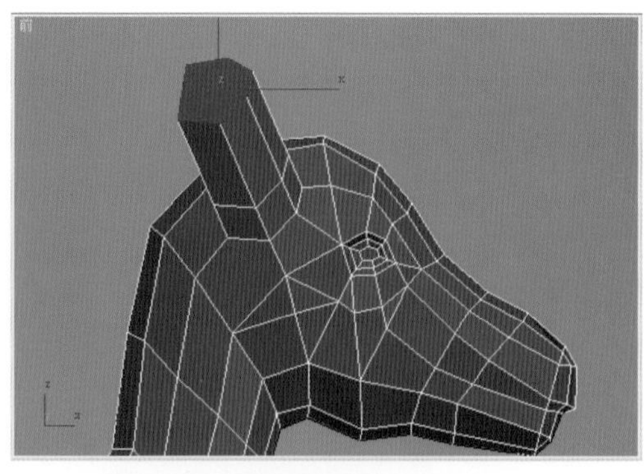

图2-48　用倒角命令拉出耳朵

（12）进入（顶点）层级，在透视图中利用工具栏中的（选择并移动）工具调整耳朵部位的顶点，使耳朵内部凹陷下去，如图2-49所示。

（13）右击，在弹出的快捷菜单中选择“快速切片”命令，为耳朵添加边，效果如图2-50所示。

（14）进入（顶点）层级，在顶视图中选择图2-51中A所示的顶点，右击，在弹出的快捷菜单中选择“切角”命令，然后切出鹿角的位置，如图2-51中B所示。

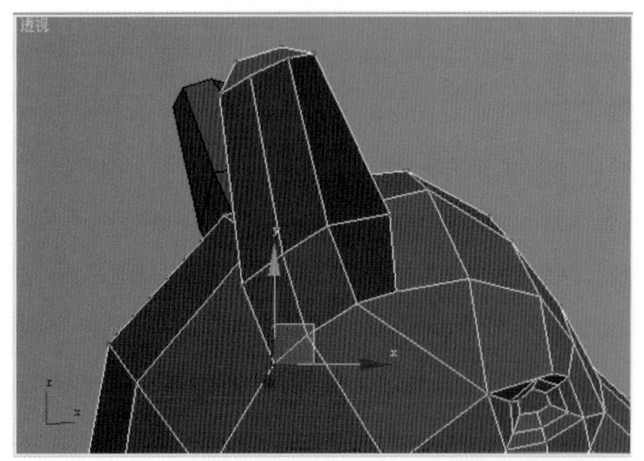

图2-49　调出耳朵形状

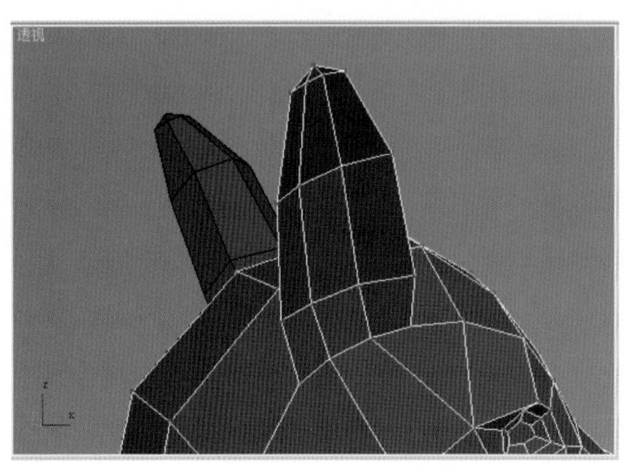

图2-50　为耳朵模型添加线段

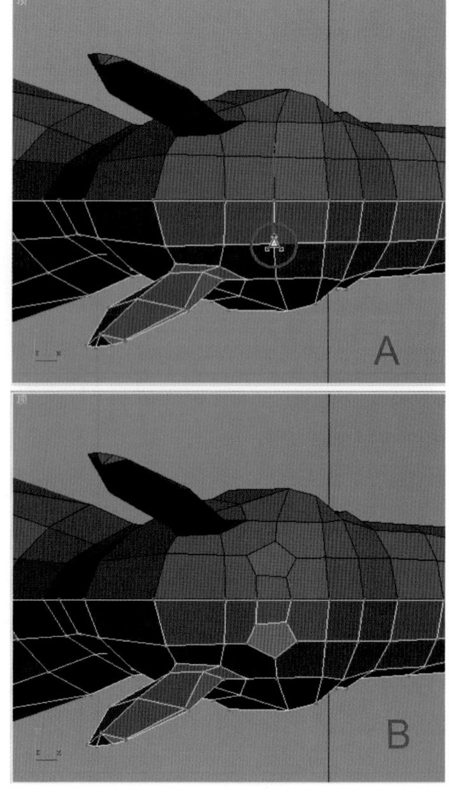


图2-51　切出鹿角位置

（15）制作鹿角。方法：进入（多边形）层级，在透视图中删除切出来的多边形。然后进入（边）层级，选中被删除多边形周围的边，按住<Shift>键，利用工具栏中的（选择并移动）工具向上逐渐拉出鹿角，接着右击，在弹出的快捷菜单中选择“塌陷”命令，对鹿角末端进行塌陷，从而形成尖角，如图2-52所示。

（16）制作出鹿角的分支。方法：进入（顶点）层级，右击，在弹出的快捷菜单中选择“切角”命令，然后在鹿角上切出分支鹿角的位置。接着进入（多边形）层级，删除选中的多边形。

再进入（边）层级，选中被删除多边形的边，按住<Shift>键，利用工具栏中的（选择并移动）工具拉出分支的鹿角。最后对鹿角分支末端进行塌陷，效果如图 2–53 所示。

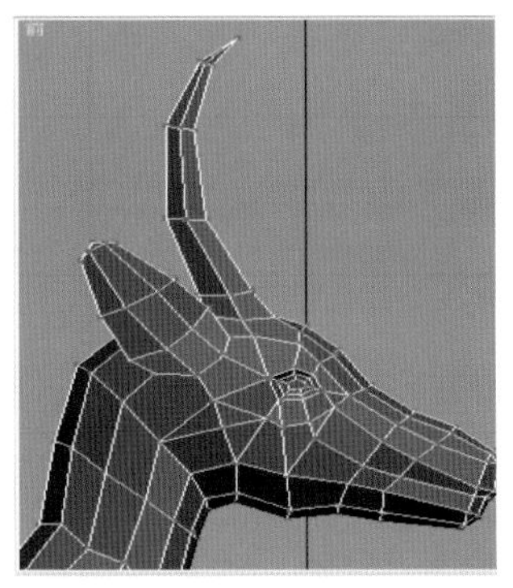

图2–52　向上拉出鹿角形状

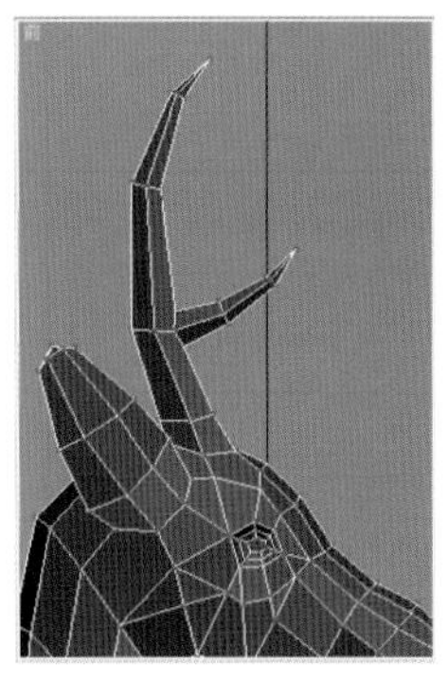

图2–53　拉出分支鹿角

（17）制作另一侧的鹿角模型。方法：进入（多边形）层级，在前视图中选择角的上半部分，然后按住<Shift>键，利用工具栏中的（选择并移动）工具，沿X轴移动，从而复制出新的鹿角，如图2–54中A和B部分所示。利用工具栏中的（选择并旋转）工具，将其旋转至合适位置，插入原鹿角中，如图2–54中C部分所示。

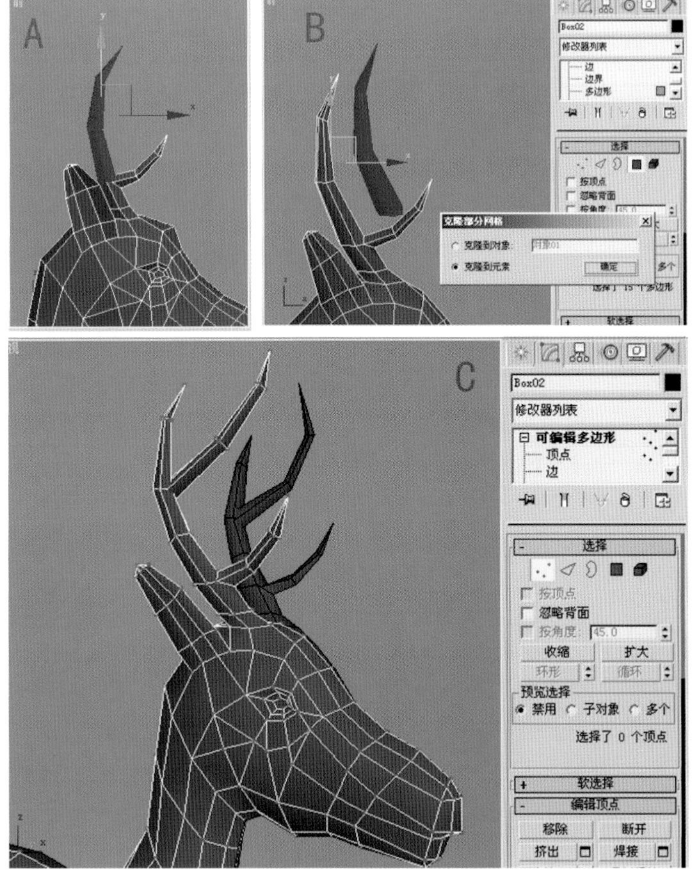


图2–54　鹿的头部最终完成效果

## 2.3 鹿的UV编辑及调整

接下来对模型进行UVW的编辑。只有为模型指定好UVW坐标以后，贴图才能被正确赋予模型。否则，再精美的贴图没有正确的UVW坐标，也会出现贴图错位而无法表现出应有的效果。在编辑模型UVW的过程中，要仔细分析模型细节，注意指定UVW坐标时的轴向和纹理结构。处理UVW时，一般的原则是将身体各部分的接缝放置到隐蔽的位置，再对接缝处做仔细的调节和结合。

**提 示**

UVW通常是指物体的贴图坐标，为了区别已经存在的XYZ，3ds Max用了UVW这3个字母来表示。其实U可以理解为X，V可以理解为Y，W可以理解为Z。因为贴图一般是平面的，所以贴图坐标一般只用到UV两项，W项很少用到。

在鹿的模型制作中，采取的是制作一半、复制一半的方法。为模型指定UVW贴图坐标的具体方法与模型创建过程基本相似，是先对一半模型进行UVW编辑，调整好以后使用“镜像”工具复制出另一半模型的UVW贴图坐标。

（1）按<M>键，或者单击工具栏中的（材质编辑器）按钮，打开材质编辑器。然后选择一个空白的材质球，单击“漫反射”右边的贴图按钮，如图2−55中A所示。在弹出的材质/贴图浏览器里选择“棋盘格”贴图，如图2−55中B所示，单击“确定”按钮。最后在平铺一项中，U、V都改为20，以便更容易观察UVW贴图是否准确，此时被选中的材质球就变成了黑白相间的棋盘格了，如图2−56所示。

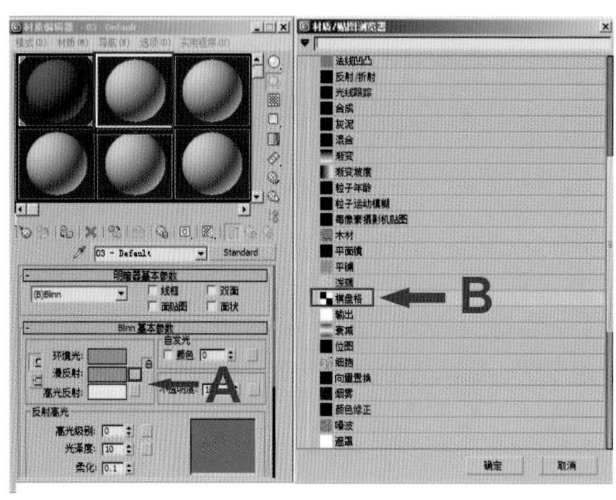


图2−55　选取材质和贴图

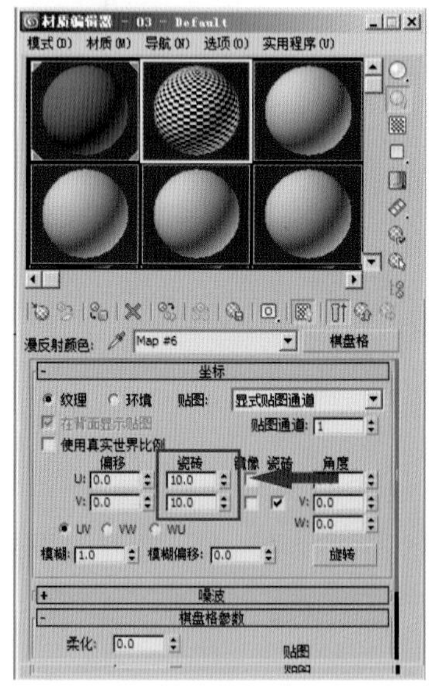


图2−56　设置贴图的平铺值

（2）选中视图中的模型，然后单击材质编辑器工具栏中的（将材质指定给选定的对象）按钮，如图2−57中A所示，将该材质指定到模型上。接着单击材质编辑器工具栏中的（在视口中显示标准贴图）按钮，在视图中显示出贴图，如图2−57中B所示。

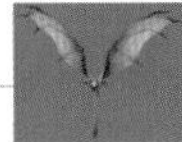

（3）此时没有指定好UVW坐标的模型，贴图会产生大量的拉伸和扭曲，完全不能表现出原有的结构，如图2－58所示。下面开始进入UVW贴图纹理编辑的过程。

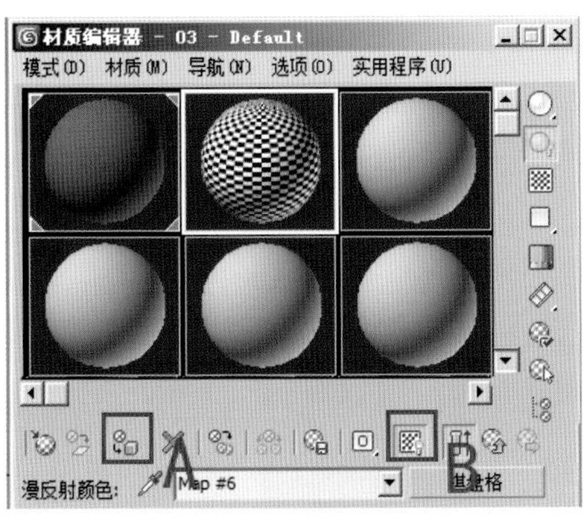


图2－57　将材质赋予模型

图2－58　没有指定UVW坐标的模型

（4）在前视图中进入（元素）层级，选中整个鹿角模型，在修改面板中单击“分离”按钮，如图2－59（a）所示，将鹿角和身体分开来。然后关闭（元素）层级，选中身体模型，在修改器列表中选择“UVW贴图”命令，为鹿的身体模型指定UVW贴图坐标。在参数一项中选择“平面”，如图2－59（b）中A所示。再在“对齐”选项里中选择Y轴，单击“适配”按钮，使贴图自动匹配坐标，如图2－59（b）中B所示。

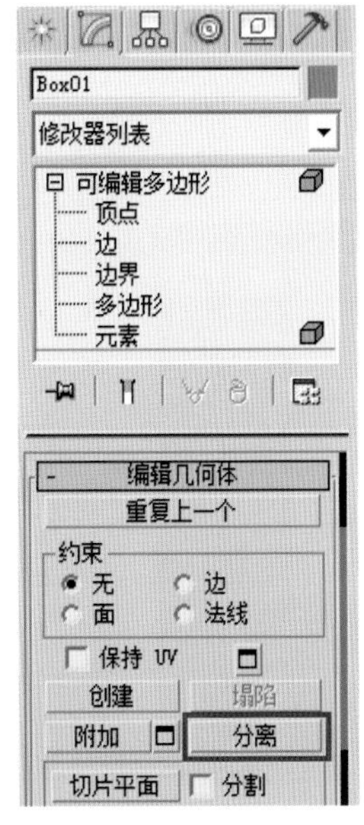


（a）选中身体模型，单击“分离”按钮

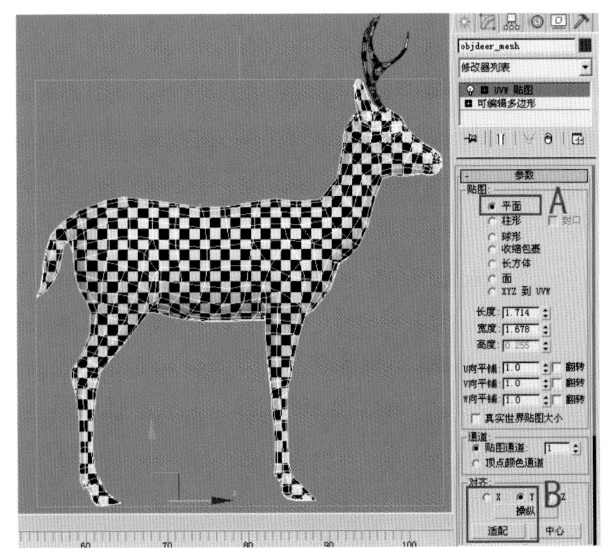


（b）UVW贴图

图2－59　为鹿的身体模型指定UVW贴图坐标

（5）现在模型上有些地方的棋盘格还不是正方形，利用工具栏中的（选择并均匀缩放），对棋盘格进行适当拉伸，如图2-60所示。

（6）执行修改器中的“UVW展开”命令，在参数一栏里单击“编辑”按钮，如图2-61中A所示，打开“编辑UVW”对话框，如图2-61中B所示。然后在“编辑UVW”对话框的选择模式里激活（边子对象模式），如图2-62中A所示。接着在透视图中将耳朵根部的边全部选中，如图2-62中B所示。再执行“编辑UVW”对话框菜单中的“工具|断开”命令，如图2-62中C所示，将耳朵部分的UVW与身体分开。

图2-60　通过缩放工具使UVW坐标与模型基本匹配

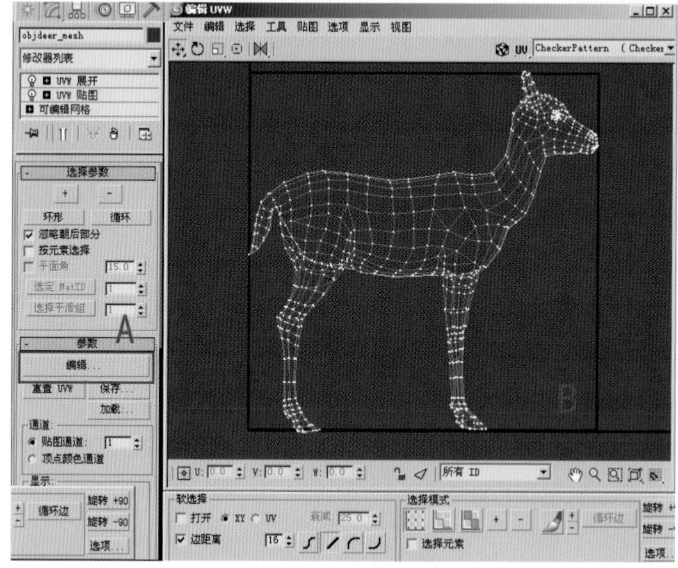


图2-61　打开UVW编辑器

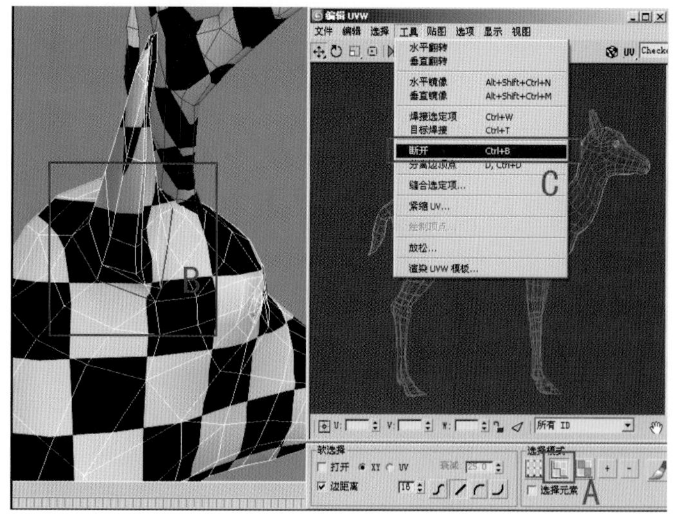


图2-62　断开耳朵的UV

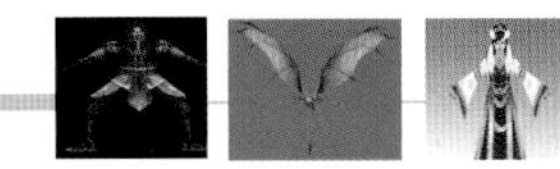



（7）为了方便绘制贴图，下面选中全部UV点，单击“编辑UVW”对话框工具栏中的（水平镜像）按钮，将UV翻转。

（8）观察模型，此时有拉伸的地方主要集中在边线部分，这些地方只能手动进行调节。方法：选中（顶点子对象模式），如图2－63中A所示。然后在UVW编辑器中选择（移动）工具，如图2－63中B所示。接着将UVW坐标顶点向外扩展拉扯，当移动UVW顶点时，模型上的贴图纹理也在跟着变化。

（9）调整完毕后保存UVW坐标。方法：如图2－63中C所示，在修改器堆栈中的“UVW展开”上右击，在弹出的快捷菜单中选择“塌陷全部”命令，即可保存UVW坐标。

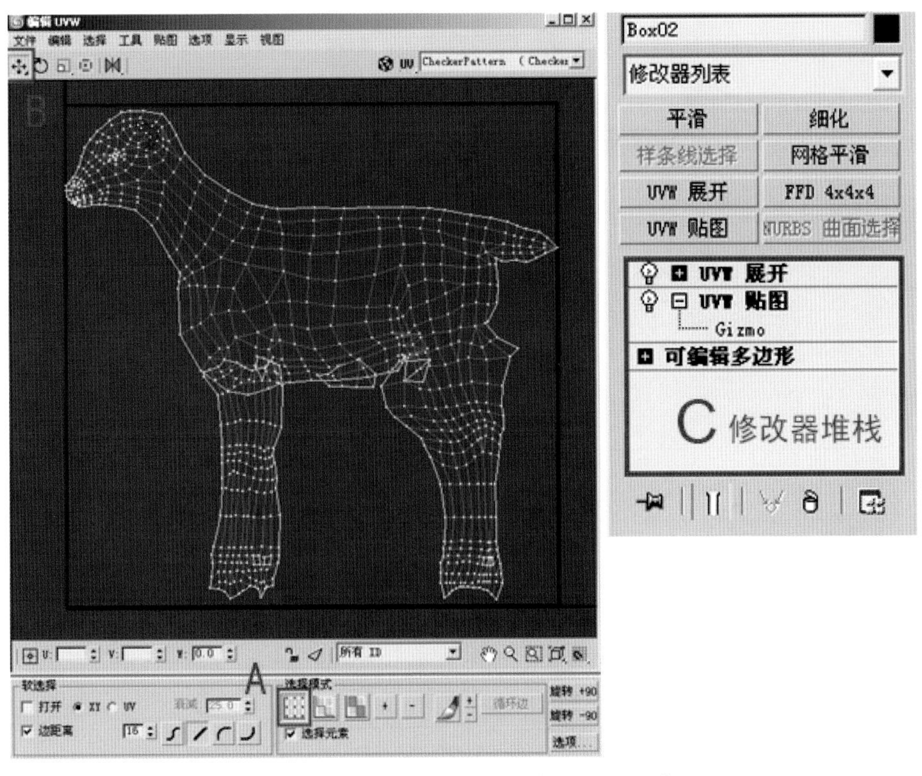


图2－63　编辑UVW贴图坐标并保存坐标

（10）再次执行修改器中的“UVW展开”命令，开始调整耳朵的UVW坐标。在“编辑UVW”对话框选择模式中激活（边子对象模式）按钮，然后在模型上选取耳朵的所有边，如图2－64（a）所示。接着执行UVW编辑器中的“工具|断开”命令，打断耳朵的UVW坐标。再选中“选择元素”复选框，将已打断的UVW一分为二，并分别进行摆放，如图2－64（b）所示。

**提　示**

将耳朵UVW坐标一分为二，是因为耳朵的正面和背面材质是不一致的，需要分别进行处理。

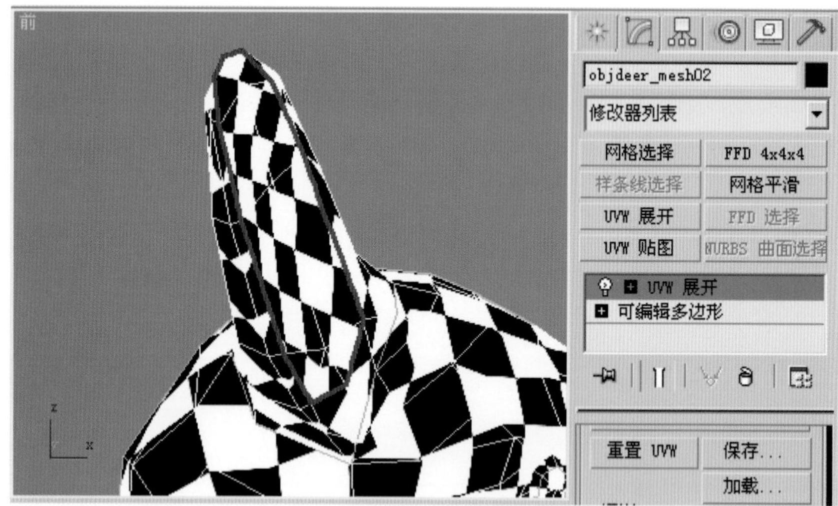


（a）在模型上选取耳朵的面

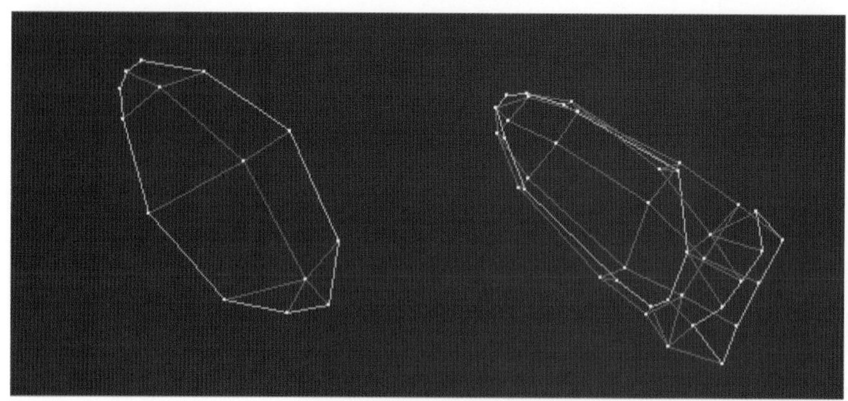

（b）将耳朵的UVW坐标从身体分离

图2−64　调整耳朵的UVW坐标

（11）参照身体和耳朵的UVW坐标的操作方法。下面选中鹿角模型，执行修改器中的 “UVW贴图”命令，在贴图参数选择“平面”，在对齐参数选择X轴，再单击“适配”按钮。然后激活UVW贴图选项，使其显示为高亮。利用工具栏中的（选择并均匀缩放）工具，沿着Y轴缩放，将棋盘格调整为正方形。接着执行修改器中的“UVW展开”命令，单击“编辑”按钮，进入UVW编辑器，调整鹿角的UVW坐标直到贴图不再扭曲拉伸。最后在修改器堆栈中塌陷保存调整好的UVW坐标，如图2−65所示。

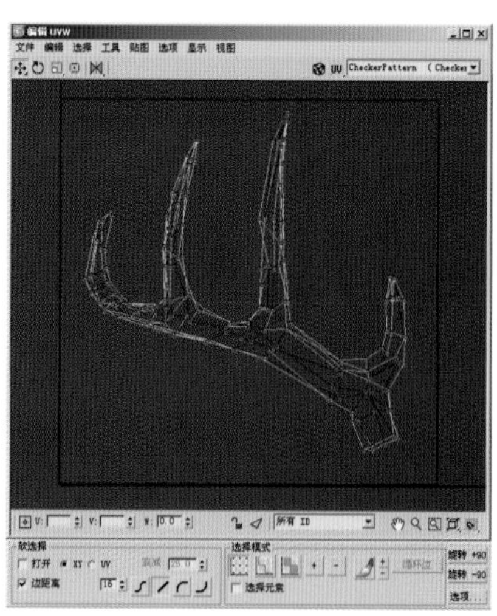

图2−65　鹿角的UVW坐标线框

（12）选中鹿的模型，右击，在弹出的快捷菜单中选择“附加”命令，将鹿和鹿角合并在一起。再次执

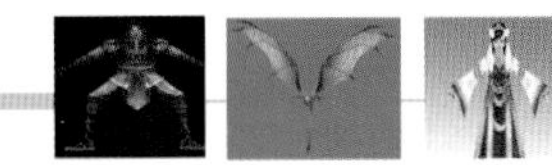

行修改器中的“UVW展开”命令。接着单击“编辑”按钮，进入UVW编辑器，将鹿的身体各部分UVW坐标线框合理排放，做到充分利用UVW第一象限的所有空间，但不能超过象限的边界。鹿的躯干部分要尽可能放大，再在剩下空余的位置排放其他部分的UVW线框，但是不能重叠交叉。最后完成的UVW坐标排放如图2–66所示。下面在修改器堆栈“UVW展开”命令上右击，在弹出的快捷菜单中选择“塌陷全部”命令，保存UVW。

（13）在UVW编辑器里，执行菜单中的“工具|渲染UVW模板”命令，在弹出的对话框中将高度和宽度改为1024×1024，如图2–67中A部分所示。然后单击“渲染UV模板”，得到一张1024×1024像素的UVW线框位图。如图2–67中B部分所示，单击“保存位图”命令，将位图保存为“配套光盘\贴图\第2章　网络游戏中四足动物NPC设计——鹿的制作\deer_uv.tga”。

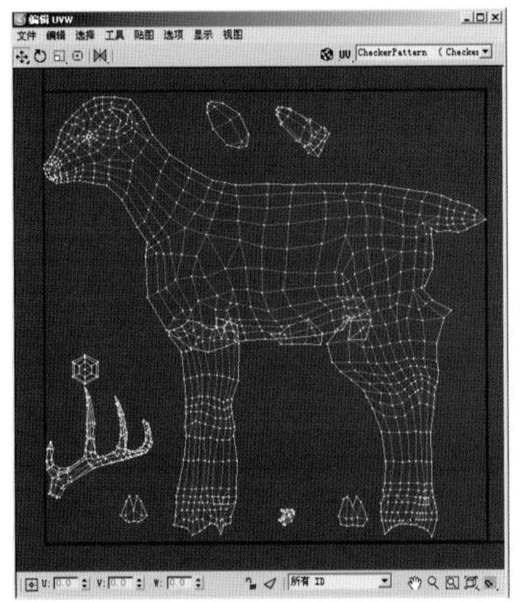


图2–66　鹿的UVW

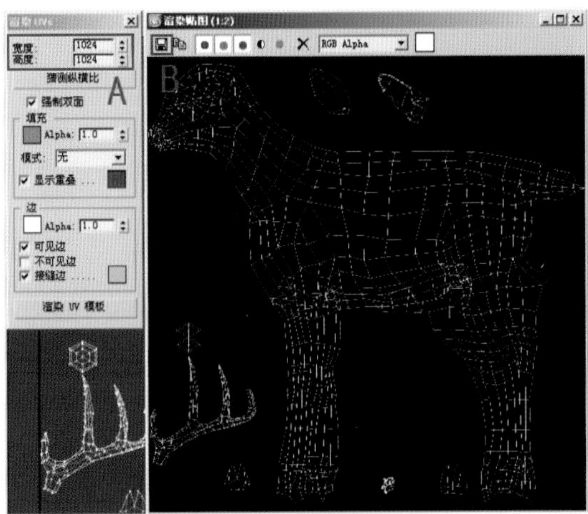


图2–67　输出鹿的UVW图



## 2.4　鹿的贴图绘制

前面完成了整个鹿的模型制作和UVW贴图的指定，接下来在Photoshop绘图软件中为鹿绘制贴图。贴图绘制的好坏，将直接影响整个模型的成败。优秀的贴图必须尽可能符合原画设定，使整个模型作品形神兼备。

下面使用绘图软件Photoshop开始绘制贴图。

（1）打开Photoshop，执行菜单中的“文件|打开”命令，打开前面保存的“配套光盘\贴图\第2章　网络游戏中四足动物NPC设计——鹿的制作\deer_uv.tga”文件。打开后基本界面如图2–68所示。

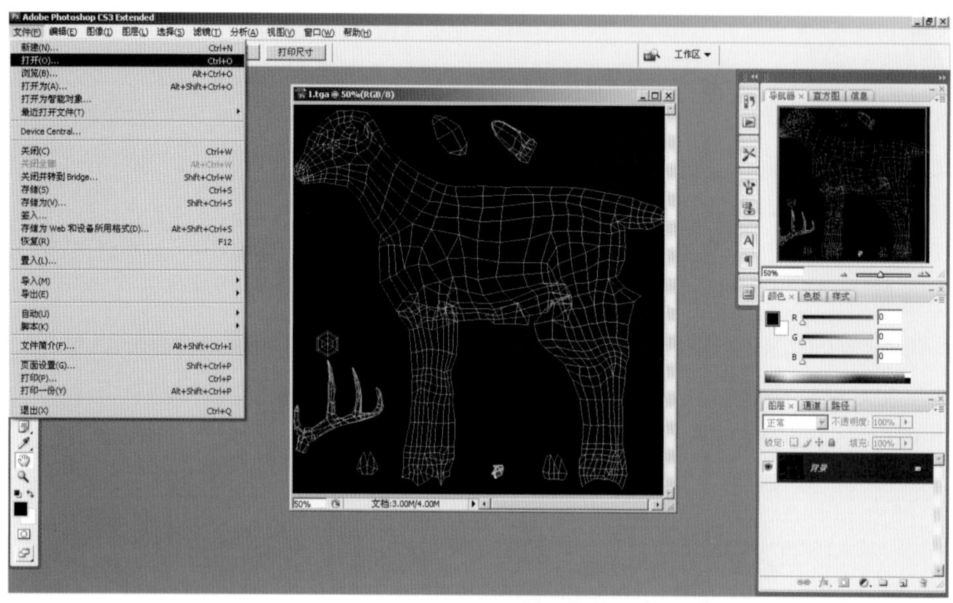

图2–68 Photoshop界面

（2）现在只需要图中的线框，以便在绘制贴图中提供定位参考。所以在绘制贴图之前，需要先删除图中黑色的背景，提取线框。方法：单击图层面板下方的 （创建新图层）按钮，如图2–69中A部分所示。然后选择背景图层，如图2–69中B部分所示。最后执行菜单栏中的“选择|色彩范围”命令，在弹出的“色彩范围”对话框中选中“反相”复选框，再在打开的“deer_uv.tga”图像上的黑色部分单击，此时“色彩范围”对话框显示如图2–70中A所示，单击“确定”按钮，此时“deer_uv.tga”图像上的线框部分就被选中了，如图2–70中B所示。

图2–69 图层面板

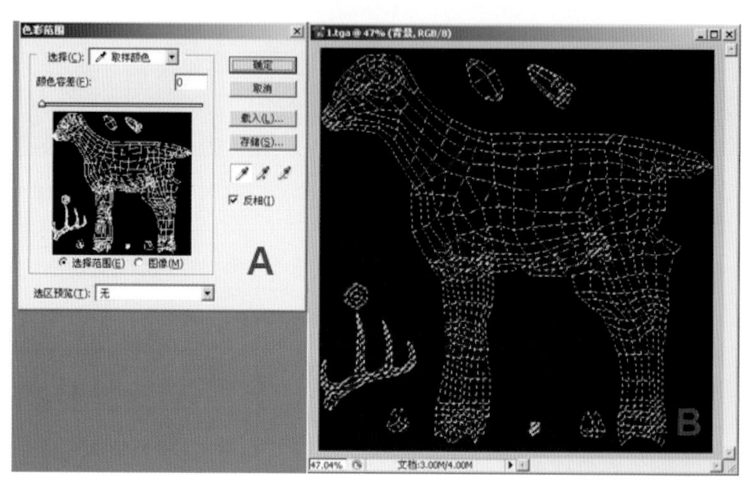


图2–70 提取线框步骤

（3）此时Photoshop操作界面左侧工具栏下方的背景颜色为白色，如图2–71中A所示。下面在图层面板里的中选择“图层1”，如图2–71中B所示，按<Ctrl+Delete>组合键，使用背景颜色填充上一步骤里选中的选区，然后按<Ctrl+D>组合键取消选区。接着在图层面板中选择背景图层，按<Alt+Delete>组合键，使用前景色将背景层填充为黑色。此时鹿的UVW线框所在的“图层1”被填充为白色线条，背景层被填充为黑色。

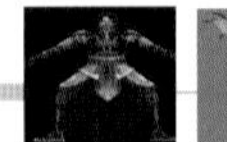
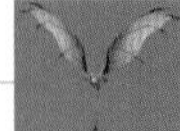

**提 示**

Photoshop快捷键使用说明，按<Ctrl+Delete>为使用背景色填充，按住<Alt+Delete>组合键为使用前景色填充。

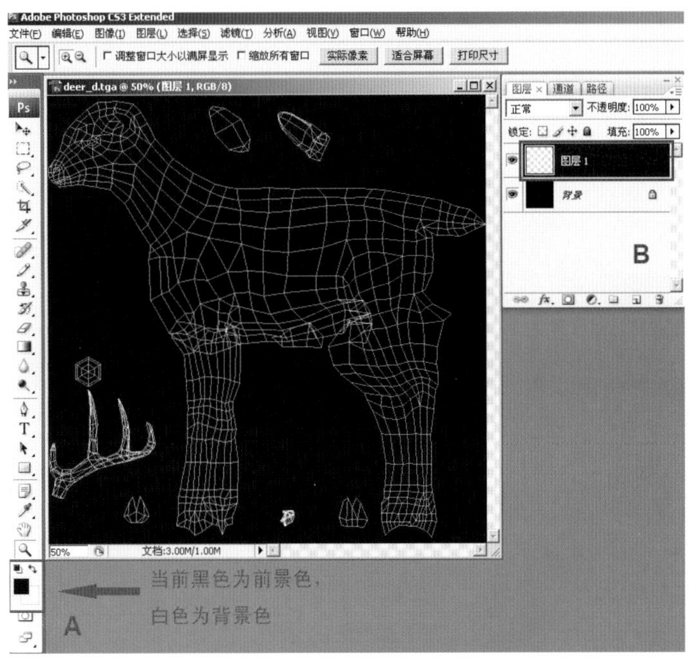


图2–71 提取线框完成

（4）选中背景层，单击图层面板下方的 （创建新图层）按钮，新建“图层2”，然后打开“配套光盘\贴图\第2章 网络游戏中四足动物NPC设计——鹿的制作\鹿的参考图.bmp”文件。执行菜单中的“选择|色彩范围”命令，选中“反相”复选框，然后吸取“鹿的参考图.bmp”中的黑色部分，单击“确定”按钮，此时就从原画中提取了鹿的选区，作为直接绘制贴图的素材，如图2–72所示。

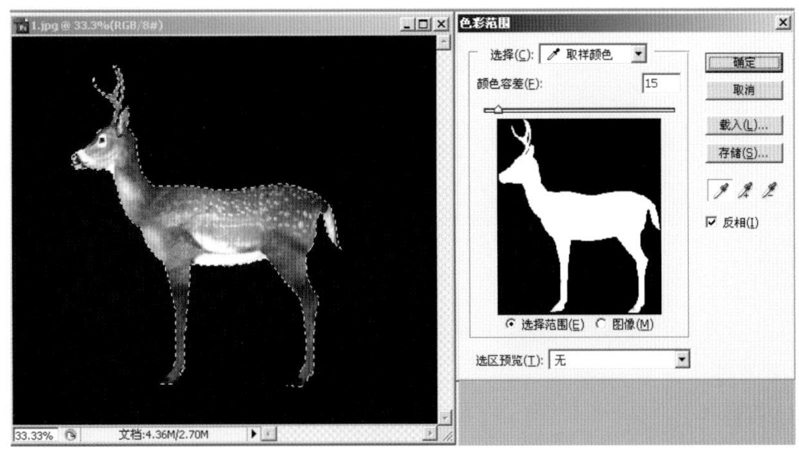


图2–72 从原画中选取鹿的图片

（5）选择工具箱中的▭（矩形选框工具），在鹿的选区内右击，在弹出的快捷菜单中选择“羽化”命令，然后在弹出的“羽化选区”对话框中将“羽化半径”设置为20，如图2－73中A所示，单击“确定”按钮。接着将选择的鹿的图片利用 （移动工具）从原画中拖入“图层2”中作为基础材质。UVW图上的材质尺寸有点小，按<Ctrl+T>组合键使用自由变换命令，按住<Shift>键，拖动变化框将鹿材质拉大，尽量匹配UVW坐标，按<Enter>键确定，如图2－73中B所示，此时图层分布如图2－73中C所示。

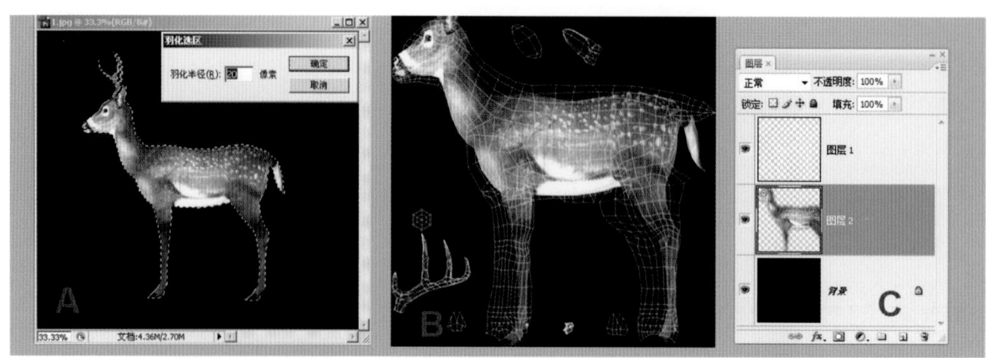


图2－73　调整鹿的材质匹配UVW线框

（6）利用工具箱中的 （套索工具）框选“图层2”中鹿的身体部分，然后右击，在弹出的快捷菜单中选择“羽化”命令，在弹出的“羽化选区”对话框中设置“羽化半径”为20，如图2－74中A所示，单击“确定”按钮。接着按<Ctrl+J>组合键，将被选中身体部分复制到新的“图层3”上。最后选择“图层3”，按<Ctrl+T>组合键，对其进行自由变换，放大鹿的身体，使其略微超过UVW线框，如图2－74中B所示。

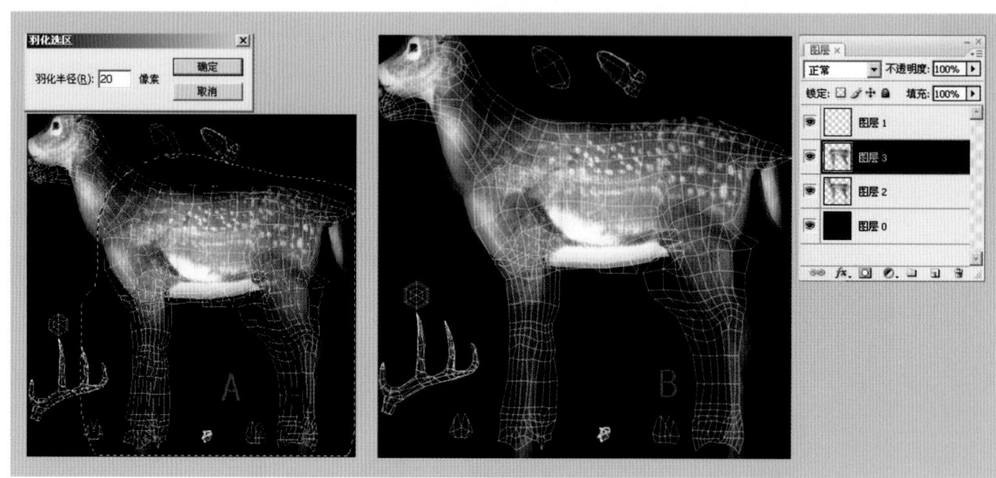


图2－74　制作鹿的身体的贴图

（7）利用工具箱中的 （套索工具）框选“图层2”中鹿的尾巴部分，然后右击，在弹出的快捷菜单中选择“羽化”命令，在弹出的“羽化选区”对话框中设置“羽化半径”为10。接着按<Ctrl+J>组合键，将被选中的尾巴部分复制到新的“图层4”上。最后按<Ctrl+T>组合键，对其进行自由变换，缩放大小并旋转尾巴与UVW的角度匹配，再摆放到合适的位置。

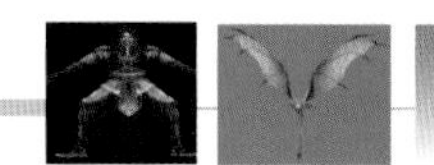
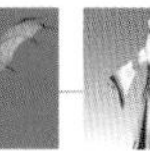

（8）利用工具箱中的（橡皮擦工具），选择软笔刷，设置不透明度为25%，如图2–75中A部分所示。然后选中“图层4”，如图2–75中B所示，擦除尾巴和身体衔接处，使其过渡更加自然。调整完毕后，单击图层面板左上角的标记，在弹出的快捷菜单中选择“向下合并”命令，如图2–75中C所示，将“图层3”与“图层4”合并到一个层。

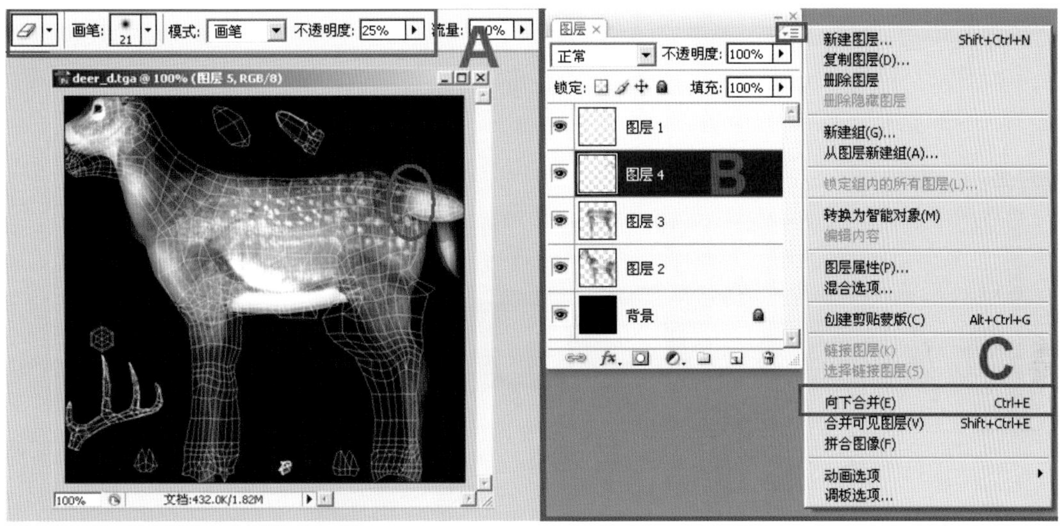


图2–75　使用橡皮擦工具处理“图层4”，然后合并“图层3”与“图层4”

（9）同理，制作头部，头部最终效果如图2–76（a）所示。然后单击“图层1”（UVW线框）前的图标，隐藏UVW线框层，如图2–76（b）所示。接着执行菜单中的“文件|保存”命令，将刚刚制作好的鹿的贴图保存为“配套光盘 \贴图\第2章　网络游戏中四足动物NPC设计——鹿的制作\deer_d.tga”文件。

（a）头部贴图制作效果

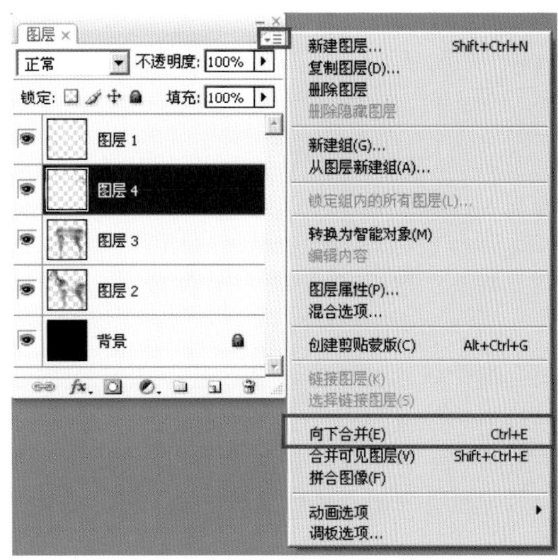


（b）隐藏UVW线

图2–76　制作头部

（10）现在把材质赋予模型看效果。方法：运行3ds Max 2012，打开鹿的模型，单击工具栏中的（材质编辑器）按钮（或者按<M>键），进入材质编辑器。然后选择一个空白的材质球，单击“漫反射”右侧的方框，如图2–77（a）中A所示，从弹出的对话框中选择“位图”命令，如图2–77（a）中B所示，接着在弹出的对话框中找到刚才保存的“配套光盘 \贴图\第2章　网络游戏中四足动物NPC设计——鹿的制作\deer_d.tga”贴图文件，单击“确定”按钮。最后选中视图中鹿的模型，单击材质编辑器工具栏中的（将材质指定给选定的对象）和（在视口中显示标准贴图）按钮，将材质指定给鹿的模型并在视图中显示贴图，效果如图2–77（b）所示。

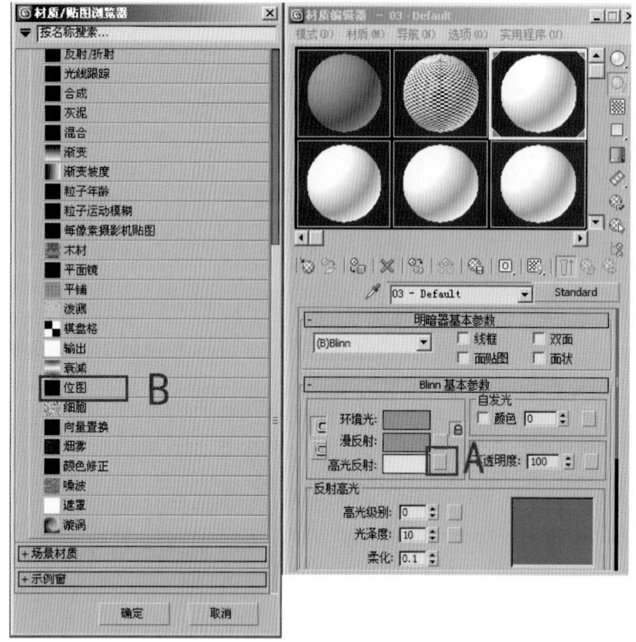


（a）将贴图赋予模型

（b）将材质指定给鹿的模型并在视图中显示贴图

图2–77　把材料赋予模型

（11）此时观察模型会发现鹿的眼睛位置错位了，下面返回Photoshop进行修改。方法：利用工具箱中的（缩放工具），将“配套光盘 \贴图\第2章　网络游戏中四足动物NPC设计——鹿的制作\deer.tga”中鹿的头部原图放大。然后利用工具箱中的（套索工具）框选“图层2”中鹿的眼睛部分，再右击，在弹出的快捷菜单中选择“羽化”命令，在弹出的“羽化选区”对话框中设置“羽化半径”为10，单击“确定”按钮。接着按<Ctrl+J>组合键，将其复制到新的“图层4”上。接着利用（移动工具），将眼睛移动到UVW坐标指示的位置。

（12）开始制作腿部，方法：选择工具箱中的（仿制图章工具），按住<Alt>键的同时将光标放在适合的纹理处单击，复制纹理，然后在空白处单击将纹理复制到目标区域。同理，重复这一动作，直到将腿部空白的UVW线框填满，如图2–78所示。接着隐藏线框，效果如图2–79所示。按<Ctrl+S>组合键保存文件。

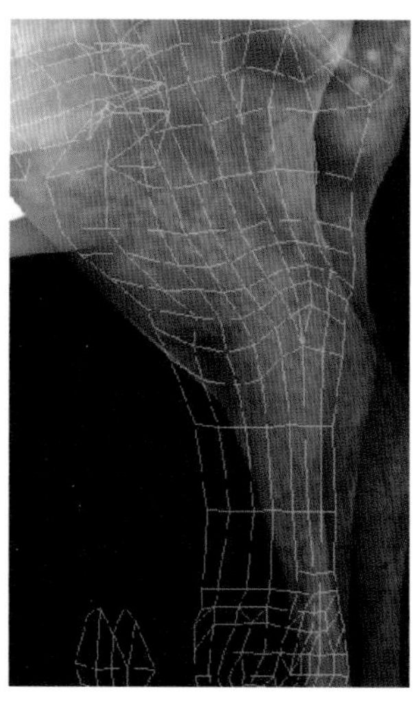
图2-78　腿部贴图绘制

图2-79　贴图效果

（13）打开“配套光盘\贴图\第2章　网络游戏中四足动物NPC设计——鹿的制作\耳朵.tga”文件，然后使用（移动工具）把耳朵拖入贴图文件。然后根据耳朵的UVW坐标指示，执行菜单中的“编辑|自由变换”命令，把耳朵进行缩放调整，如图2-80所示。

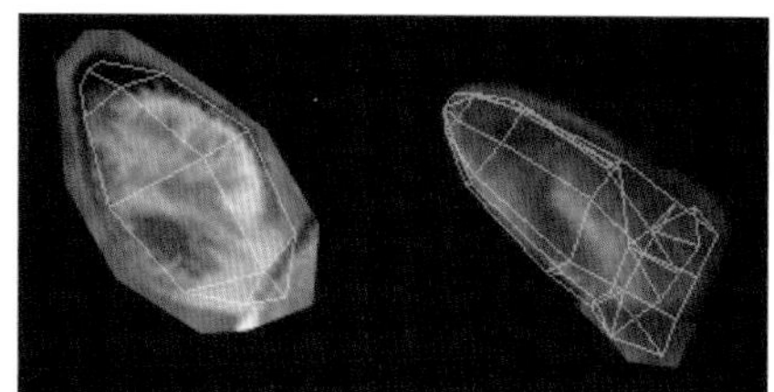
图2-80　耳朵贴图

（14）在Photoshop中打开“配套光盘\贴图\第2章　网络游戏中四足动物NPC设计——鹿的制作\鹿角.tga”文件，根据耳朵的操作步骤，将鹿角图片也拖入贴图文件，并对齐鹿角的UVW线框，如图2-81所示。用橡皮擦处理这两处的边线，完成贴图如图2-82所示。

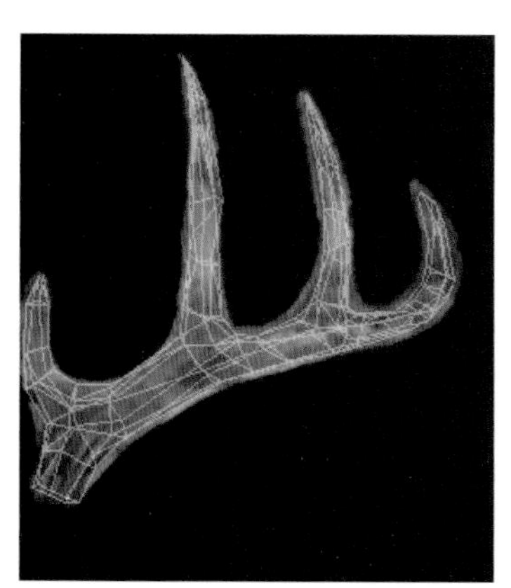
图2-81　鹿角贴图

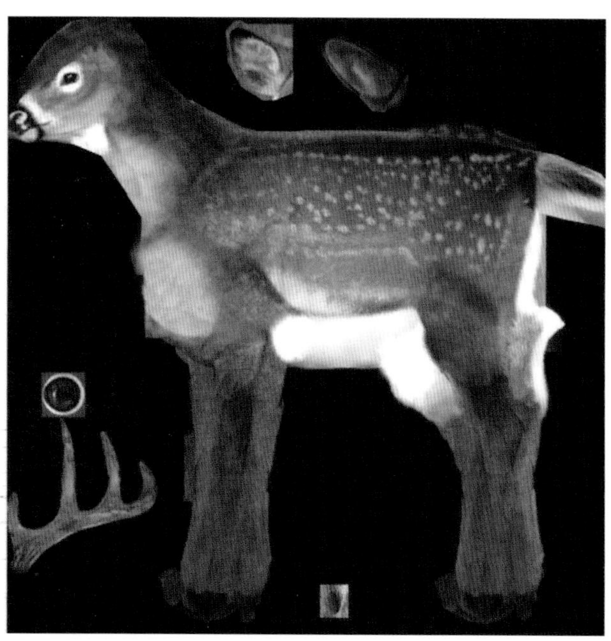
图2-82　贴图最终效果

（15）在Photoshop中打开“配套光盘\贴图\第2章　网络游戏中四足动物NPC设计——鹿的制作\眼睛.tga”文件，选取眼睛材质，拖入贴图文件，并对齐眼睛的UVW线框。

（16）将“配套光盘\贴图\第2章　网络游戏中四足动物NPC设计——鹿的制作\deer_d.tga”贴图赋予给鹿的模型，最终完成效果如图2-83所示。渲染后的效果如图2-84所示。

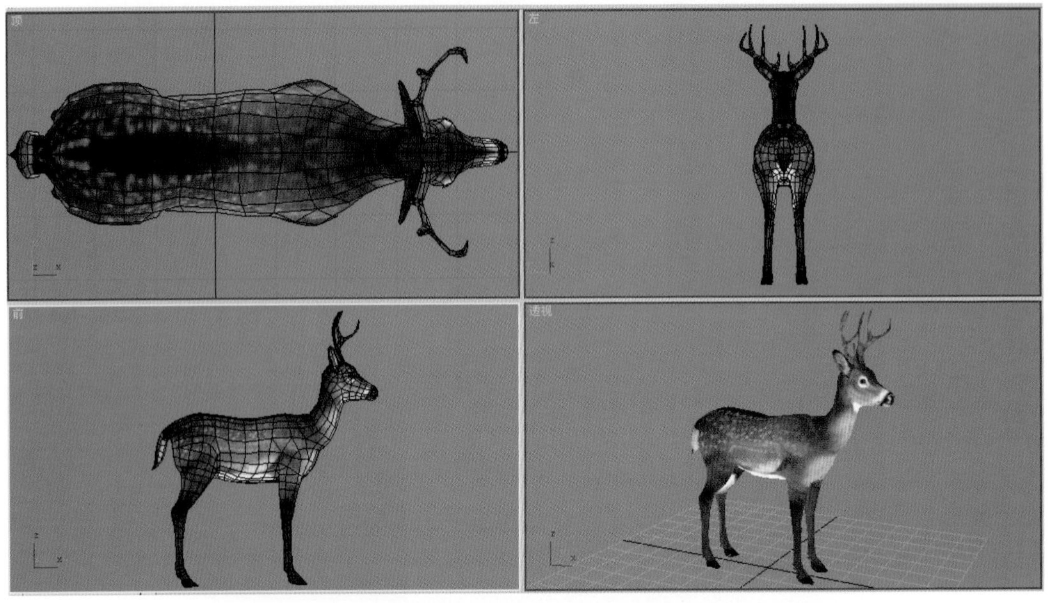

图2-83　模型最终完成效果

图2-84　模型最终渲染效果

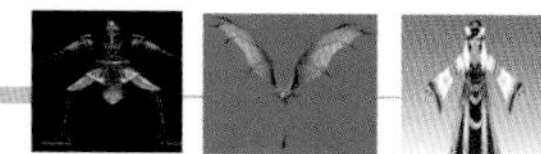

## 课后练习

### 一、填空题

1. 在游戏制作过程中，大部分游戏角色、场景、道具等模型基本上以____________建模方法来完成。

2. 在创建游戏角色的模型时，通常使用____________修改器来调整模型的大体形状。

3. 在“UVW展开”修改器层次中，包括____________、____________、____________3个层级。

### 二、问答题

1. 简述在创建游戏模型时，将几何体转换为可编辑多边形物体的方法。

2. 简述保存指定给模型多个修改器后的调整结果的方法。

### 三、操作题

制作图2-85所示的动物NPC效果。

图2-85　四足动物NPC效果

# 第3章

# 网络游戏中飞行动物NPC设计——吸血蝙蝠的制作

本章主要讲解游戏中比较常见的飞行动物NPC——吸血蝙蝠的制作方法。本例效果图及UVW展开图如图3-1所示。放置到编辑器中进行测试的最终效果如图3-2所示。通过本章学习，读者应掌握游戏中飞行动物NPC——吸血蝙蝠的建模方法和美术表现技巧，以及使用“由面角松弛”方式编辑UV的方法，最终加深对游戏NPC角色的制作流程的理解。

图3-1　吸血蝙蝠NPC的最终效果图

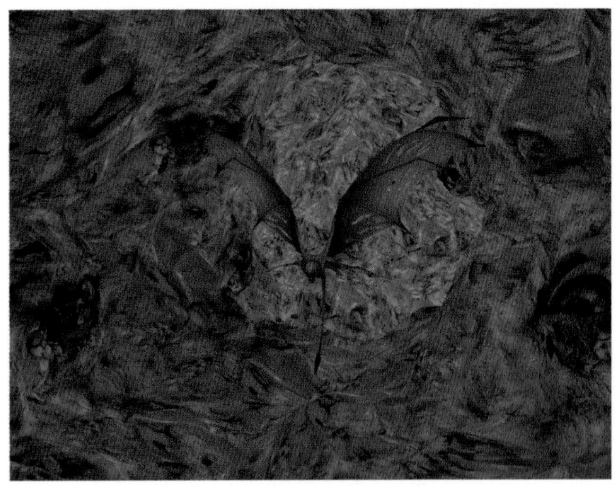

图3-2　放在编辑器里的测试效果

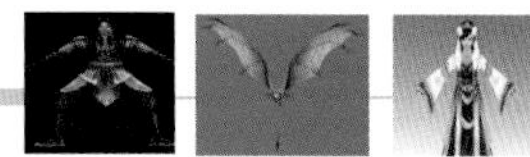

## 3.1　原画造型的设定分析

在制作游戏角色模型之前，需要对原画（本例原画设定存放于“配套光盘\贴图\第3章　网络游戏中飞行动物NPC设计——吸血蝙蝠的制作\吸血蝙蝠原画.jpg”，如图3–3所示）进行分析，以便在以后的制作中准确地把握形体和合理绘制贴图效果，更好地对角色细节进行刻画。在游戏设计过程中，首先是确定飞行动物身体和头部基本比例结构，然后按照从局部到整体的制作思路，制作出翅膀等肢体部分的造型，最后可以对一些细节部位进行单独刻画，比如牙齿的造型。

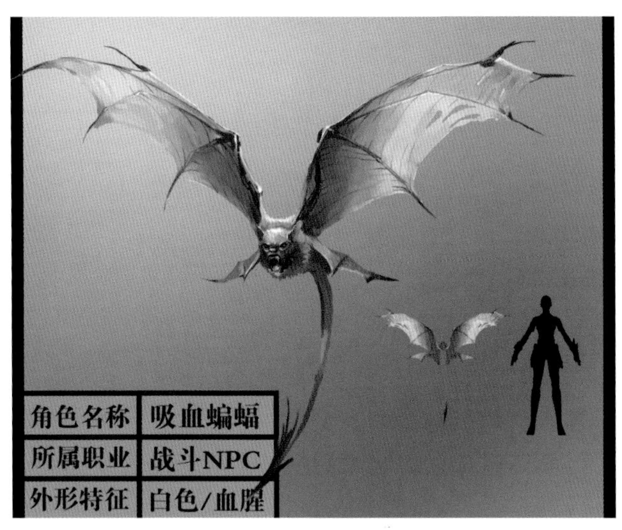


图3–3　飞行动物原画设定

本例要制作的飞行动物NPC设计——吸血蝙蝠的标准设定文案如下：

（1）背景：此角色表现是一个游戏中的城外NPC。形态比较邪恶丑陋，属于游戏中的任务类NPC。

（2）特征：小体型，行动敏捷，飞行速度较快。

（3）技能：物理攻击，同时具有嗜血攻击的手段。

## 3.2　单位设置

在制作游戏角色之前，要根据项目要求来设置软件的系统参数，包括单位尺寸、网格大小、坐标点的定位等。不同的游戏项目，对系统参数有着不同的特殊要求。本例使用的是游戏开发中比较通用的设置方法。

（1）进入3ds Max 2012操作界面，然后执行“自定义|单位设置”命令，在弹出的“单位设置”对话框中选择“公制”单选按钮，再从下拉列表框中选择“米”，如图3–4所示。接着单击“系统单位设置”按钮，在弹出“系统单位设置”对话框中将“系统单位比例”设置为“1单位=1.0米”，如图3–5所示，单击“确定”按钮，从而完成系统单位设置。

（2）设置系统显示内置参数，这样可以在制作中看到更真实（无须通过渲染才能查看）

的视觉效果。方法：执行“自定义|首选项”命令，弹出“首选项设置”对话框，选择“视口”选项卡，如图3–6所示，然后单击“显示驱动程序”下的“选择驱动程序”按钮，设置为“Direct3D”，如图3–7所示，从而完成显示设置。

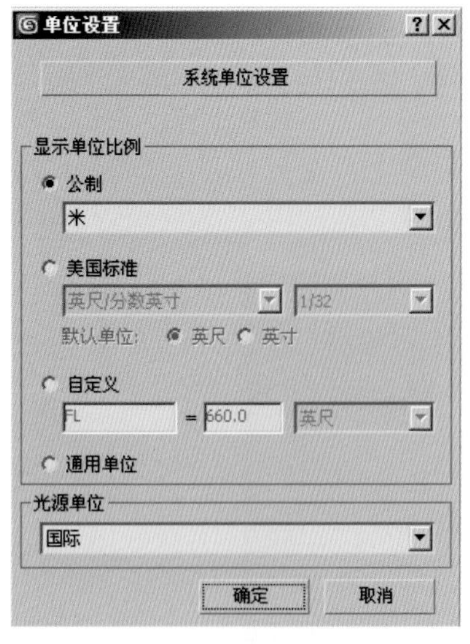


图3–4　“单位设置”对话框

图3–5　设置系统单位

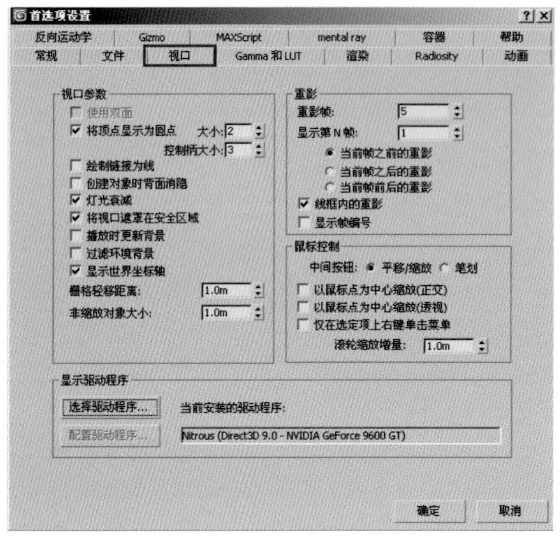


图3–6　选择“视口”选项卡

图3–7　选择“Direct3D”单选按钮

## 3.3　制作吸血蝙蝠的模型

对于制作一个游戏中的动物角色来说，深入刻画的身体结构与形体表现，可以直接影响后期的贴图及动画的制作品质，好的形体表现能够让角色充满生命力，更具感染力。飞行动物模型的制作分为身体、头部和翅膀3部分。

 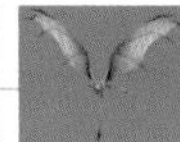 

## 3.3.1 制作吸血蝙蝠的身体

（1）打开3ds Max 2012软件，单击（创建）面板下（几何体）中的“圆柱体”按钮，在视图中创建一个圆柱体。然后在（修改）面板中设置模型的半径、高度、高度分段、端面分段、边数的值分别为3m，8m，5，1，10，如图3–8所示。接着右击视图中的圆柱体，在弹出的快捷菜单中选择“转换为|转换为可编辑多边形”命令，如图3–9所示，将圆柱体转换为可编辑多边形。

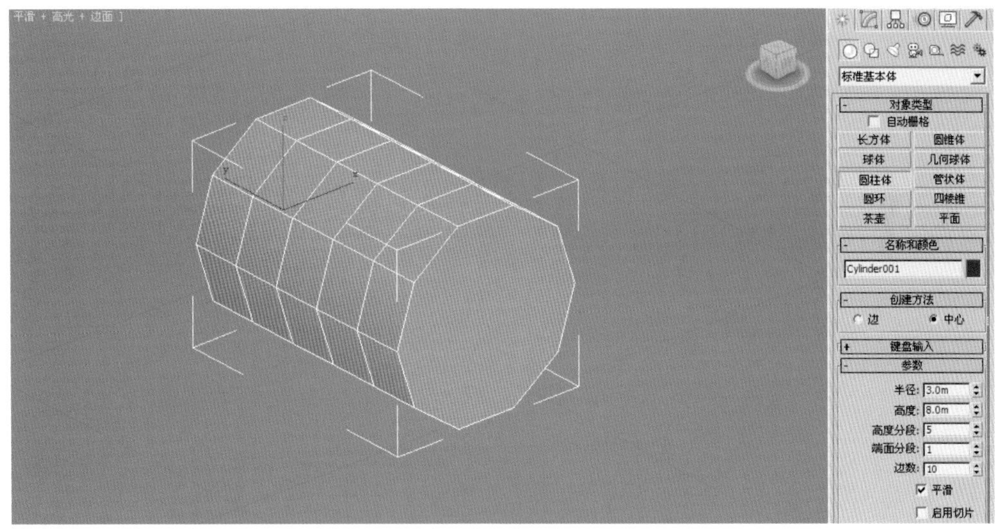


图3–8 创建圆柱体

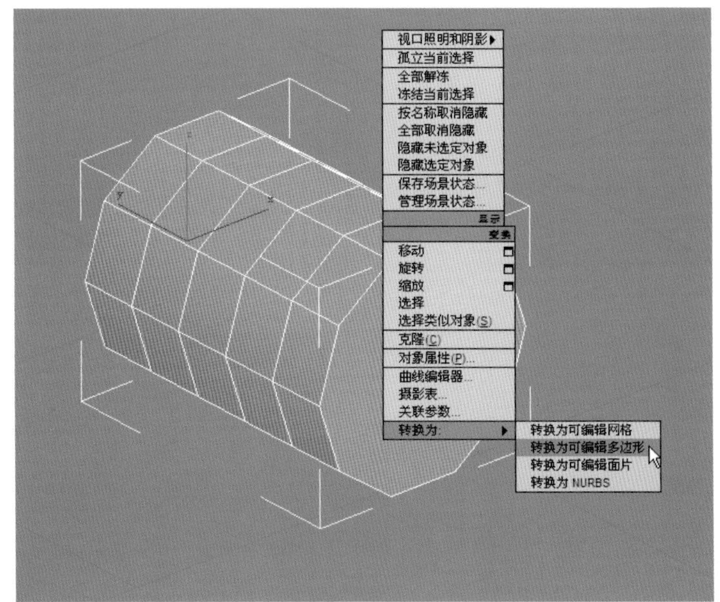


图3–9 转换为可编辑的多边形

（2）进入（层次）面板中“轴”标签，依次单击“仅影响轴”和“居中到对象”按钮，如图3-10中A所示，然后进入 （修改）面板将圆柱体的X、Y、Z坐标归零，如图3-10中B所示。接着单击 （材质编辑器）按钮打开材质编辑器面板，选择一个默认材质球，再单击 （将材质指定给选定对象）按钮，从而指定给圆柱体一个默认材质，如图3-11所示。最后激活 （角度捕捉切换）按钮，再使用 （选择并旋转）工具在前视图将圆柱体顺时针旋转90°，如图3-12所示。

（3）进入 （顶点）层级，框选圆柱体横向的顶点，如图3-13中A所示，再执行右键快捷菜单中的“连接”命令，将选中的顶点连接起来，如图3-13中B所示。同理，将另外一组顶点也连接到一起，如图3-13中C所示。接着进入透视图，再执行右键快捷菜单中的“剪切”命令将上下两侧的顶点也连接起来，如图3-14中A和B所示。

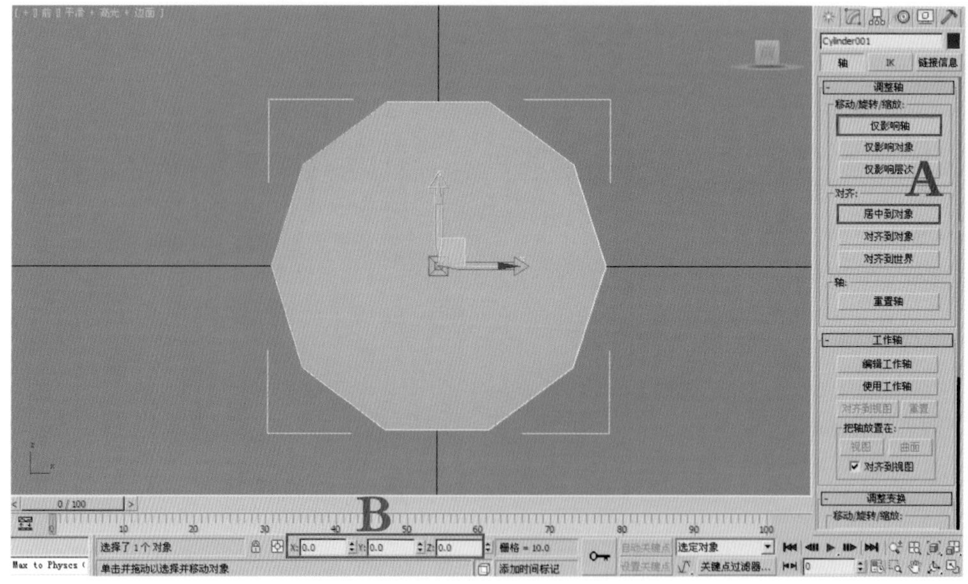


图3-10 调整坐标轴位置并将圆柱体归零

图3-11 添加默认材质

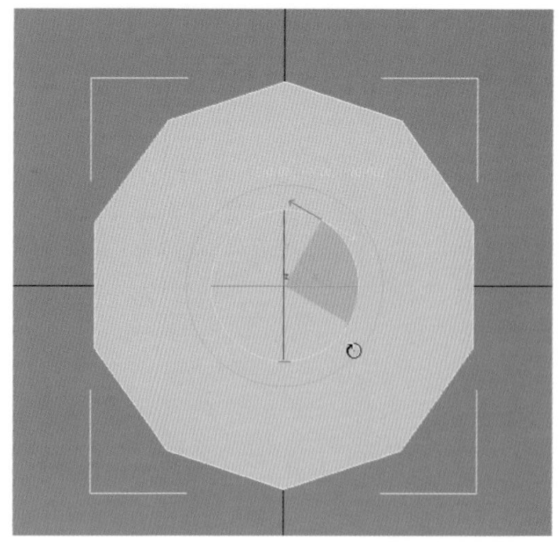

图3-12 旋转圆柱体角度

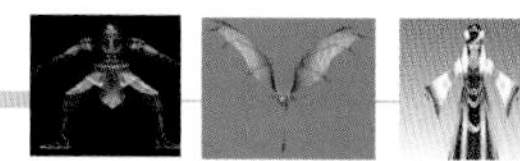

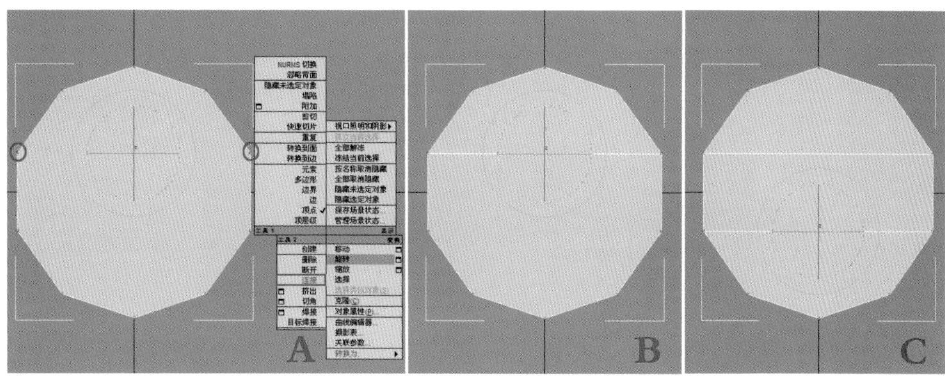


图3-13　连接顶点

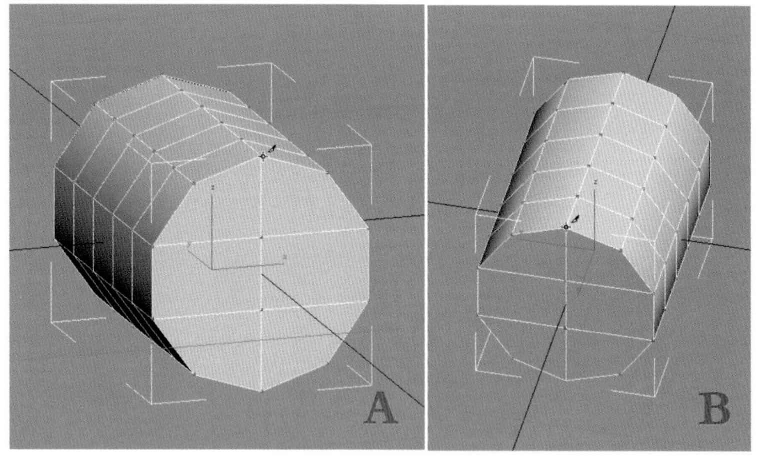


图3-14　使用“剪切”命令连接上下两侧的顶点

（4）进入 （多边形）层级，选择圆柱体前端的多边形，如图3-15中A所示，然后执行右键快捷菜单中的“倒角”命令挤出一段多边形，如图3-15中B所示。接着进入 （顶点）层级，使用 （选择并移动）和 （选择并均匀缩放）工具在前视图调整圆柱体的造型，如图3-16所示。

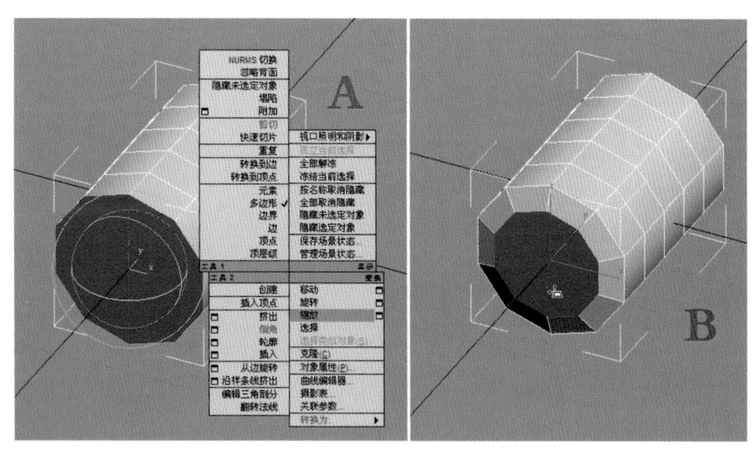


图3-15　执行倒角命令

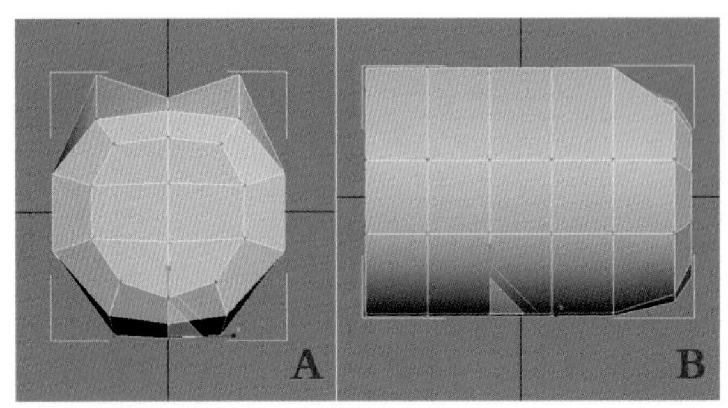

图3-16 调整圆柱顶点

提 示

视图切换可以使用快捷键进行。切换到前视图的快捷键为〈F〉，切换到左视图的快捷键为〈L〉，切换到顶视图的快捷键为〈T〉，切换到透视图的快捷键为〈P〉。

（5）进入（顶点）层级，选择圆柱体一半的顶点，再按〈Delete〉键删除，如图3-17中A所示。然后单击工具栏中的（镜像）工具，以“实例”方式对称复制出另一半模型，如图3-17中B所示。

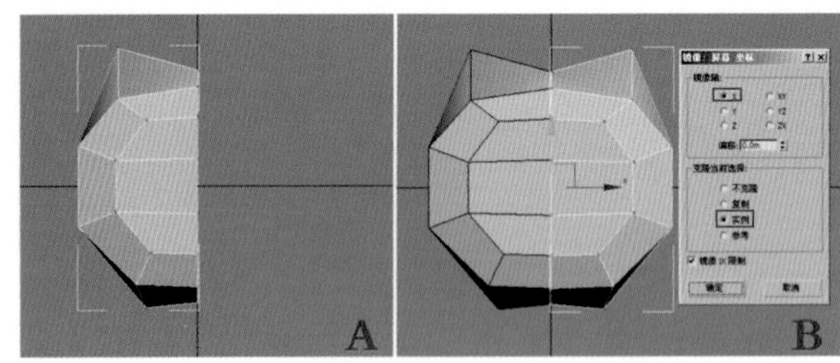

图3-17 删除并复制出另外一侧的模型

（6）制作蝙蝠身体的大体形状。方法：进入（顶点）层级，使用（选择并移动）工具在左视图中调整圆柱体造型，如图3-18中A所示，然后进入顶视图，使用（选择并移动）工具继续调整圆柱体的造型，如图3-18中B所示。接着进入（边）层级，框选蝙蝠尾部的一组纵向平行边，如图3-19中A所示，再执行右键快捷菜单中的“塌陷”命令，如图3-19中B所示，将选中的边进行塌陷，效果如图3-19中C所示。同理，将上方的一组平行边也进行塌陷，如图3-20所示。

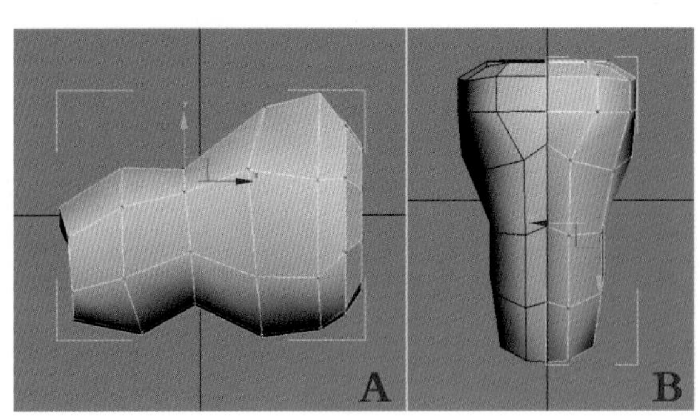

图3-18 调整圆柱体的造型

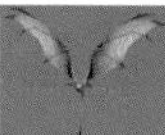

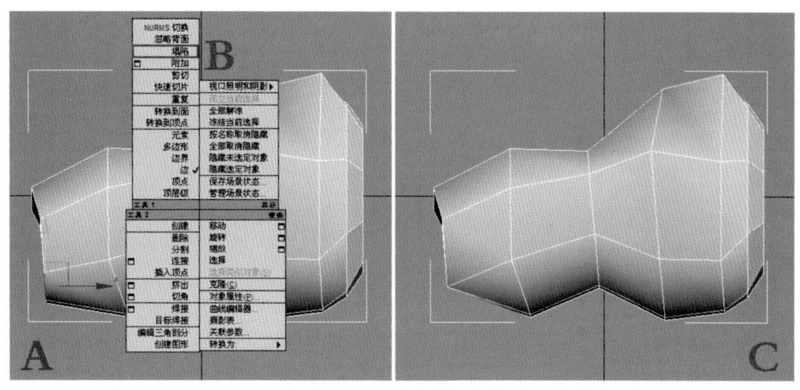


图3-19　塌陷选中的边

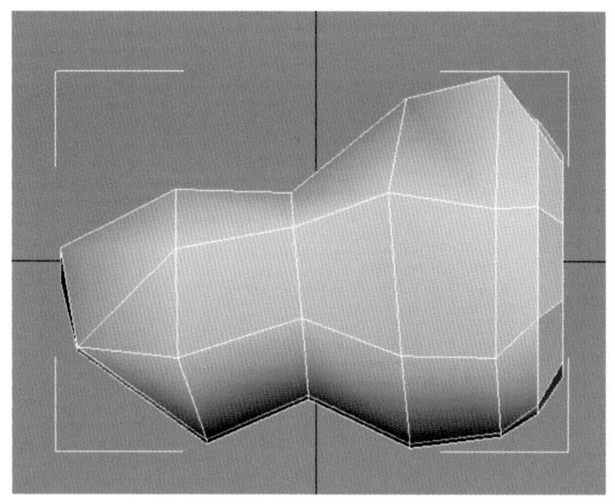

图3-20　塌陷另外一组边

（7）进入 （顶点）层级，使用 （选择并移动）工具继续调整身体的细节造型，效果如图3-21中A和B所示，然后进入 （边）层级，框选一组横向边，如图3-22中A所示，再执行右键快捷菜单中的“塌陷”命令进行塌陷，效果如图3-22中B所示，同理，选择上方的边，如图3-23中A所示，再执行右键快捷菜单中的“塌陷”命令进行塌陷，效果如图3-23中B所示。

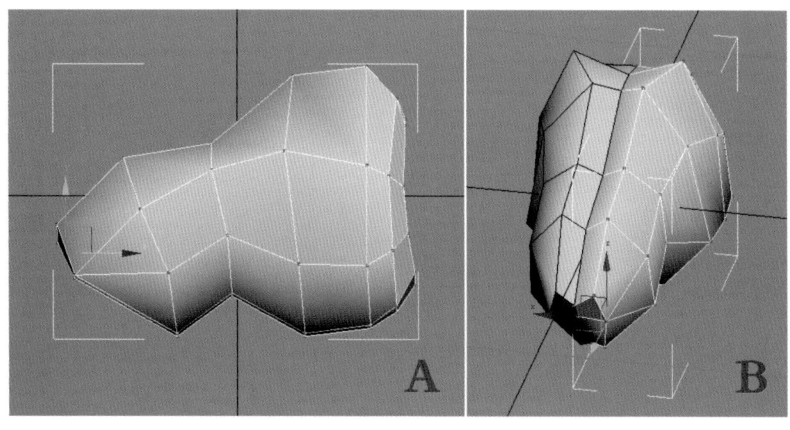


图3-21　调整身体造型

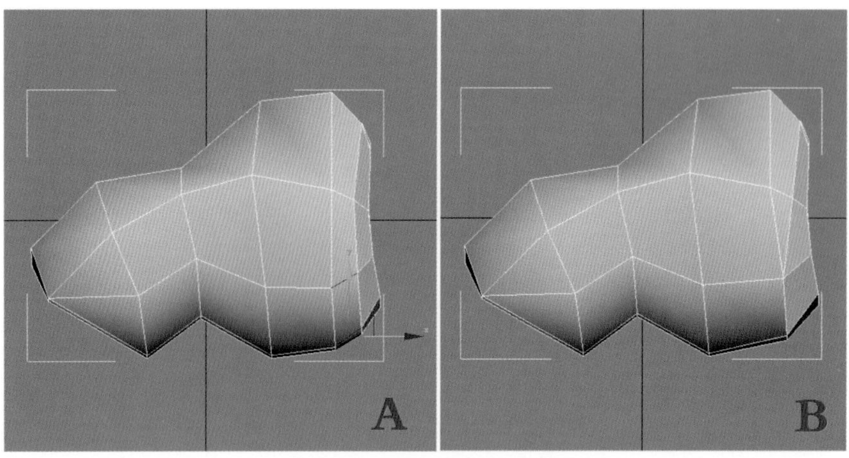


图3-22　塌陷身体上的边

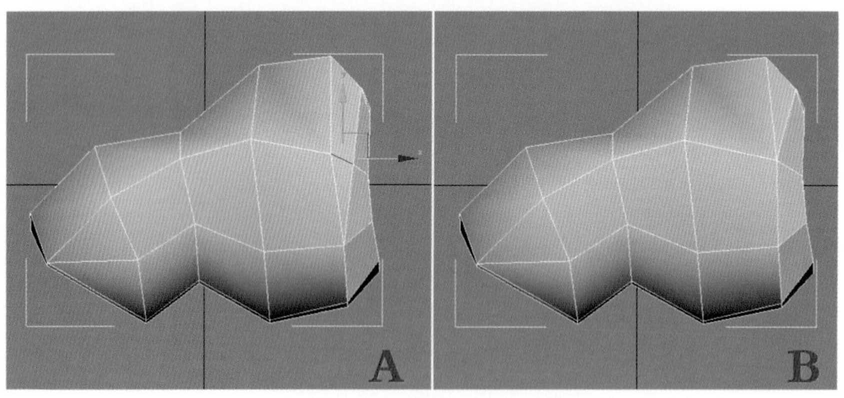


图3-23　继续塌陷身体上的边

（8）进入 （边）层级，框选蝙蝠尾部的一组纵向平行边，如图3-24中A所示，然后执行右键快捷菜单中的“塌陷”命令进行塌陷，效果如图3-24中B所示。接着框选蝙蝠腹部的边，如图3-25中A所示，再执行右键快捷菜单中的“连接”命令添加一圈边，效果如图3-25中B所示。同理，在腹部添加第二圈边，效果如图3-25中C所示。

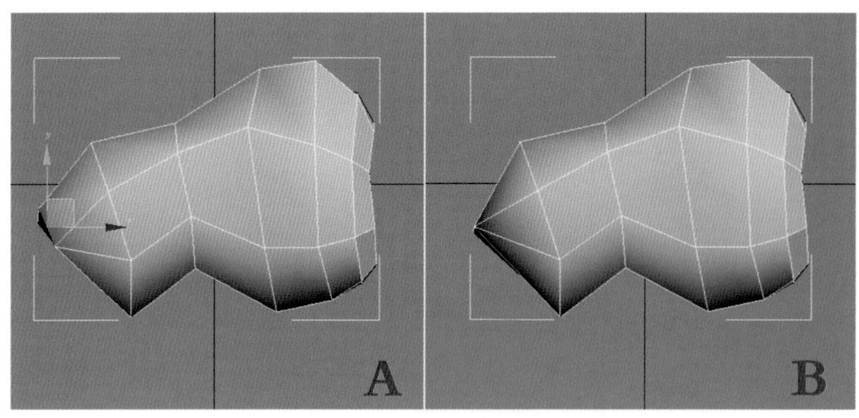


图3-24　塌陷尾部的边

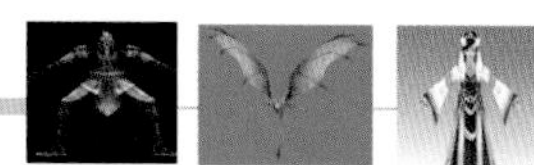

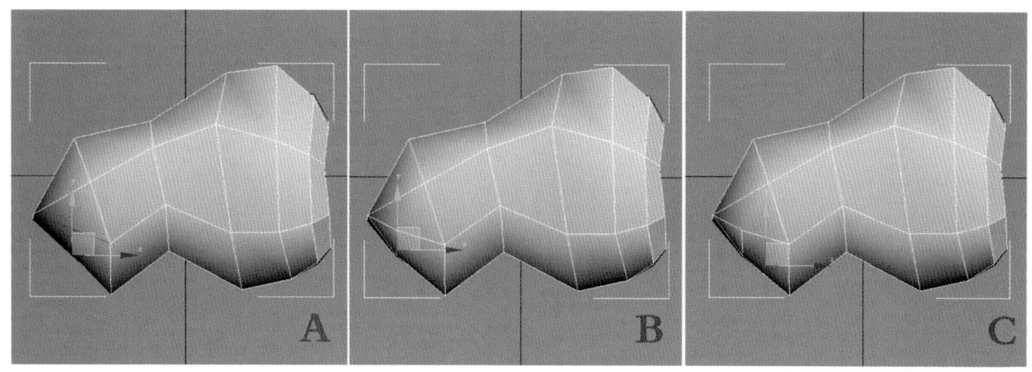


图3–25　在腹部添加边

（9）进入（顶点）层级，选择需要连接的顶点，如图3–26中A所示，然后执行右键快捷菜单中的“连接”命令，将顶点连接起来，如图3–26中B所示。同理，连接另外一组顶点，如图3–26中C所示。接着进入（边）层级，选择如图3–27中A所示的边，再单击（修改）面板中“编辑边”卷展栏下的“移除”命令去除，如图3–27中B所示。

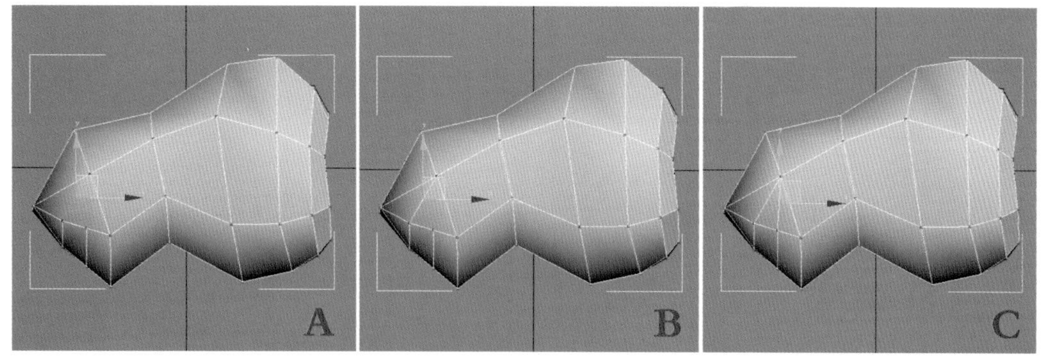


图3–26　连接顶点

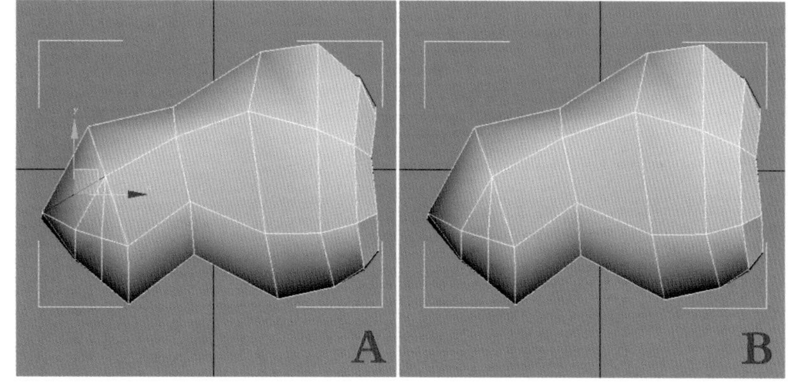


图3–27　移除边的操作

（10）进入（顶点）层级，使用（选择并移动）工具分别在左视图、顶视图和前视图调整身体的整体造型，如图3–28所示。然后选择蝙蝠背部的一个顶点，如图3–29中A所示，接着执行右键快捷菜单中的“切角”命令，将选中的顶点细分，如图3–29中B所示。

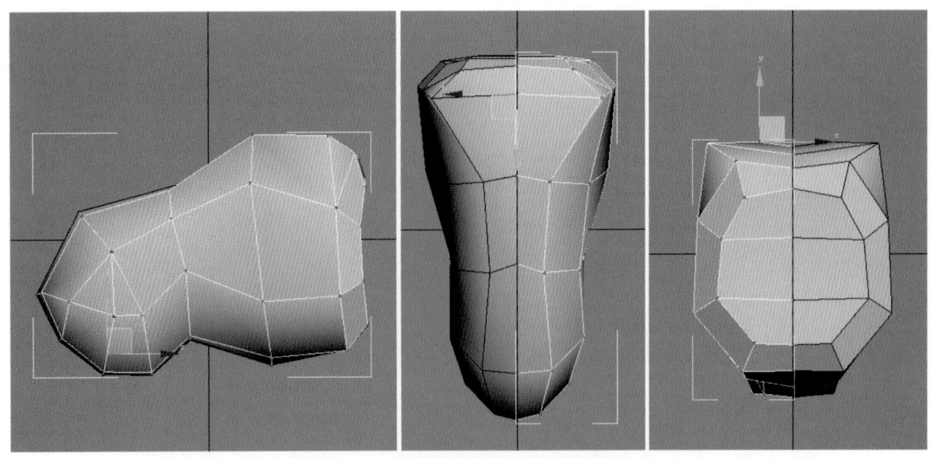

图3–28　调整身体的整体造型

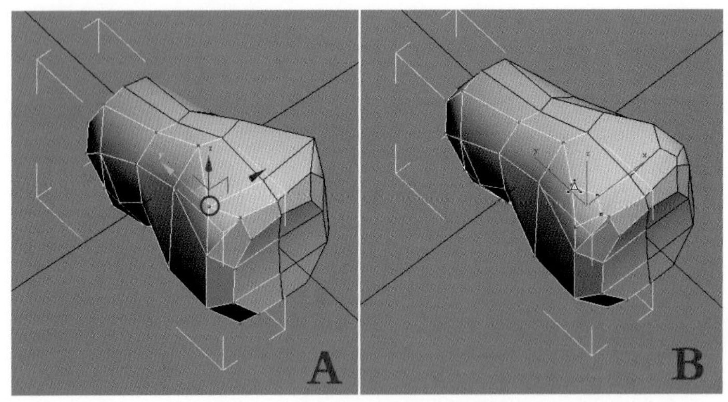


图3–29　为顶点添加“切角”命令

（11）选择背部的顶点，如图3–30中A所示，然后执行右键快捷菜单中的“连接”命令，将选中的顶点连接起来，如图3–30中B所示。同理，连接其他两个顶点，如图3–31中A和B所示。然后执行右键快捷菜单中的“目标焊接”命令，并单击要合并的顶点，再拖至目标顶点处单击，如图3–32中A所示，从而将多余的顶点合并，效果如图3–32中B所示。

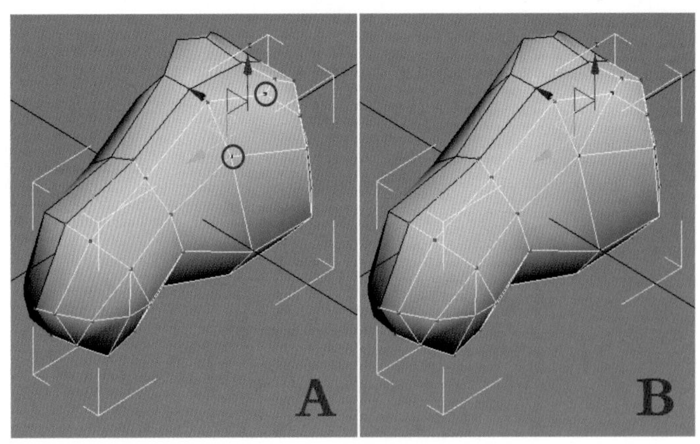


图3–30　连接背部的顶点

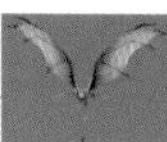

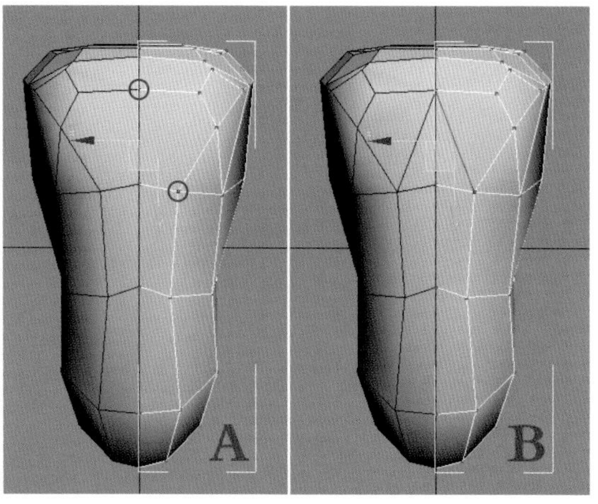


图3—31　连接背部另一组顶点

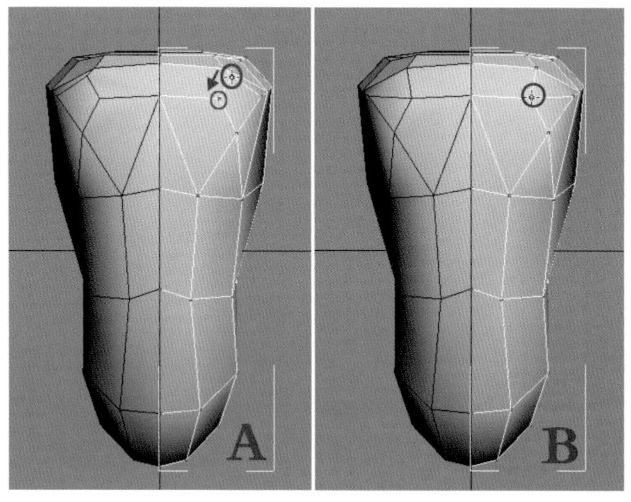


图3—32　焊接顶点

（12）进入 （顶点）层级，使用 （选择并移动）工具分别在左视图、顶视图和前视图调整身体造型，如图3—33所示。然后执行右键快捷菜单中的“剪切”命令，在模型上添加一条边，如图3—34所示。

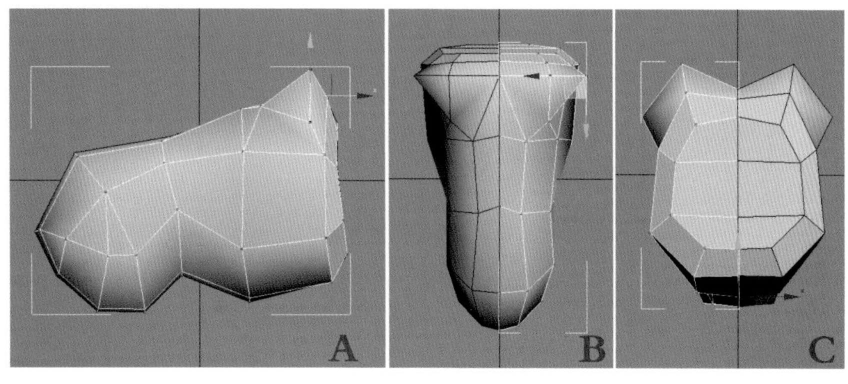


图3—33　调整身体造型

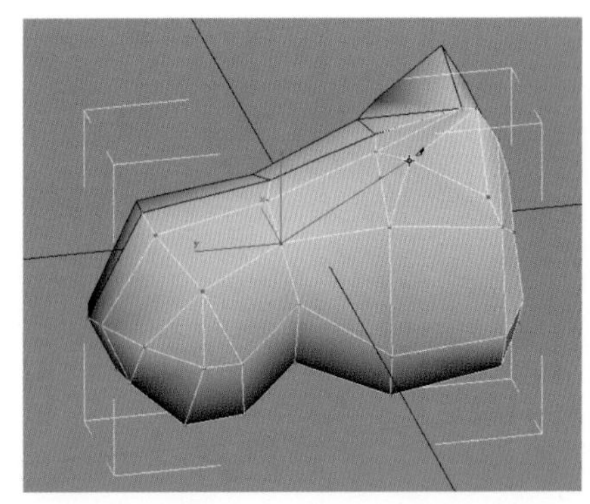

图3–34　使用“剪切”命令添加边

（13）进入 （边）层级，选择如图3–35中A所示的边，然后单击 （修改）面板中“编辑边”卷展栏下的“移除”命令去除，如图3–35中B所示。接着选择一条边，如图3–36中A所示，再执行右键快捷菜单中“塌陷”命令将边塌陷，效果如图3–36中B所示。最后进入 （顶点）层级，使用 （选择并移动）工具调整身体造型，完成的效果如图3–37所示。

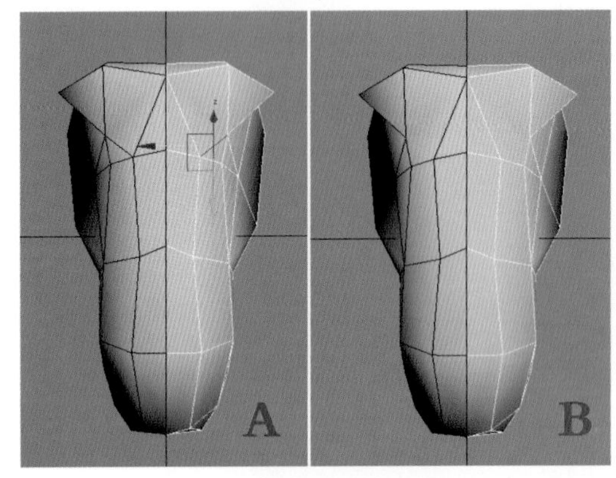


图3–35　移除选中的边

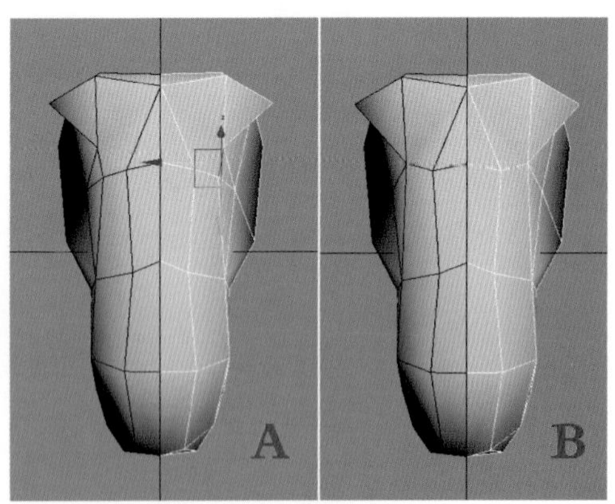


图3–36　塌陷选中的边

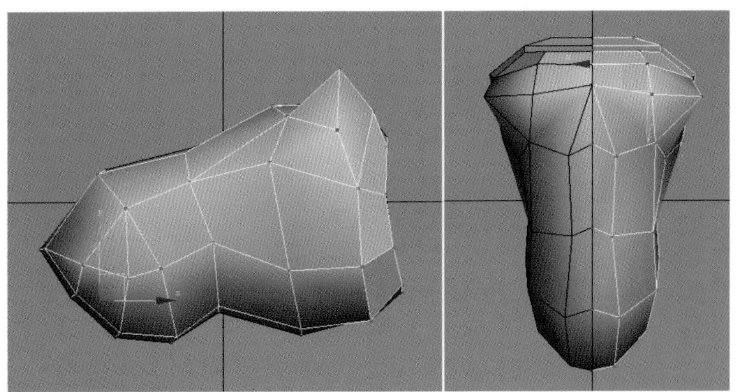

图3–37　完成躯干的制作

（14）按〈Delete〉键删除一半身体模型，如图3–38中A所示，然后单击工具栏中的 （镜像）工具，以“复制”方式对称复制出另一半身体，如图3–38中B所示。接着执行右键快捷菜单中的“附加”命令，再单击另一侧身体模型，从而将身体部分附加到一起，如

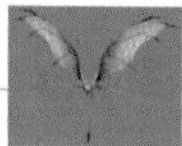

图3–39中A所示。最后进入 (顶点) 层级，框选接缝处的顶点，再单击“编辑顶点”卷展栏下的“焊接”按钮，将接缝处的顶点合并，如图3–39中B所示。

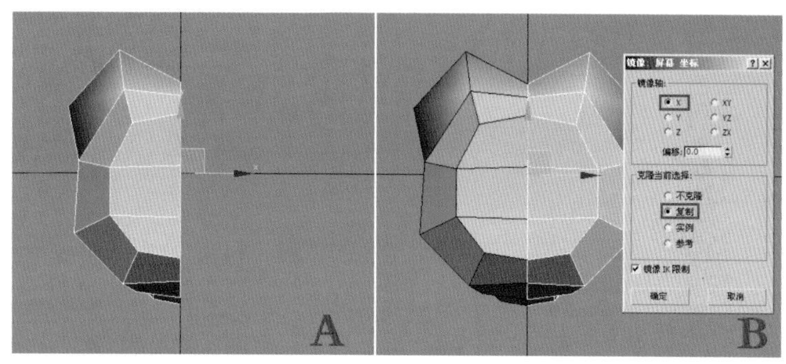


图3–38　镜像复制身体模型

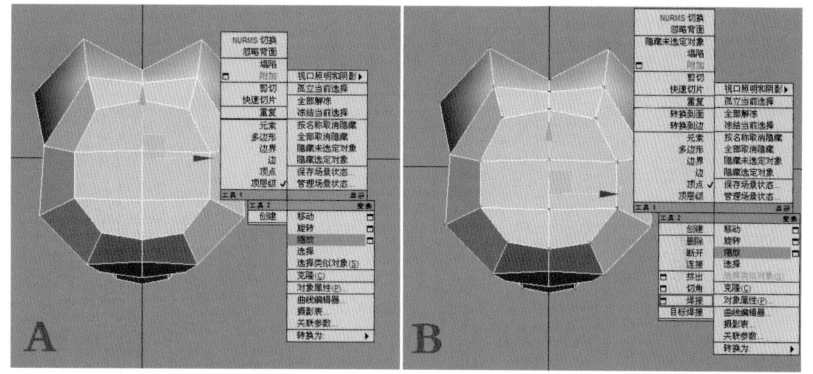


图3–39　合并身体

（15）进入 (顶点) 层级，选择背部的顶点，如图3–40中A所示，然后执行右键快捷菜单中的“连接”命令连接到一起，如图3–40中B所示。接着选择尾部中心的顶点，如图3–41中A所示，再执行右键快捷菜单中的“切角”命令进行细分，如图3–41中B所示。接着进入 (多边形) 层级，选择尾部中心的多边形，如图3–41中C所示，再按〈Delete〉键进行删除，如图3–41中D所示。

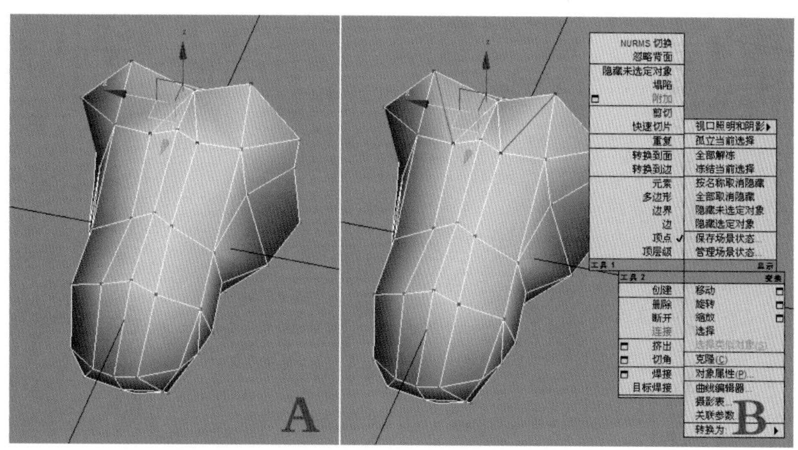


图3–40　连接顶点

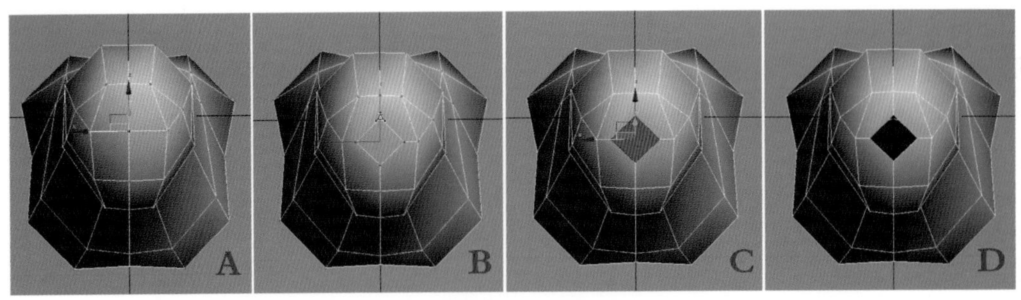


图3-41　制作尾巴根部造型

（16）进入 （顶点）层级，使用 （选择并移动）工具细微调整尾巴根部造型，如图3-42中A所示，然后选择尾部两个顶点，再执行右键快捷菜单中的“连接”命令，将两个顶点连接到一起，如图3-42中B所示。同理，连接尾部另外一处的顶点，如图3-43中A和B所示。

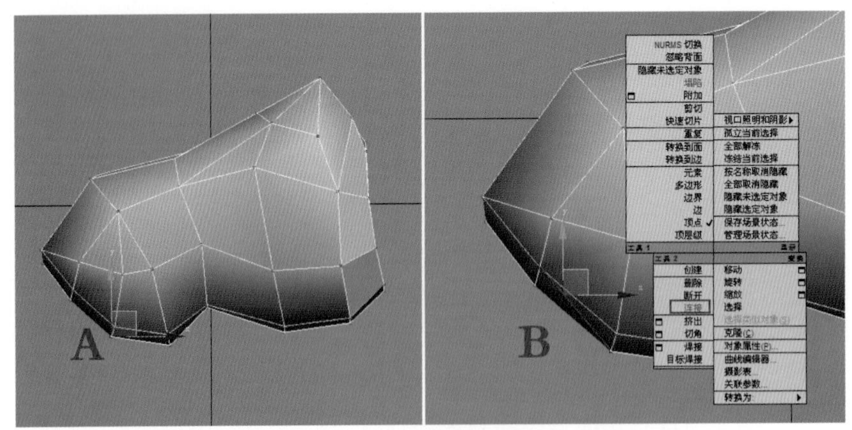


图3-42　调整尾巴根部的顶点

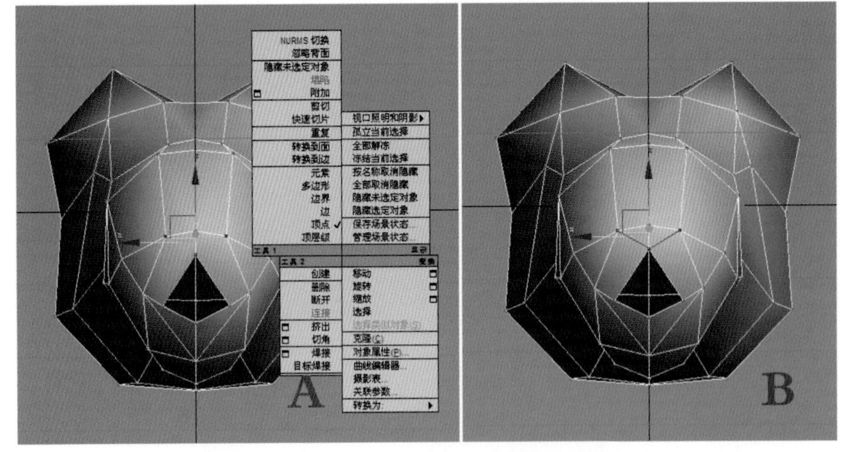


图3-43　连接尾部的顶点

（17）制作尾巴造型。方法：进入 （边界）层级，再选择尾巴根部的边界，如图3-44中A所示，然后切换到左视图，并在按住〈Shift〉键的同时，使用 （选择并移动）工具拖

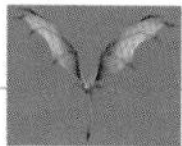

出一节尾巴的造型，如图3－44中B所示。接着进入∴（顶点）层级，再使用✥（选择并移动）、◌（选择并旋转）和▣（选择并均匀缩放）工具调整尾巴的造型，如图3－45中A所示。同理，制作出尾巴其余部分的造型，如图3－45中B所示。

（18）制作尾尖造型。方法：进入■（多边形）层级，再选择末端两节尾巴，如图3－46中A所示，然后在按住〈Shift〉键的同时，使用✥（选择并移动）工具进行拖动，并在弹出的对话框中选择“克隆到对象”单选按钮，如图3－46中B所示，单击“确定”按钮，从而复制出两节尾巴模型。接着退出■（多边形）层级，选择复制的尾巴模型，再依次单击品（层次）面板中“轴”标签下的“仅影响轴”和“居中到对象”按钮，使坐标轴居中到复制的尾巴模型，如图3－47所示。

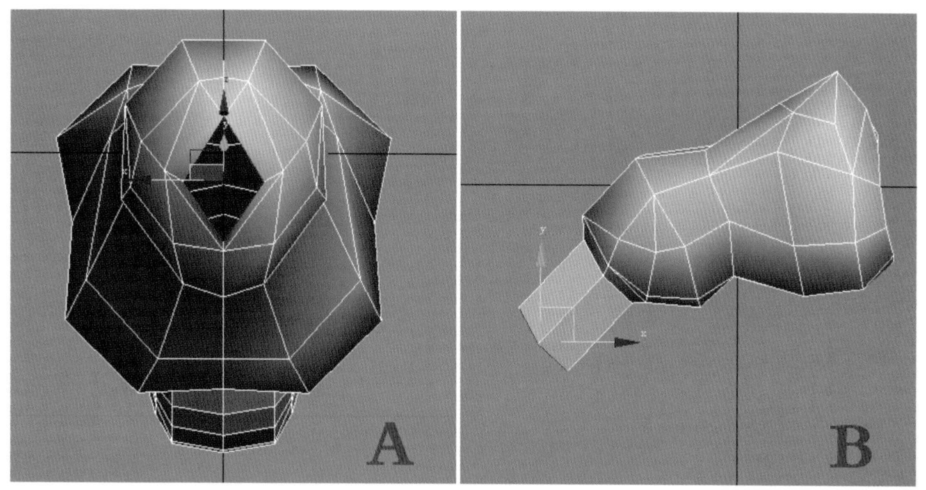


图3－44　拖出一节尾巴

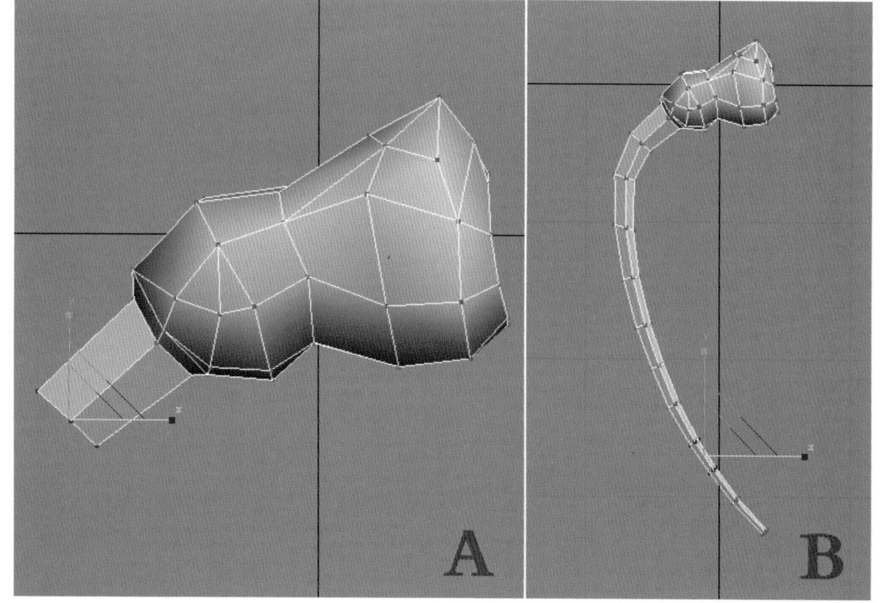


图3－45　制作尾巴造型

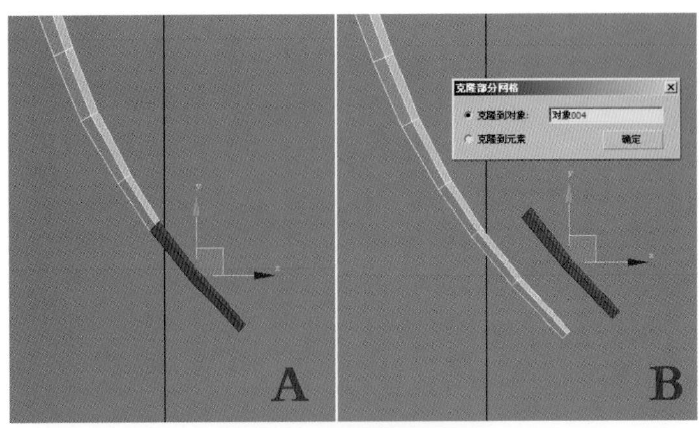


图3-46　复制两节尾巴

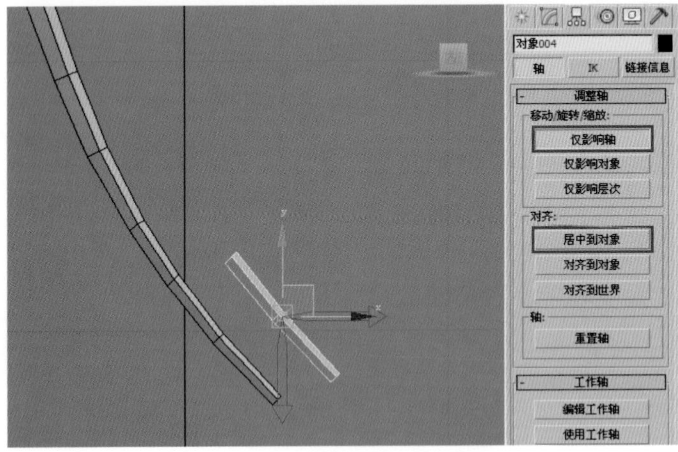


图3-47　使坐标轴居中到模型

（19）使用（选择并移动）工具调整尾尖模型的位置，如图3-48中A所示，然后进入（顶点）层级，再选择尾尖末端的所有顶点，并执行右键快捷菜单中的“塌陷”命令进行合并，效果如图3-48中B所示。接着使用（选择并移动）和（选择并均匀缩放）工具调整尾尖的造型，如图3-49所示。

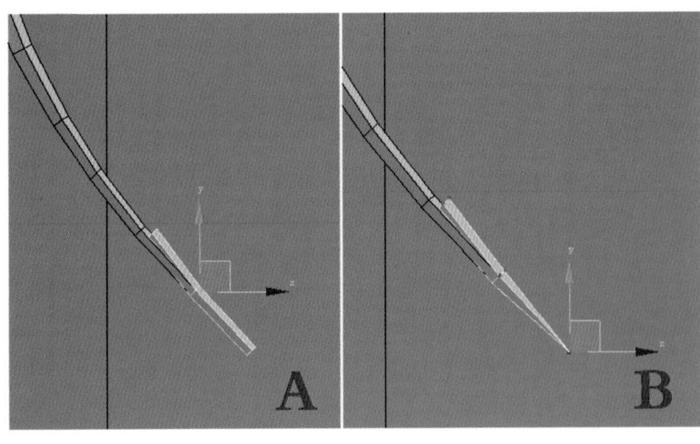


图3-48　塌陷出尾尖

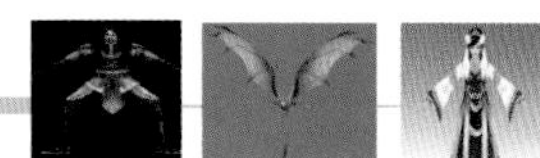

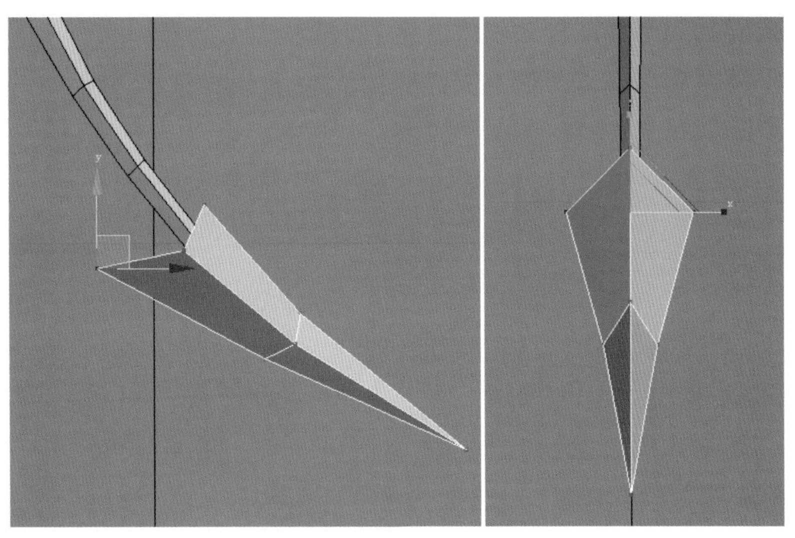

图3-49　调整尾尖造型

（20）进入 （边）层级，再选择尾尖的两条边，如图3-50中A所示，然后在按住〈Shift〉键的同时，使用 （选择并移动）工具拖动复制出一段多边形，如图3-50中B所示。接着执行右键快捷菜单中的“塌陷”命令，制作出尖角造型，如图3-50中C所示。

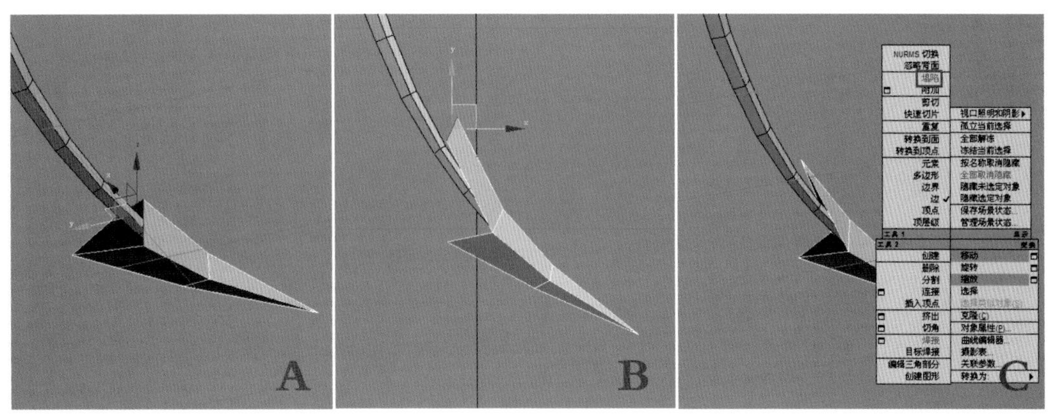


图3-50　完成尾尖造型的制作

（21）至此，吸血蝙蝠身体制作完毕。文件可参照“配套光盘\MAX\第3章　网络游戏中飞行动物NPC设计——吸血蝙蝠的制作\身体制作.max”文件。

**提 示**

制作步骤（1）~（20）的制作演示详见“配套光盘\多媒体视频文件\第3章　网络游戏中飞行动物NPC设计——吸血蝙蝠的制作\身体模型001.avi”和“身体模型002.avi”视频文件。

### 3.3.2　制作吸血蝙蝠的头部

吸血蝙蝠头部的布线较为复杂，我们按照头部大型、鼻子、嘴巴、眼睛、耳朵几个部分分别进行制作。

## 1. 制作吸血蝙蝠的头部大型

（1）进入■（多边形）层级，选择身体前端的多边形，如图3－51中A所示，然后按〈Delete〉键进行删除，效果如图3－51中B所示。

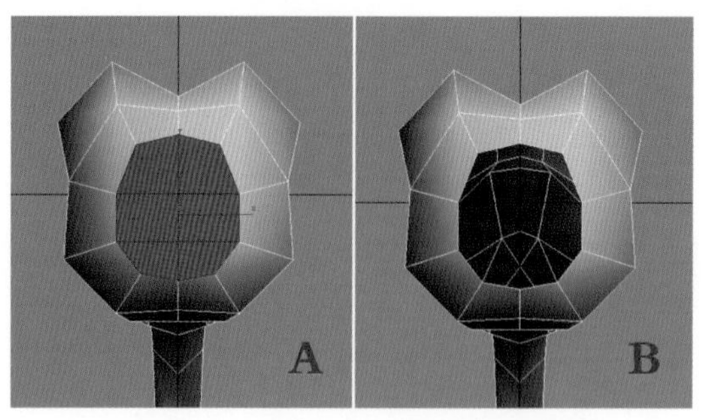


图3－51　删除身体前端的多边形

（2）进入（边界）层级，选择身体前端的边界，如图3－52中A所示，然后按住〈Shift〉键的同时，使用（选择并移动）工具拖出一节头部的造型，如图3－52中B所示，接着进入（顶点）层级，使用（选择并移动）工具调整模型的造型，如图3－52中C所示。

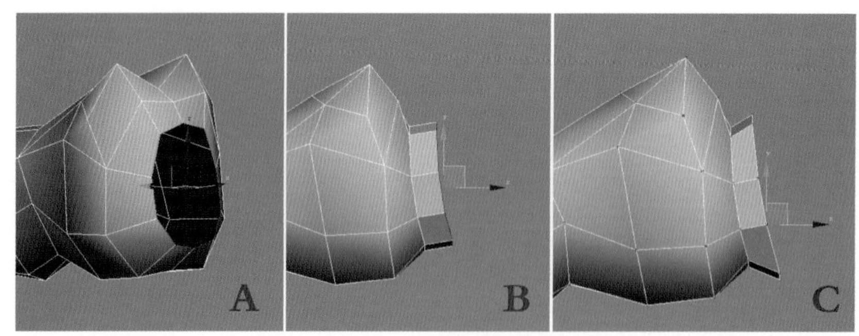


图3－52　拖出头部并调整造型

（3）同理，依次拖出几段头部造型，然后进入（顶点）层级，使用（选择并移动）工具调整大体形状，效果如图3－53所示。接着进入（边）层级，框选横向的平行边，如图3－54中A所示，再使用右键快捷菜单中的“连接”命令在头部添加一段边，如图3－54中B所示。最后进入（顶点）层级，框选需要连接的顶点，如图3－55中A所示，再使用右键快捷菜单中的“连接”命令，将选择的顶点连接起来，如图3－55中B所示。

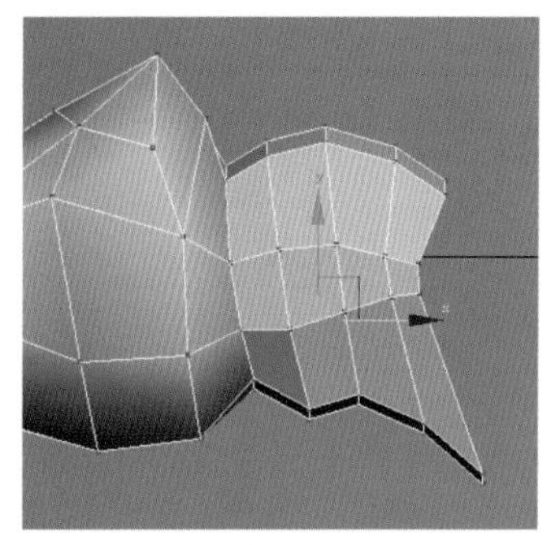

图3－53　调整头部大型

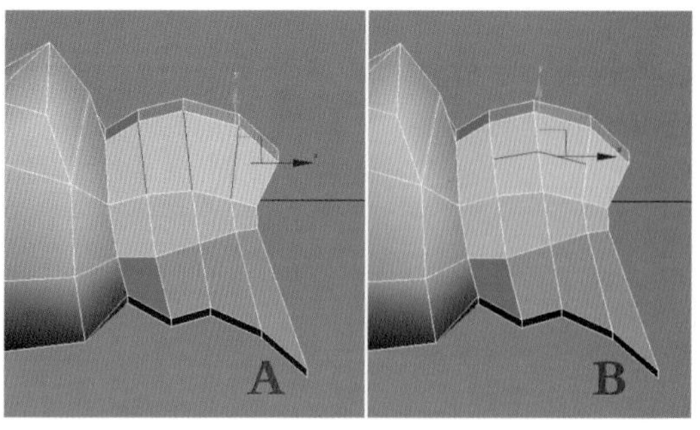


图3－54　添加边

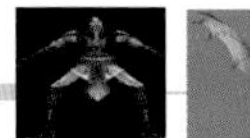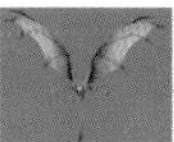

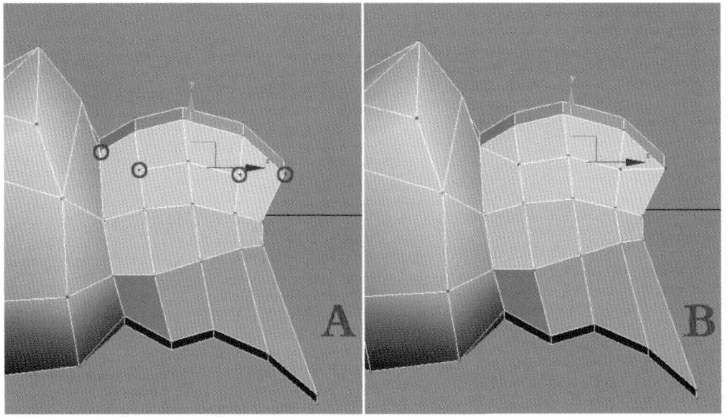


图3-55　连接边

（4）进入 （顶点）层级，然后使用 （选择并移动）和 （选择并均匀缩放）工具分别在左视图和前视图调整头部的大体造型，如图3-56中A和B所示。再进入 （边）层级，框选横向的平行边，如图3-57中A所示，接着使用右键快捷菜单中的“连接”命令在头部添加一段边，如图3-57中B所示。最后进入 （顶点）层级，框选需要连接的顶点，如图3-57中C所示，再使用右键快捷菜单中的“连接”命令，将选择的顶点连接起来，如图3-57中D所示。

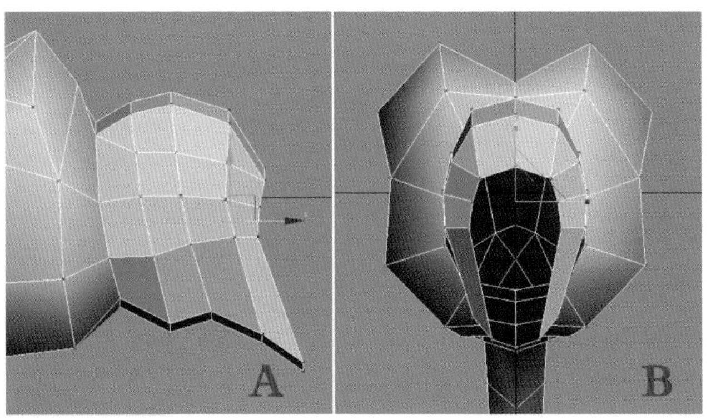


图3-56　调整头部造型

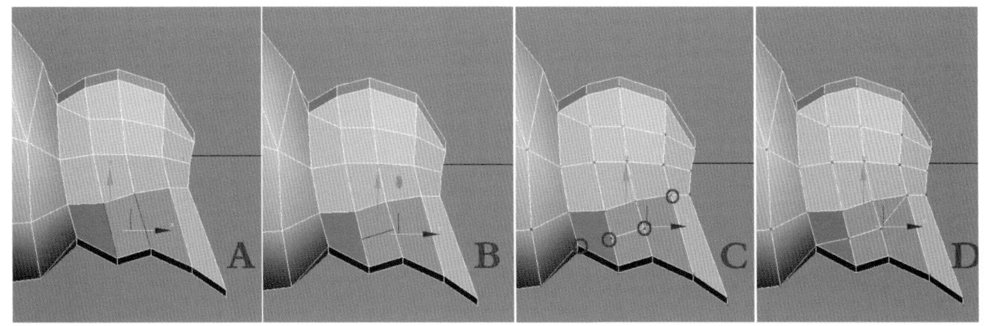


图3-57　在头部添加边

（5）进入 （顶点）层级，然后使用 （选择并移动）工具调整头部造型，如图3-58中A所示。接着框选横向的平行边，如图3-58中B所示，再使用右键快捷菜单中的“连接”命令在头部添加一段边，如图3–58中C所示。最后进入 （顶点）层级，框选需要连接的顶点，如图3–59中A所示，再使用右键快捷菜单中的“连接”命令，将选择的顶点连接起来，如图3–59中B所示。

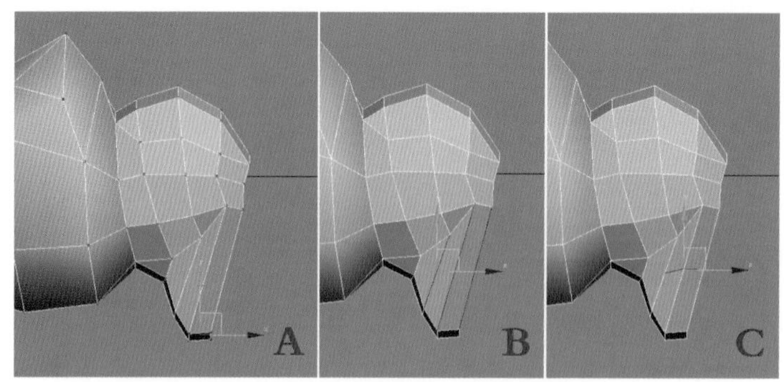


图3–58　调整顶点并添加边

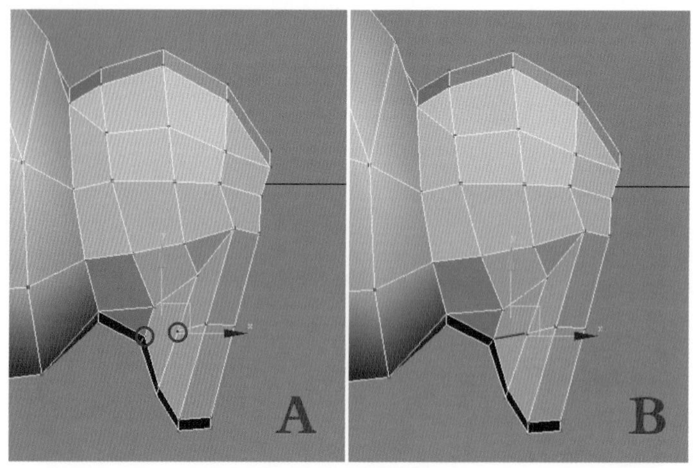


图3–59　连接顶点

（6）同理，将另外一组顶点也连接起来，如图3–60中A和B所示。然后使用 （选择并移动）和 （选择并均匀缩放）工具调整出下巴的大体造型，如图3–61所示。

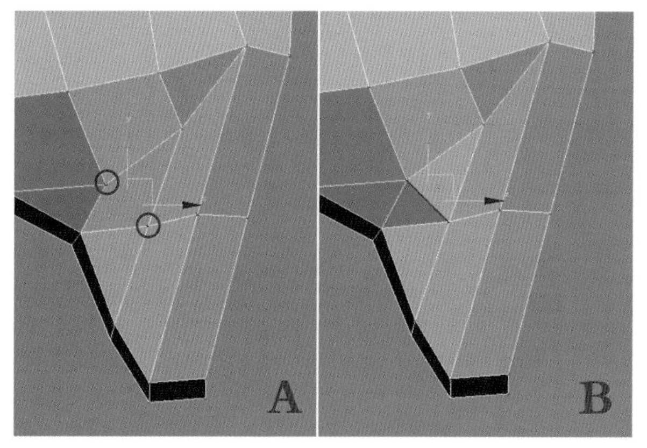


图3–60　连接另一组顶点

图3–61　调整下巴的造型

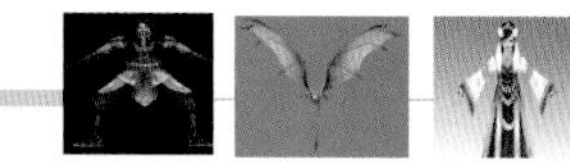

（7）框选横向的平行边，如图3−62中A所示，然后使用右键快捷菜单中的“连接”命令在下巴处继续添加一段边，如图3−62中B所示。接着选择相应的顶点，执行右键快捷菜单中的“连接”命令连接顶点，如图3−62中C所示，同理，在头部添加另外一段边，再连接顶点，如图3−63中A和B所示。

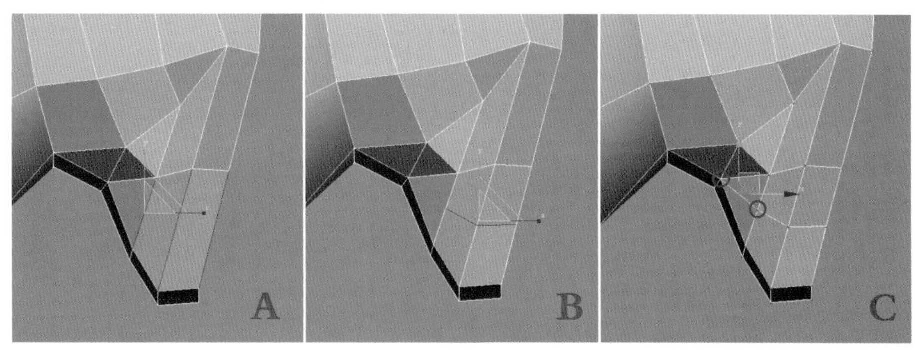


图3−62　在下巴处连接边

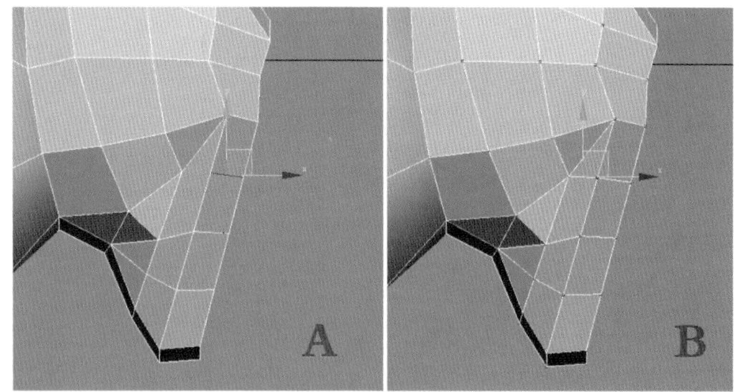


图3−63　在头部添加边并连接顶点

（8）进入 （边界）层级，再选择头部的边界，如图3−64中A所示，然后在按住〈Shift〉键的同时，使用 （选择并移动）工具拖出一节多边形，如图3−64中B所示。接着进入 （顶点）层级，使用 （选择并移动）和 （选择并均匀缩放）工具调整头部造型，如图3−65中A和B所示。

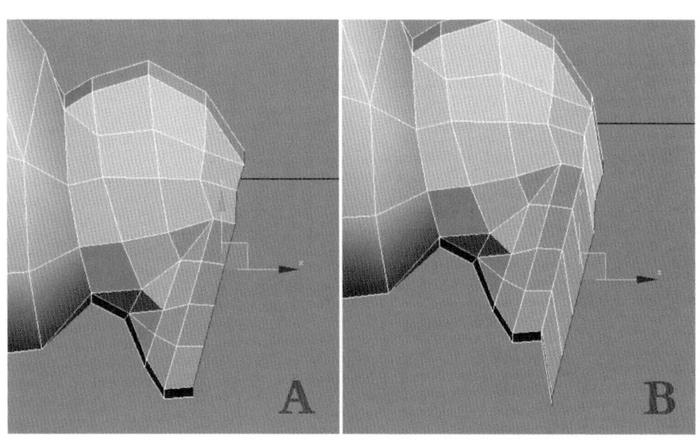


图3−64　拖动复制出一段多边形

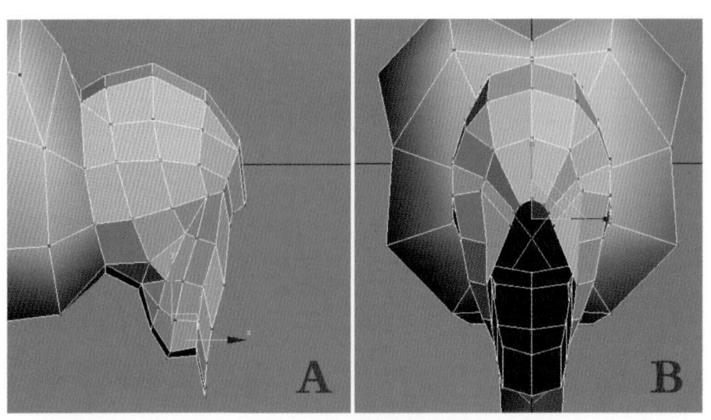


图3-65　调整头部顶点

（9）进入■（多边形）层级，再选择头部的多边形，如图3-66中A所示，然后单击（修改）面板下方“编辑几何体”卷展栏中的“分离”按钮，接着在弹出的对话框设置好参数，如图3-66中B所示，单击“确定”按钮，从而将头部与身体的模型分离，如图3-66中C所示。

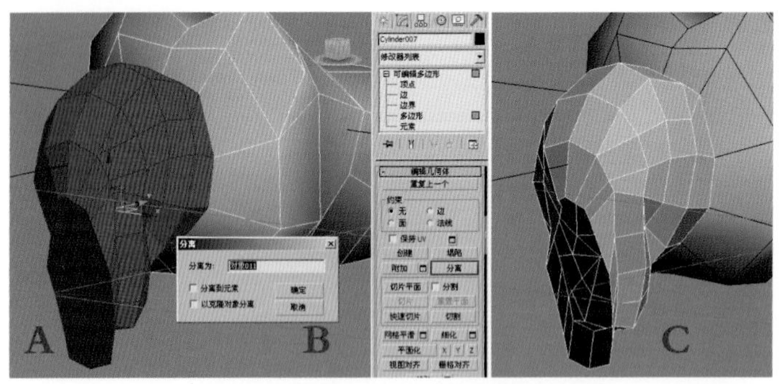


图3-66　分离头部模型

（10）调整头部模型的布线。方法“进入（顶点）层级，选择相应的顶点并执行右键快捷菜单中的“连接”命令连接顶点，如图3-67中A所示，然后进入（边）层级，再单击（修改）面板中“编辑边”卷展栏下的“移除”命令去除多余的边，如图3-67中B所示。同理，连接其他部分的顶点，再去除多余的边，分别如图3-68和图3-69中A和B所示。

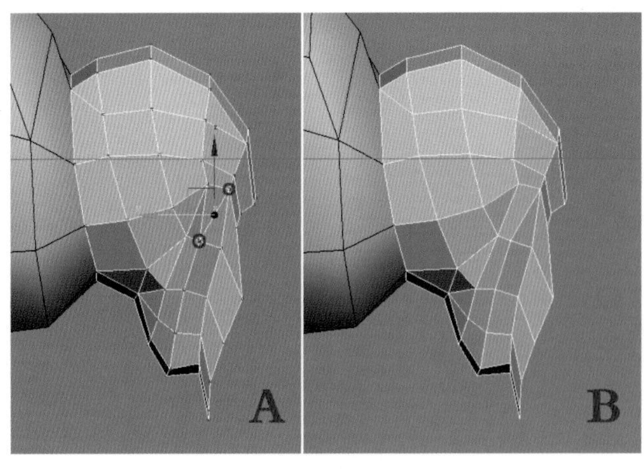


图3-67　调整头部的布线1

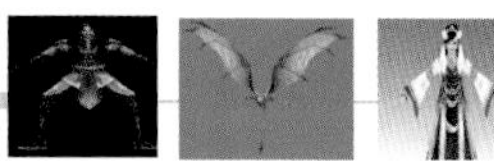

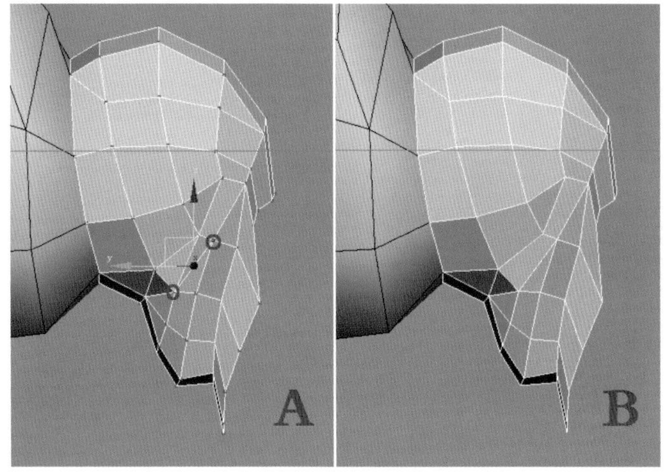


图3－68　调整头部的布线2

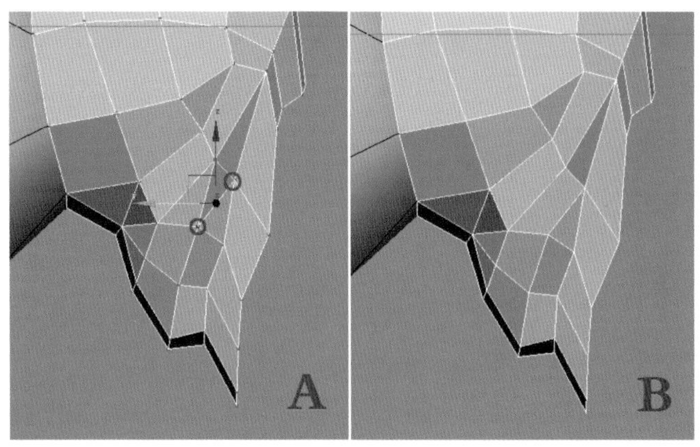


图3－69　调整头部的布线3

（11）进入（边）层级，选择要移除的边，如图3－70中A所示，然后单击（修改）面板中“编辑边”卷展栏下的“移除”命令去除多余的边，效果如图3－70中B所示，接着进入（顶点）层级，选择相应的顶点并执行右键快捷菜单中的“连接”命令，从而将顶点连接起来，如图3－70中C所示。最后使用（选择并移动）工具分别调整头部正面和顶部的造型，如图3－71中A和B所示。

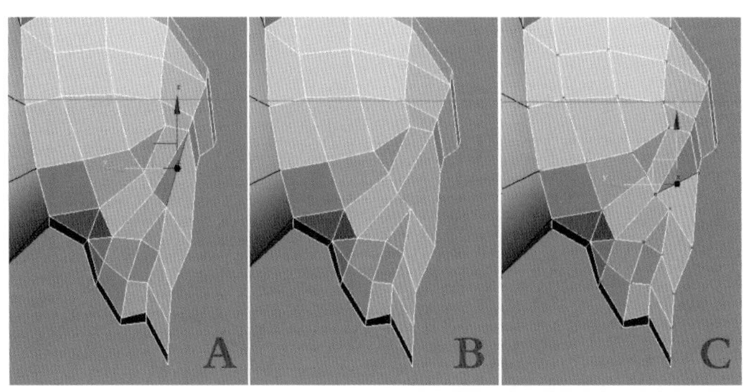


图3－70　调整头部侧面的布线

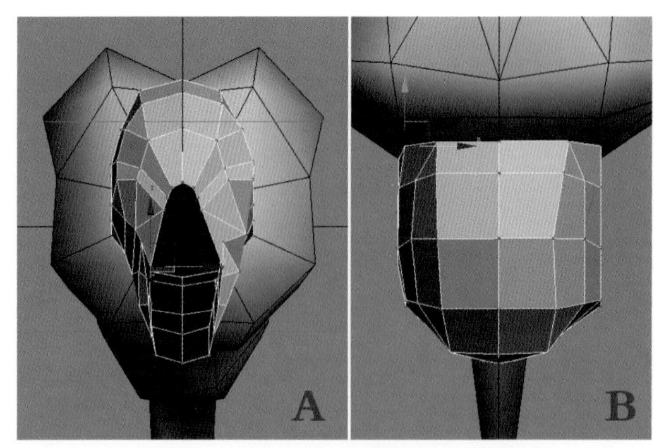


图3-71　调整头部前面和顶部的布线

（12）进入⁚（顶点）层级，然后选择头部模型一半的顶点，按〈Delete〉键进行删除，效果如图3-72中A所示。接着单击工具栏中的（镜像）工具，以“实例”方式对称复制出另一半头部模型，如图3-72中B所示。最后继续使用（选择并移动）工具调整头部造型，如图3-73中A和B所示。

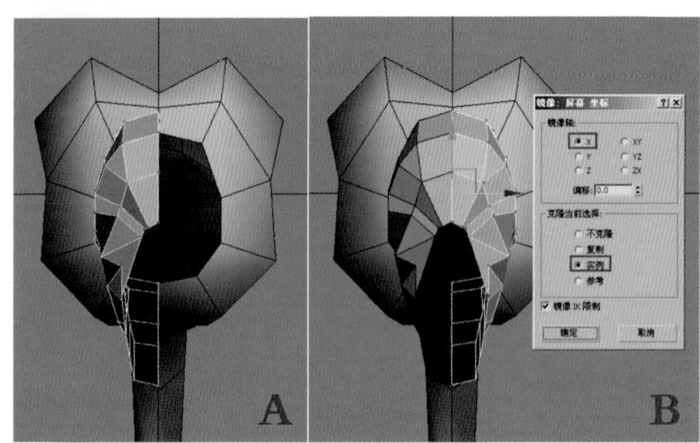


图3-72　镜像复制头部的模型

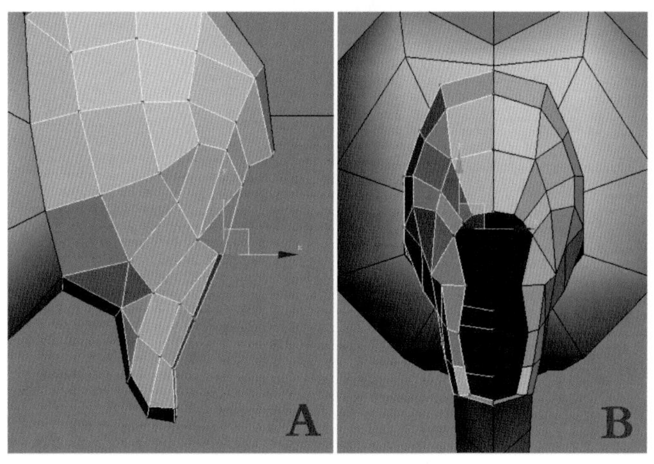


图3-73　调整头部造型

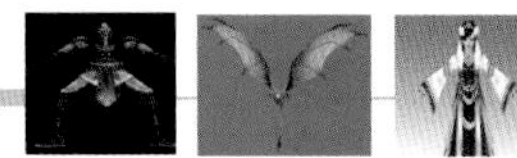

## 2. 制作吸血蝙蝠的鼻子造型

（1）进入（边）层级，选择头部的三条边，如图3−74中A所示，然后在按住〈Shift〉键的同时，使用（选择并移动）工具拖出一节多边形，如图3−74中B所示。接着进入（顶点）层级，使用（选择并移动）工具调整造型，如图3−74中C所示。最后选择要焊接的两个顶点，执行右键快捷菜单中的“目标焊接”命令，如图3−75中A所示，焊接顶点，效果如图3−75中B所示。

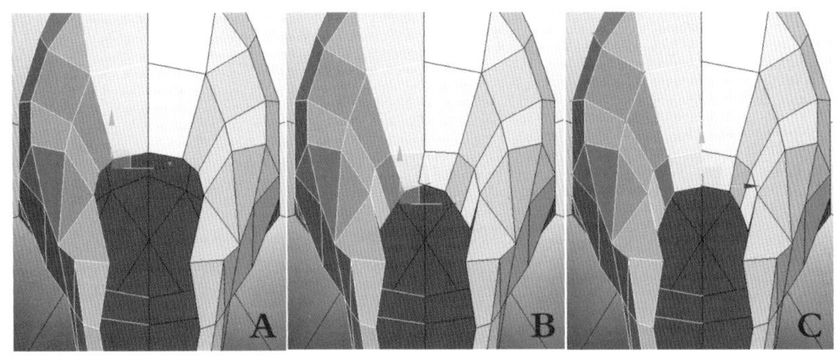


图3−74　复制边并调整头部造型

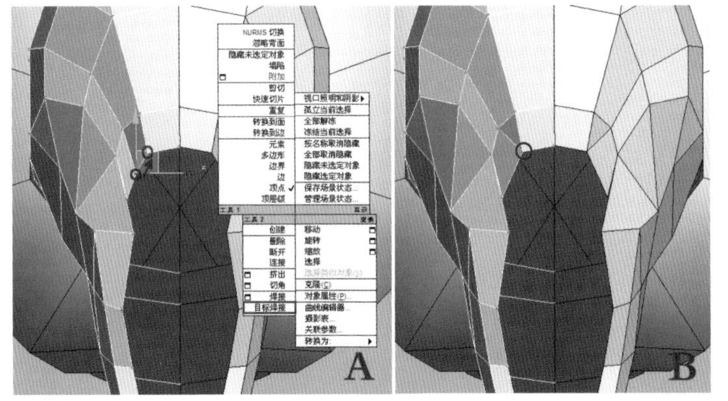


图3−75　焊接顶点

（2）进入（边）层级，继续拖拉出一节多边形，如图3−76中A所示，然后进入（顶点）层级，使用（选择并移动）工具调整出鼻尖造型，如图3−76中B所示。

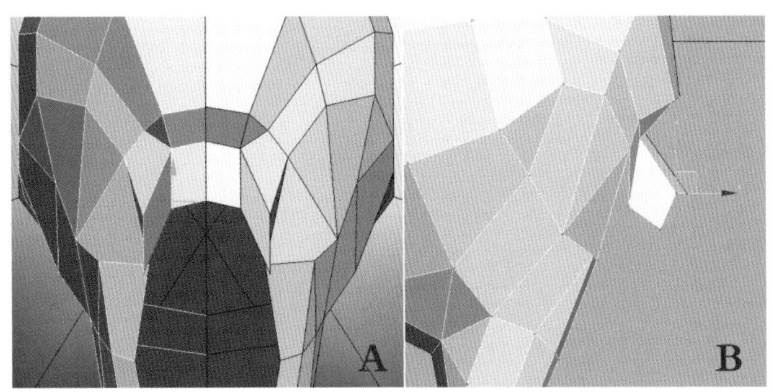


图3−76　继续复制边并调整造型

（3）同理，选择鼻尖处的边，如图3－77中A所示，然后继续向下拖拉出鼻头造型，如图3－77中B所示，接着选择侧面的两个顶点，执行右键快捷菜单中的“塌陷”命令将它们合并成一个顶点，如图3－77中C所示。

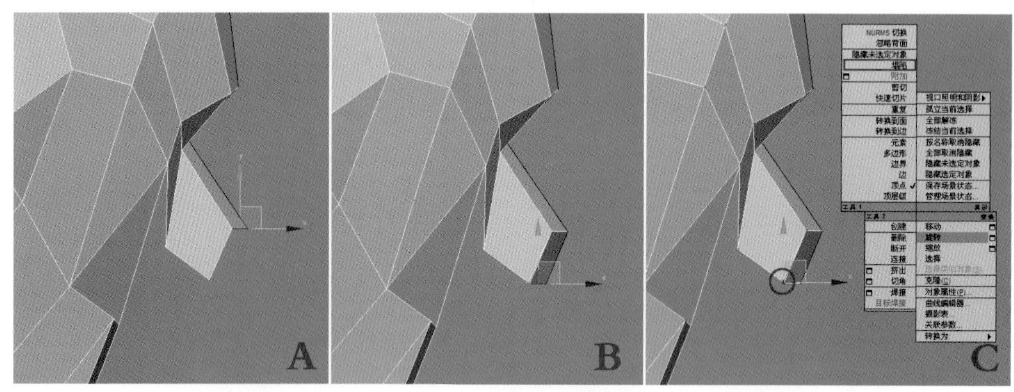


图3－77　制作出鼻头

（4）进入（边）层级，然后选择鼻尖下面的边拖拉出一节多边形，如图3－78中A所示，再使用（选择并移动）工具调整下巴处的边，如图3－78中B所示，接着框选下巴处的一些边，如图3－78中C所示，按〈Delete〉键删除，效果如图3－78中D所示。

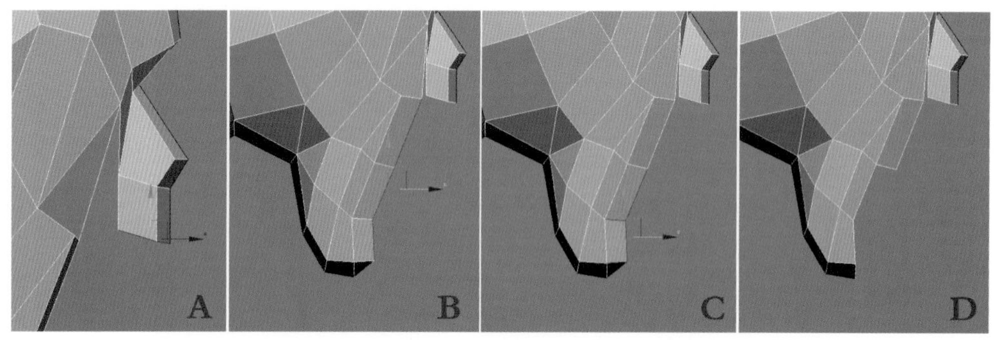


图3－78　调整脸部造型

（5）进入（顶点）层级，选择多余的顶点，如图3－79中A所示，然后按〈Delete〉键进行删除，效果如图3－79中B所示，接着进入（边）层级，选择多余的边，如图3－79中C所示，按〈Delete〉键删除，效果如图3－79中D所示。

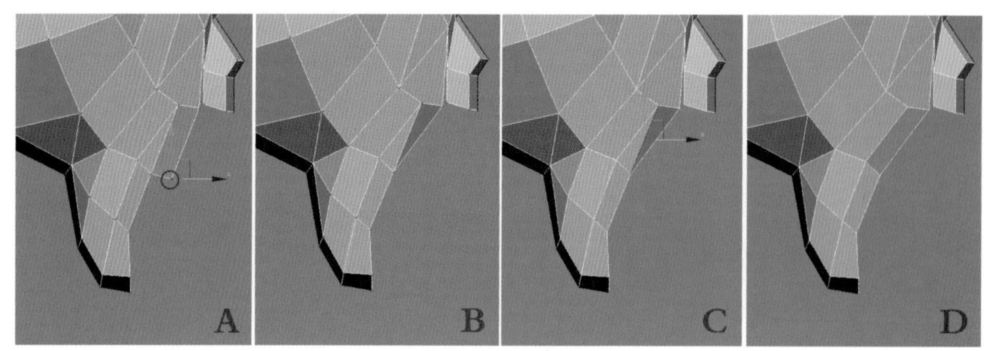


图3－79　调整下巴造型

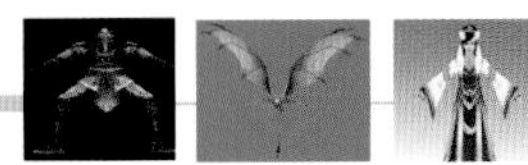

(6) 进入（顶点）层级，执行右键快捷菜单中的“剪切”命令添加一条边，如图3–80中A所示。然后分别选择图3–80中B所示的顶点，执行右键快捷菜单中的“目标焊接”命令合并鼻翼处的顶点，效果如图3–80中C所示。接着进入（边）层级，选择鼻梁的边，如图3–81中A所示，再执行右键快捷菜单中的“连接”命令在鼻梁上添加一段边，如图3–81中B所示，最后执行右键快捷菜单中的“剪切”命令添加两条边，如图3–81中C所示。

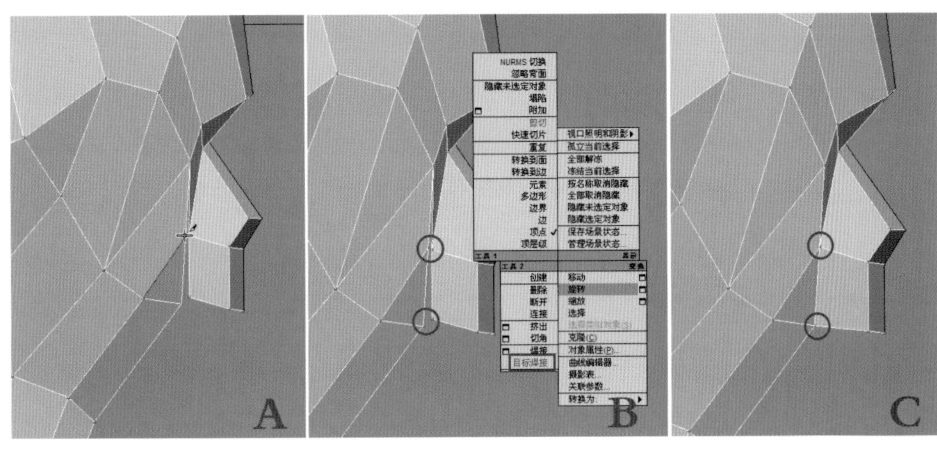


图3–80　合并鼻翼处的顶点

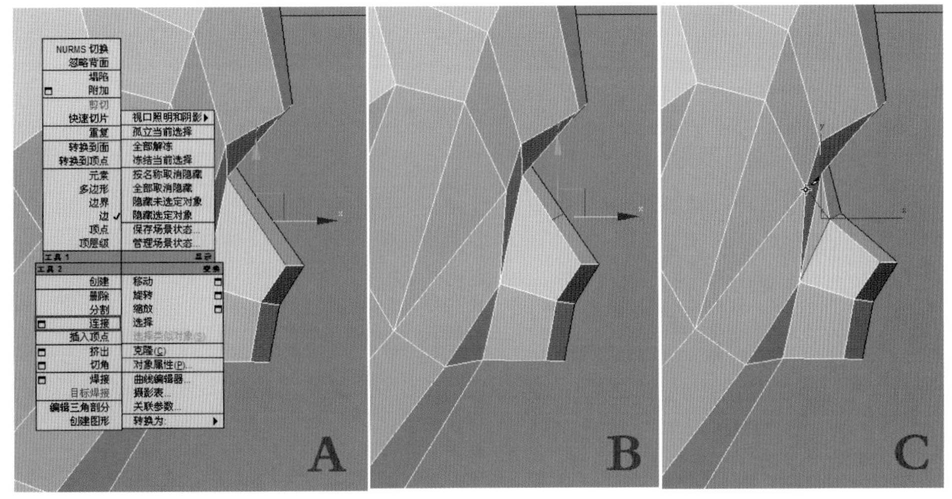


图3–81　在鼻梁处添加边

(7) 选择如图3–82中A所示的边，然后执行右键快捷菜单中的“塌陷”命令进行合并，接着选择图3–82中B所示的边，再单击（修改）面板中“编辑边”卷展栏下的“移除”命令去除。最后进入（顶点）层级，使用（选择并移动）工具调整鼻子下方的造型，如图3–82中C所示。

(8) 进入（边）层级，然后选择鼻梁下方的边，按住〈Shift〉键的同时，使用（选择并移动）工具拖拉出一节多边形，如图3–83中A所示。接着进入（顶点）层级，执行右键快捷菜单中的“剪切”命令在鼻翼处添加一条边，如图3–83中B所示，最后执行右键快捷菜单中的“目标焊接”命令合并连接处的顶点，如图3–83中C所示。

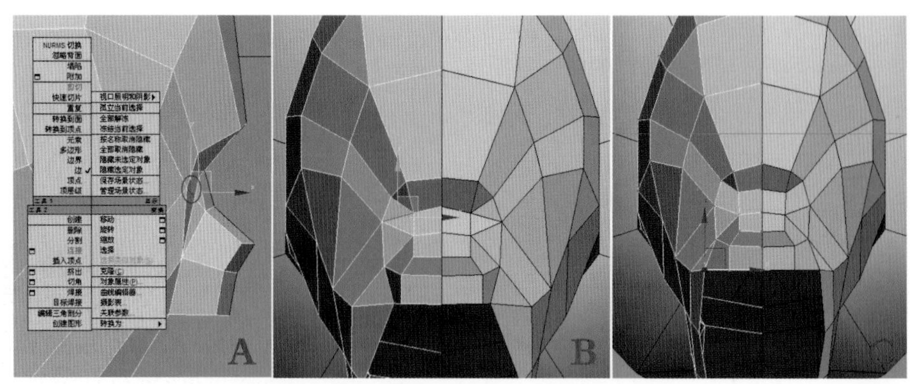


图3−82　调整鼻子下方造型

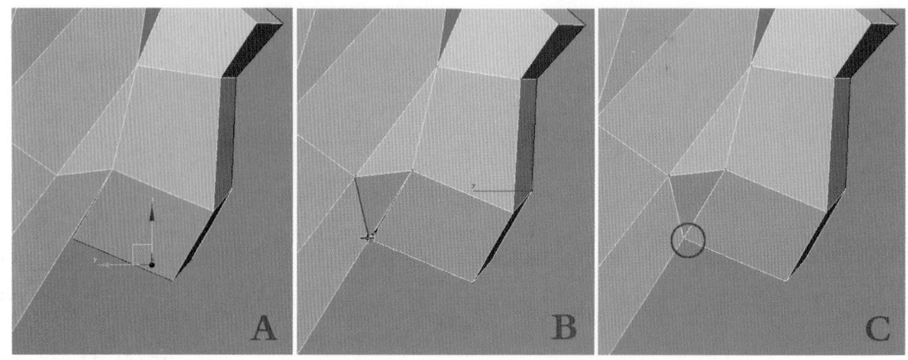


图3−83　添加鼻翼处的细节

（9）进入（边）层级，然后选择鼻子下方的边，执行右键快捷菜单中的“塌陷”命令，如图3−84中A所示，进行塌陷。接着进入（顶点）层级，再使用（选择并移动）工具调整嘴部轮廓造型，如图3−84中B所示，最后选择嘴部中心的顶点，如图3−84中C所示，按〈Delete〉键进行删除，效果如图3−84中D所示。

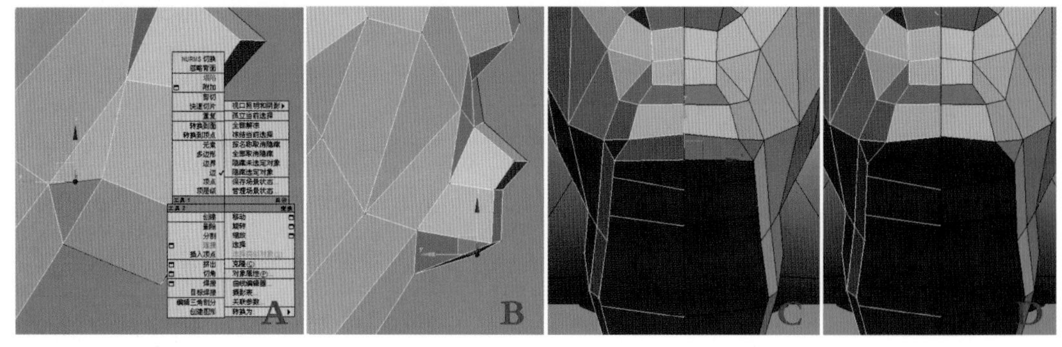


图3−84　调整嘴部的轮廓

### 3．制作吸血蝙蝠的嘴部和眼睛的造型

（1）制作出嘴唇厚度。方法：进入（边）层级，选择嘴部的一圈边，如图3−85中A所示，然后在按住〈Shift〉键的同时，使用（选择并均匀缩放）工具缩放出一圈边，如图3−85中B所示。接着使用（选择并移动）工具调整边的位置，从而制作出嘴唇厚度，如图3−85中C所示。

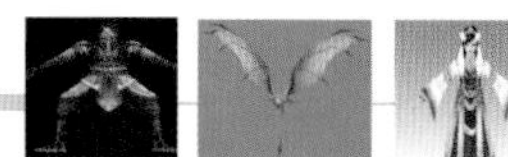

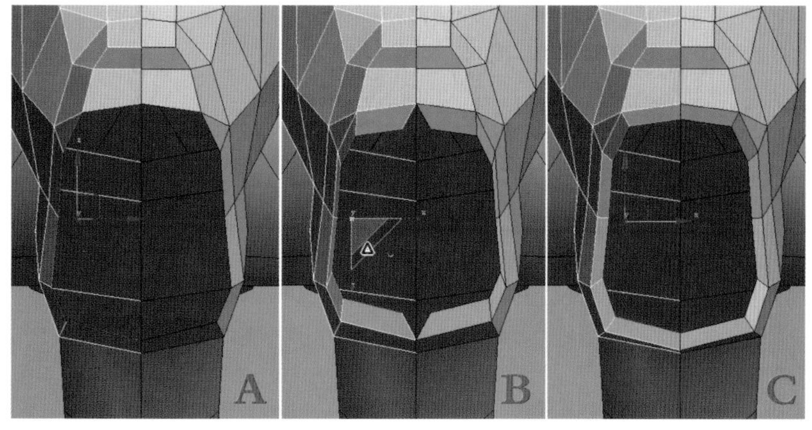


图3-85　制作嘴部大型

（2）选择上嘴唇的边，如图3-86（a）中A所示，然后在按住〈Shift〉键的同时，使用 （选择并移动）工具拖拉出一段边，如图3-86（a）中B所示。

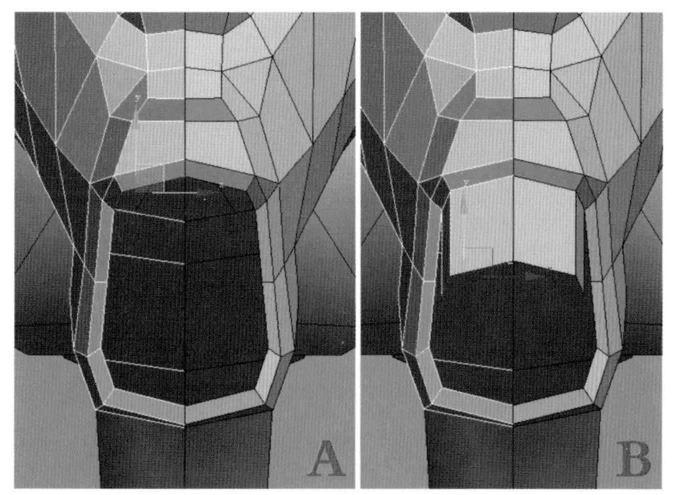


（a）拖拉出一段边

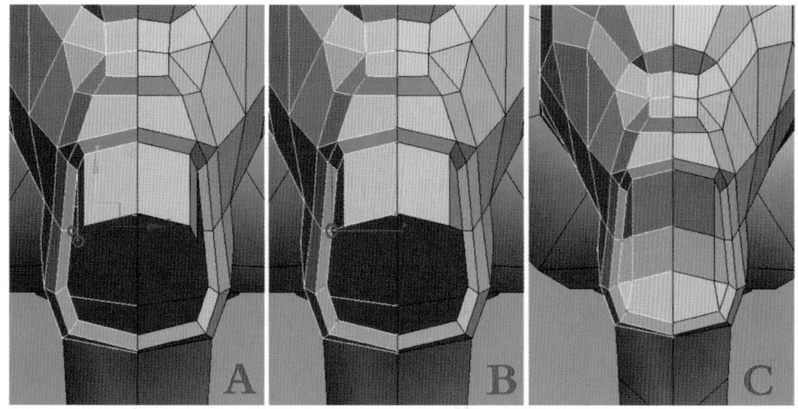


（b）制作出嘴部造型

图3-86　制作嘴部造型

（3）进入（顶点）层级，选择图3−86（b）中A所示的顶点，然后执行右键快捷菜单中的“目标焊接”命令，合并连接处的顶点，如图3−86（b）中B所示。同理，制作出嘴部其他部分的造型，如图3−86（b）中C所示。

（4）进入（边）层级，然后使用右键快捷菜单中的“连接”命令在嘴部添加一段边，如图3−87中A所示。接着进入（顶点）层级，选择嘴唇上部的两个顶点，执行右键快捷菜单中的“连接”命令连接两个顶点，如图3−87中B所示。最后使用（选择并移动）工具调整出口腔的造型，如图3−87中C所示。

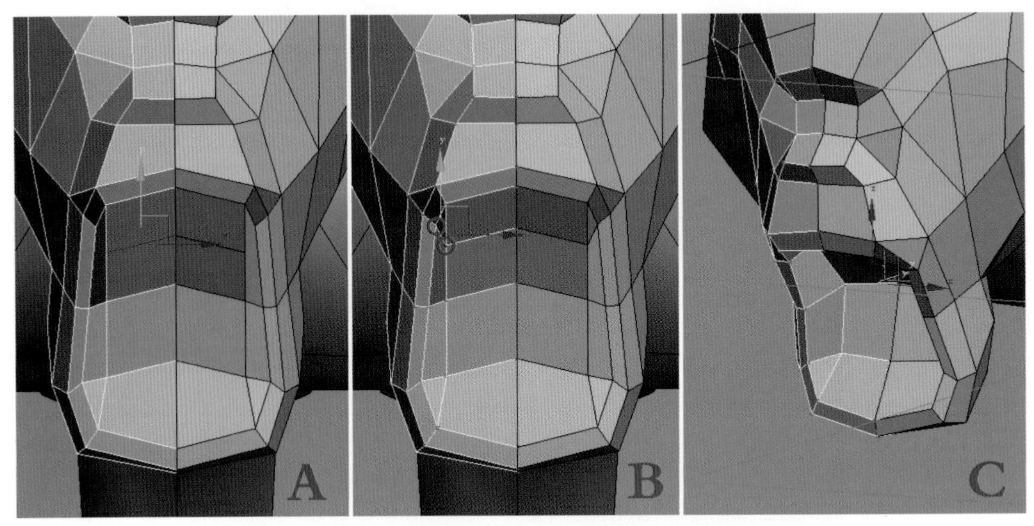


图3−87　制作口腔造型

（5）进入（多边形）层级，选择鼻子顶部的多边形，如图3−88中A所示，然后执行右键菜单中的“挤出”命令挤出一段多边形，如图3−88中B所示，接着进入（边）层级，选择多边形的两条边，如图3−88中C所示，再执行右键快捷菜单中的“塌陷”命令进行塌陷，效果如图3−88中D所示。

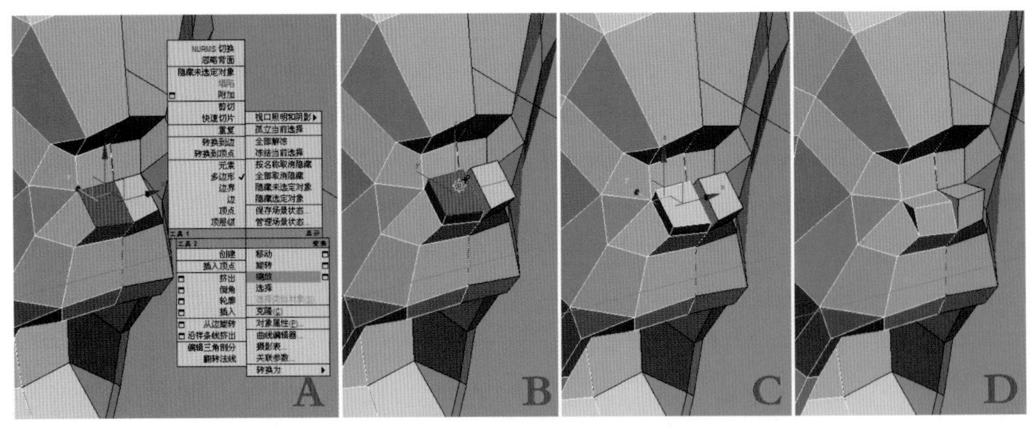


图3−88　制作鼻头

（6）进入（顶点）层级，然后执行右键快捷菜单中的“剪切”命令在眼睛部位添加一些边，如图3−89中A所示，接着使用（选择并移动）工具分别在前视图和左视图调整出眼睛的造型，如图3－89中B和C所示。

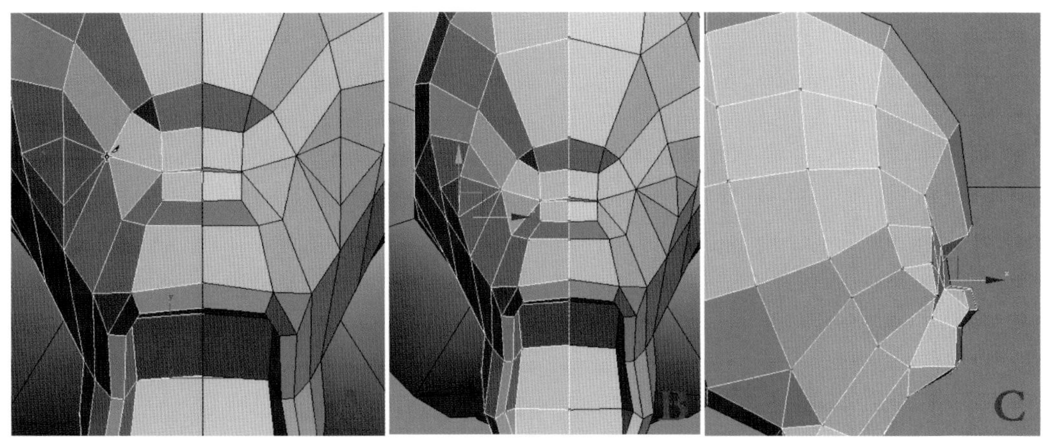

图3－89　制作眼睛的造型

4．制作吸血蝙蝠的耳朵造型

（1）进入（顶点）层级，然后执行右键快捷菜单中的“剪切”命令，在耳根部位添加一条边，如图3－90中A所示，接着进入（多边形）层级，选择耳根部的多边形，如图3－90中B所示，按〈Delete〉键进行删除，效果如图3－90中C所示。

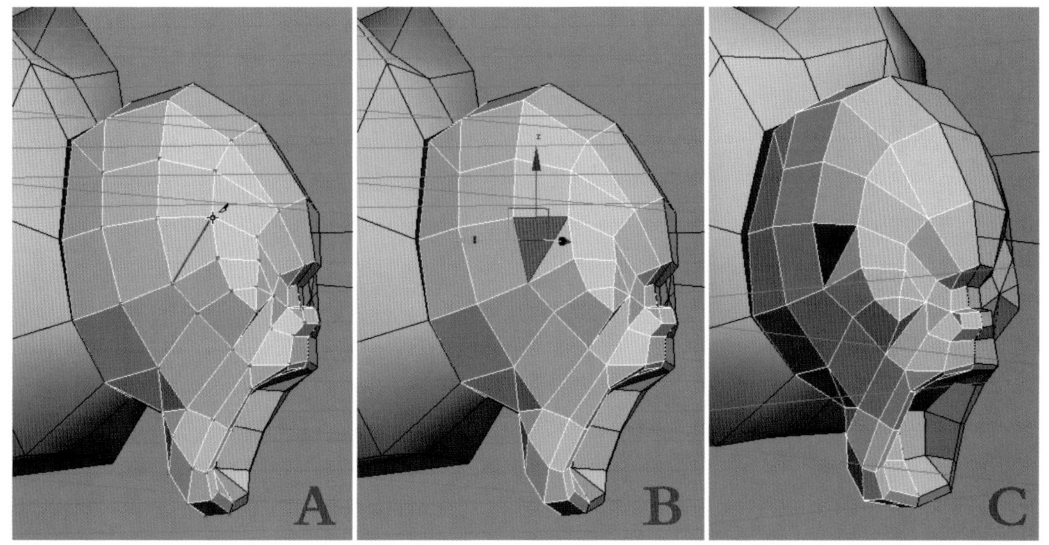

图3－90　删除多边形

（2）同理，执行右键快捷菜单中的“剪切”命令，在耳根部位继续添加边，如图3－91中A所示，再调整出耳根轮廓的造型，如图3－91中B所示。

（3）进入（边界）层级，再选择耳根部的边界，如图3－92中A所示，然后切换到前视图，再在按住〈Shift〉键的同时，使用（选择并移动）工具拖拉出一节耳朵造型，如图3－92中B所示。接着进入（顶点）层级，使用（选择并移动）工具调整耳朵造型，效果如图3－93中A所示。同理，制作出耳朵的大体造型，如图3－93中B所示。

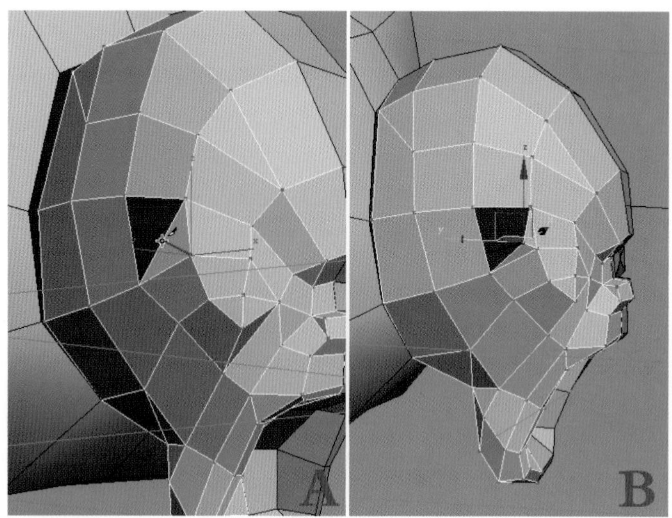

图3−91　制造出耳根轮廓

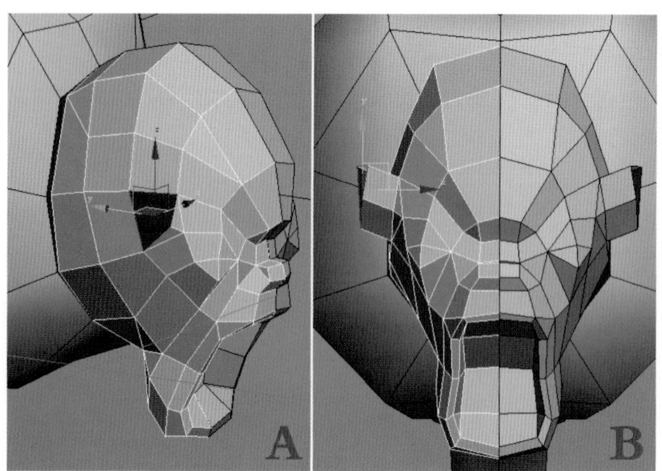

图3−92　拉出一节耳朵造型

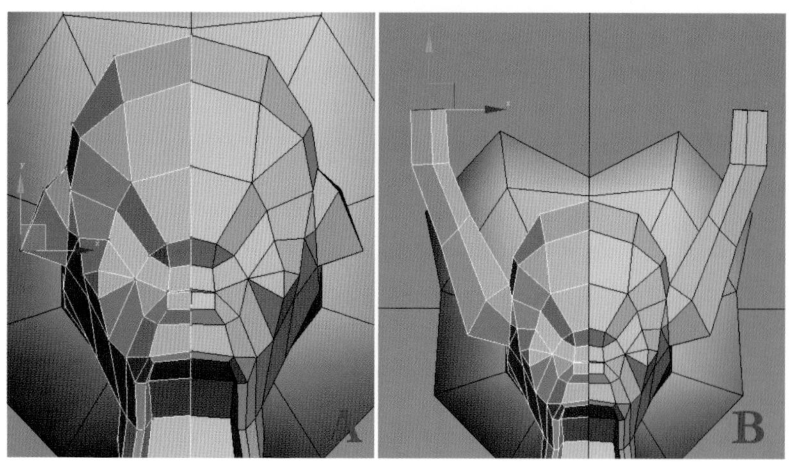

图3−93　制作耳朵大型

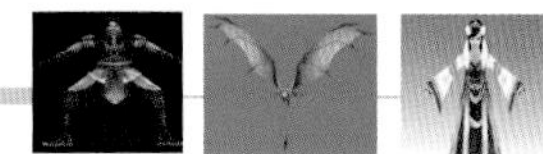

（4）选择耳朵顶部的两条边，如图3－94中A所示，然后执行右键快捷菜单中的“塌陷”命令进行合并，如图3－94中B所示。

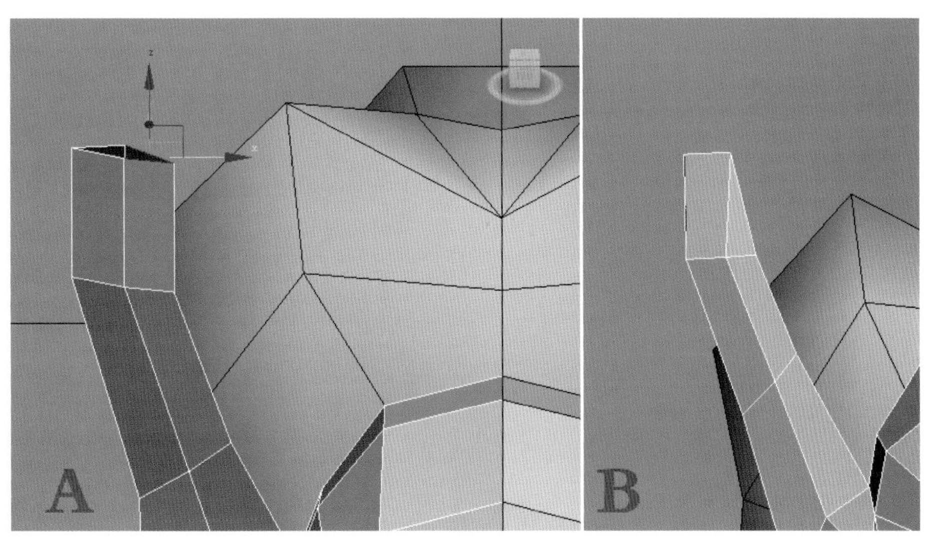


图3－94　塌陷耳朵顶部的边

（5）进入 （顶点）层级，然后执行右键快捷菜单中的“剪切”命令在耳朵上添加三条边，如图3－95中A所示。接着使用 （选择并移动）工具简单调整耳朵造型，再进入 （边）层级，按〈Delete〉键删除多余的边，效果如图3－95中B所示。

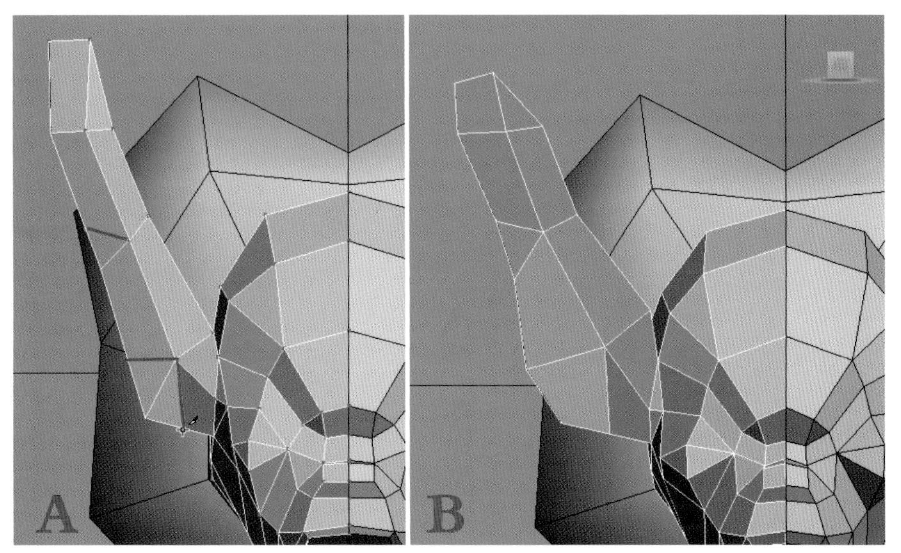


图3－95　调整耳朵细节造型

（6）选择图3－96中A所示的耳朵后面的一条边，然后执行右键快捷菜单中的“塌陷”命令进行合并，效果如图3－96中B所示。

（7）进入 （顶点）层级，然后执行右键快捷菜单中的“连接”命令连接耳朵背面的顶点，如图3－97中A所示，接着使用 （选择并移动）工具调整耳朵的整体造型，效果如图3－97中B和C所示。

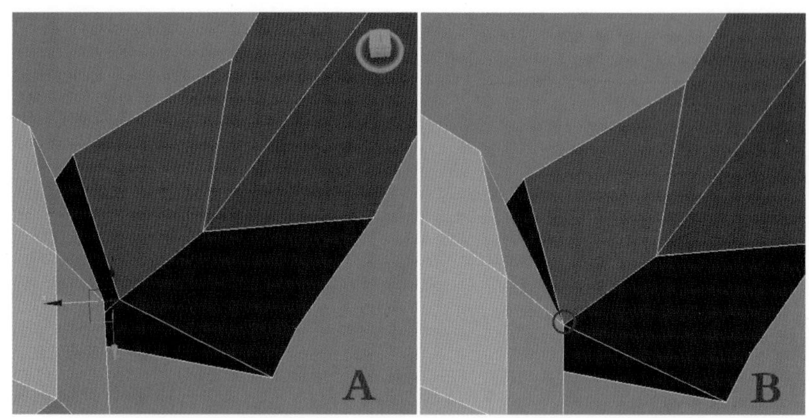


图3−96　塌陷耳朵背面的边

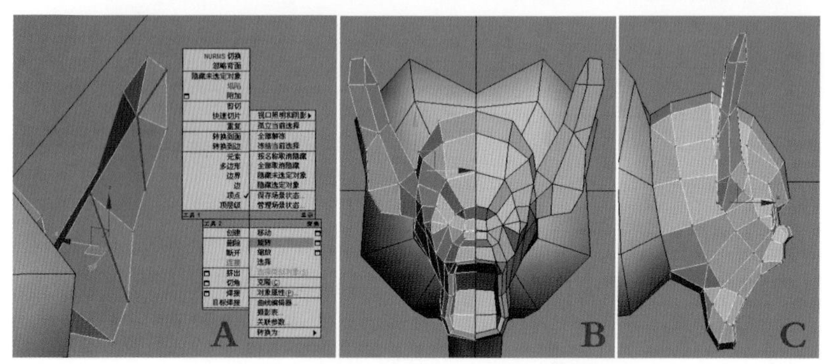


图3−97　添加边并完成耳朵造型的制作

（8）至此，吸血蝙蝠头部模型制作完毕，文件可参照“配套光盘\MAX\第3章　网络游戏中飞行动物NPC设计——吸血蝙蝠的制作\头部制作.max”文件。

**提 示**

吸血蝙蝠头部制作演示详见“配套光盘\多媒体视频文件\第3章　网络游戏中飞行动物NPC设计——吸血蝙蝠的制作\头部模型001.avi、头部模型002.avi”视频文件。

### 3.3.3　制作吸血蝙蝠的肢体

吸血蝙蝠的肢体主要由腿部、两对翅膀和一对红色触手组成，只要制作出吸血蝙蝠的一侧的腿部、翅膀和触手，然后通过镜像的工具复制出另外一侧的模型即可。

#### 1．制作吸血蝙蝠的腿部

（1）将身体部分的模型从整体模型上分离出来。方法：进入■（多边形）层级，然后选中身体部分的多边形，如图3−98中A所示，再单击（修改）面板中“编辑几何体”卷展栏下方的“分离”按钮，如图3−98中B所示，接着在弹出的对话框中设置参数，如图3−98中C所示，单击“确定”按钮，从而将身体部分的模型从整体模型上分离出来。

（2）为了制作蝙蝠的腿部，下面选择身体后侧的多边形，如图3−99中A所示，然后按〈Delete〉键进行删除，效果如图3−99中B所示。

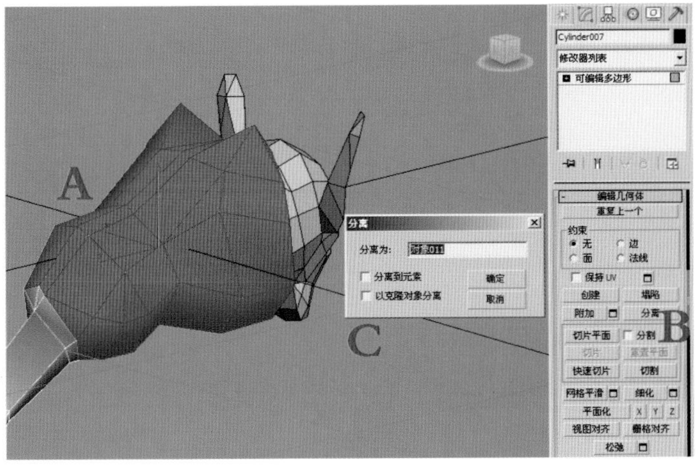


图3-98　分离身体的模型

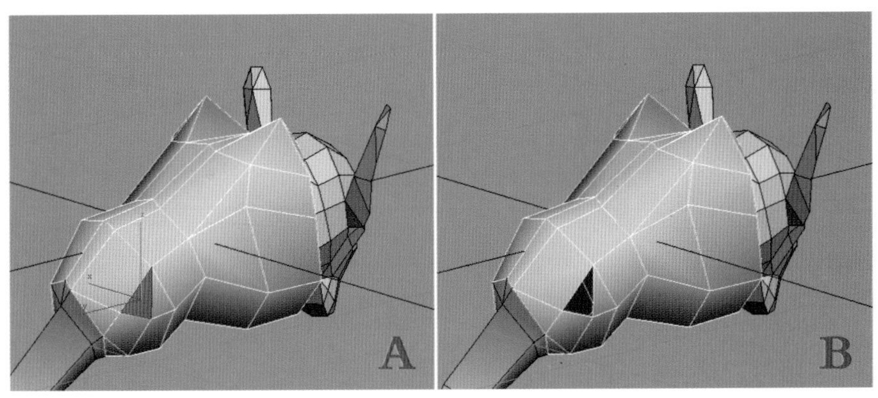


图3-99　制作腿根部的轮廓

（3）进入（边界）层级，然后选择腿根部的边界，如图3-100中A所示，接着切换到前视图，再在按住〈Shift〉键的同时，使用（选择并移动）工具拖拉出两节腿部造型，如图3-100中B所示。最后进入（顶点）层级，使用（选择并移动）工具调整腿部造型，效果如图3-101中A和B所示。

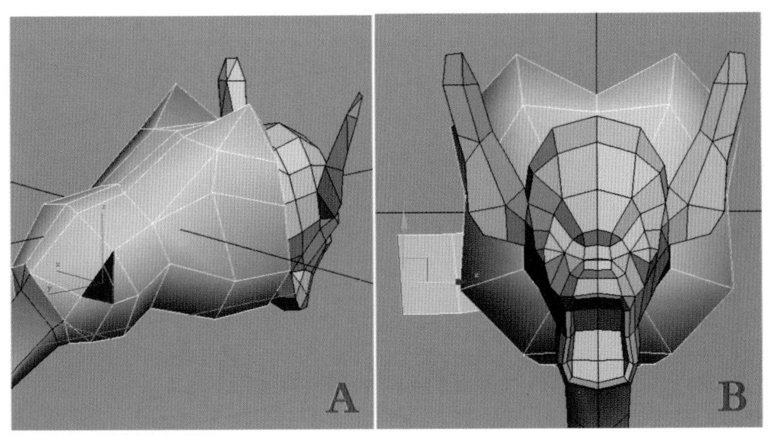


图3-100　拖出腿部模型

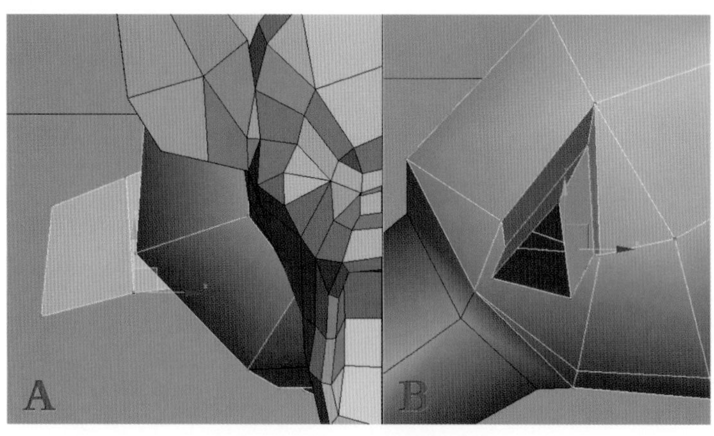


图3－101　调整腿部模型

（4）执行右键快捷菜单中“剪切”命令，在吸血蝙蝠腿部添加边，如图3－102中A所示，然后进入（边界）层级，选择腿部边界，再在按住〈Shift〉键的同时，使用（选择并移动）工具继续拖拉出其余腿部造型，如图3－102中B所示。接着进入（顶点）层级，使用（选择并移动）工具调整腿部造型，效果如图3－103中A、B和C所示。

图3－102　拖出其余的腿部造型

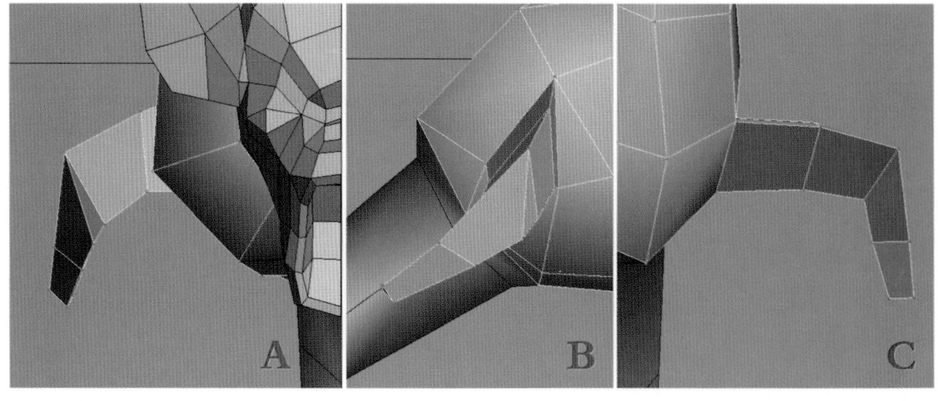


图3－103　调整腿部造型

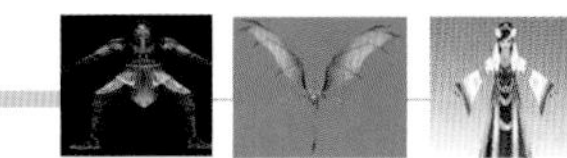

（5）同理，进入 （边界）层级，继续拖拉出一节腿部造型，如图3－104中A所示，再使用 （选择并均匀缩放）工具进行缩放，如图3－104中B所示。然后进入 （顶点）层级，使用 （选择并移动）工具调整出脚掌造型，如图3－104中C所示。

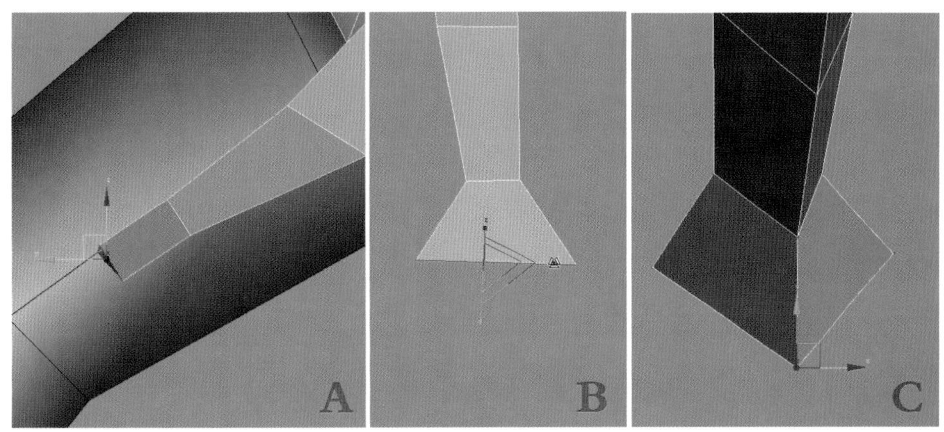


图3－104　制作出脚掌造型

（6）执行右键快捷菜单中的“剪切”命令，在脚掌内侧添加边，如图3－105中A所示，再进入 （边）层级，选择多余的边，按〈Delete〉键进行删除，效果如图3－105中B所示。最后进入 （顶点）层级，使用 （选择并移动）工具继续调整脚掌造型，如图3－105中C所示。

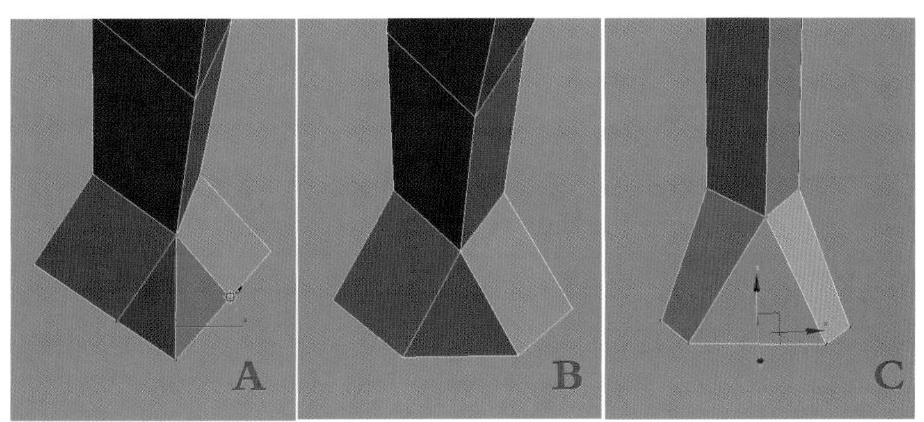


图3－105　调整脚掌的布线

（7）进入 （边界）层级，选择脚掌的边界，如图3－106中A所示，然后单击 （修改）面板中“编辑边界”卷展栏下方的“封口”命令，如图3－106中B所示，效果如图3－106中C所示。接着进入 （边）层级，执行右键快捷菜单中“连接”命令在脚掌位置添加两条边，如图3－107中A所示，最后进入 （顶点）层级，执行右键快捷菜单中的“连接”命令，连接脚掌的顶点，效果如图3－107中B和C所示。

（8）挤出脚趾。方法：进入 （多边形）层级，选择脚掌的多边形，如图3－108中A所示，然后执行右键快捷菜单中的“挤出”命令先后挤出三根脚趾，如图3－108中B所示。接着执行右键快捷菜单中的“塌陷”命令将脚趾前方的多边形塌陷，效果如图3－108中C所示。

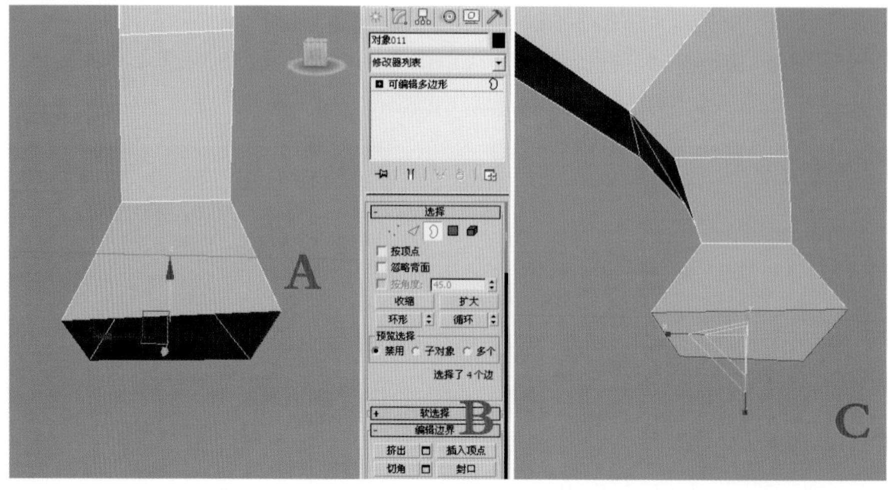


图3－106　执行“封口”命令

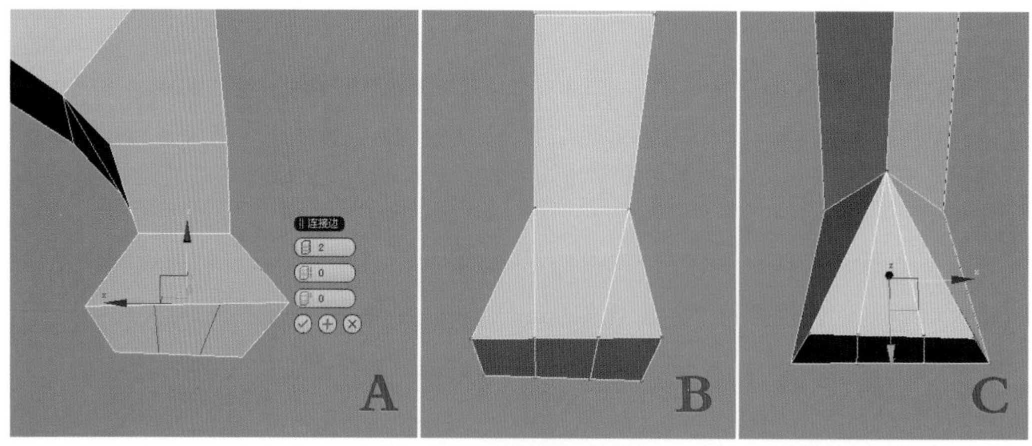


图3－107　添加脚掌的布线

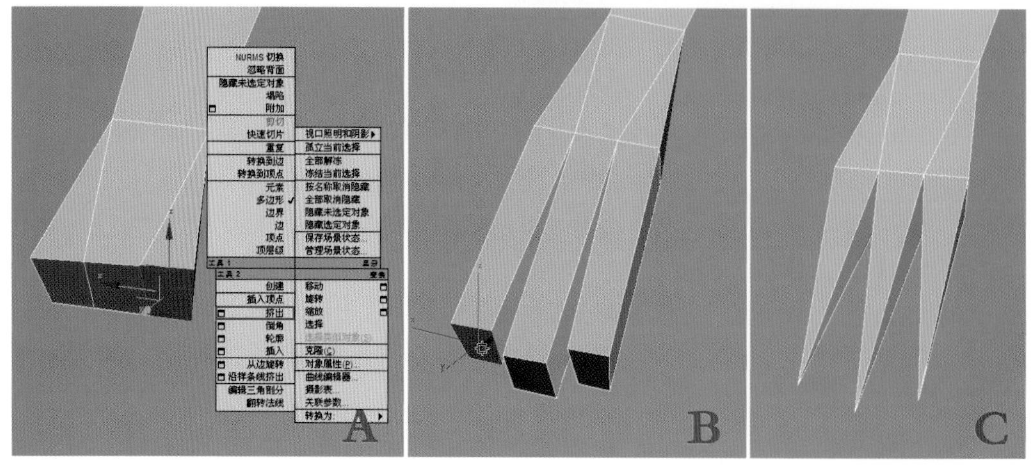


图3－108　制作脚趾造型

（9）制作脚趾指尖。方法：进入 （边）层级，然后选择挤出后三根脚趾所有的边，执

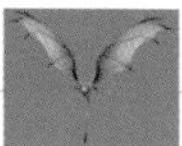

行右键快捷菜单中“连接”命令，在三根脚趾的中间位置添加一圈边，如图3−109中A所示。接着进入（顶点）层级，使用（选择并移动）和（选择并均匀缩放）工具调整脚趾的造型，如图3−109中B和C所示。

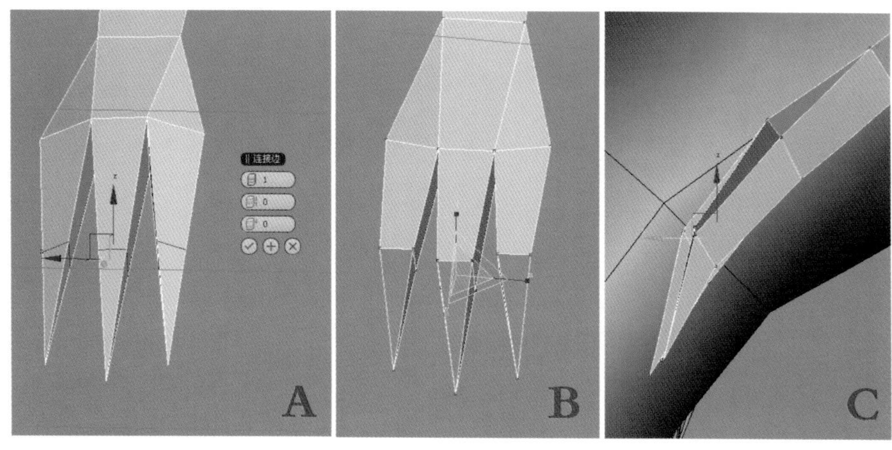


图3−109　调整脚趾造型

（10）丰富脚背上的细节。方法：进入（边）层级，执行右键快捷菜单中“连接”命令，在脚背位置添加一条边，如图3−110中A所示，然后进入（顶点）层级，执行右键快捷菜单中“连接”命令连接脚背上的顶点，从而制作出脚背上的细节，如图3−110中B所示。

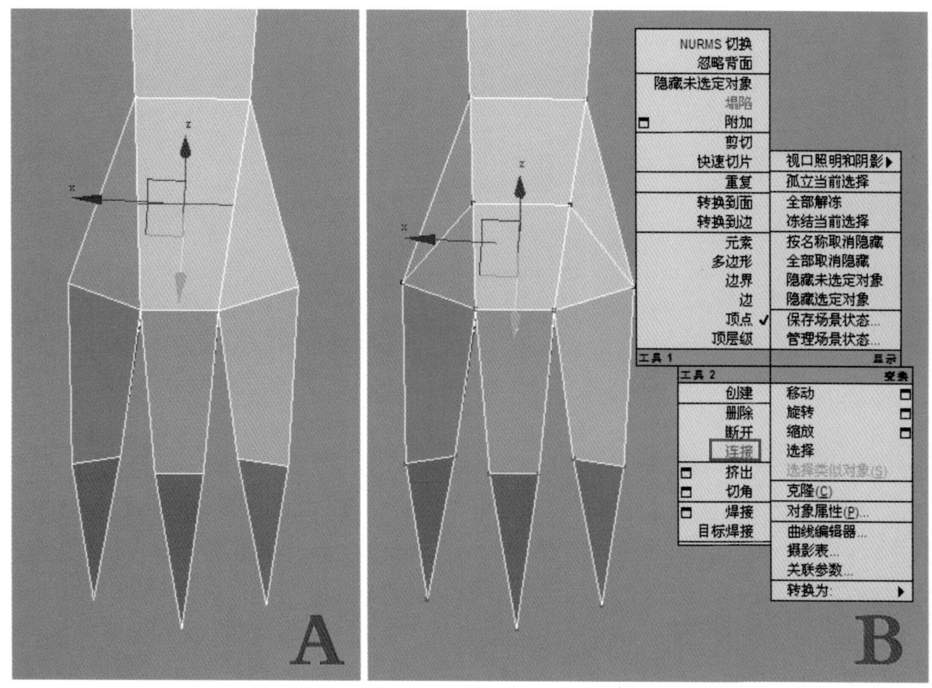


图3−110　制作脚背的细节

（11）进入（边）层级，选择脚掌内侧的三条边，如图3−111中A所示，然后执行右键快捷菜单中的“塌陷”命令，制作出利爪效果，如图3−111中B所示。接着进入（顶点）层级，使用（选择并移动）工具整体调整腿部的造型，效果如图3−111中C所示。

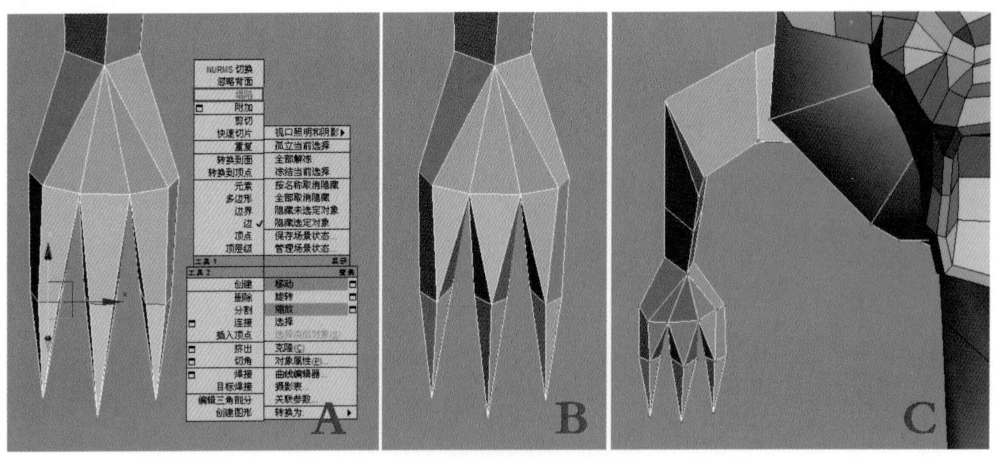


图3–111　制作出利爪造型

（12）镜像复制身体模型。方法：选择身体右侧的顶点，按〈Delete〉键删除，效果如图3–112中A所示，然后单击工具栏中的（镜像）工具，以“复制”方式对称复制出另一半身体，如图3–112中B所示。

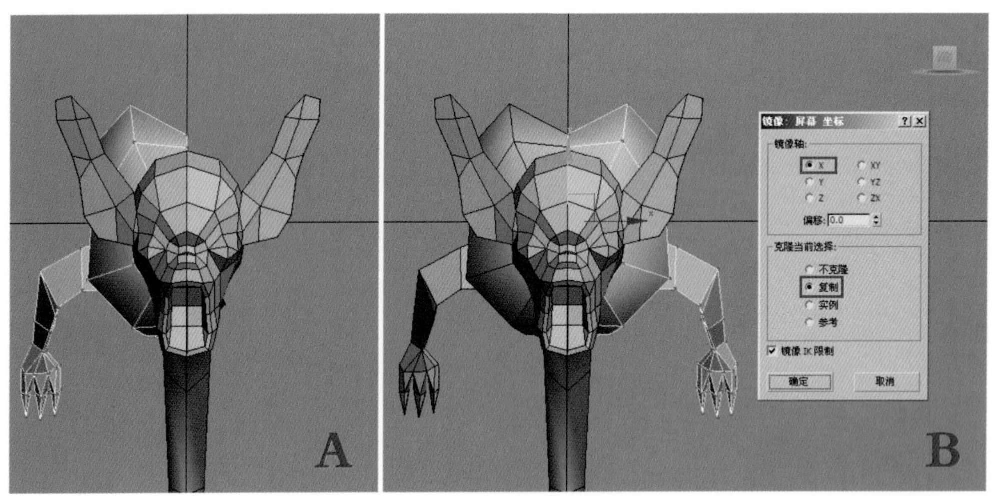


图3–112　镜像复制模型

2. 制作吸血蝙蝠的小翅膀

（1）执行右键快捷菜单中的“连接”命令连接蝙蝠背部的两个顶点，如图3–113所示。然后进入（多边形）层级，选择身体侧面的多边形，如图3–114中A所示，接着单击（修改）面板下方“编辑几何体”卷展栏中的“分离”按钮，并在弹出的对话框设置好参数，如图3–114中B所示，单击“确定”按钮，从而将多边形从身体模型分离出来，如图3–114中C所示。

（2）进入（边）层级，选择多边形的几条边，如图3–115中A所示，然后使用（选择并移动）工具调整边的位置，如图3–115中B所示。接着选择如图3–115中C所示的边，并在按住〈Ctrl〉键的同时，单击（修改）面板中“编辑边”卷展栏下的“移除”命令去除。最后进入（顶点）层级，使用（选择并移动）工具调整多边形的造型，如图3–115中D所示。

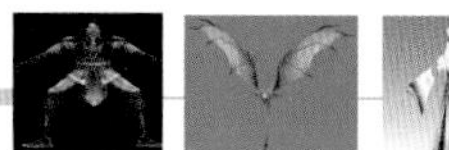

## 提 示

按住〈Ctrl〉键的同时，单击（修改）面板中“编辑边”卷展栏下的“移除”命令去除多余的边，可以将去除边后所产生的多余的顶点也同时去除。

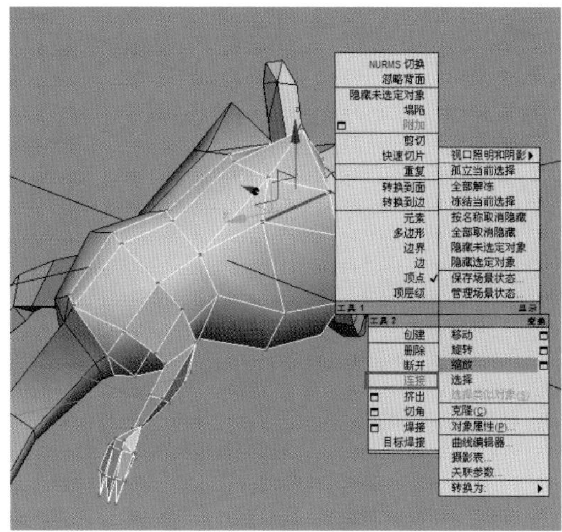


图3-113　连接顶点

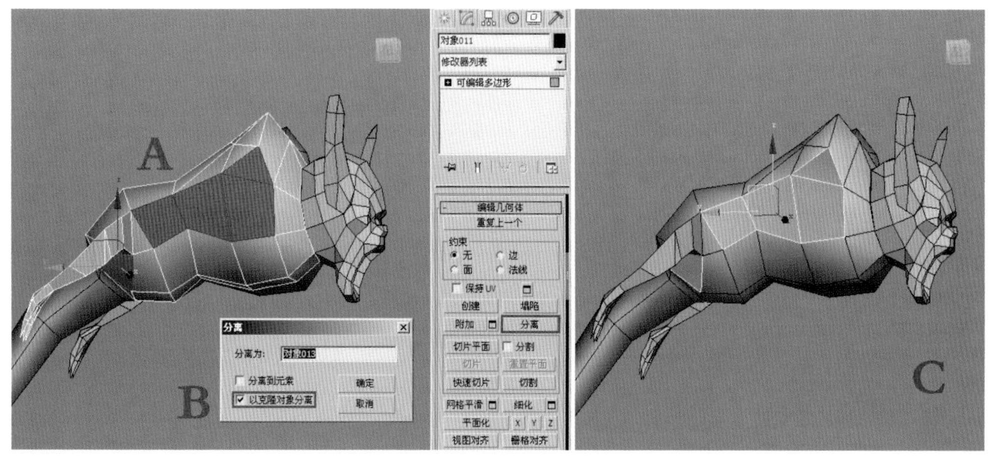


图3-114　分离模型

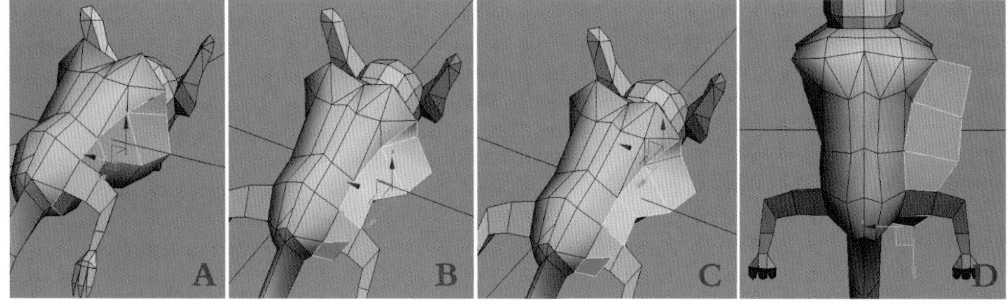


图3-115　调整多边形的造型

（3）进入（边）层级，选择多边形的几条边，如图3-116中A所示。然后在按住〈Shift〉键的同时，使用（选择并移动）工具拖拉出一段多边形，如图3-116中B所示。

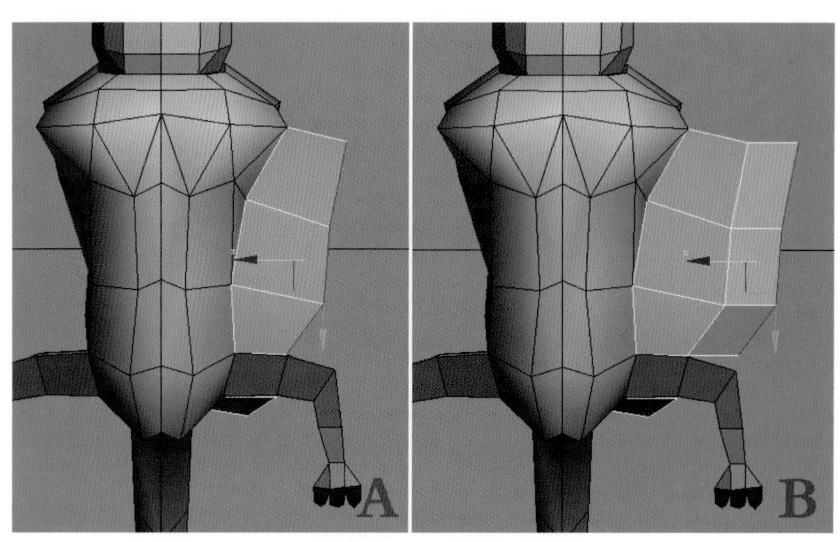

图3-116 复制边

（4）进入（顶点）层级，选择顶点，如图3-117中A所示，再执行右键快捷菜单中的“塌陷”命令合并多边形上的顶点，效果如图3-117中B所示。最后进入（边）层级，选择多边形的一条边，如图3-117中C所示，再执行右键快捷菜单中的“塌陷”命令进行合并，效果如图3-117中D所示。

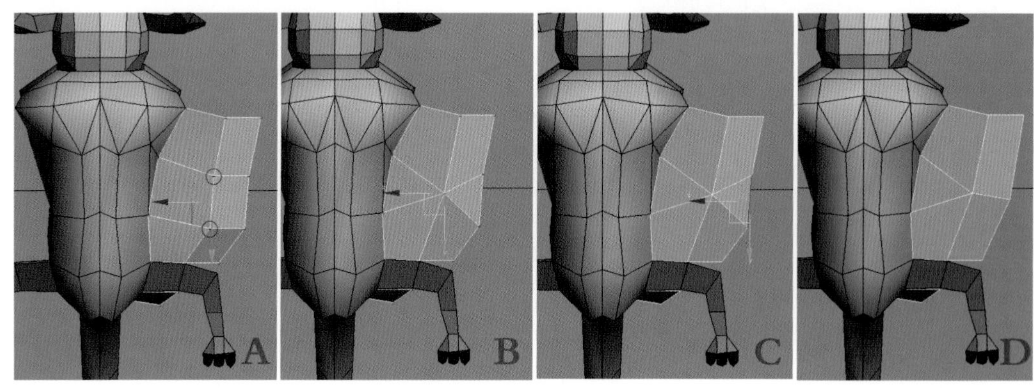

图3-117 调整多边形的造型

（5）进入（顶点）层级，使用（选择并移动）工具调整顶点的位置，如图3-118中A所示，然后进入（多边形）层级，选择腿部模型的多边形，如图3-118中B所示。接着单击（修改）面板下方“编辑几何体”卷展栏中的“分离”按钮，并在弹出的对话框设置好参数，如图3-118中C所示，单击“确定”按钮，从而分离多边形。

（6）执行右键快捷菜单中的“附加”命令，然后依次单击腿部和小翅膀的多边形，从而将二者合并，如图3-119中A所示。接着进入（顶点）层级，执行右键快捷菜单中的“目标焊接”和“塌陷”命令将相接处的顶点焊接起来，如图3-119中B所示。同理，制作出其他部分的翅膀，如图3-120中A和B所示。

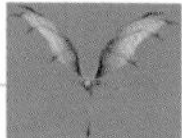

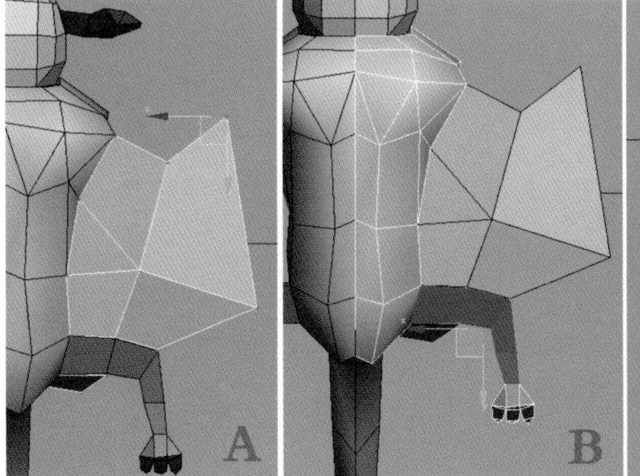


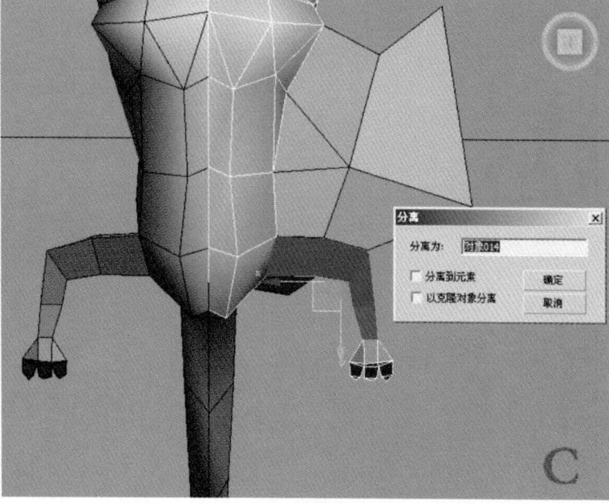


图3－118　分离腿部的多边形

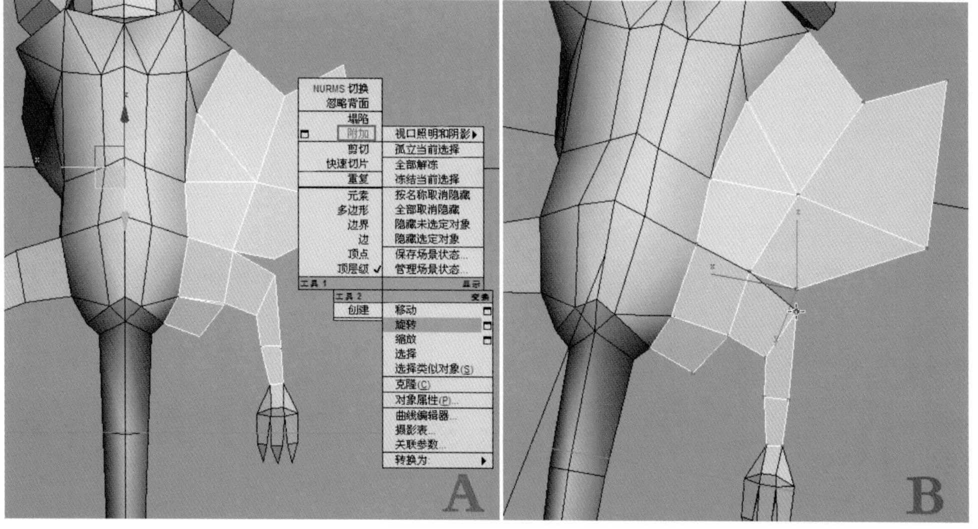


图3－119　合并腿部和身体的多边形

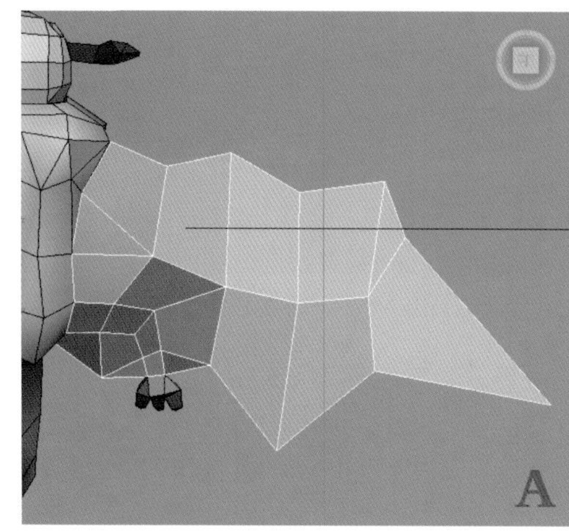


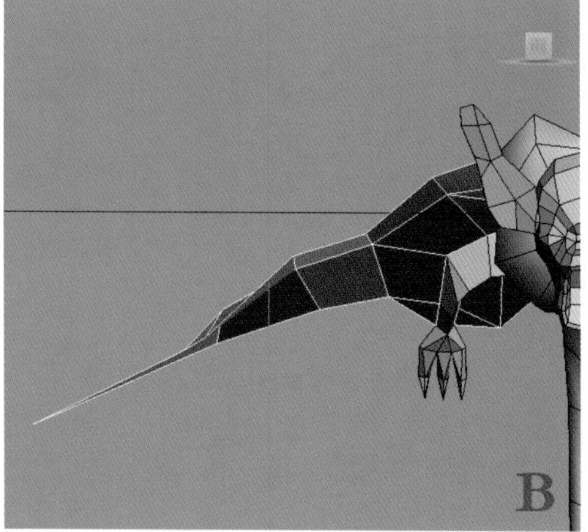


图3－120　制作出小翅膀

3．制作吸血蝙蝠的大翅膀

（1）进入■（多边形）层级，然后选择身体背部的多边形，如图3－121中A所示，按〈Delete〉键删除，效果如图3－121中B所示。

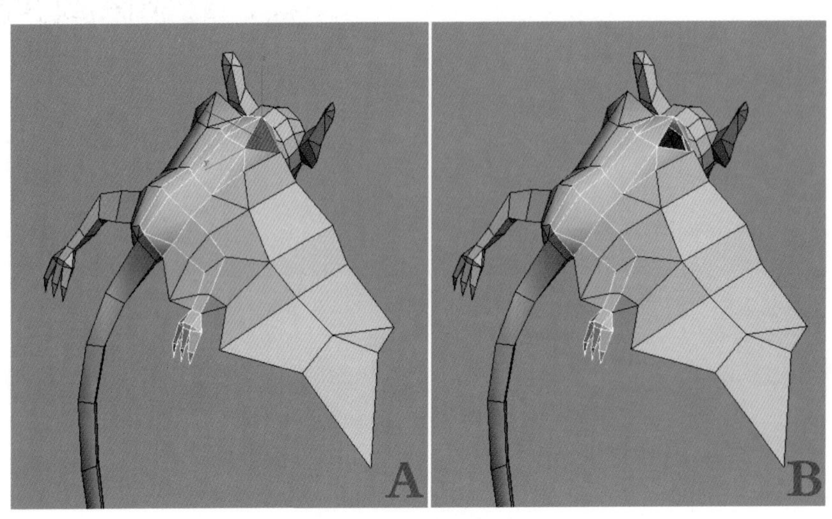


图3－121 删除多边形

（2）进入（边界）层级，然后选择多边形的边界，如图3－122中A所示。接着在按住〈Shift〉键的同时，使用（选择并移动）工具拖拉出一节骨架的造型，如图3－122中B所示。最后进入（顶点）层级，使用（选择并移动）工具调整骨架造型，如图3－122中C所示。

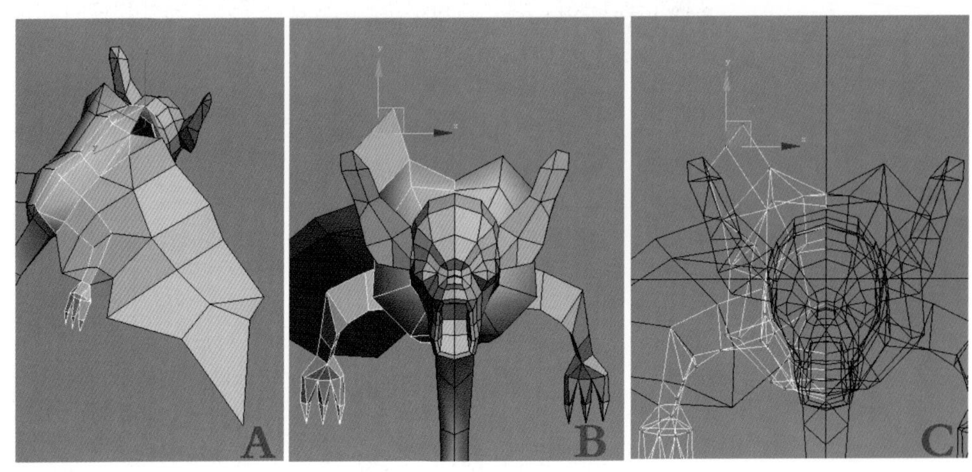


图3－122 调整拖出骨架的造型

（3）进入（边界）层级，选择多边形的边界，然后在按住〈Shift〉键的同时，使用（选择并移动）工具继续拖拉出一节骨架的造型，如图3－123中A所示。接着进入（边）层级，选择骨架上的边，如图3－123中B所示，再执行右键快捷菜单中的“塌陷”命令合并边，效果如图3－123中C所示。最后进入（顶点）层级，使用（选择并移动）工具调整边界处的造型，效果如图3－124中A和B所示。

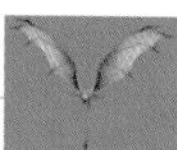

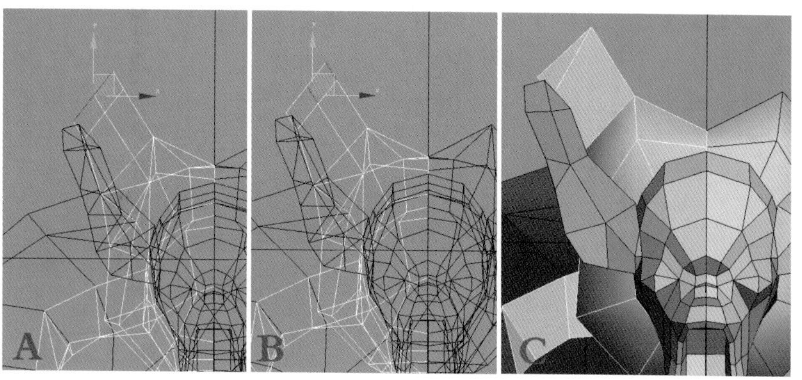

图3-123　继续拖出一节骨架

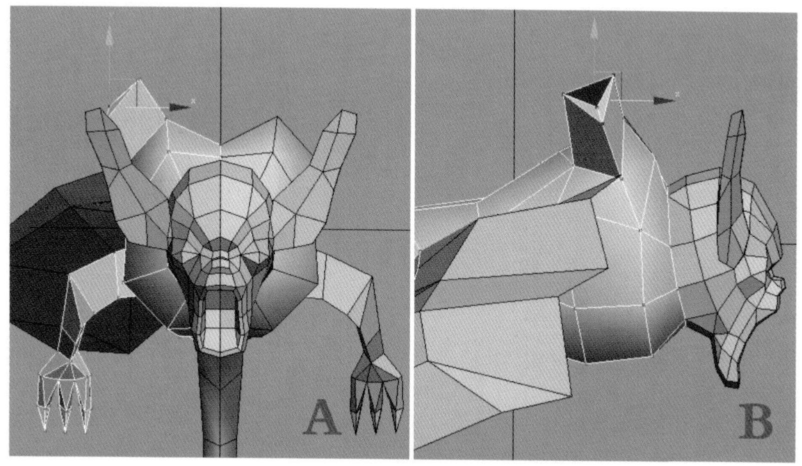

图3-124　调整骨架的顶点位置

（4）同理，进入（边界）层级，再继续拖出几段蝙蝠翅膀骨架的造型，如图3-125中A所示。然后进入（顶点）层级，使用（选择并移动）、（选择并旋转）和（选择并均匀缩放）工具调整造型，效果如图3-125中B和C所示。

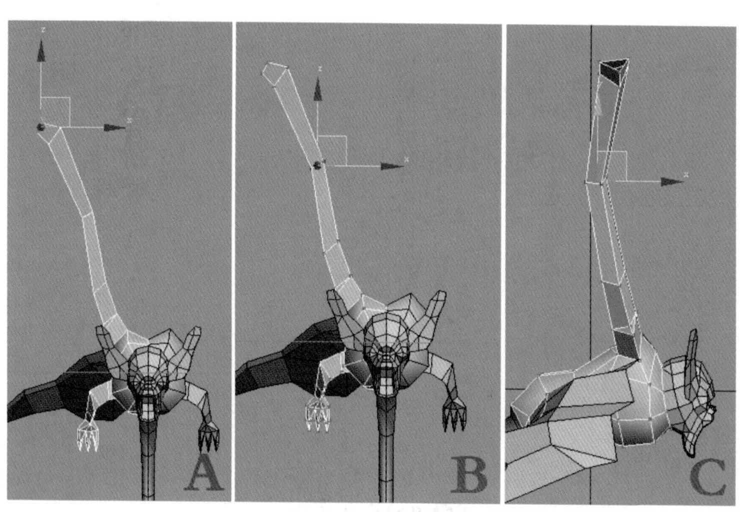

图3-125　制作几段骨架造型

（5）执行右键快捷菜单中的“目标焊接”命令焊接骨架上的顶点，过程如图3–126中A和B所示。然后切换到左视图，使用（选择并移动）工具调整骨架顶端的顶点位置，如图3–127中A所示。接着执行右键快捷菜单中的“目标焊接”命令焊接顶点，过程如图3–127中B和C所示。

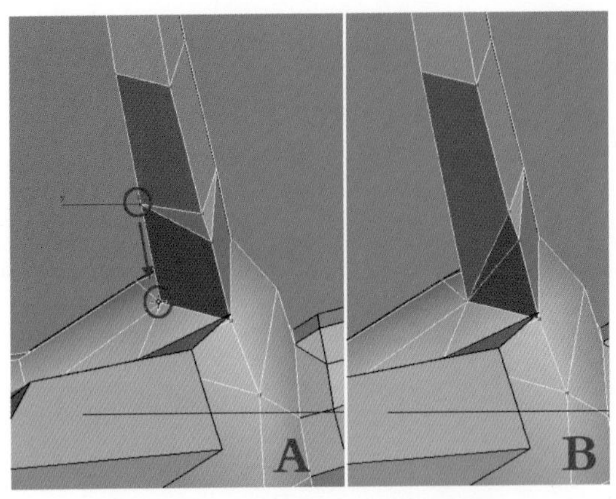


图3–126　焊接骨架上的顶点

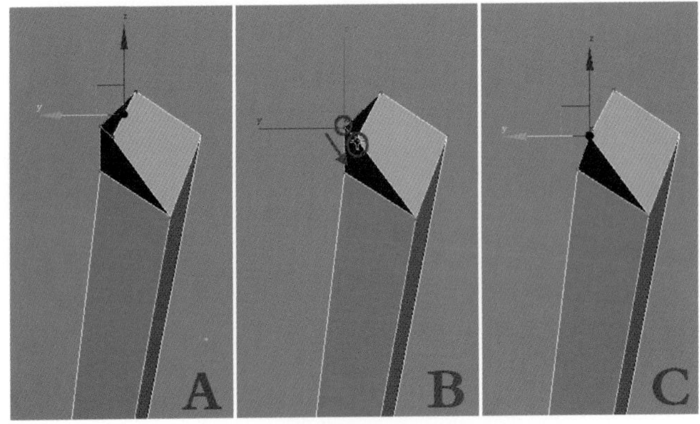


图3–127　调整并焊接顶端的顶点

（6）切换到后视图，然后选择骨架顶端的两个顶点，如图3–128中A所示，再执行右键快捷菜单中的“连接”命令进行连接，效果如图3–128中B所示。

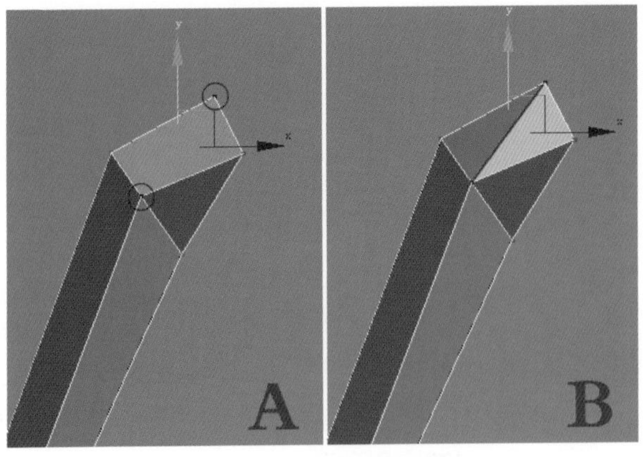


图3–128　连接顶部的顶点

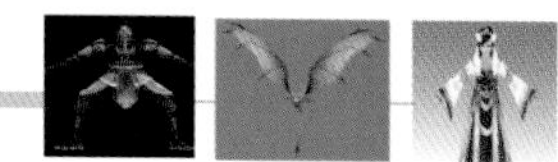

（7）切换到左视图，使用 （选择并移动）工具调整骨架顶端的顶点位置，如图3－129中A所示，然后进入 （多边形）层级，选择骨架顶部多边形，如图3－129中B所示，接着按〈Delete〉键进行删除，效果如图3－129中C所示。

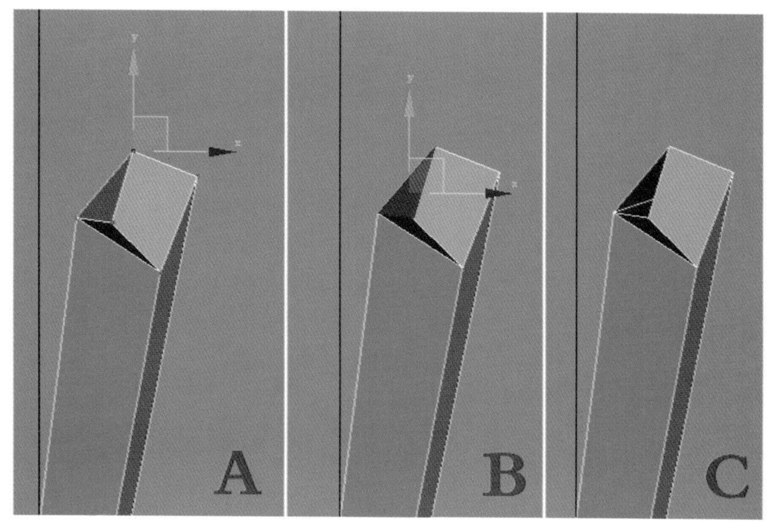


图3－129　删除顶部的多边形

（8）进入 （边界）层级，然后选择骨架顶端的边界，继续拖拉出一段蝙蝠翅膀的骨架造型，如图3－130中A所示。接着进入 （顶点）层级，使用 （选择并移动）工具调整造型，效果如图3－130中B所示。

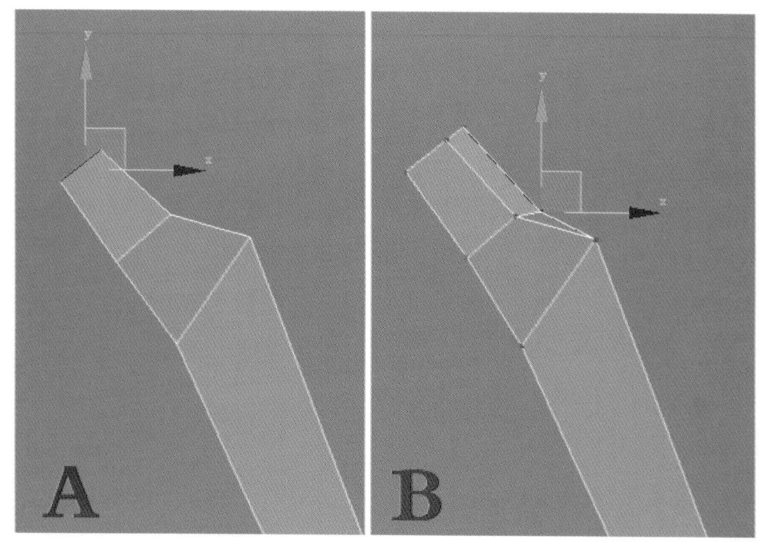


图3－130　制作顶端骨架造型

（9）同理，继续拖拉出三段骨架，并调整好造型，如图3－131中A和B所示。

（10）同理，继续调整骨架的造型，如图3－132中A所示，然后拖拉出最顶端的一段骨架，如图3－132中B所示，接着执行右键快捷菜单中的“塌陷”命令将顶部边界合并，从而制作出翅膀末端的尖刺效果，如图3－132中C所示。

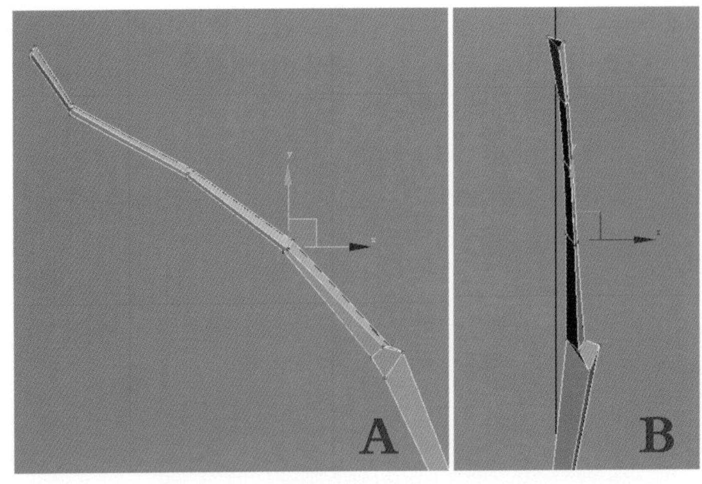


图3–131　拖出三段骨架并调整造型

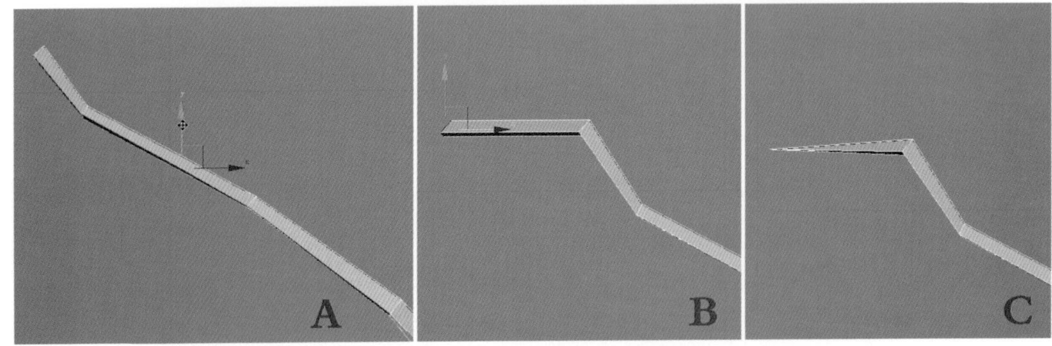


图3–132　制作出翅膀末端骨架

（11）进入（多边形）层级，选择翅膀骨架上的多边形，如图3–133中A所示，然后单击（修改）面板下方“编辑几何体”卷展栏中的“分离”按钮，接着在弹出的对话框设置好参数，如图3–133中B所示，单击“确定”按钮，从而将多边形分离出来，如图3–133中C所示。

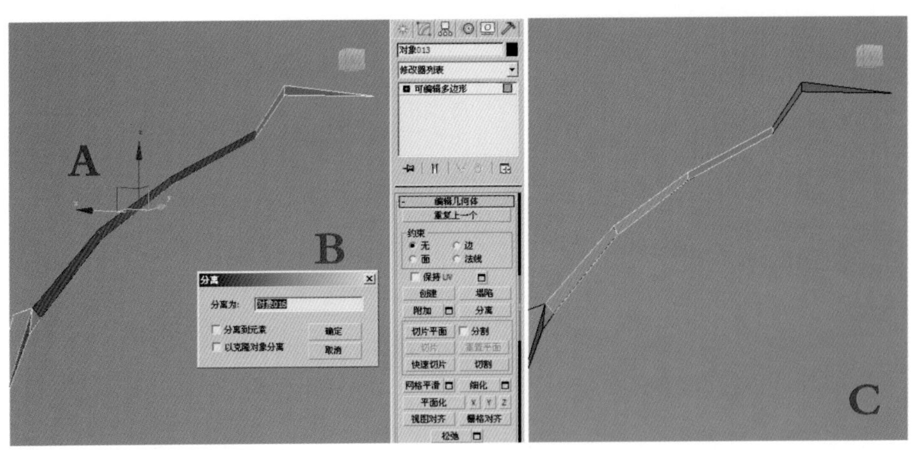


图3–133　分离骨架上的多边形

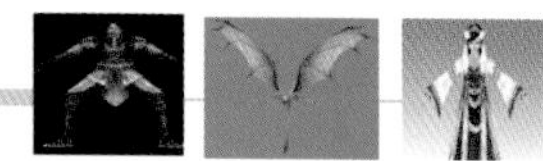

（12）进入◁（边）层级，选择多边形的一段边，如图3-134中A所示，然后使用✥（选择并移动）工具调整边的位置，如图3-134中B所示。

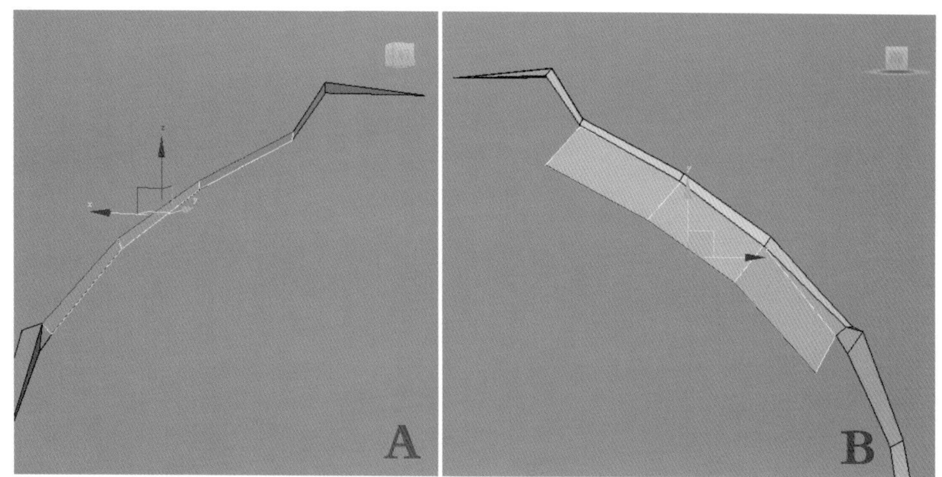


图3-134　拖动边

（13）切换到后视图，然后进入∴（顶点）层级，使用✥（选择并移动）工具调整顶点的位置，如图3-135中A所示。接着进入◁（边）层级，再在按住〈Shift〉键的同时，按照骨架的布线拖拉复制出几段多边形，效果如图3-135中B所示。

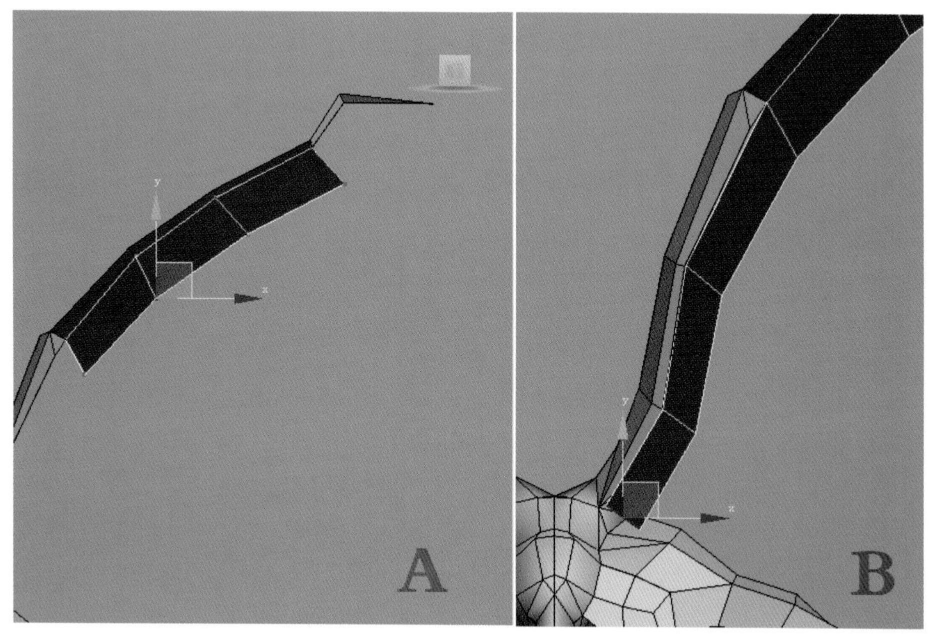


图3-135　调整顶点并复制几段多边形

（14）参考前面小翅膀的制作方法，继续复制多边形并调整出大翅膀的模型，效果如图3-136中A和B所示。然后进入■（多边形）层级，选择翅膀骨架末端的多边形，如图3-137中A所示，再单击（修改）面板下方“编辑几何体”卷展栏中的“分离”按钮将多边形分离出来，如图3-137中B所示。

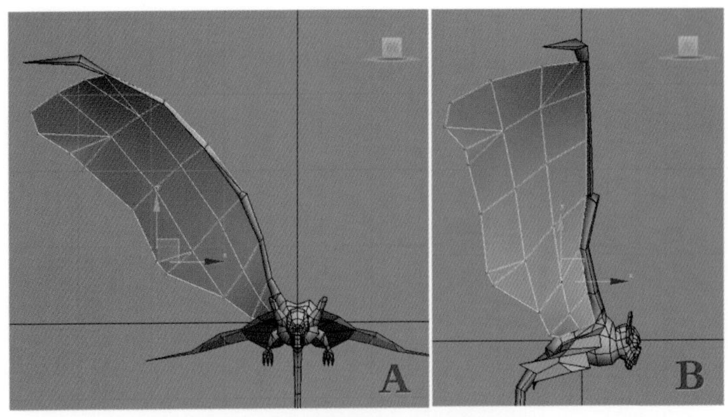

图3-136　制作出大翅膀的模型

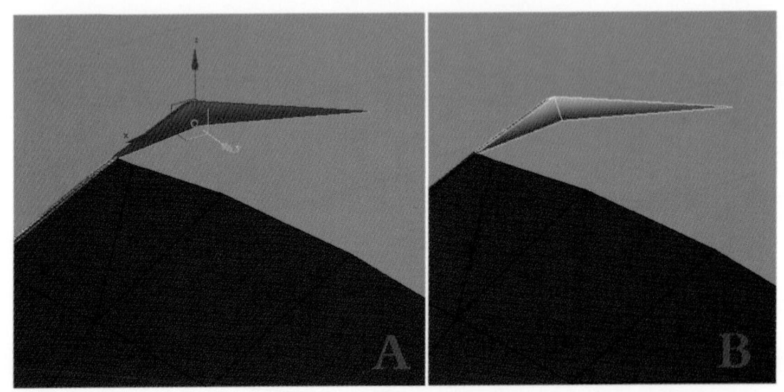

图3-137　分离末端骨架

（15）进入（顶点）层级，激活（捕捉开关）和（捕捉到顶点切换）按钮，然后使用（选择并移动）工具选择顶点，如图3-138中A所示，接着将其捕捉到目标顶点的位置上，如图3-138中B所示。

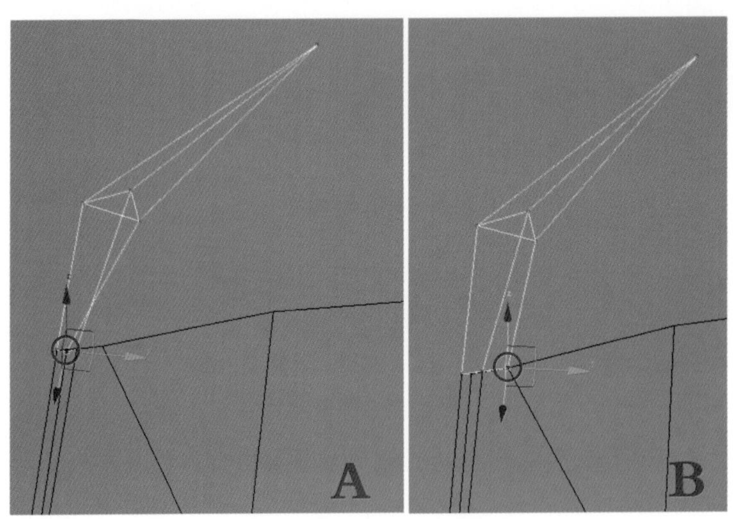

图3-138　捕捉末端顶点

（16）同理，将翅膀上的顶点也依次捕捉到对应的目标顶点，如图3-139中A和B所示。

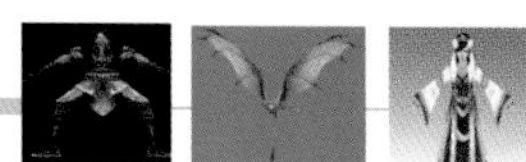

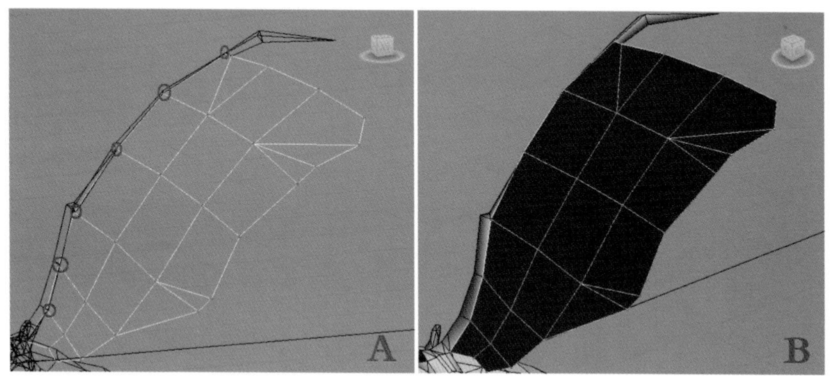


图3-139　捕捉翅膀的顶点到对应位置

（17）进入 （边）层级，选择翅膀上的边，然后在按住〈Shift〉键的同时，拖拉出几段多边形，如图3-140中A所示。接着进入 （顶点）层级，使用 （选择并移动）工具分别调整拖拉出的多边形顶点，从而制作出翅膀的末端造型，如图3-140中B所示。再按〈Delete〉键删除身体右侧模型，效果如图3-141中A所示。最后依次选择骨架、翅膀和末端尖角的模型，单击工具栏中的 （镜像）工具，以“复制”方式对称复制出另一侧的模型，从而完成大翅膀的模型制作，效果如图3-141中B所示。

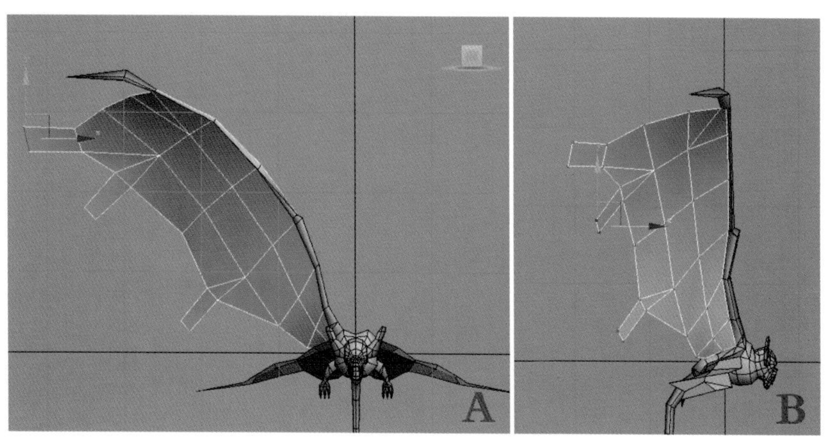


图3-140　制作翅膀末端造型

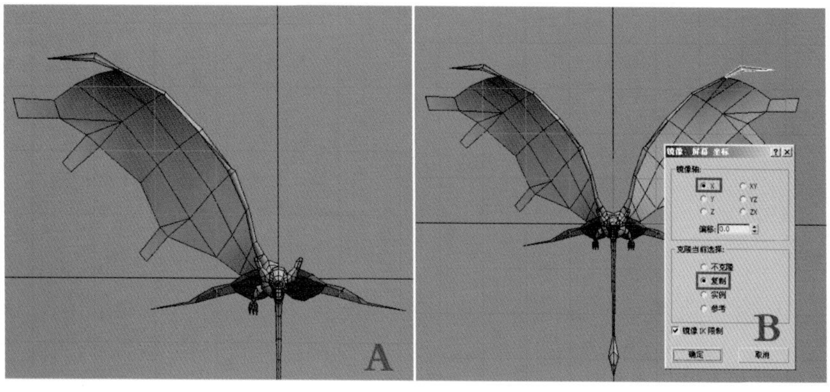


图3-141　完成翅膀的制作

### 4．制作吸血蝙蝠的触手

（1）进入（多边形）层级，选择翅膀骨架上的多边形，如图3－142中A所示，然后单击（修改）面板下方“编辑几何体”卷展栏中的“分离”按钮，接着在弹出的对话框设置好参数，如图3－142中B所示，单击“确定”按钮，从而将多边形分离出来，如图3－142中C所示。

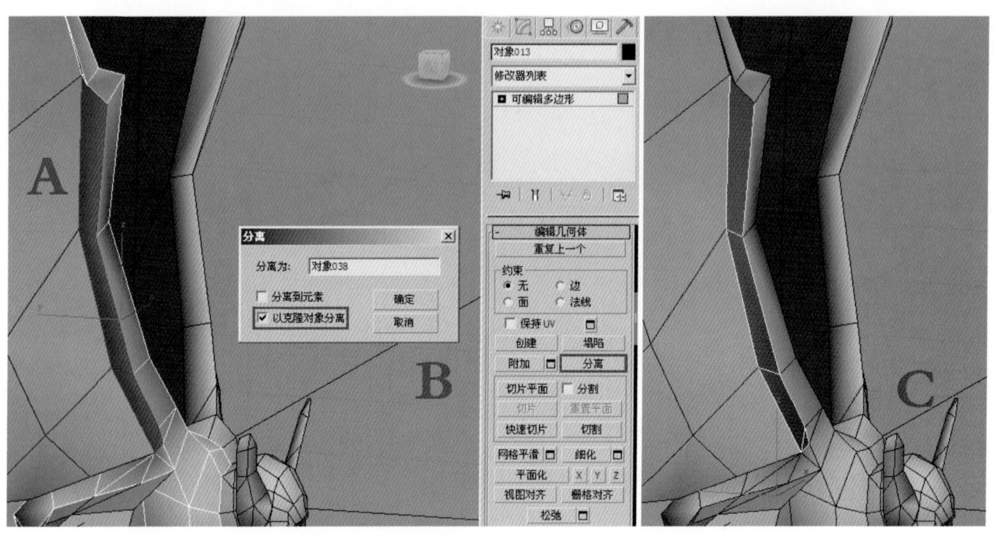


图3－142　分离多边形

（2）进入（边）层级，选择多边形的一段边，如图3－143中A所示，然后使用（选择并移动）工具调整边的位置，如图3－143中B所示。

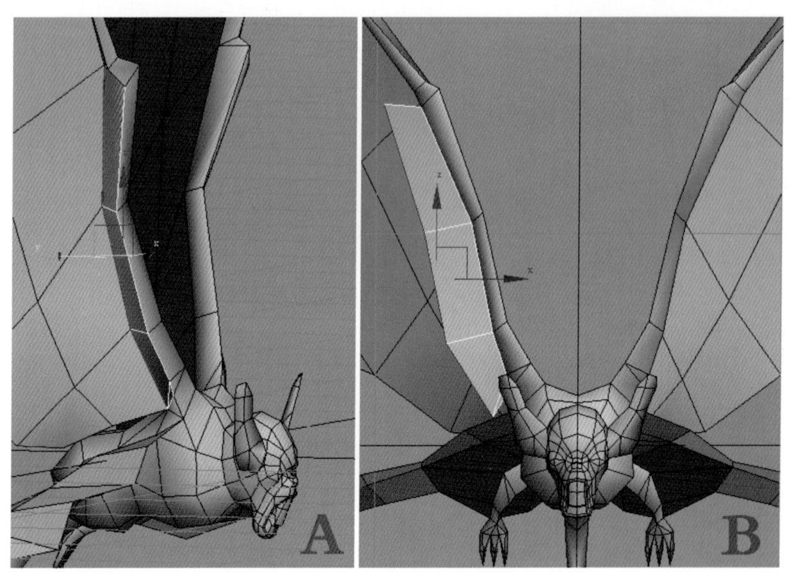


图3－143　调整边的位置

（3）进入（顶点）层级，然后使用（选择并移动）工具调整顶点的位置，如图3－144中A所示。最后进入（边）层级，执行右键快捷菜单中的“连接”命令添加边，如图3－144中B所示。

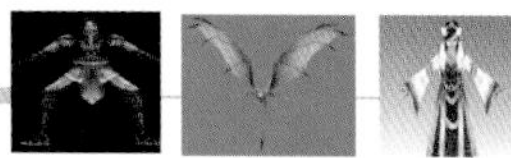

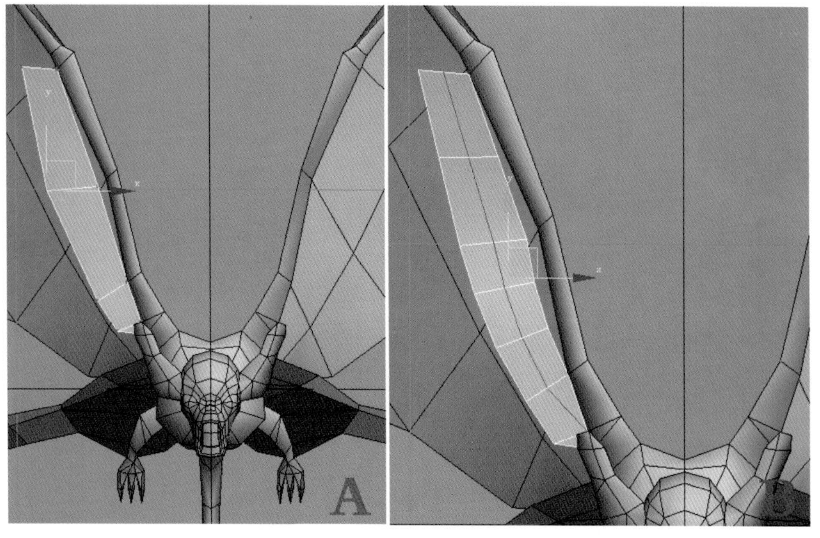

图3-144 调整顶点并添加边

（4）参考前面翅膀的制作方法，复制多边形并调整出触手的造型，效果如图3-145中A和B所示。

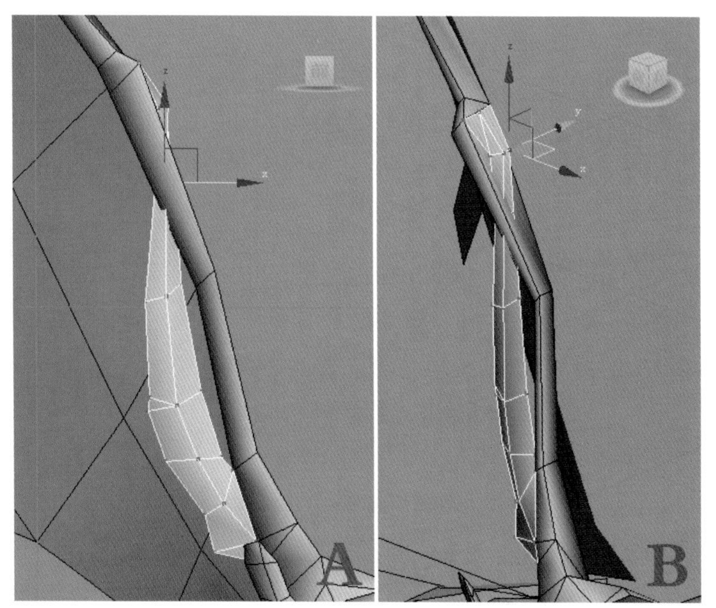

图3-145 制作出触手

（5）先后选择两侧的大翅膀模型，再进入（元素）层级，单击（修改）面板下方“编辑元素”卷展栏中的“翻转”按钮，如图3-146中A所示，翻转大翅膀模型的法线(此处为游戏制作规范要求，并非法线错误)，效果如图3-146中B所示。

（6）选择触手模型，再单击工具栏中的（镜像）工具，以“复制”方式对称复制出另一侧的触手模型，从而完成触手的模型制作，如图3-147所示。

（7）至此，吸血蝙蝠肢体制作完毕，文件可参照“配套光盘\MAX\第3章　网络游戏中飞行动物NPC设计——吸血蝙蝠的制作\肢体制作.max”文件。

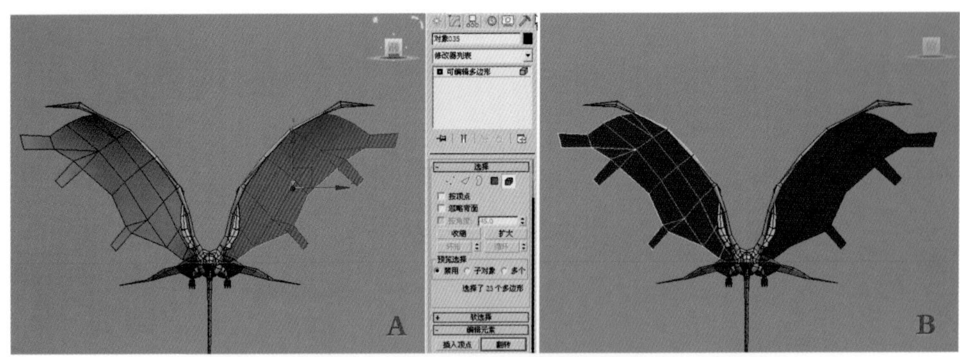


图3-146　翻转翅膀模型的法线

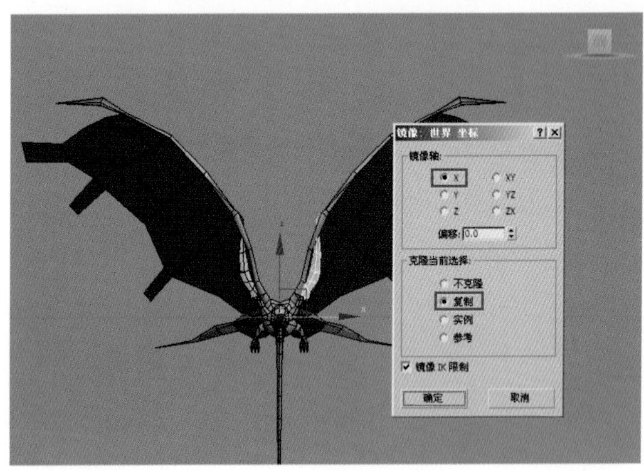


图3-147　复制另一侧模型

### 5．制作吸血蝙蝠的牙齿

（1）制作吸血蝙蝠的下牙。方法：进入 （多边形）层级，然后选择蝙蝠嘴唇部分的多边形，如图3-148中A所示，接着单击 （修改）面板下方“编辑几何体”卷展栏中的“分离”按钮，再在弹出的对话框设置好参数，如图3-148中B所示，单击“确定”按钮，从而将多边形分离出来，如图3-148中C所示。

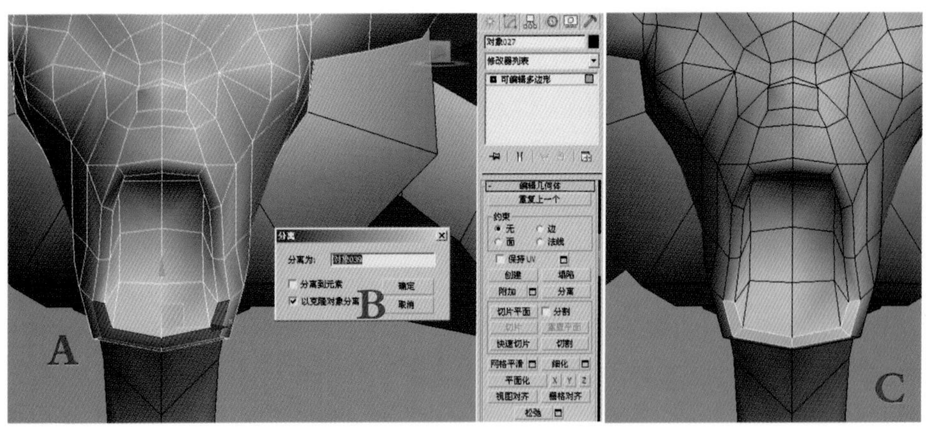


图3-148　分离多边形

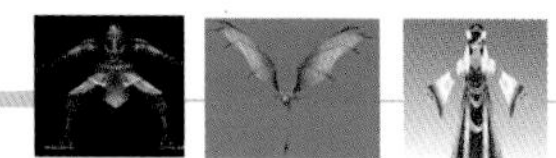

（2）进入◁（边）层级，然后使用✥（选择并移动）工具调整边的位置，如图3－149中A所示，接着进入⁚（顶点）层级，使用✥（选择并移动）工具调整出下牙的造型，如图3－149中B和C所示。

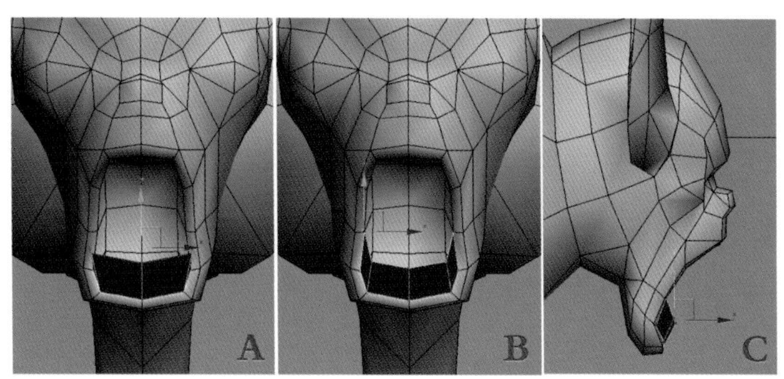


图3－149　制作出下牙

（3）同理，制作出上牙的造型，如图3－150中A和B所示。

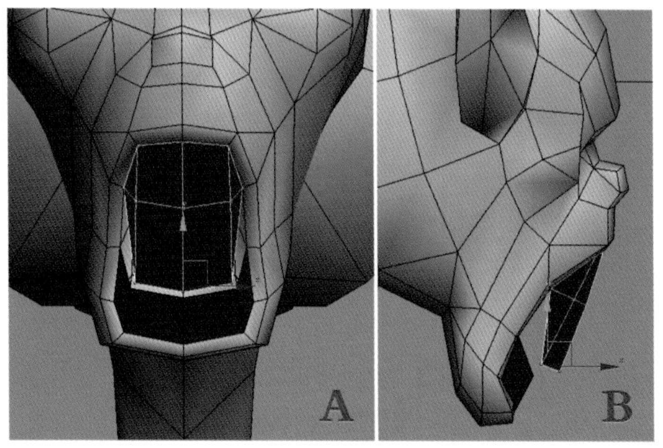


图3－150　制作出上牙

**提 示**

由于在制作过程中，需要反复调整模型的整体布线。因此，只有在确定头部模型无须进行调整的情况下，再考虑从头部模型复制出多边形，并调整出牙齿造型，这样可以避免重复调整牙齿模型的情况出现。

（4）此时，牙齿模型的法线是错误的，需要纠正。方法：进入■（多边形）层级，选择上牙多边形，如图3－151中A所示，然后单击（修改）面板中“编辑多边形”卷展栏下方的“翻转”命令，翻转法线，效果如图3－151中B所示。同理，将下牙的法线也翻转过来，效果如图3－151中C所示。

**提 示**

吸血蝙蝠肢体制作演示详见“配套光盘\多媒体视频文件\第3章　网络游戏中飞行动物NPC设计——吸血蝙蝠的制作\肢体模型001.avi、肢体模型002.avi、肢体模型003.avi、肢体模型004.avi”视频文件。

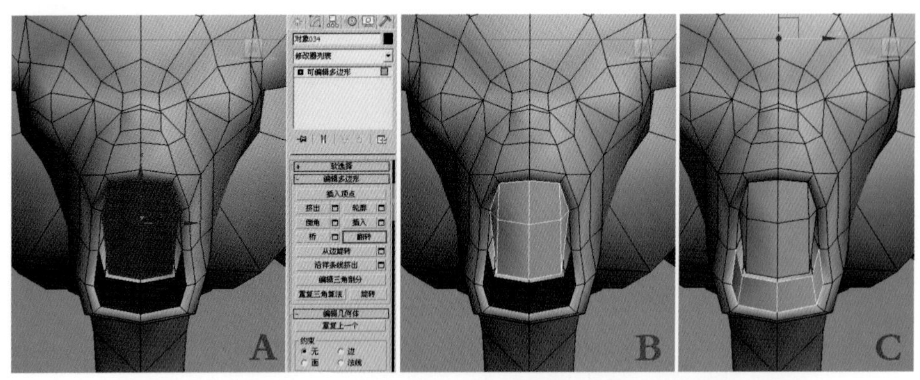


图3−151　翻转法线

## 3.4　编辑吸血蝙蝠的UV

通常在完成角色模型后，要通过绘制贴图来表现角色的色彩和质感。而贴图能否准确定位于模型，与模型UV的编辑有直接关系。因此，在角色的制作过程中，UV编辑是非常重要的步骤。本例飞行动物UV编辑的流程为：首先将模型删除一半，然后将模型按结构分离成几个独立部分，再为各部分模型分别指定UV贴图坐标，并在UVW编辑器中进行调整和编辑，此时主要处理的是UV坐标形状和位置。接着将分离的模型合并，再复制出模型的另一半，完成整体UV坐标的编辑，最后进入贴图绘制的过程。

### 3.4.1　编辑吸血蝙蝠身体的UV

（1）删除吸血蝙蝠重复的模型（牙齿除外）部分，只保留一半模型，然后单击（修改）面板下方“编辑几何体”卷展栏中的“分离”按钮，分别将腿部、耳朵、骨架等几个部分从模型上分离，如图3−152所示。

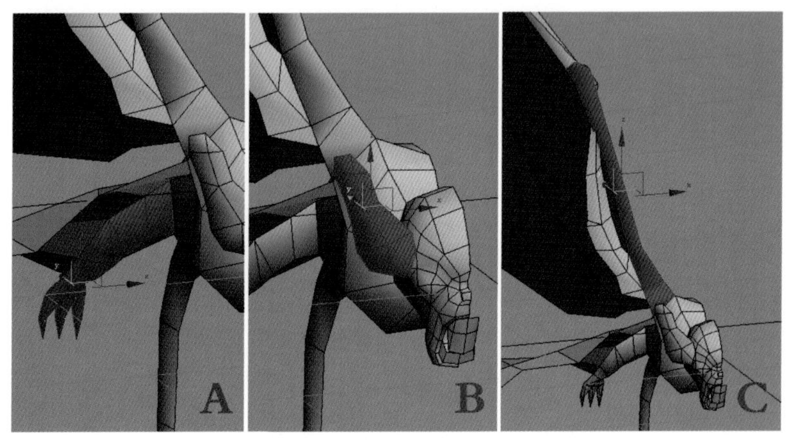


图3−152　分离模型

（2）框选所有模型，然后按〈M〉键或单击工具栏中的（材质编辑器）按钮，打开材质编辑器。接着选择一个空白的材质球，单击“漫反射”右边的贴图按钮，如图3−153中

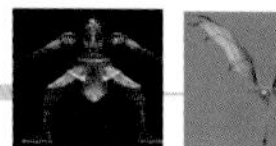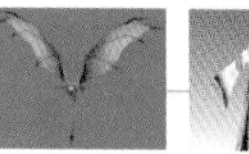

A所示。再在弹出的材质/贴图浏览器里选择“棋盘格”贴图，如图3－153中B所示，单击“确定”按钮，从而指定给材质球一个“棋盘格”贴图。

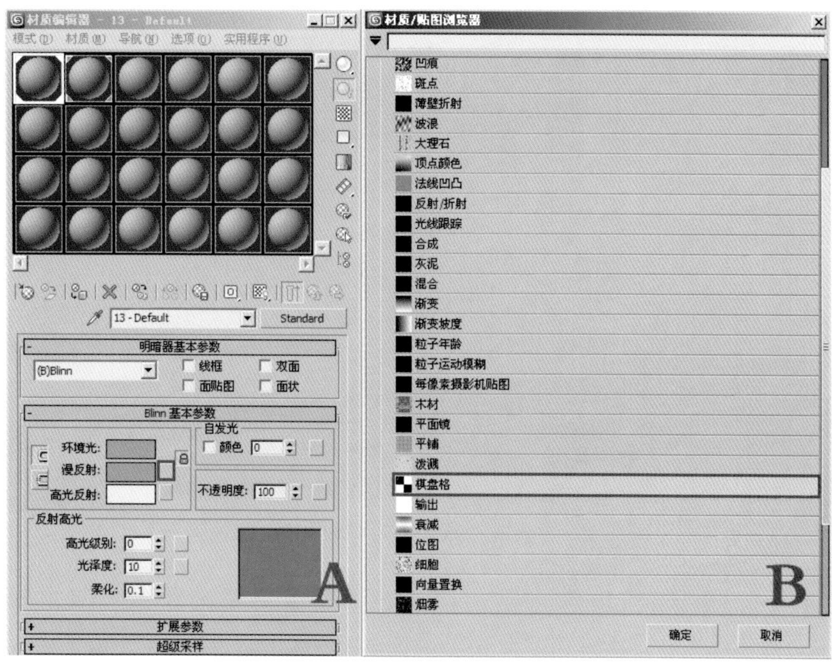

图3－153　指定棋盘格材质

（3）在“棋盘格”贴图设置中把“瓷砖”项中的“U”“V”值都改为20，然后单击（将材质指定给选定的对象）按钮，将材质指定给视图中吸血蝙蝠的模型，如图3－154所示。

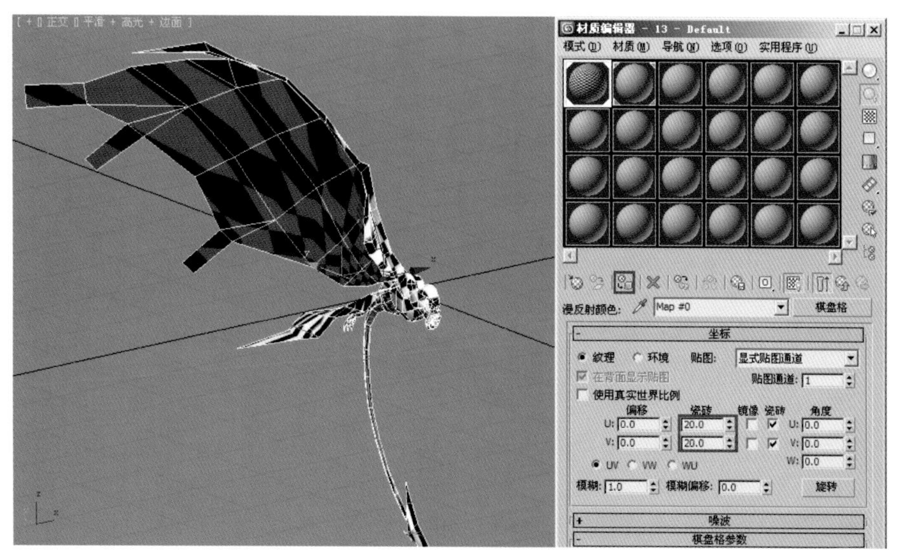

图3－154　指定棋盘格贴图到模型

（4）框选全部模型部分，然后在（修改）面板的修改器列表中选择“UVW展开”命令，如图3－155所示。接着单击“编辑UV”卷展栏下“打开UV编辑器”按钮，打开“编辑UVW”对话框，如图3－156所示。

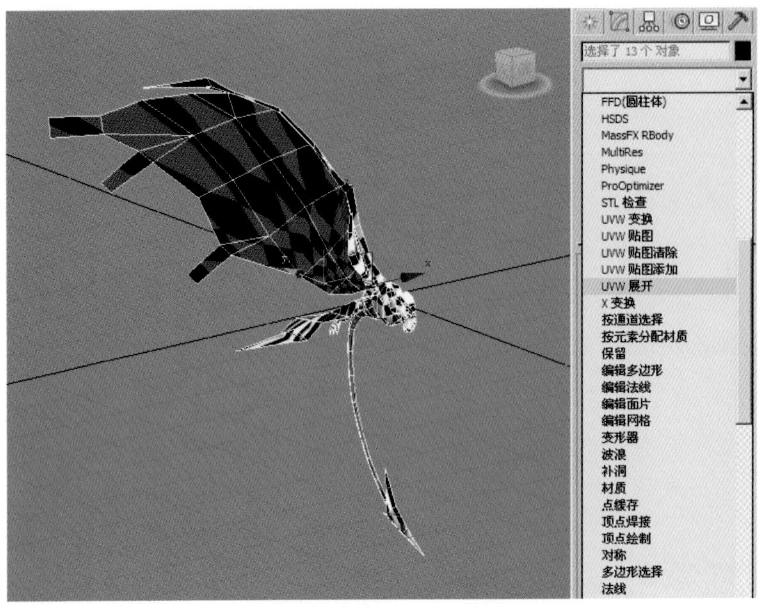


图3–155　为模型指定“UVW展开”修改器

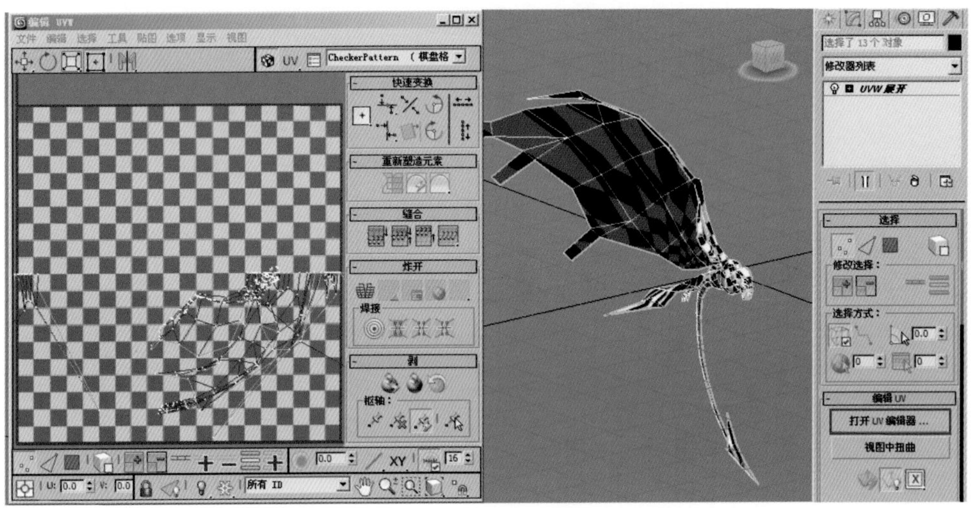


图3–156　打开“编辑 UVW”对话框

（5）激活（多边形）和（按元素UV切换选择）模式，以便可以通过局部选择整体的UV。然后选择身体的UV，效果如图3–157中A所示。接着单击“投影”卷展栏下的（平面贴图）按钮，此时身体的UV变化效果如图3–157中B所示，最后单击（平面贴图）按钮取消激活。

（6）在“编辑UVW”对话框中，执行菜单中的“工具|松弛”命令，然后在弹出的对话框中选择“由面角松弛”的方式，如图3–158中A所示，接着单击“开始松弛”按钮松弛身体的UV，再单击“停止松弛”按钮停止松弛。最后使用（自由形式模式）工具，调整身体UV的位置、角度和大小，如图3–158中B所示。此时可以在视图中观察到模型的棋盘格贴图纹理也会随之变化，如图3–158中C所示。

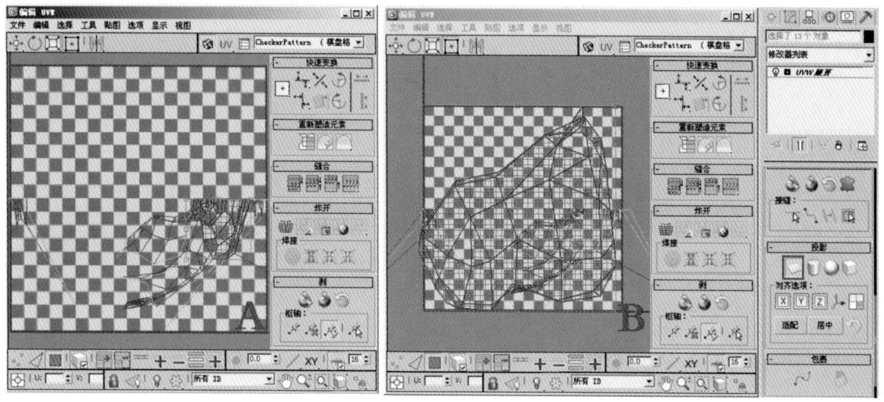

图3-157　指定“平面贴图”坐标后的UV变化效果

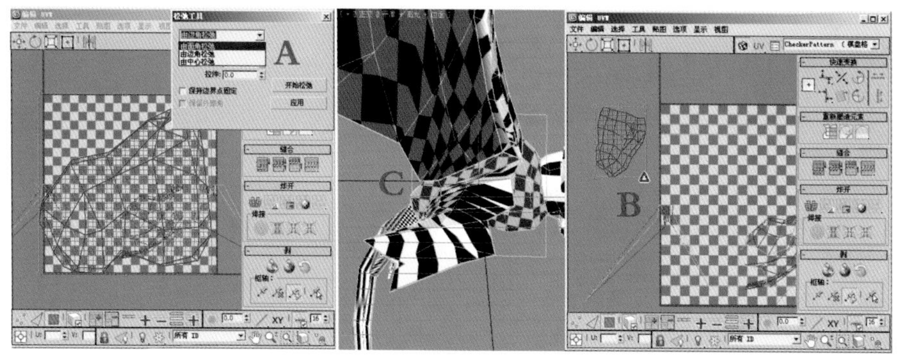

图3-158　调整身体的UV

（7）选择尾部的UV，单击“投影”卷展栏下的（平面贴图）按钮，效果如图3-159中A所示，然后取消（平面贴图）按钮的激活，再使用（自由形式模式）工具调整尾部UV的位置和大小，如图3-159中B所示。接着取消（按元素UV切换选择）模式，再选择一截尾部的UV，执行右键快捷菜单中的“断开”命令断开尾部UV，如图3-160中A所示。最后使用（自由形式模式）工具，调整尾部UV的位置、角度和大小，如图3-160中B所示。

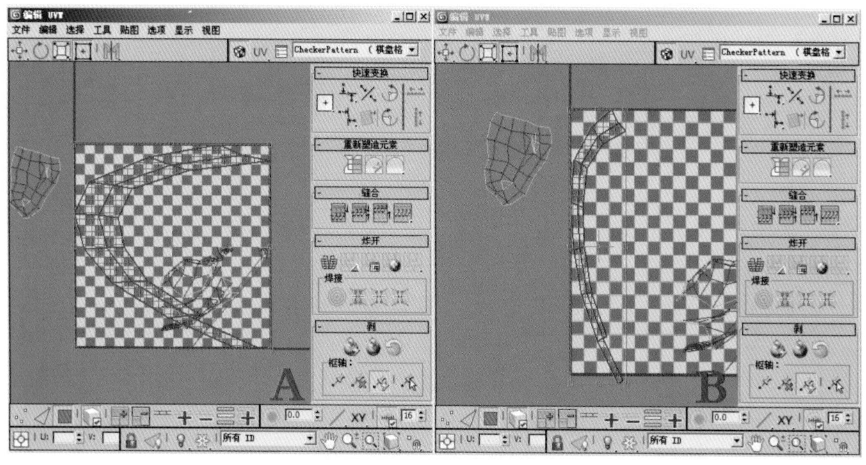

图3-159　编辑尾部UV

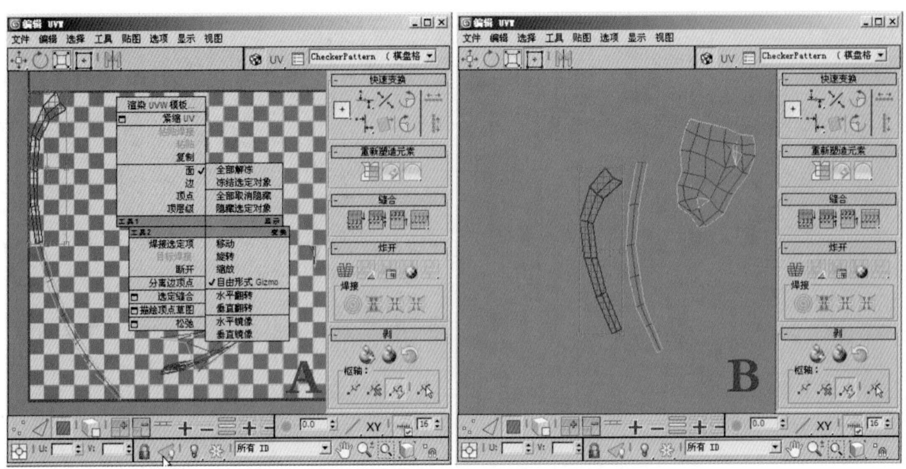

图3−160　打断尾部UV并摆放位置

（8）同理，选择尾尖的UV，单击“投影”卷展栏下的（平面贴图）按钮，然后取消（平面贴图）按钮的激活状态，再使用（自由形式模式）工具调整尾部UV的位置和大小，如图3−161所示。

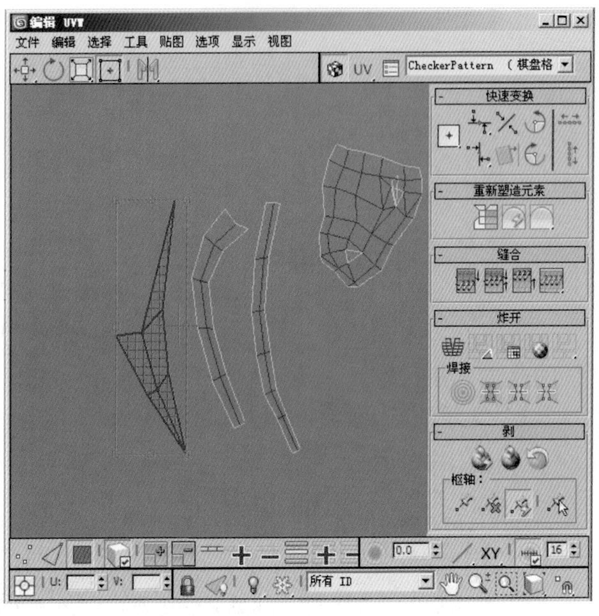

图3−161　编辑尾尖的UV

## 3.4.2　编辑吸血蝙蝠头部的UV

（1）激活（多边形）和（按元素UV切换选择）模式，然后选择头部的UV，单击“投影”卷展栏下的（平面贴图）按钮，此时UV变化效果如图3−162中A所示。接着单击（平面贴图）按钮取消激活状态，再执行菜单中的“工具|松弛”命令，并在弹出的对话框中选择“由面角松弛”的方式，最后单击“开始松弛”按钮松弛头部的UV，再单击“停止松弛”按钮停止松弛，效果如图3−162中B所示。

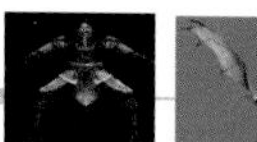
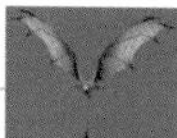

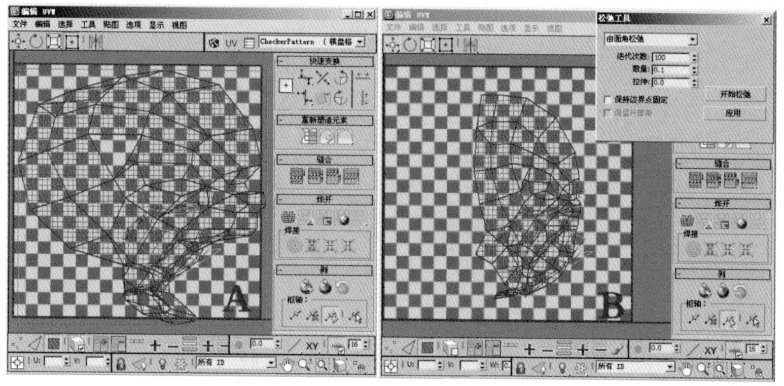


图3－162　编辑头部的UV

（2）激活 （顶点）模式，使用 （自由形式模式）工具，调整头部UV的位置和大小，如图3－163所示。

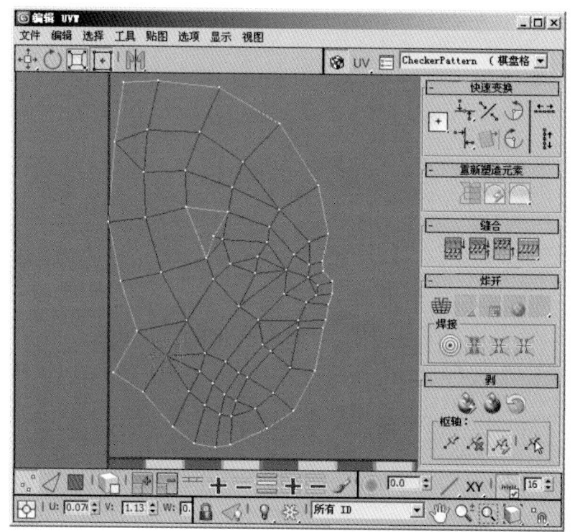


图3－163　调整头部UV顶点的位置

（3）参考尾尖的UV编辑方法，编辑好牙齿的UV，效果如图3－164所示。

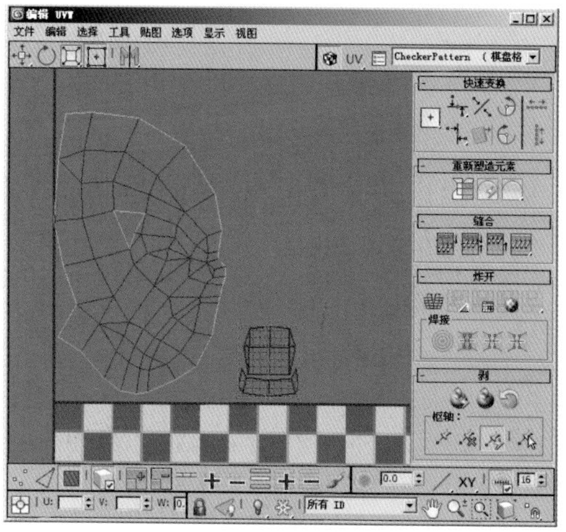


图3－164　编辑牙齿的UV

(4) 选择耳朵的UV，单击“投影”卷展栏下的 (平面贴图) 按钮，以平面贴图的方式显示UV。然后再次单击 (平面贴图) 按钮取消激活状态，接着取消 (按元素UV切换选择) 模式，并在视图中选择耳朵前面的多边形，如图3−165中A所示，再执行右键快捷菜单中的“断开”命令，将耳朵前后两侧的多边形断开，如图3−165中B所示。最后使用 (自由形式模式) 工具，调整耳朵UV的位置、角度和大小，效果如图3−165中C所示。

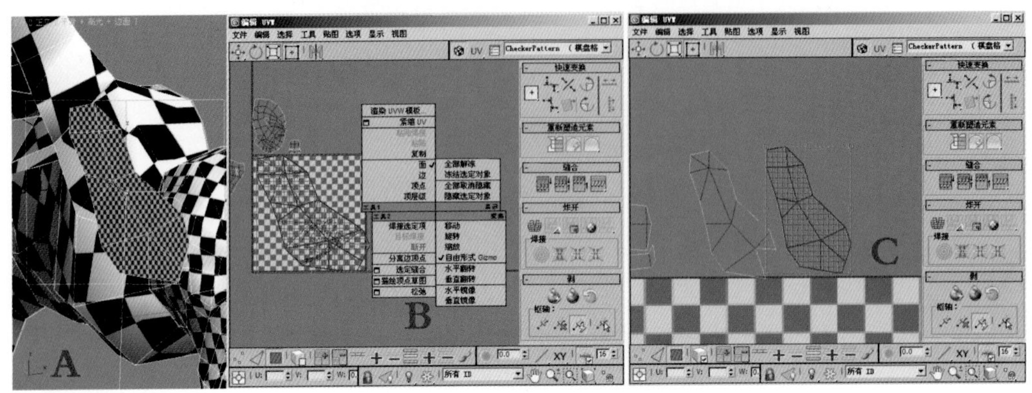


图3−165　编辑耳朵的UV

## 3.4.3　编辑吸血蝙蝠肢体的UV

(1) 激活 (多边形) 和 (按元素UV切换选择) 模式，然后选择吸血蝙蝠小翅膀的UV，单击“投影”卷展栏下的 (平面贴图) 按钮，效果如图3−166中A所示。接着取消 (平面贴图) 按钮的激活状态，再使用 (自由形式模式) 工具调整小翅膀UV的位置、角度和大小，如图3−166中B所示。

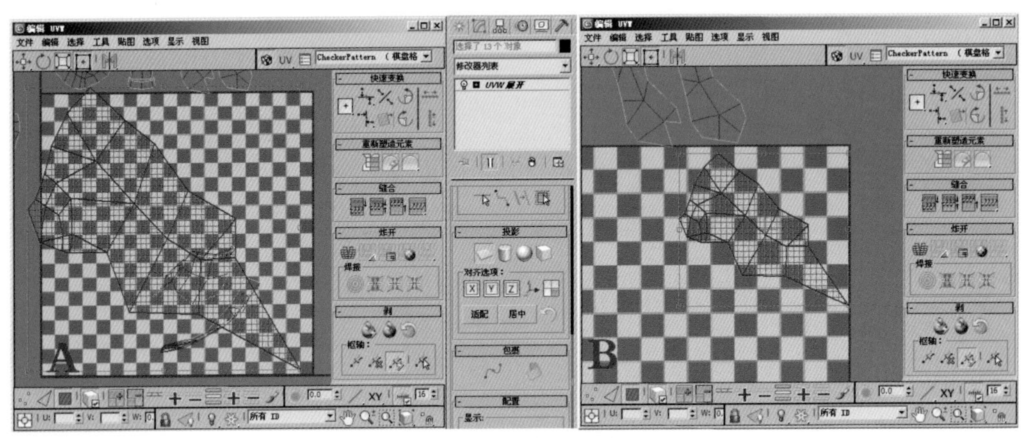


图3−166　编辑小翅膀UV

(2) 选择腿部的UV，然后单击“投影”卷展栏下的 (平面贴图) 按钮，效果如图3−167中A所示。接着执行右键快捷菜单中的“断开”命令将脚掌和腿部的UV断开，如图3−167中B所示。最后参考耳朵UV的编辑方法，将脚掌部分的UV断开并进行编辑，效果如图3−168中A所示。再参考身体UV的编辑方法，执行菜单中的“工具|松弛”命令，编辑好腿部的UV，效果如图3−168中B所示。

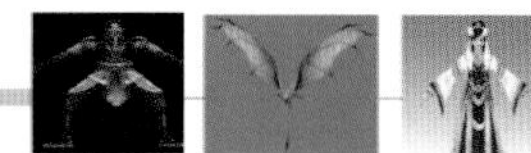

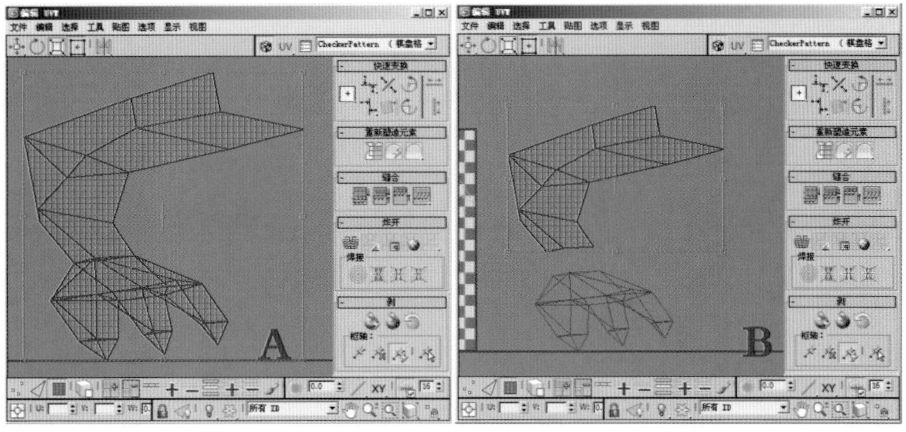


图3-167　分离腿部和脚掌的UV

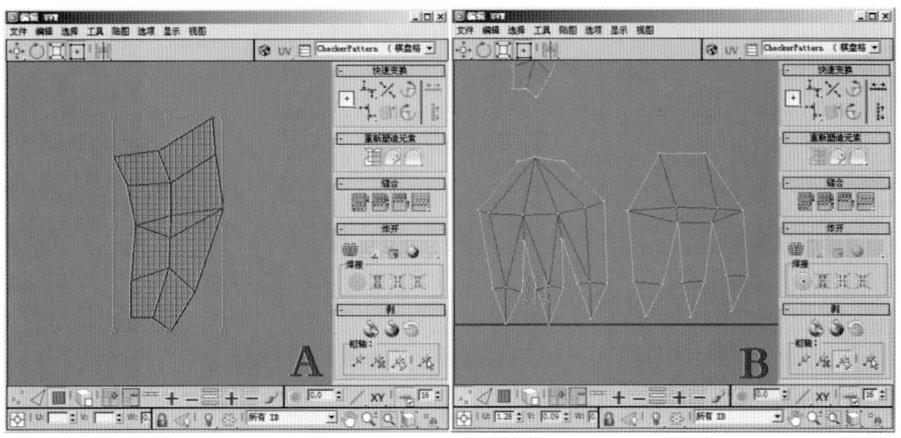


图3-168　编辑腿部和脚掌的UV

（3）整体选择大翅膀和与之相连的骨架的UV，然后单击“投影”卷展栏下的（平面贴图）按钮，效果如图3-169中A所示。接着取消（平面贴图）按钮的激活状态，再激活（顶点）模式，使用（自由形式模式）工具，调整骨架UV的顶点，效果如图3-169中B所示。

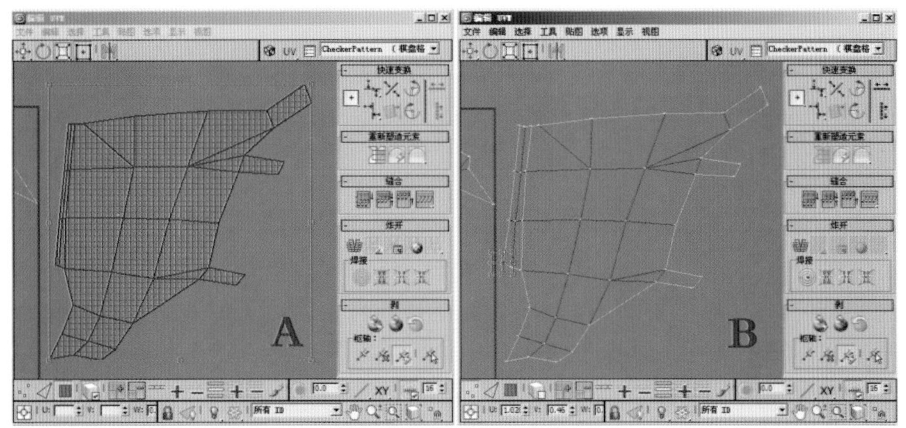


图3-169　编辑大翅膀和相连骨架的UV

（4）同理，编辑好触手的UV，如图3－170所示。

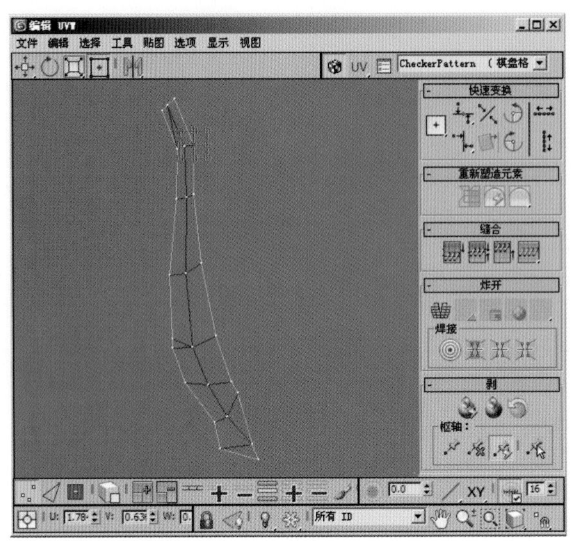


图3－170　编辑触手的UV

**提 示**

将大翅膀和相连骨架的UV共同编辑，是考虑到二者模型是一体的，这样便于后面绘制贴图的操作。

（5） 选择根部骨架的UV，然后单击“投影”卷展栏下的（平面贴图）按钮，效果如图3－171中A所示。接着取消（平面贴图）按钮的激活状态，再激活（边）模式。最后按住〈Ctrl〉键依次选择骨架侧边，执行右键快捷菜单中的“断开”命令，沿选择的侧边断开骨架的UV，如图3－171中B所示。

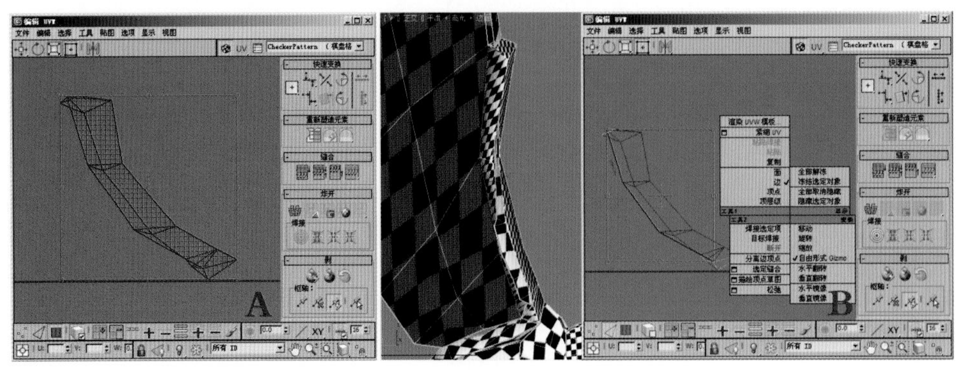


图3－171　断开骨架的侧边

（6） 激活（多边形）模式，然后执行菜单中的“工具|松弛”命令，编辑根部骨架的UV，如图3－172所示。

（7）同理，参考根部骨架UV的编辑方法，通过执行“断开”和“松弛”命令编辑好末端骨架的UV，效果如图3－173所示。然后把所有编辑好的UV合理摆放到象限内。接着在修改器堆栈中执行右键快捷菜单中“塌陷到”命令，保存UV编辑的修改结果，如图3－174所示。

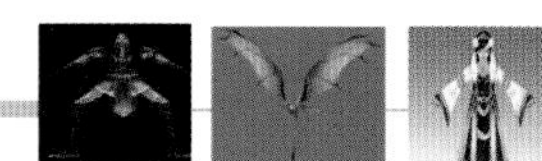

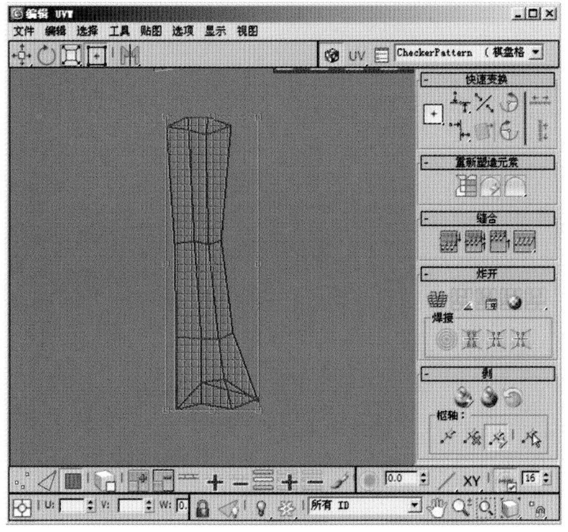

图3-172 编辑好根部骨架的UV

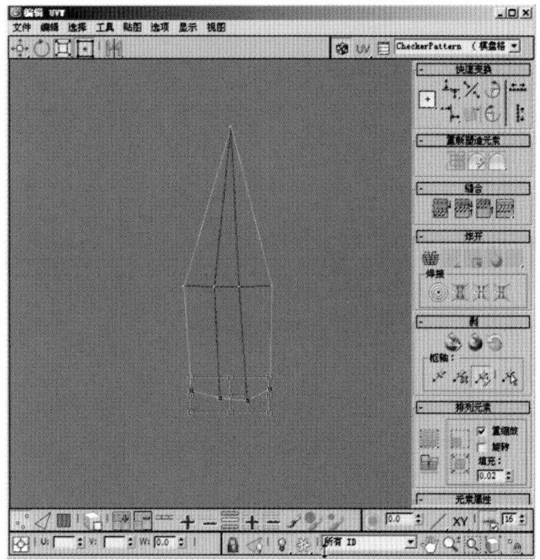

图3-173 编辑末端骨架的UV

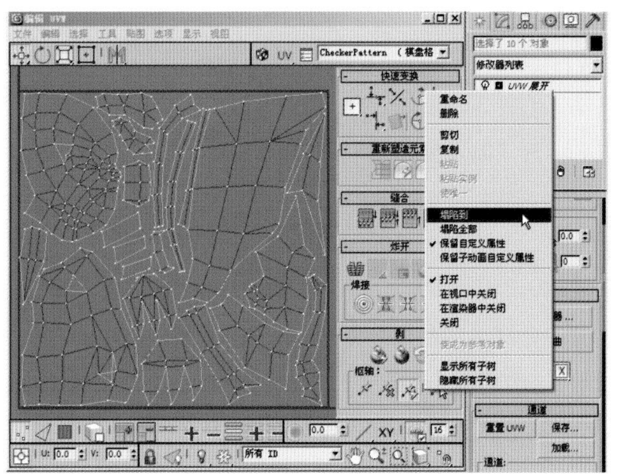

图3-174 调整UV后的最终效果

（8）至此，吸血蝙蝠UV编辑完毕。

**提 示**

UV编辑具体方法详见“配套光盘\多媒体视频文件\第3章 网络游戏中飞行动物NPC设计——吸血蝙蝠的制作\UV编辑.avi”视频文件。

## 3.4.4 模型命名和输出

在模型UV编辑完成后，不但要将UV进行渲染输出，还要将蝙蝠各部分的模型分别命名，并整体输出为OBJ格式的文件，以便后期在软件中进行贴图的绘制。

（1）选择除牙齿之外的所有模型，然后单击工具栏中的 （镜像）工具，以“复制”方式对称复制出另一半模型，从而完成整体模型UV的编辑，如图3-175所示。接着执行右键快捷菜单中的“附加”命令，如图3-176中A所示，再单击头部模型，从而将头部模型合并，效果如图3-176中B所示。最后右击退出“附加”命令。

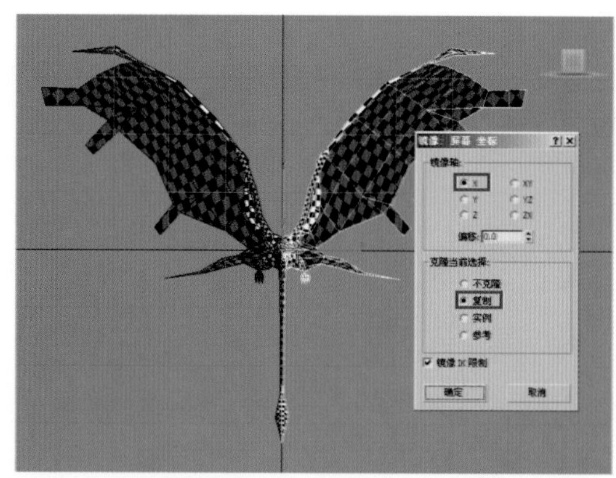

图3－175　镜像复制出另一半

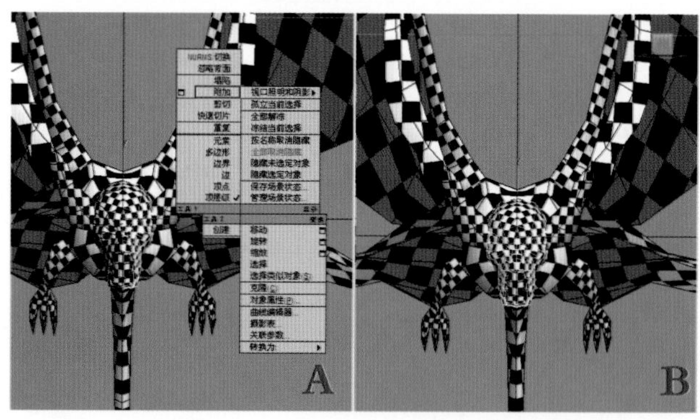


图3－176　附加头部模型

（2）同理，将镜像复制前后的身体模型附加到一起，将镜像复制前后的腿部模型附加到一起，将镜像复制前后的尾部模型附加到一起，将镜像复制前后的尾尖模型附加到一起，将镜像复制前后的耳朵模型附加到一起，将镜像复制前后的触手模型附加到一起，将镜像复制前后的大翅膀（包括骨架）模型附加到一起，将镜像复制前后的小翅膀模型附加到一起，效果如图3－177所示。

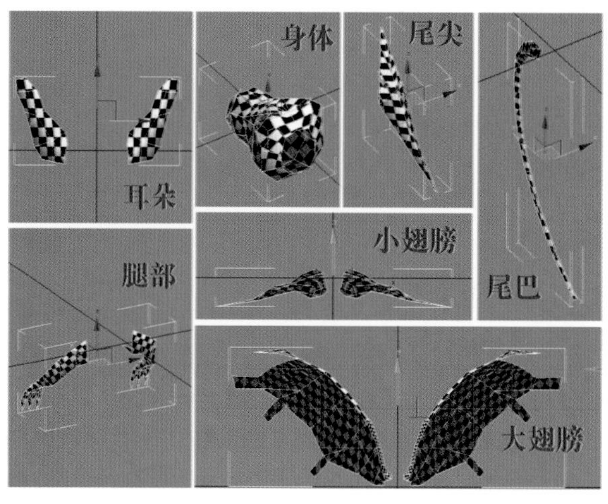


图3－177　分别将各部分镜像的模型附加到一起

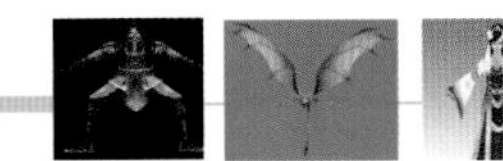

（3）为模型命名。方法：选择头部模型，将其命名为“tou”，如图3–178所示。然后依次将身体模型、大翅膀模型、小翅膀模型、耳朵模型、腿部模型、尾部模型、尾尖模型、触手模型、牙齿模型分别命名为“shenti”“chi”“chi02”“er”“tui”“wei”“wei02”“chi 03”“ya”。

（4）合并模型的顶点。方法：切换到前视图，然后选择附加后的头部模型，再进入（顶点）层级，选择头部接缝处的全部顶点，如图3–179中A所示，接着执行右键快捷菜单中的“焊接”命令，再在弹出对话框中设置参数，如图3–179中B所示，单击按钮，如图3–179中C所示，从而将接缝处的顶点合并。同理，将身体模型、尾部模型、尾尖模型、骨架模型接缝处的顶点也进行合并，如图3–180所示。

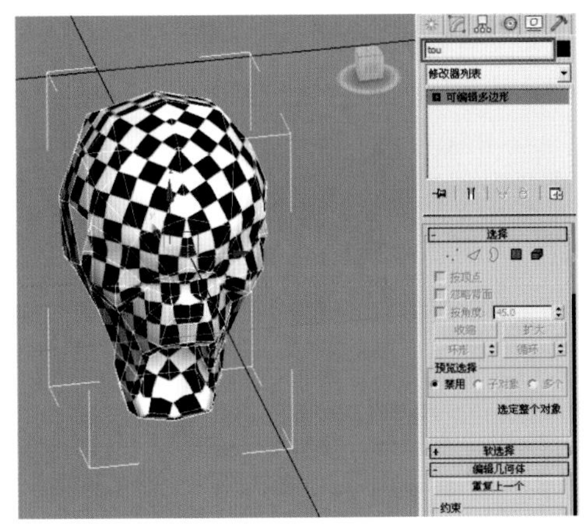

图3–178　为模型命名

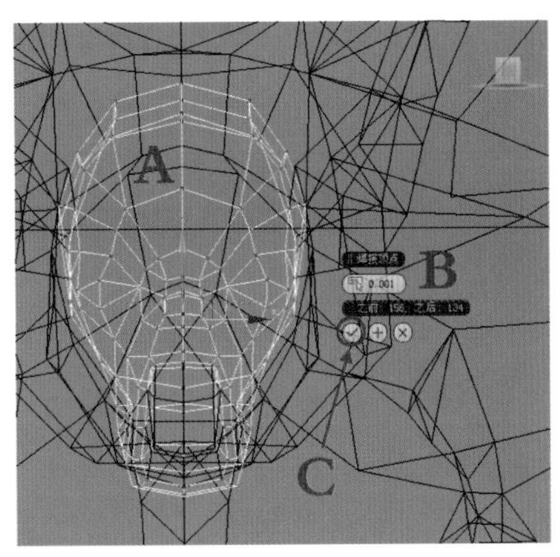

图3–179　合并头部接缝的顶点

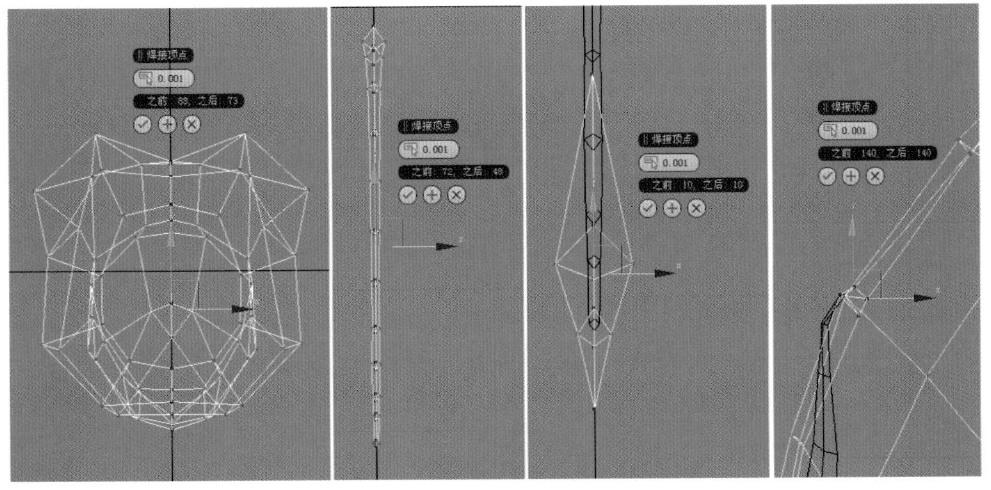

图3–180　合并模型接缝处的顶点

（5）输出UV线框。方法：整体选择吸血蝙蝠的模型，然后为其添加“UVW展开”修改器，再单击“编辑UV”卷展栏下的“打开UV编辑器”按钮，打开“编辑UVW”对话框。接着执行“工具|渲染UVW模板”菜单命令，在弹出的“渲染UVs”对话框中将“宽度”“高度”值均设置为512，如图3–181中A所示，再单击“渲染UV模板”按钮，弹出渲染UV模板，如图3–181中B所示。最后单击（保存位图）按钮，将图片命名为bianfu.tga，保存于

“配套光盘\贴图\第3章　网络游戏中飞行动物NPC设计——吸血蝙蝠的制作”目录下。

图3—181　渲染UVW模板

（6）选择整体吸血蝙蝠模型，单击软件界面左上角的 快捷图标打开菜单，然后执行“导出”命令，再在弹出的“选择要导出的文件”对话框中设置“文件名”为bianfu，“保存类型”为“gw::OBJ–Exporter(*.OBJ)”文件格式，如图3–182所示，单击“保存”按钮。接着在弹出的对话框中设置参数如图3–183中A所示，单击“导出”按钮，进行导出，在弹出的“正在导出OBJ”对话框中单击“完成”按钮，完成导出，如图3-183中B所示。

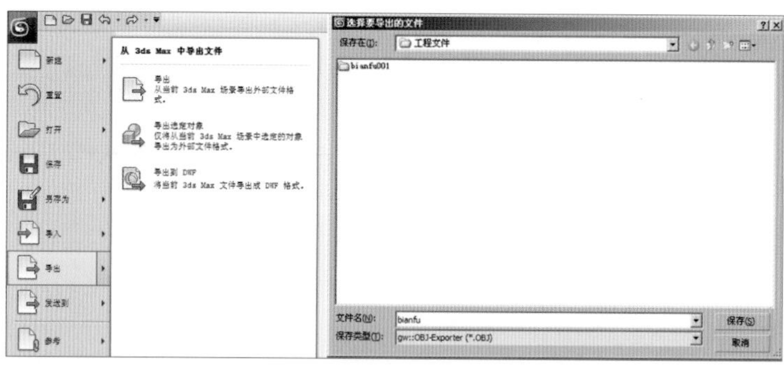


图3—182　导出模型

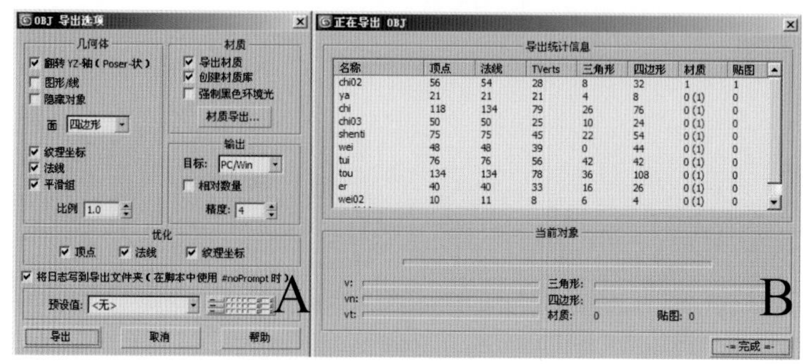


| 名称 | 顶点 | 法线 | TVerts | 三角形 | 四边形 | 材质 | 贴图 |
|---|---|---|---|---|---|---|---|
| chi02 | 56 | 54 | 28 | 8 | 32 | 1 | 1 |
| ya | 21 | 21 | 21 | 4 | 8 | 0 (1) | 0 |
| chi | 118 | 134 | 79 | 26 | 76 | 0 (1) | 0 |
| chi03 | 50 | 50 | 25 | 10 | 24 | 0 (1) | 0 |
| shenti | 75 | 75 | 45 | 22 | 54 | 0 (1) | 0 |
| wei | 48 | 48 | 39 | 0 | 44 | 0 (1) | 0 |
| tui | 76 | 76 | 56 | 42 | 42 | 0 (1) | 0 |
| tou | 134 | 134 | 78 | 36 | 108 | 0 (1) | 0 |
| er | 40 | 40 | 33 | 16 | 26 | 0 (1) | 0 |
| wei02 | 10 | 11 | 8 | 6 | 4 | 0 (1) | 0 |

图3—183　完成导出

**提 示**

制作步骤（1）~（16）的制作演示详见“配套光盘\多媒体视频文件\第3章 网络游戏中飞行动物NPC设计——吸血蝙蝠的制作\UV输出.avi”视频文件。

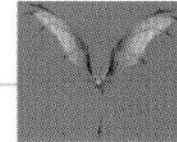

## 3.5 绘制吸血蝙蝠的贴图

完成了吸血蝙蝠的模型制作和UV编辑步骤之后，接下来要使用Bodypaint 3D和Photoshop绘图软件为飞行动物绘制贴图。贴图的好坏直接影响游戏模型的品质，高质量的贴图可以使模型形神兼备，能最大限度地还原游戏原画的设定。吸血蝙蝠的绘制内容包括头部贴图、身体贴图和肢体贴图3部分。

### 3.5.1 绘制吸血蝙蝠头部和身体的贴图

（1）提取UV线框。方法：进入Photoshop，打开保存的“配套光盘\贴图\第3章 网络游戏中飞行动物NPC设计——吸血蝙蝠的制作\bianfu.tga”文件，然后执行菜单中的“选择|色彩范围”命令，再使用吸管吸取文件中的黑色区域，并设置参数如图3–184所示，单击“确定”按钮，此时黑色以外的线框成为选区。接着单击“图层”面板下方的 （创建新图层）按钮，创建 “图层1”，再执行菜单中的“编辑|填充”命令，并在弹出的对话框 “使用”下拉列表框中选择“白色”选项，如图3–185中A所示，从而把线框填充为白色。最后执行菜单中的“选择|取消选择”命令取消选区，再选择“背景”层，再次执行菜单中的“编辑|填充”命令，将“背景”图层填充为黑色，效果如图3–185中B所示。

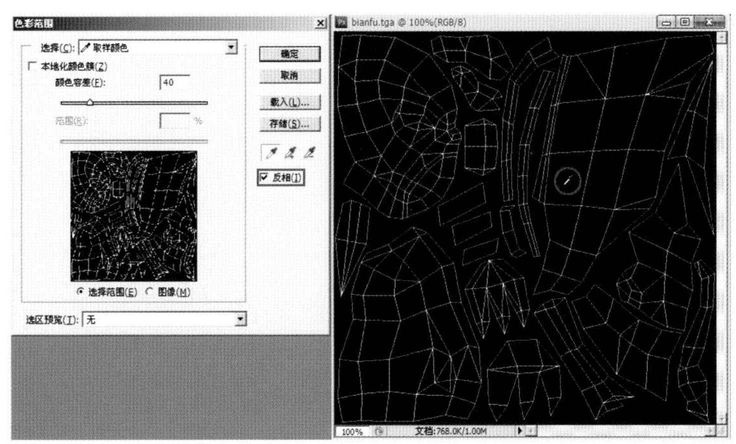


图3–184 使用“色彩范围”提取UV线框的选区

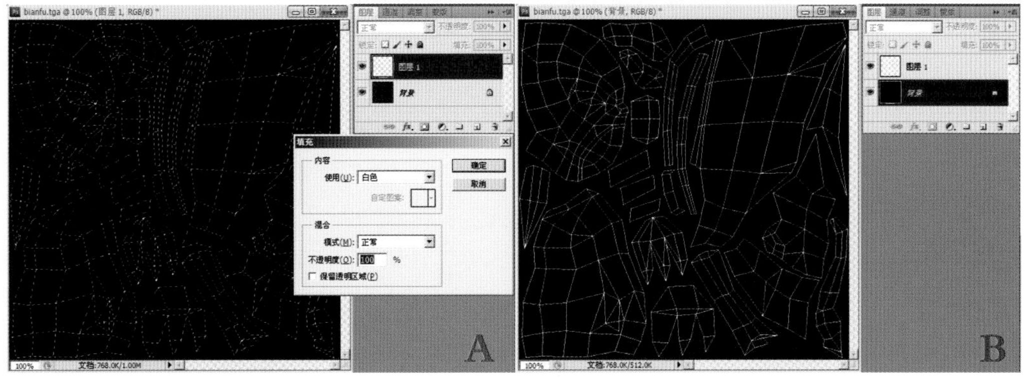


图3–185 完成线框的提取

（2）在“图层1”与背景层中间新建一个“图层2”，然后将其填充一个底色（R：140，G：120，B：110），如图3−186所示。接着执行菜单中的“文件|存储为”命令，将图片命名为bianfu.psd，保存到“配套光盘\贴图\第3章　网络游戏中飞行动物NPC设计——吸血蝙蝠的制作”目录下。

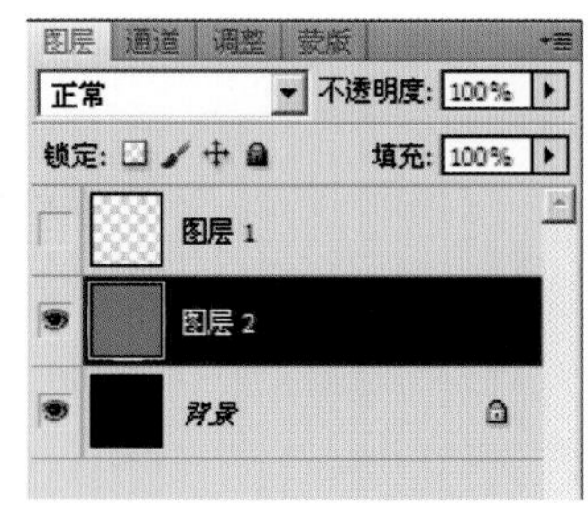


图3-186　为贴图铺底色

（3）打开BodyPaint 3D R2.5，执行菜单中的“File|Open”命令，如图3−187所示，打开之前导出的bianfu.obj模型文件。然后双击材质球，如图3−188中A所示，在弹出的“Material Editor（材质编辑器）”对话框中单击“Texture”右侧长条形按钮，如图3−188中B所示，再在弹出的对话框中打开之前保存的“bianfu.psd”贴图文件，从而将贴图指定给模型。接着找到吸血蝙蝠的原画文件（该文件为“配套光盘\贴图\第3章　网络游戏中飞行动物NPC设计——吸血蝙蝠的制作\吸血蝙蝠原画.jpg”），使用鼠标直接拖动至如图3−188中C所示区域。

**提 示**

在原画文件无法导入时，将其转存为PSD文件格式即可。

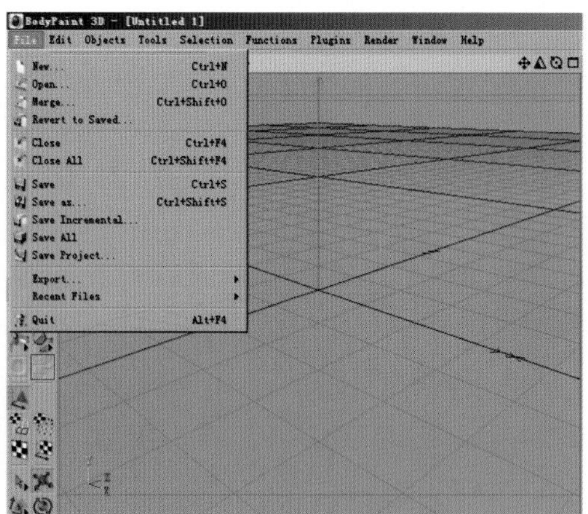


图3−187　打开模型

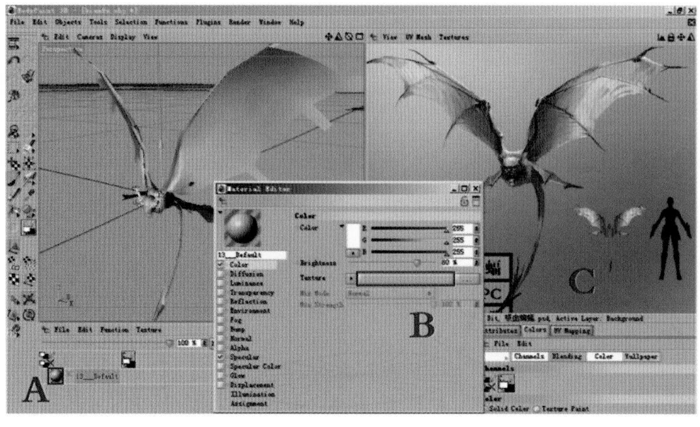


图3−188　指定贴图文件并导入原画

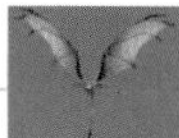

（4）为了方便后面的操作，需要为BodyPaint 3D的预设工具。方法：单击（吸管）工具并选中其属性面板中两个属性，如图3－189中A所示，然后单击（画笔）工具，再打开其属性面板笔刷预览框选择笔刷，如图3－189中B所示。接着执行菜单中的“Display|Constant Shading”命令，调整模型显示模式，如图3－189中C所示，最后执行菜单中的“Edit|Preferences命令，并在弹出的对话框中设置参数，如图3－190所示。

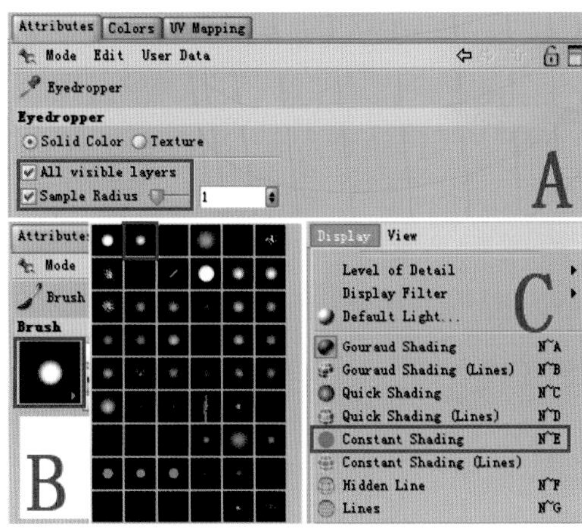


图3－189　参数设置

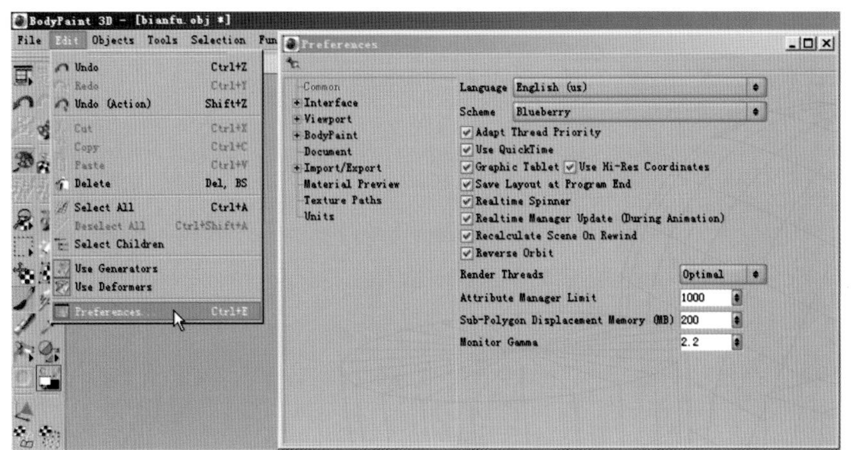


图3－190　参数设置

（5）切换到Front视图，然后在视图中“Object”面板下单击两次三角形状右侧的圆点使其变为红色，从而隐藏除头部和身体之外的所有模型，如图3－191中A所示，接着单击“Texture”菜单，从中选择“bianfu.psd”文件，如图3－191中B所示，进入其“Texture”界面。最后使用（Create a Polyline Selection）工具选择头部线框的轮廓并生成选区，如图3－192中A所示。再在“图层2 ”上执行右键快捷菜单中的“New Layer”命令，如图3－192中B所示，创建新图层“Layer”作为基本绘制图层。

**提 示**

Bodypaint 3D视图的基本操作是：平移（快捷键是〈Alt+鼠标中键〉）、旋转（快捷键是〈Alt+鼠标左键〉）和缩放（快捷键是〈Alt+鼠标右键〉）、切换视图（快捷键是〈鼠标中键〉）。

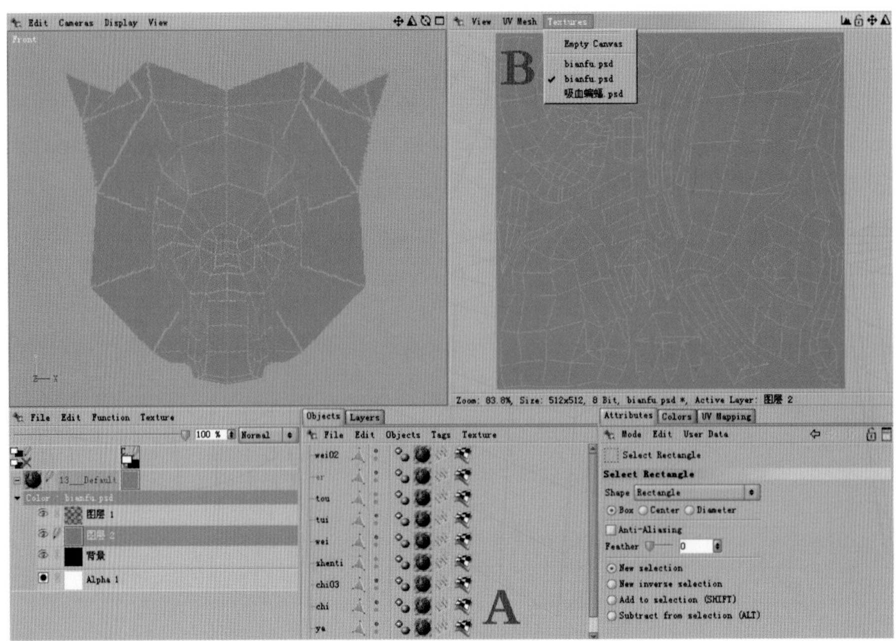


图3-191　隐藏模型和切换绘制界面

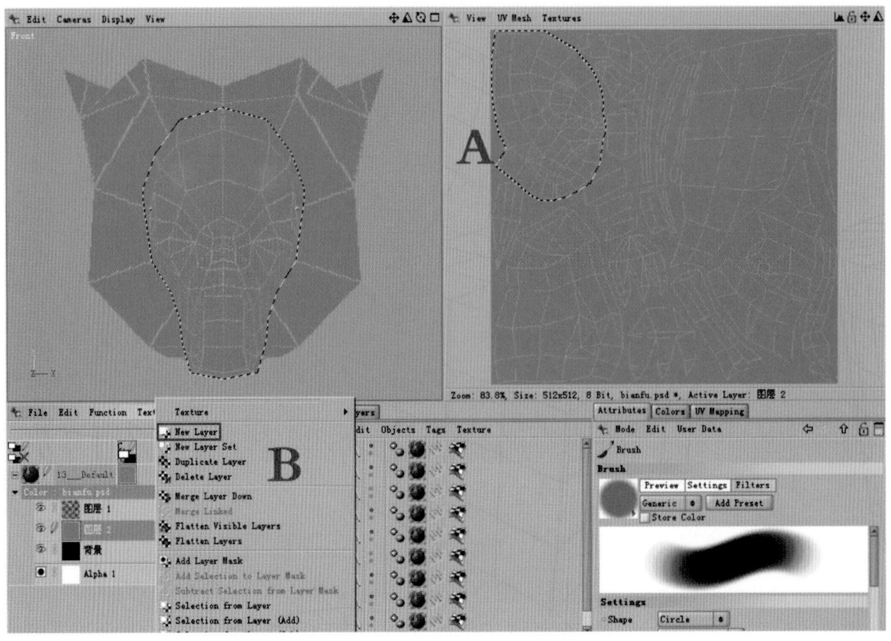


图3-192　创建选区和新图层

（6）使用 （画笔）工具开始在新建的Layer层上进行绘制，整个绘制过程主要分成绘制头部基本颜色、绘制头部基本结构和纹理、刻画头部细节纹理等几个主要步骤。绘制过程中，可以按住〈Ctrl〉键使画笔变成吸管以便吸取原画上的颜色，然后开始绘制，还可以切换到“Texture”界面绘制，绘制头部基本颜色的效果如图3-193所示。绘制基本结构和纹理的效果如图3-194所示。

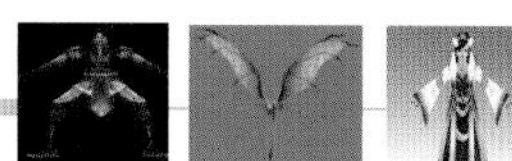

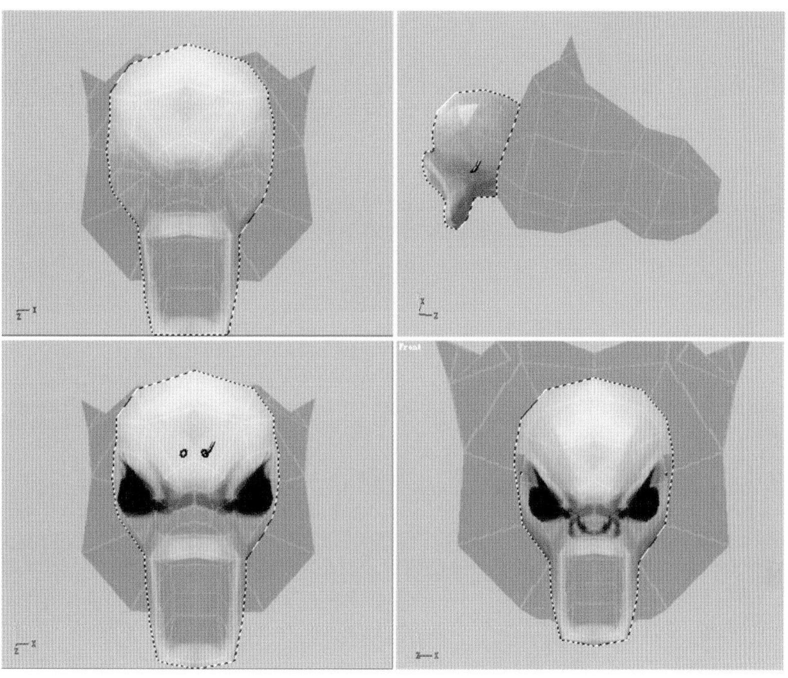

图3－193　绘制头部贴图的基本颜色

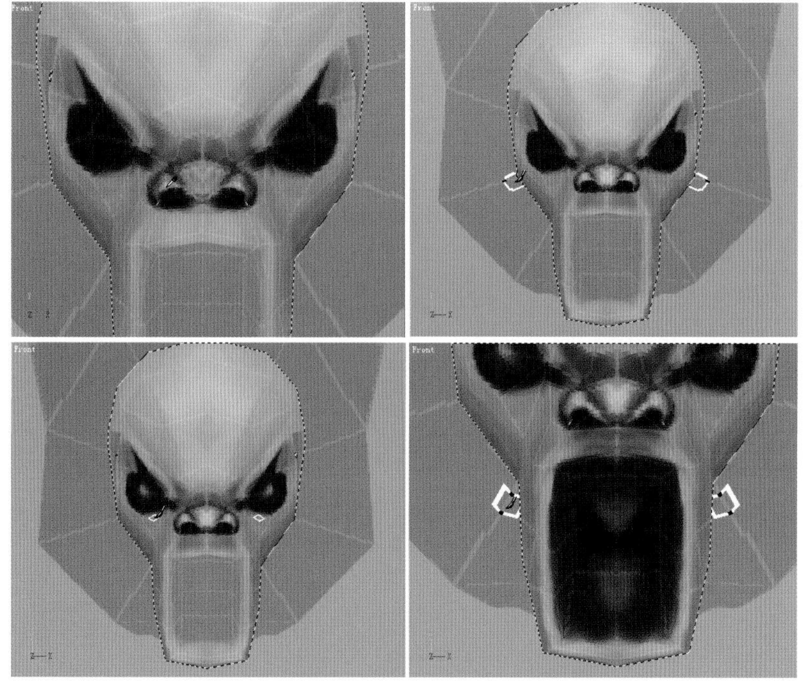

图3－194　绘制头部贴图的基本结构和纹理

（7）绘制完飞行动物的基本纹理之后，继续使用（画笔）工具开始在Layer层进行细节纹理的绘制，最终完成的头部效果如图3－195所示。同理，绘制牙齿和耳朵的贴图，效果如图3－196所示。

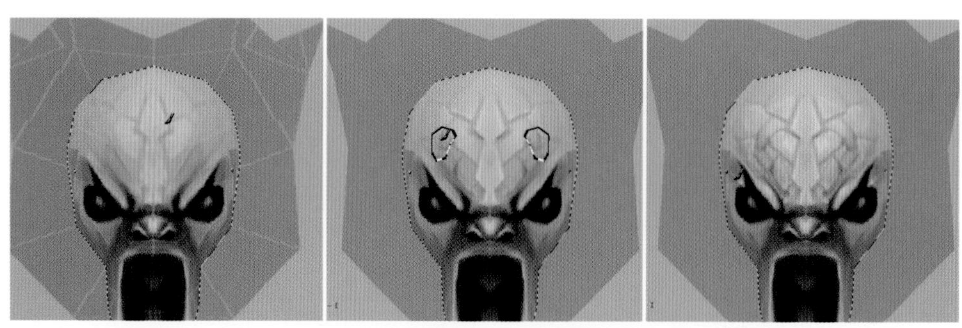

图3-195　绘制头部贴图的细节

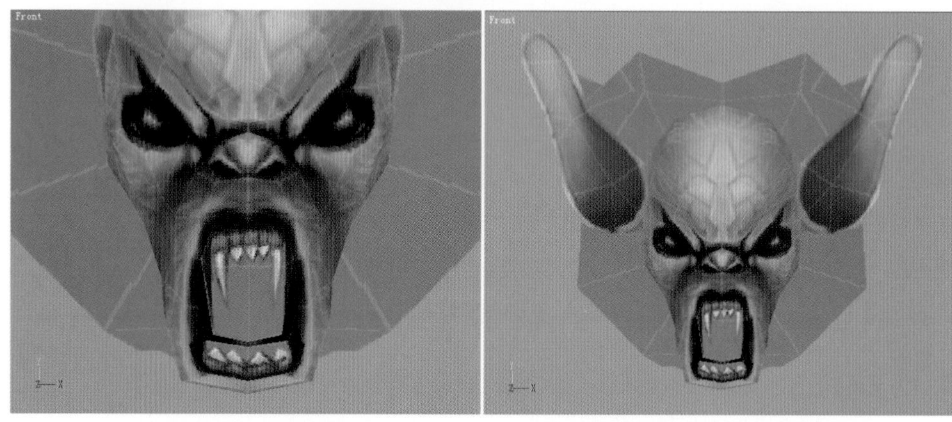

图3-196　绘制牙齿和耳朵贴图

（8）参考头部贴图的绘制思路，在BodyPaint 3D R2.5软件中继续绘制身体贴图基本颜色，效果如图3-197所示。

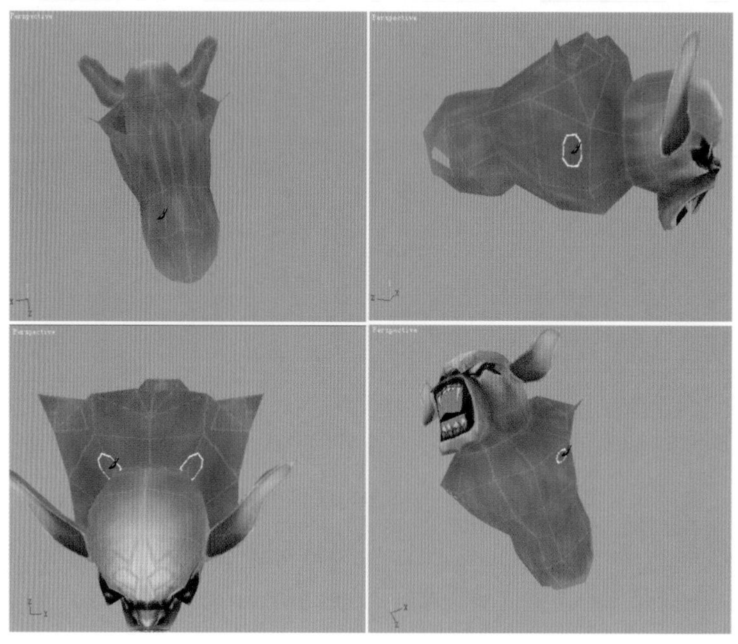

图3-197　绘制身体的基本颜色

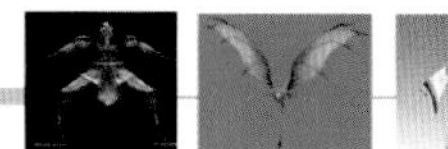
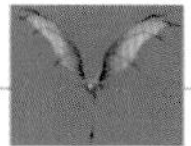

（9）选择尖头笔刷整体绘制蝙蝠脸部和身体部分的毛发，效果如图3–198所示。

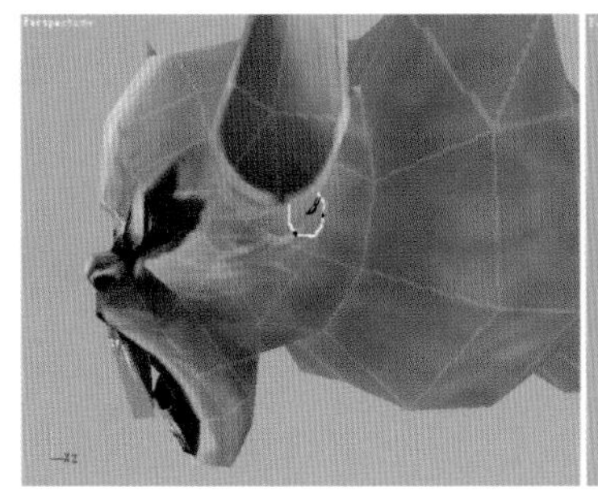
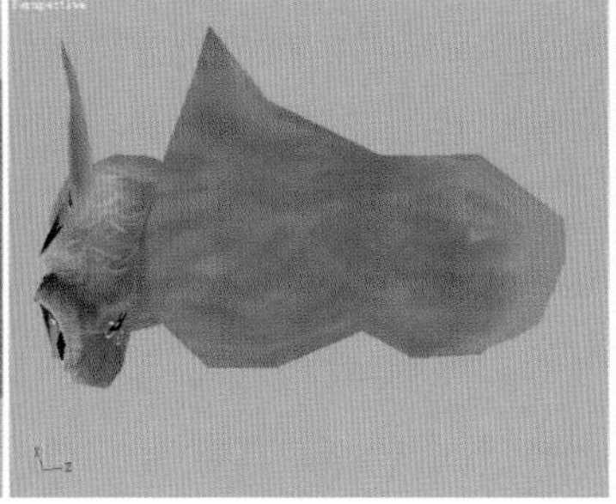
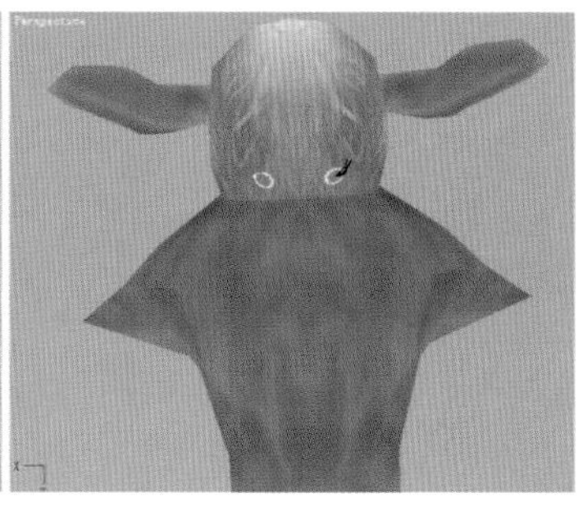

（a）绘制头部毛发

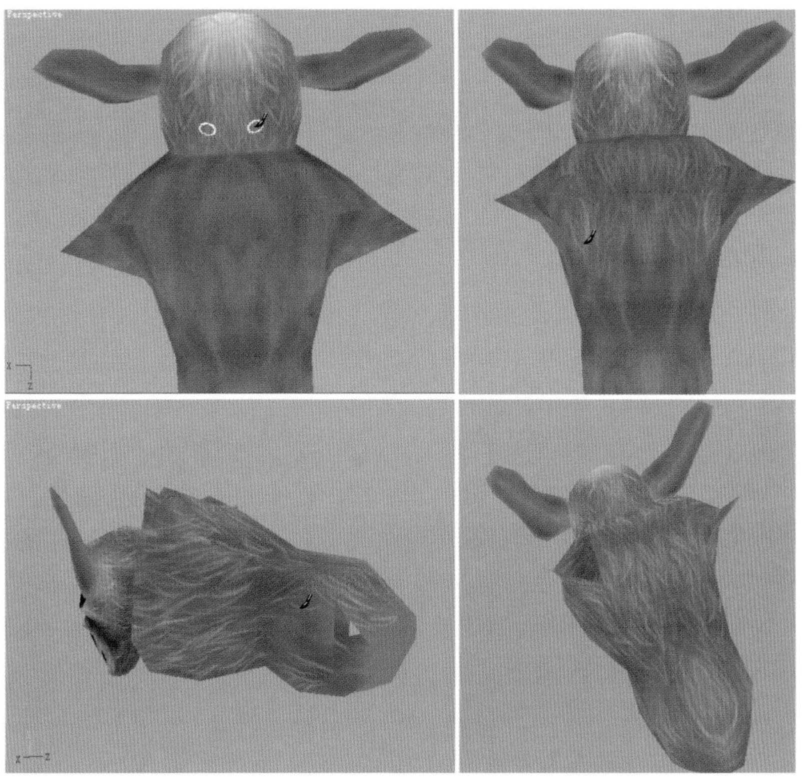

（b）绘制身体毛发

图3–198　绘制毛发

（10）参考头部贴图的绘制思路，在BodyPaint 3D R2.5软件中继续绘制尾部贴图，效果如图3–199所示。至此，完成头部和身体部分的贴图绘制。尾尖部分将放在肢体绘制内容中，在此不进行绘制。

**提 示**

制作步骤（1）~（10）的制作演示详见“配套光盘\多媒体视频文件\第3章 网络游戏中飞行动物NPC设计——吸血蝙蝠的制作\贴图绘制01.avi~贴图绘制04.avi”视频文件。

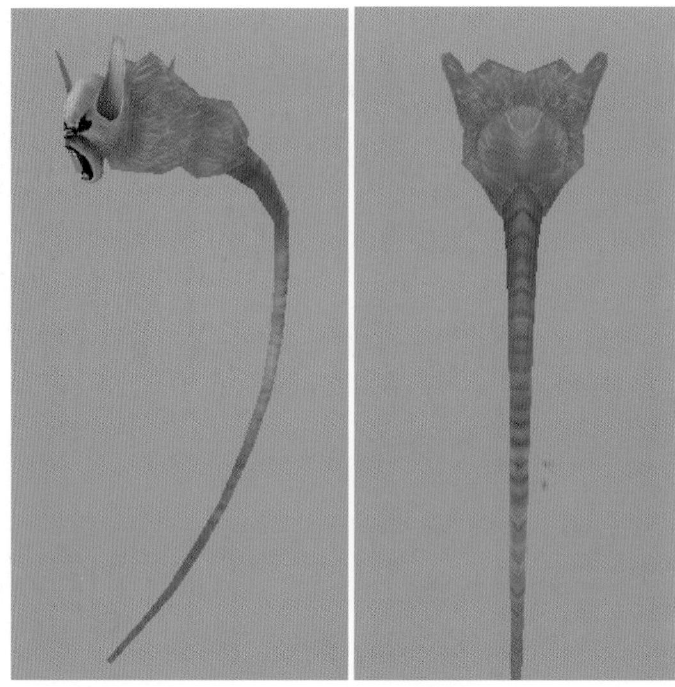

图3–199　绘制尾部贴图

### 3.5.2　绘制吸血蝙蝠肢体贴图

（1）参考头部贴图的绘制思路，在BodyPaint 3D R2.5软件中继续绘制腿部的贴图，效果如图3–200所示。

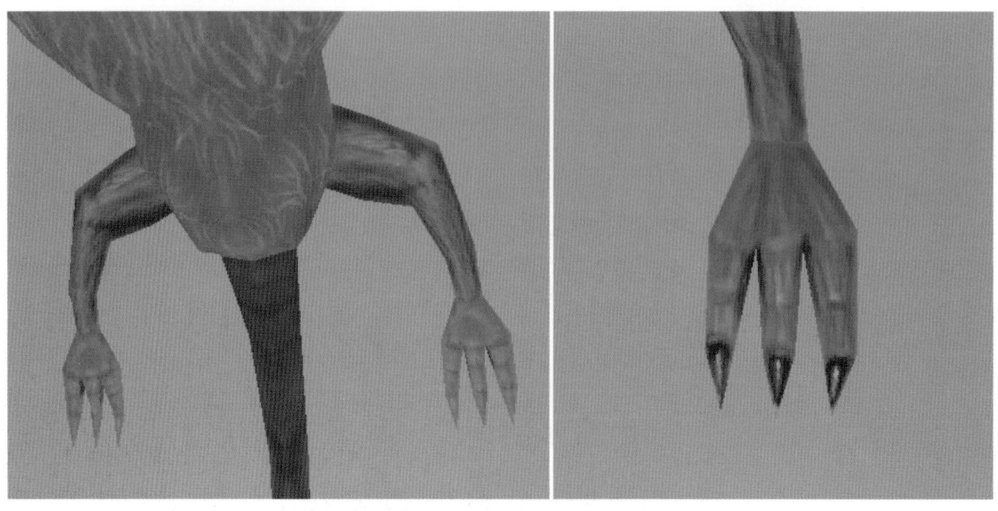

图3–200　绘制腿部的贴图

（2）绘制出两对翅膀的基本颜色，如图3–201所示。

（3）参考头部贴图的绘制思路，在BodyPaint 3D R2.5软件中绘制出触手的基本结构和纹理，效果如图3–202所示。

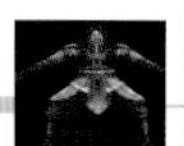
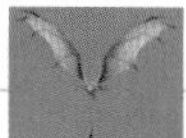

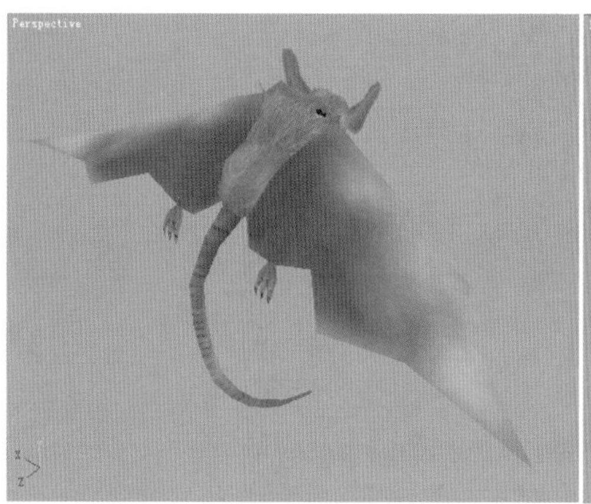

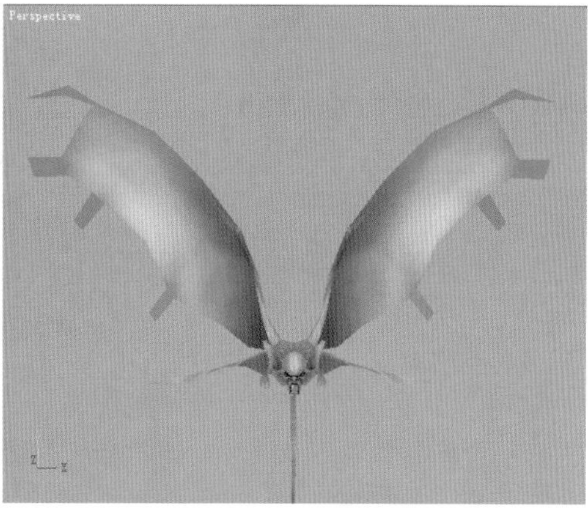


图3-201　绘制翅膀的基本颜色

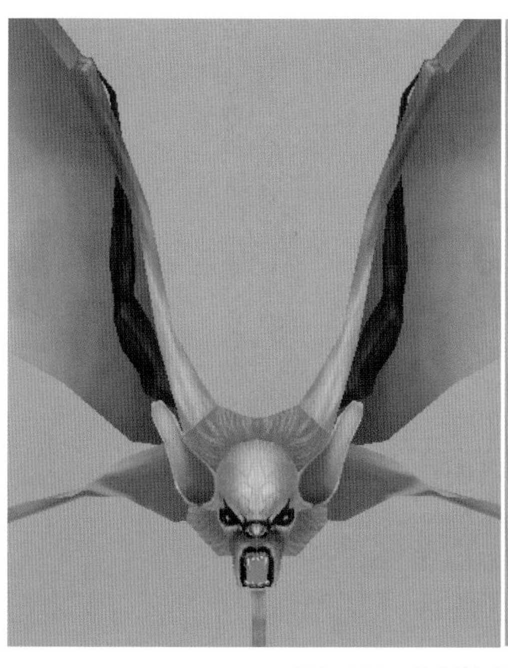
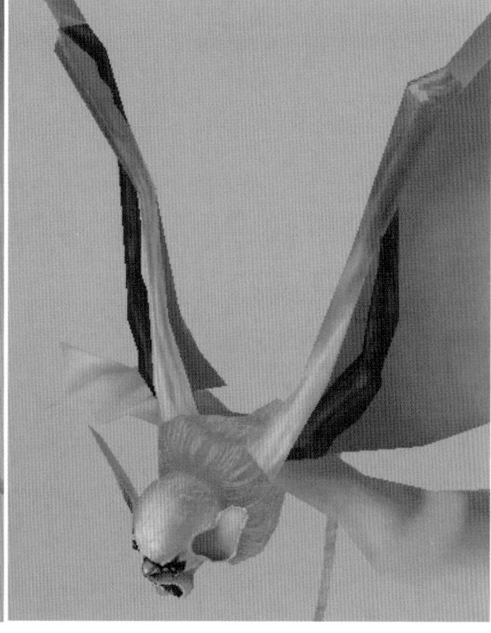

图3-202　绘制触手的基本结构和纹理

（4）在基本绘制图层Layer层上执行右键快捷菜单中的“New Layer”命令，创建新图层，我们将在此图层上绘制翅膀、触手和尾尖的纹理，由于稍后将把此图层与基本绘制图层合并，因此无须为此图层重新命名。然后参考头部贴图的绘制思路，在BodyPaint 3D R2.5软件中绘制出两对翅膀和尾尖的纹理，效果如图3-203所示。接着在当前图层上右击，并在弹出的快捷菜单中执行“Merge Layer Down”命令，如图3-204所示，向下合并到基础绘制图层“Layer”层。

（5）继续在基础绘制图层Layer层上添加一些细节纹理，如图3-205所示。然后在该层上执行右键快捷菜单中“New Layer”命令，创建一个新图层，接着将混合模式设置为overlay，透明度设置为18%，如图3-206中A所示。最后双击图层名称，并命名为“Layer001”，如图3-206中B所示。

图3−203　绘制翅膀和尾尖贴图的纹理

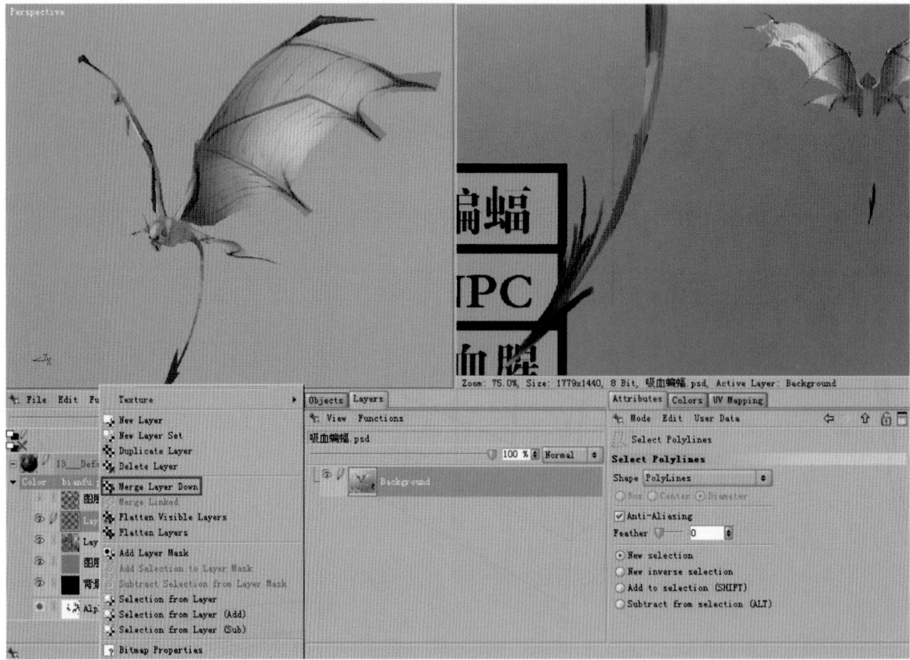


图3−204　向下合并图层

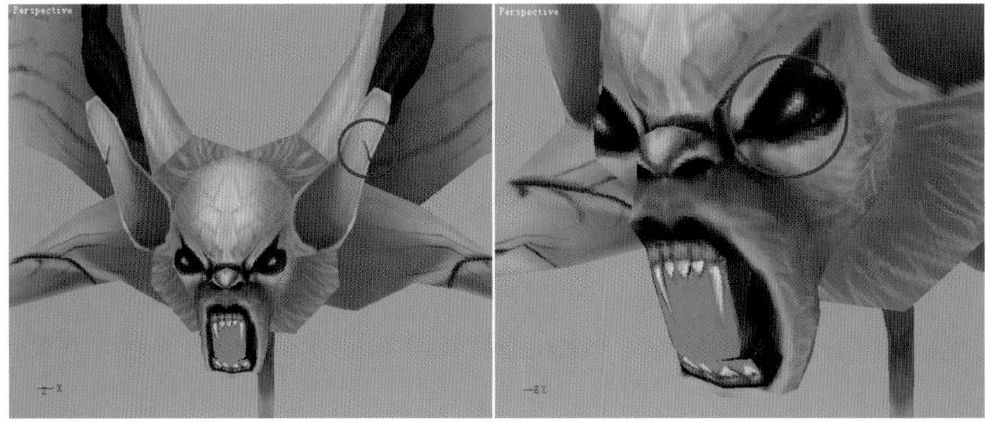

图3−205　添加细节纹理

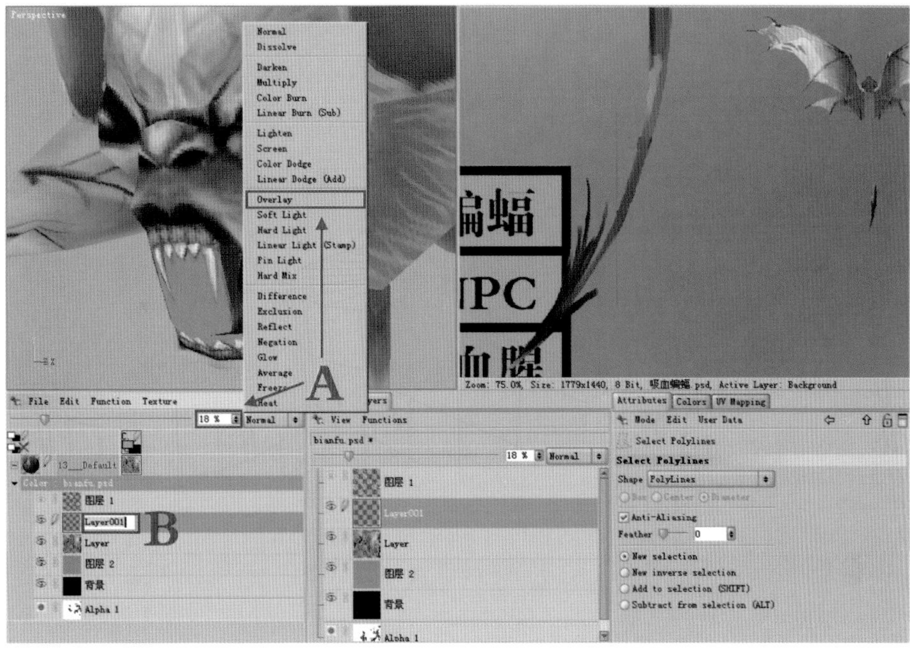


图3–206　调整图层的混合模式、透明度和名称

（6）使用（画笔）工具，在图层“Layer001”上绘制出蝙蝠贴图的色彩冷暖变化，效果如图3–207中A所示。然后执行右键快捷菜单中的“Texture|Save Texture as”命令，如图3–207中B所示，接着在弹出的对话框中单击“OK”按钮，如图3–208中A所示，将贴图文件保存为“配套光盘”贴图\第3章　网络游戏中飞行动物NPC设计——吸血蝙蝠的制\bianfu.psd”，覆盖之前的同名文件，如图3–208中B所示。

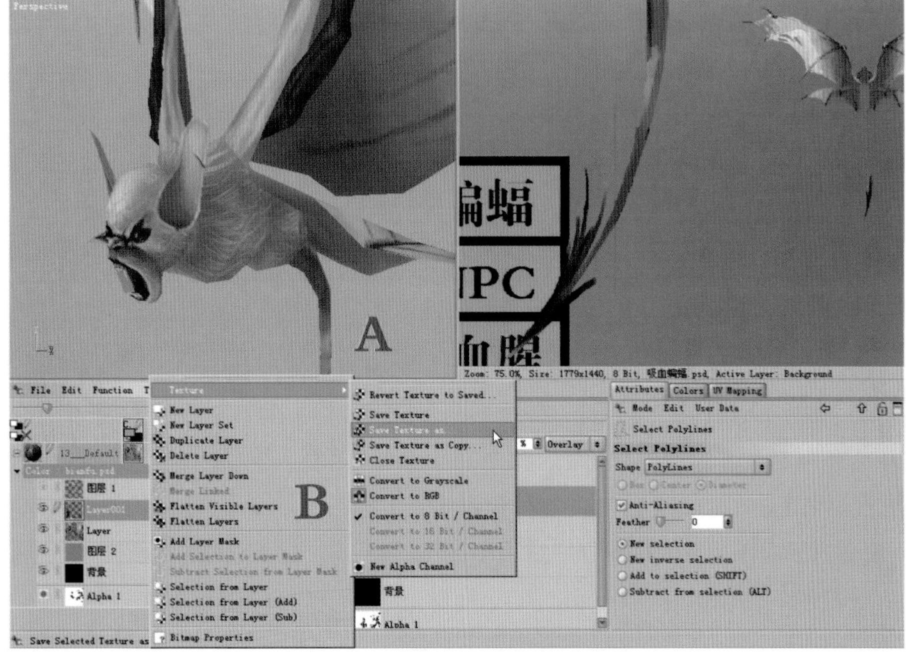


图3–207　完成贴图的绘制并保存贴图文件

图3-208　保存贴图文件

（7）进入Photoshop，打开一张合适的纹理文件（该文件为“配套光盘\原画\第3章 网络游戏中飞行动物NPC设计——吸血蝙蝠的制作\纹理.jpg”），如图3-209所示。然后将其拖到bianfu.psd贴图文件中，置于“图层1”（线框）的下方。接着调整其亮度、大小和透明度，再选择混合模式为“叠加”，效果如图3-210所示。

图3-209　选择一张纹理

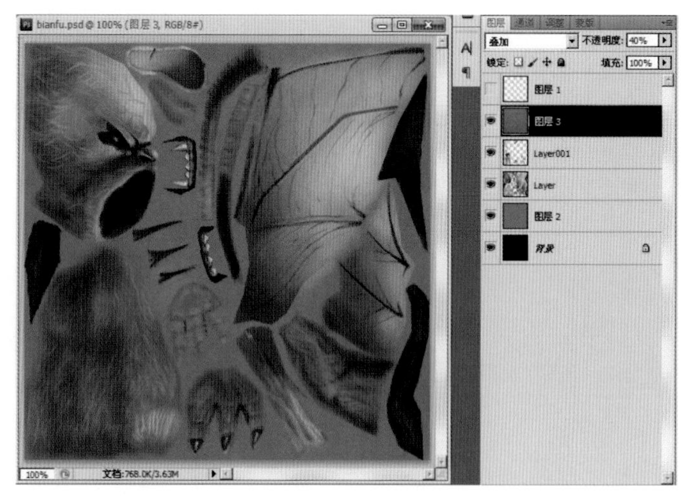

图3-210　叠加纹理

（8）使用透明贴图来表现蝙蝠的翅膀、尾尖和牙齿效果。方法：进入Photoshop，然后“通道”面板的Alpha通道，并点选全部的眼睛图标，如图3-211中A所示，接着使用（多边形套索）工具选取贴图中需要透明的部分，再使用前景色（默认为前景色为黑色，背景色为白色）进行填充，此时，通道中被黑色填充的地方在贴图中显示为红色，效果如图3-211中B所示，最后对于线条随意的透明部分使用（画笔）工具进行绘制，如图3-211中C所示。制作完成的透明通道效果如图3-212所示。

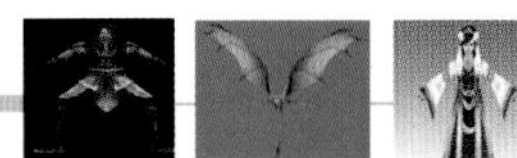

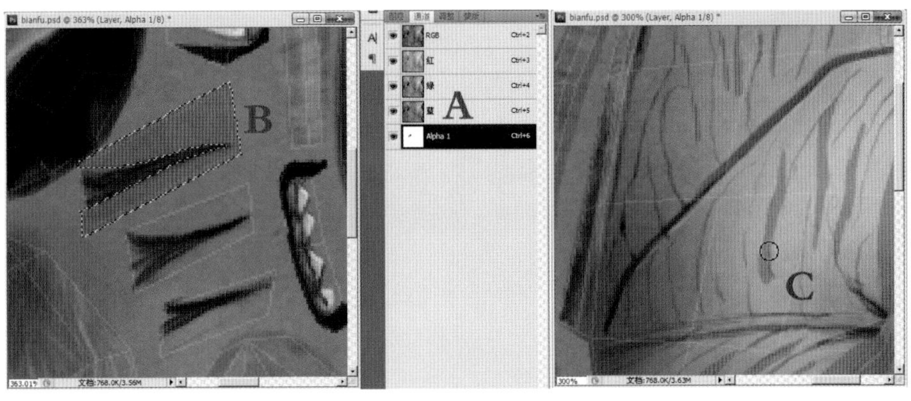


图3–211　制作透明通道

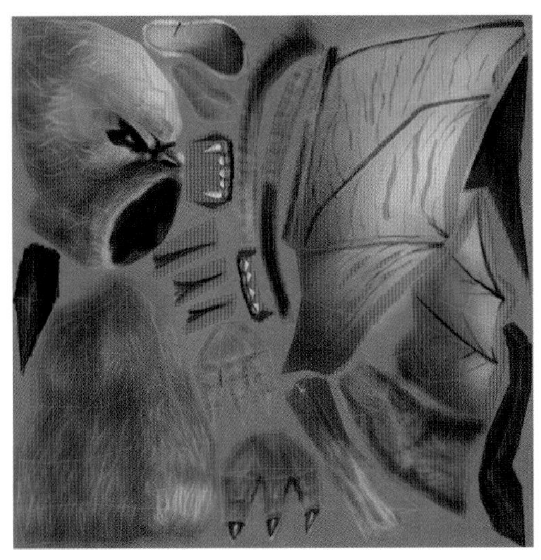

图3–212　完成透明通道的制作

（9）执行菜单中的“文件|存储为”命令，将制作好透明通道的贴图文件保存为“配套光盘\贴图\第3章　网络游戏中飞行动物NPC设计——吸血蝙蝠的制作\bianfu001.tga”文件。

（10）回到3ds Max 2012，按〈M〉键打开材质编辑器，然后参考指定棋盘格贴图的方法，选择第2个材质球，再将刚才保存的“bianfu001.tga”文件分别指定到“漫反射”通道和“不透明度”通道，如图3–213中A和B所示，接着在“不透明度”通道的“位图参数”卷展栏下设置参数，如图3–214中A所示，再单击（转到父对象）按钮回到上级界面，最后单击（在视图中显示标准贴图）按钮，如图3–214中B所示，此时可以在视图中观察到效果，如图3–215所示。

（11）至此，吸血蝙蝠贴图绘制完毕，最终文件可参照“配套光盘\MAX\第3章　网络游戏中飞行动物NPC设计——吸血蝙蝠的制作\bianfu001.zip”文件。

**提　示**

制作步骤（1）~（10）的演示详见“配套光盘\多媒体视频文件\第3章　网络游戏中飞行动物NPC设计——吸血蝙蝠的制作\贴图绘制05.avi~贴图绘制06.avi”视频文件。

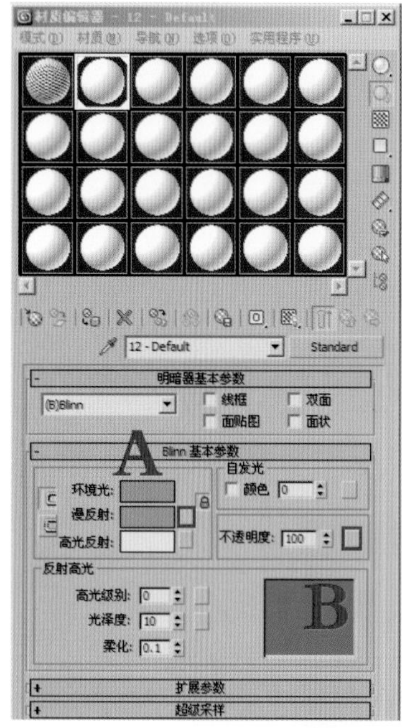

图3-213　指定贴图

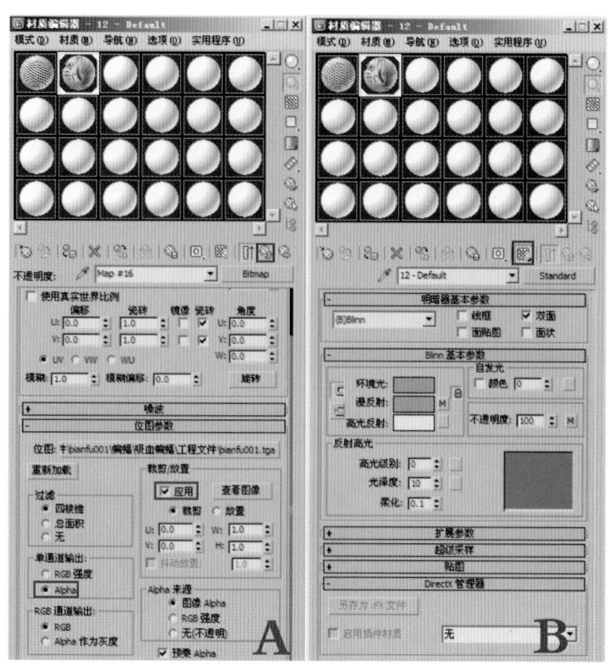

图3-214　设置位图参数并显示贴图

图3-215　完成贴图的最终绘制效果

## 课后练习

### 一、填空题

1. 在使用3ds Max 2012制作模型时，可以用来添加边的右键快捷菜单命令中，较为常用的有______、______、______几种。

2. 进行移除边的操作时，可以在按住____________键的同时，单击（修改）面板中

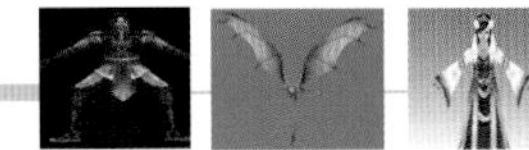

“编辑边”卷展栏下的______命令，这样还可以将去除边后所产生的______也同时去除。

3. 如果模型的法线出现错误，可以进入______层级或者______层级，选择模型中出现法线错误的______或者______，再单击（修改）面板中______卷展栏下的______命令纠正错误的法线。

## 二、问答题

1.简述BodyPaint 3D 的基本使用方法。

2.利用本章节中学习的“面角松弛”方法进行一个模型的UV编辑。

## 三、操作题：

制作图3–216所示的动物NPC效果。

图3–216　动物NPC效果

# 第 4 章

# 网络游戏中两足主角——换装女性角色的制作

前面讲解了游戏中的四足动物和飞行动物的设计和制作技巧。在本章中，主要讲解游戏中最富有表现力的部分 ——换装女性角色的设计和制作技巧。本例效果图及UVW展开图如图4—1所示。角色放置到编辑器中进行测试的最终效果如图4—2所示。通过本章的学习，应掌握游戏中换装女性角色的制作方法和表现技巧，加深对游戏的理解。

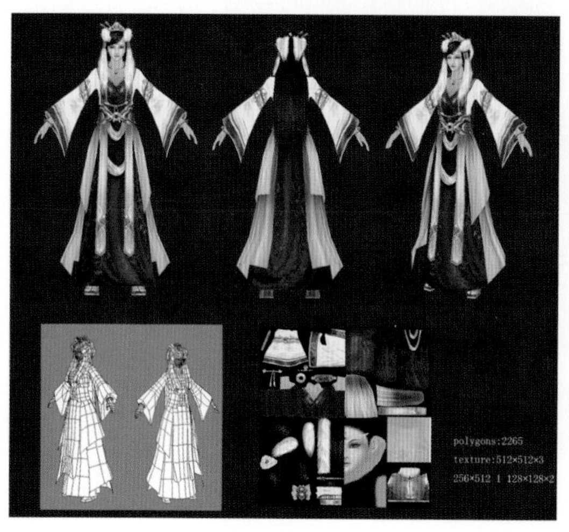


图4—1　效果及UVW展开图

图4—2　放置到编辑器中进行测试的最终效果

本例分为原画造型的设定分析、制作女性角色、角色的换装赏析3部分。

## 4.1　原画造型的设定分析

不管是男性还是女性角色，在制作游戏角色模型之前都要对所制作的角色的形体、服饰、人物的性格等进行仔细的分析。在充分了解之后给角色划分出基本的结构图，以便在制作时更好地把握形体和合理利用资源，并可以更好地对角色细节进行刻画。

在人物原画的设计中，在重点注意一些基本形体的结构把握的同时，还要注意对整个人物的内在性格的刻画。在制作时要尽量多收集素材，参考一些优秀的游戏原画的设定，如一些不同时代的、不同民族的服饰等的变化及优秀的CG插图等。

在游戏的原画设定中，需要对角色的身高比例、形象特征、服饰变化等进行简要的标注。有时候甚至要根据角色的装备和等级的不同来设定不同的服饰。

本例要制作的女性角色的标准设定文案如下：

（1）背景：此角色表现的是一个少数民族的侠女。生活在皇城里面，喜欢群居的生活，喜欢帮助别人，有鲜明的个性。

（2）特征：娇媚，活泼，具有巾帼不让须眉的气质。服饰的设计非常具有中国传统服装的特点。

（3）技能：此女角色擅长使用刀剑一类的武器，而且善于使用一些魔法技能。

本例的原画设定图如图 4–3 所示。

图4–3　女性角色原画

## 4.2　制作女性角色

制作本例的女性角色分为头部模型制作分析、制作角色头部模型、头部UVW的编辑、制作角色身体模型、角色的身体UVW编辑、角色头部贴图的绘制和角色身体贴图的绘制7部分。

### 4.2.1　头部模型制作分析

在充分分析女性角色的原画设定和网络游戏换装系统的规范需求后，下面开始制作女性角色的模型。

该模型是运用多边形（Polygon）的方法来完成的。这里读者除了可以进一步巩固前面章节中使用的多边形建模的相关知识外，还可以更深入地学习游戏中人物模型的制作要点和技巧。运用多边形来制作人物模型主要有从整体到局部和从局部到整体两种基本方式。

（1）从整体到局部。从整体出发，创建标准的几何体，然后通过添加线和多边形的方法来制作人物模型，这样可以在制作过程中对基本形体进行准确把握，并对细节部位不断地调整和观察（这是本章需要重点学习的地方）。

（2）从局部到整体。也就是说可以从眼、耳、口、鼻等一个局部开始塑造基本形体。然后通过连接、合并等方法来制作一个完整的形体。该方法对制作者的本身的制作能力有很高的要求。为了避免一些常识性的失误，可以参照图4–4所示的头部骨骼的结构变化。

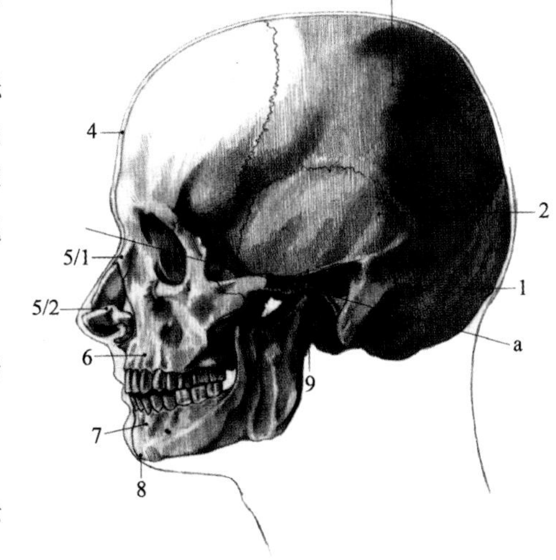


图4–4　头部的骨骼结构

### 4.2.2 制作角色头部模型

前面分析了人物角色造型的基本方法，下面就使用从整体到局部的制作方法开始，具体讲解头部的制作过程和技巧。为了便于准确地给五官定位，可参考图4−5所示的分线图。

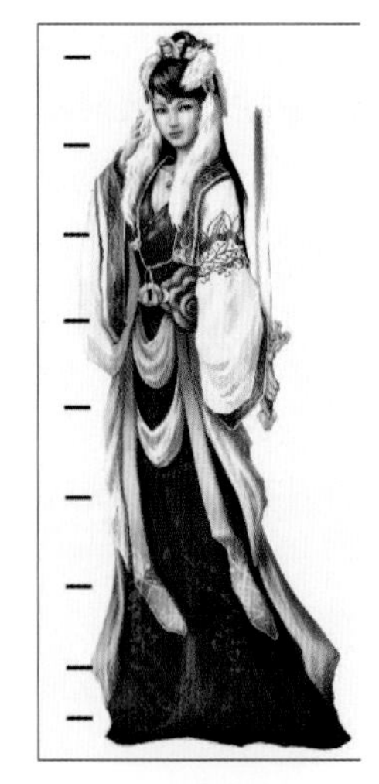

图4−5 头部的分线图

详细步骤如下：

（1）进入3ds Max 2012的主界面，在透视图中创建一个长、宽、高分别为50、50、60的标准长方体，并设置其长、宽、高的分段数为1、1、1，如图4−6（a）所示。然后右击工具栏中的（选择并移动）工具，从弹出的面板中将X、Y、Z均设为0，如图4−6（b）所示。接着给长方体指定灰色材质，如图4−6（c）所示。

**提 示**

将物体坐标归0，是为了便于以后进行编辑。

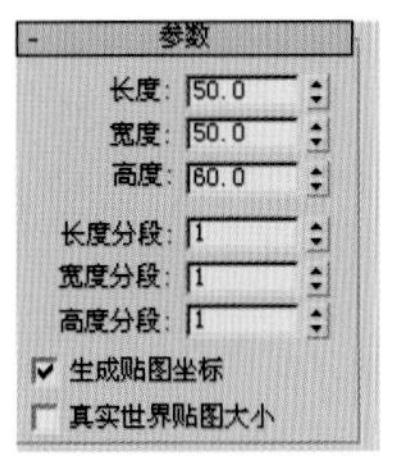


（a）长方体参数设置

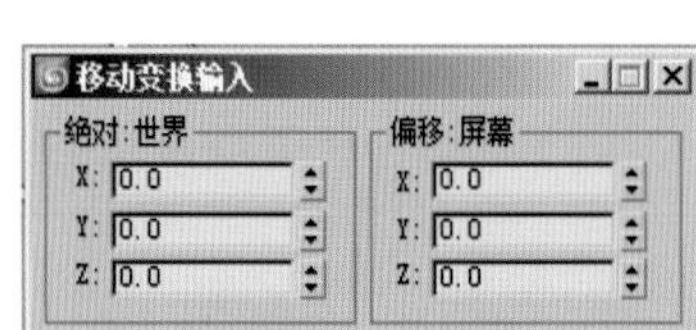


（b）将坐标归零

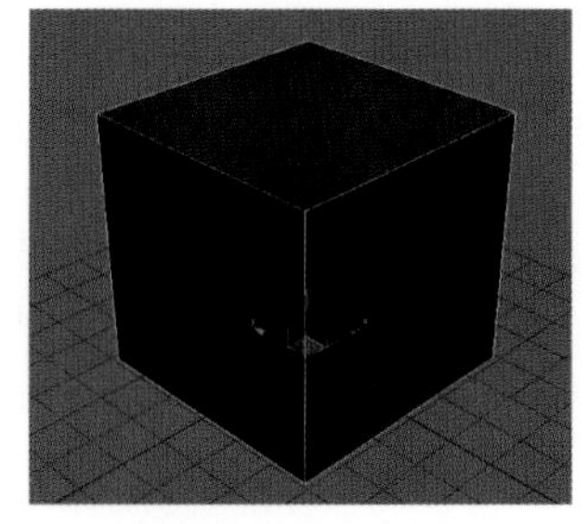

（c）指定长方体灰色材质

图4−6 创建长方体

（2）右击视图中的长方体，从弹出的快捷菜单中选择“转换为|转换为可编辑多边形”命令，将其转换为可编辑的多边形物体。然后进入（修改）面板，执行修改器中的“网格平滑”命令，设置“迭代次数”为2，“平滑度”为1，效果如图4−7所示。

图4−7 “网格平滑”后的效果

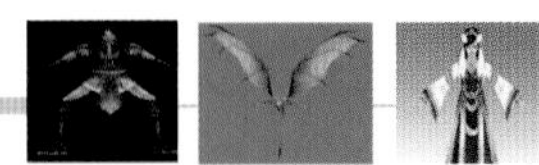

（3）将网格平滑后的长方体转换为可编辑的多边形物体。然后在前视图给多边形物体添加一个FFD 4×4×4修改器，以便从整体上调整角色头部的造型。效果如图4−8（a）所示。

（4）根据原画的形象特点制作出女角色正面的头部造型。方法：利用工具栏中的（选择并匀称缩放）工具在前视图中沿Y轴方向上进行单轴向的拉伸，接着在左视图中沿Z轴进行单向拉伸，效果如图4−8（b）所示。

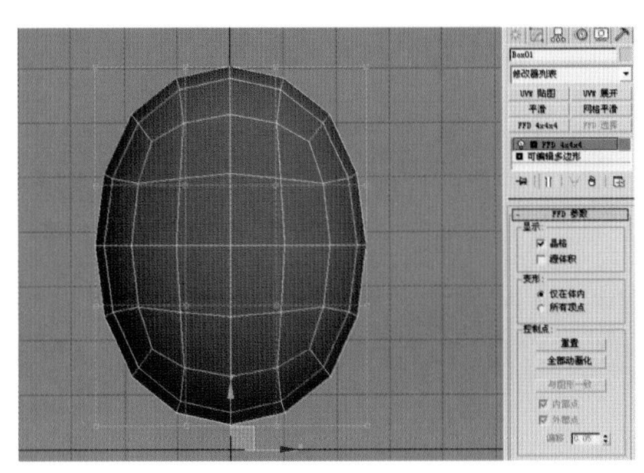

（a）前视图添加FFD4×4×4修改器

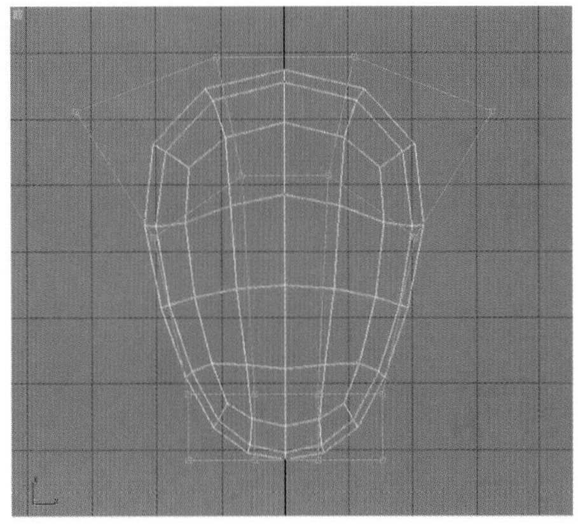

（b）前视图编辑FFD4×4×4变形器的效果

图4−8　正面的头部造型

（5）制作出女角色侧面的头部造型。方法：进入FFD 4×4×4的“控制点”层级，然后在左视图中通过调整控制点的位置来调整头部侧面的造型，效果如图4−9所示。

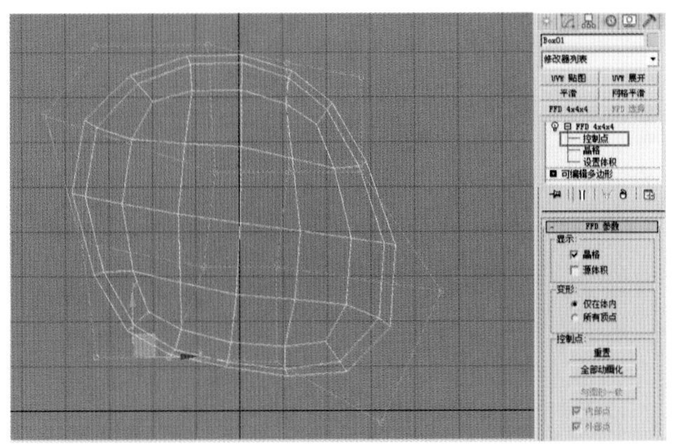

图4−9　侧面的头部造型

（6）将女角色的头部模型转换为可编辑的多边形，然后进入可编辑多边形的（多边形）层级，在前视图中框选图4−10（a）所示的左侧一半头部的多边形，按<Delete>键进行删除，如图4−10（b）所示。接着退出（多边形）层级，单击工具栏中的（镜像）按钮，在弹出的对话框中进行设置，如图4−10（c）所示，单击“确定”按钮，效果如图4−10（d）所示。

**提 示**

选择“实例”的方式进行镜像复制，是为了在对头部一侧进行编辑时，另一侧也会随之变化，从而保证模型的对称性，同时提高了制作效率。

（7）进入可编辑多边形的 （顶点）层级，选中“使用软选择”复选框，然后根据头部的结构变化，对女角色的头部进行细节编辑，结果如图4-10（e）所示。

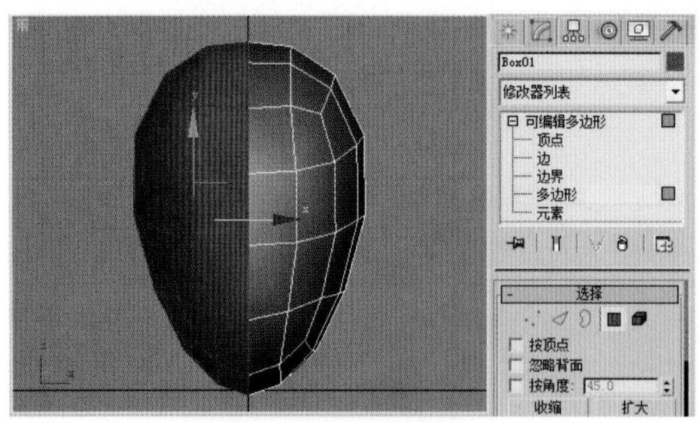


（a）选择左侧一半头部的多边形

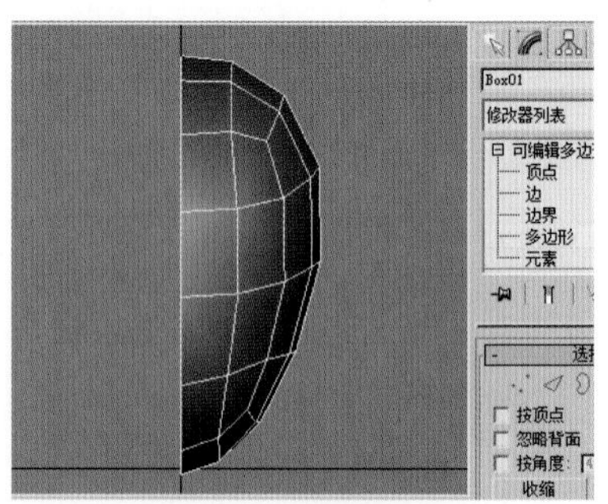


（b）删除左侧头部的多边形

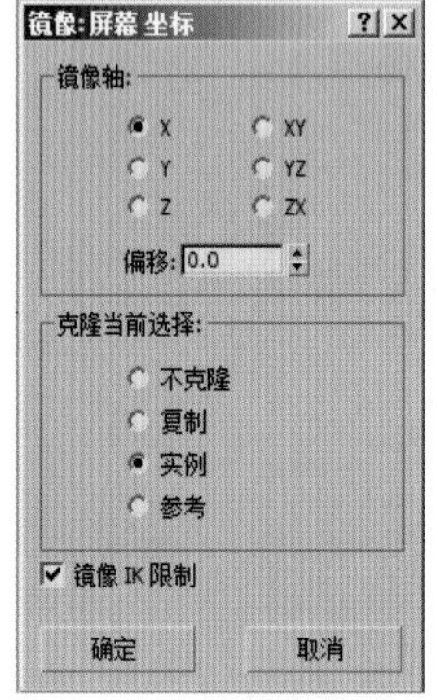


（c）设置镜像参数

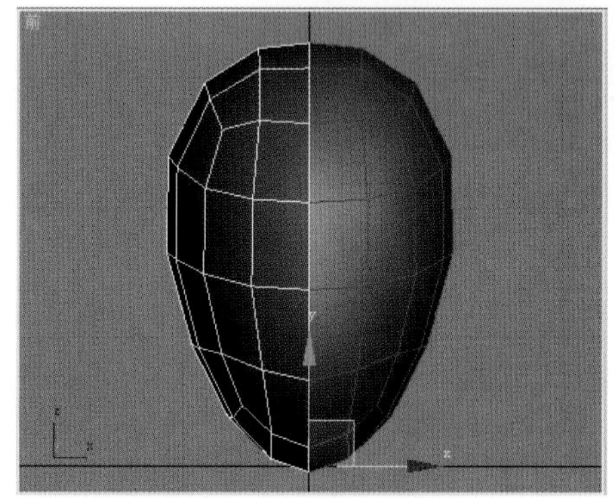

（d）镜像复制后的效果

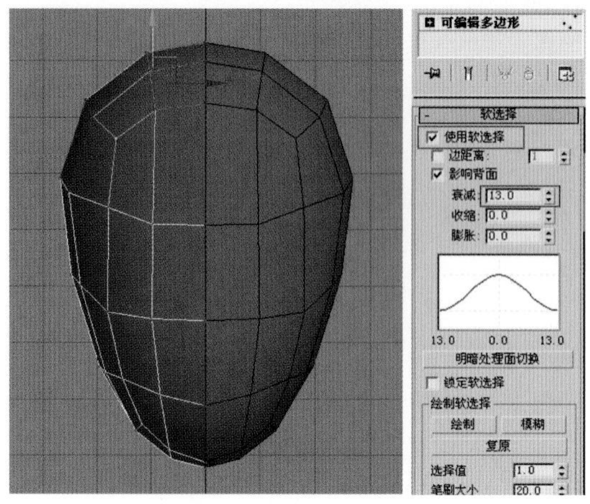


（e）根据头部的结构变化进行细节编辑

图4-10　编辑头部模型

（8）进入 （顶点）层级，在当前视图的模型上右击，在弹出的快捷菜单中选择“剪切”命令，如图4-11（a）所示，然后根据女性角色的造型特点对五官部位进行加线，从而定位出基本的嘴部，眼部、鼻子等五官的结构部分，如图4-11（b）所示。

（9）嘴部和眼睛部位是头部制作的关键点，需要仔细刻画。下面根据脸部肌肉结构走向，从侧面和正面对嘴部模型增加线段，制作出嘴部的细节，如图4—12所示。

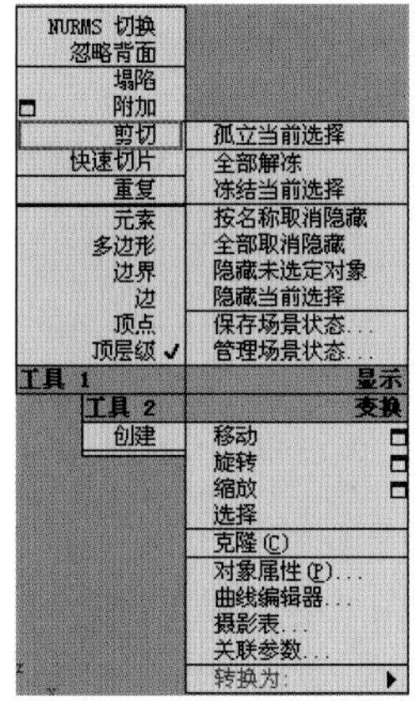

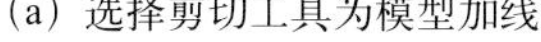

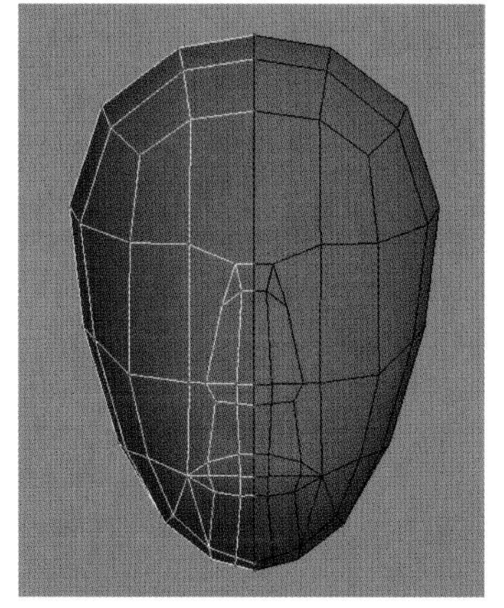

(a) 选择剪切工具为模型加线　　(b) 刻画五官的基本造型

图4—11　定位五官结构

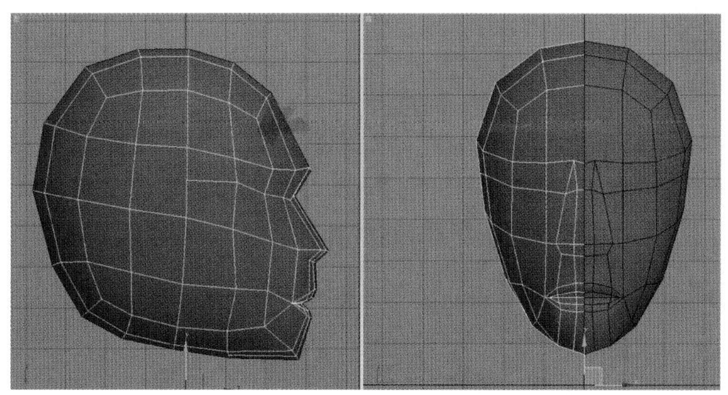

图4—12　嘴部模型的细节编辑效果

(10) 调整出大体的头部模型后，根据头部骨骼的造型变化及三庭五眼的位置，增加眼部线段，从而制作出眼部细节。调整时要注意在各个视图中模型的点和线的分布，如图4—13所示。

(11) 进入⁚（顶点）层级，在前视图和左视图中分别调整顶点的位置，使其外形尽可能符合原画中角色面部的脸型。然后调整面部的线条，使面部线段纵向比例基本符合三庭五眼的比例，为后面添加面部细节做准备，如图4—14所示。

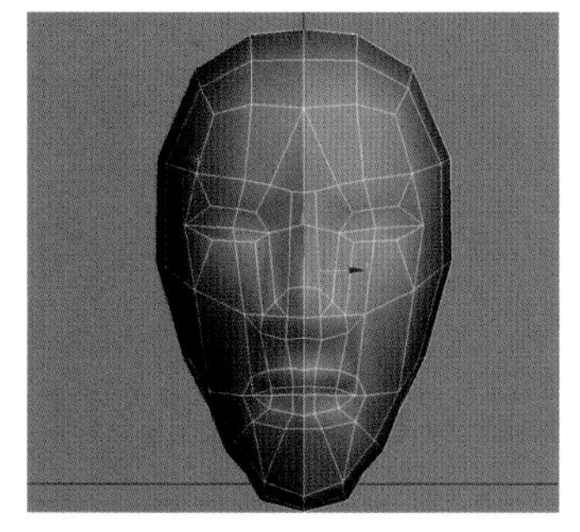

图4—13　刻画眼睛部位基本造型

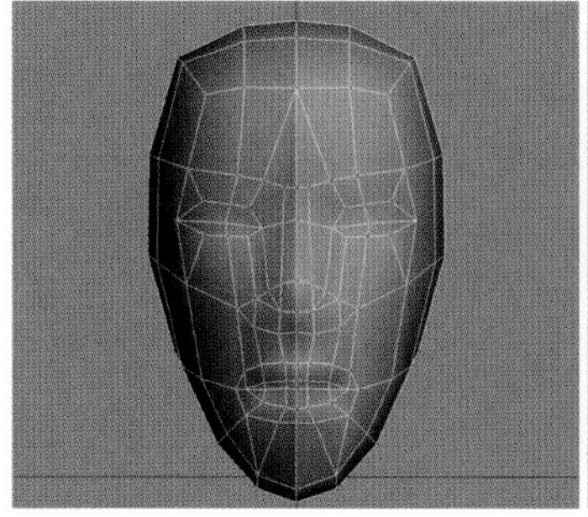
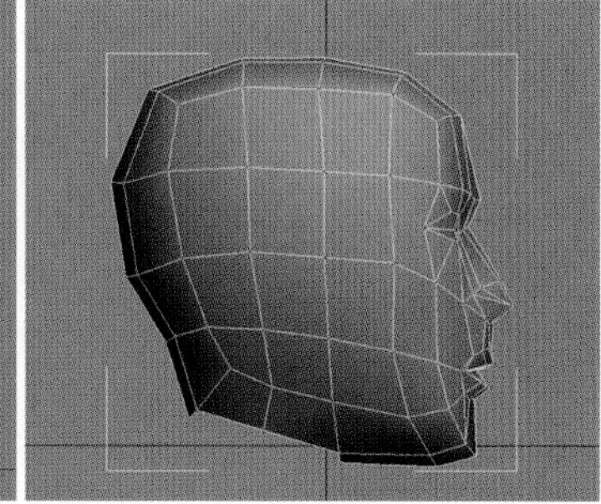

图4—14　调整头部造型效果

**提 示**

关于“三庭五眼”的概念可参见“第1章 1.1.1 人体解剖基础概述”中的相关内容。

（12）通过调整顶点，进一步对五官（眼、耳、口、鼻等）进行定位。调整后效果如图4–15所示。

**提 示**

在这里可以借鉴一些美术或解剖方面的资料来深入掌握头部的基本结构，也可以参照一些优秀的游戏角色造型来提高理解力。

（13）在透视图中利用“剪切”工具在面部增加嘴角部分的分解线，注意处理好嘴角、上嘴唇和下嘴唇之间的转折关系。开始拉出口轮肌肉的结构线，如图4–16所示。

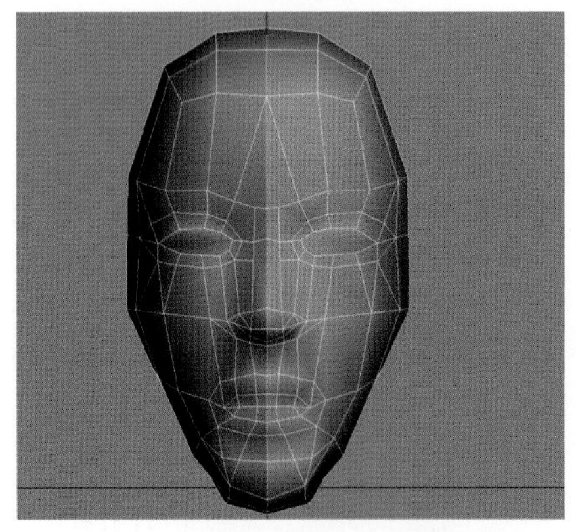

图4–15 进一步调整五官的效果

图4–16 口轮肌肉的结构线效果

（14）接下来对眼睛部位的侧面造型（鼻根、睑部、眉弓3个部位的交叉点，也是最能表现形体结构的关键部位）进行细节的调整，效果如图4–17所示。

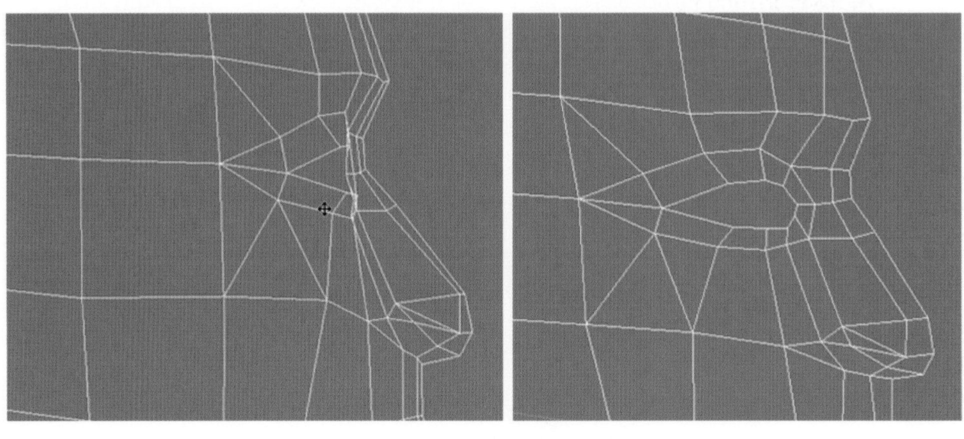

图4–17 眼睛侧面造型的调整效果

（15）在前视图中继续为角色的头部模型增加眉弓、鼻尖和嘴部的线段，然后在左视图调整侧面的顶点，如图4–18所示。

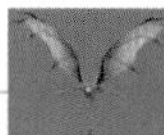

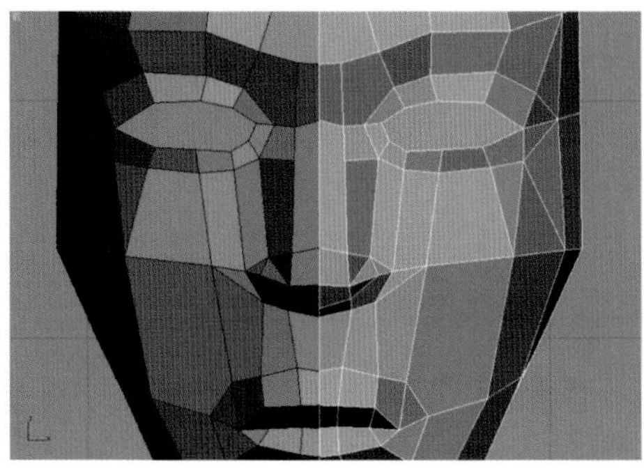
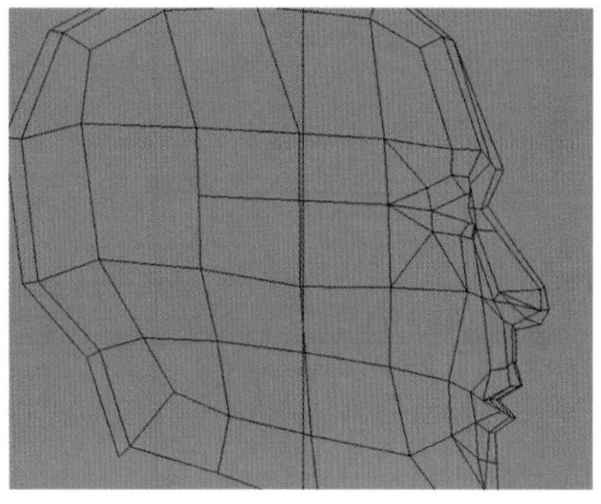

图4-18 五官结构线的调整

（16）下面对头部模型的细节进行整体调整和刻画（包括对五官——眼、耳、嘴、鼻、眉等）。在制作中可以参照一些较好的头部骨骼和肌肉形体的结构变化来修改模型外形。注意按照游戏角色的布线规则来合理安排。

（17）首先进入透视图，在头顶处增加边，从而塑造出角色头顶的外形，如图4-19（a）所示。然后为面部增加边，同时使用键盘退格键删除多余的顶点和边，从而使头部形态更加完善，效果如图4-19（b）所示。

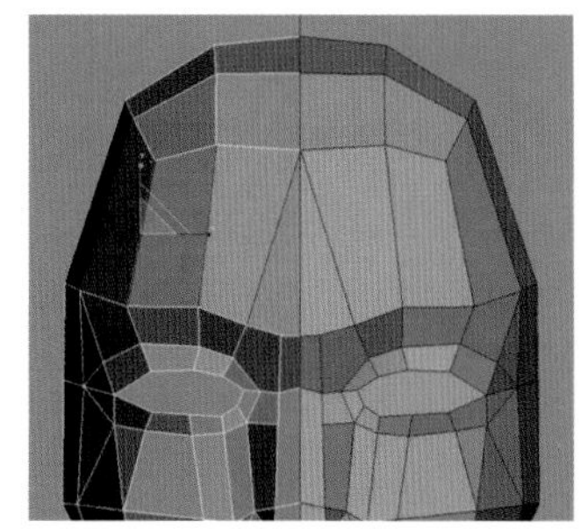
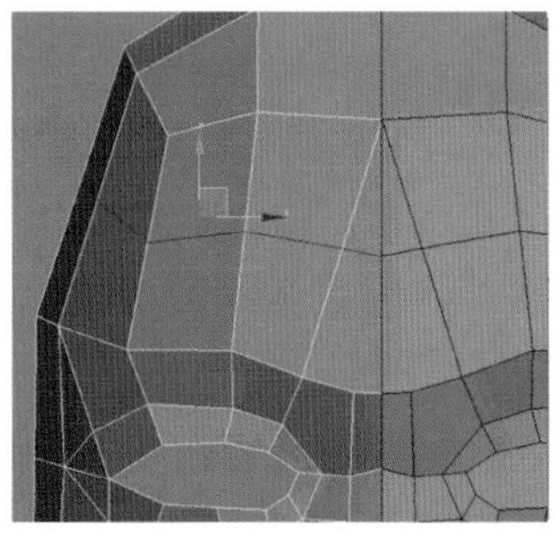
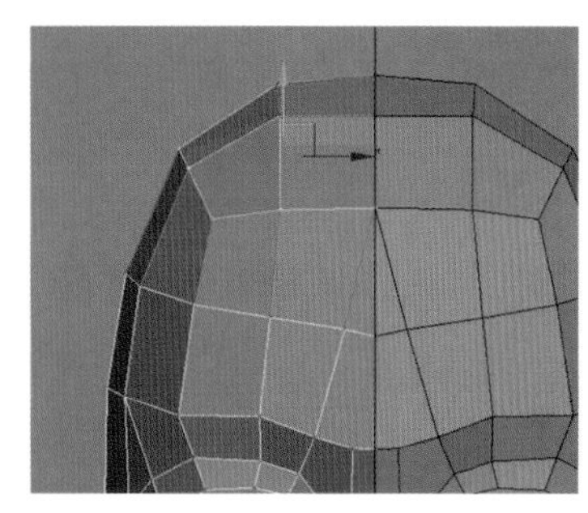

（a）头顶部位的调整效果

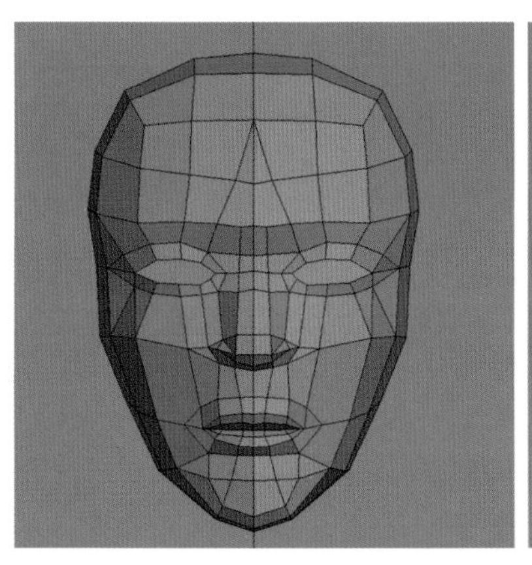
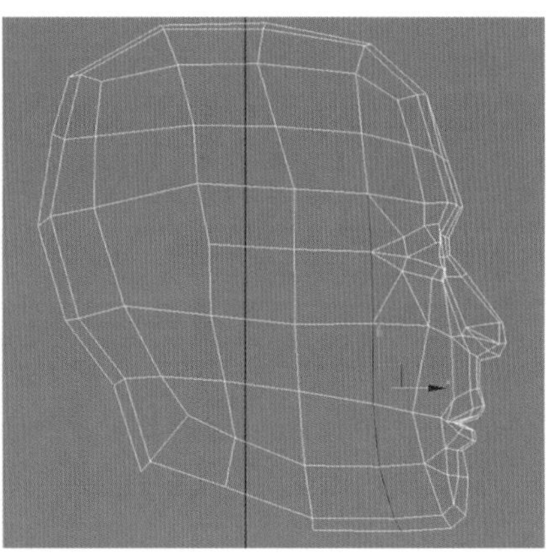

（b）增加边完善面部形态

图4-19 调整头部模型

（18）调整角色嘴部模型的线框，并且添加一些新的线段来表现细节（下嘴唇隆起的一条线段）。调整时要注意与肌肉的结构走向相统一，如图4-20所示。

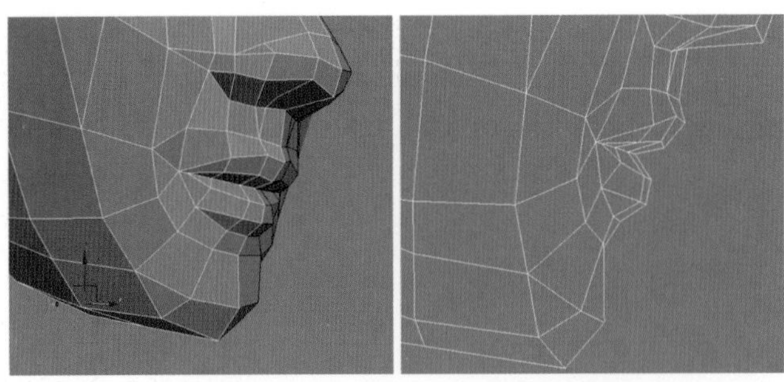

图4-20　嘴部结构线段的调整

（19）在嘴部的调整基本完成后，下面结合原画设定的要求，在左视图与透视图中对鼻子造型进行细节调整，如图4-21所示。

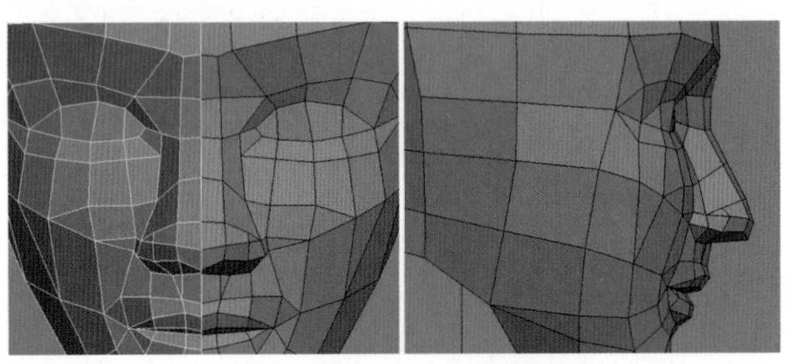

图4-21　调整鼻梁部分的外形

（20）根据原画的造型特点从不同视图角度对整个角色的头部结构点进行细节调整，这里主要对角色头部的脖子部分进行形体调整，如图4-22所示。

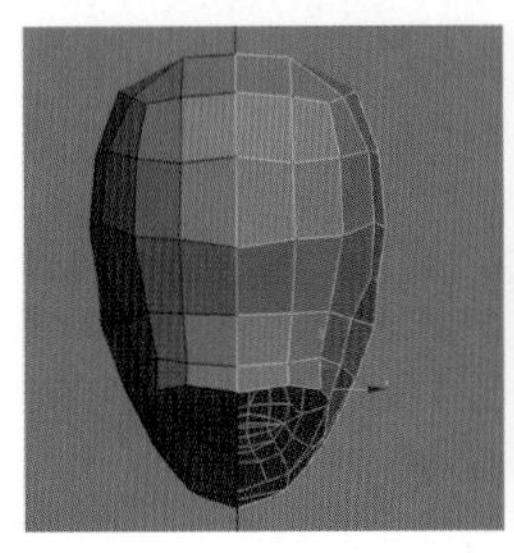

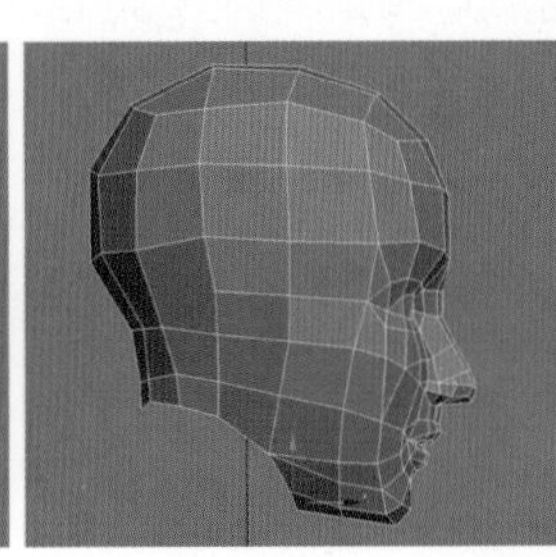

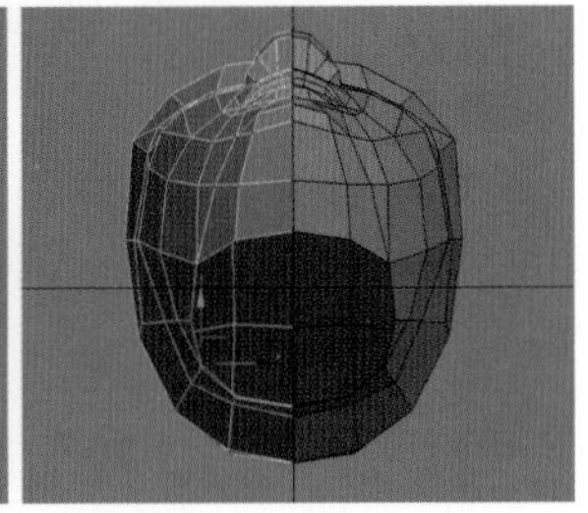

图4-22　底面脖子部分线段调整效果

（21）在游戏角色设计中，需要对嘴、鼻子和眼睛进行细节刻画，而耳朵的制作则相对较简化。下面在左视图中，增加耳朵部分的细节线段，如图4-23所示，从而刻画出耳朵基本形状，然后如图4-24所示，将前耳廓与面部对应的顶点分别塌陷，从而保持和头部的整体性。

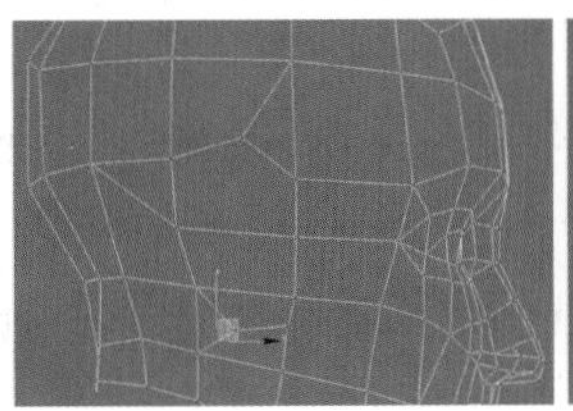

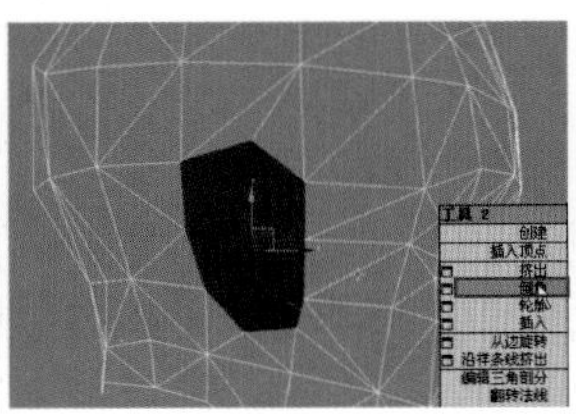


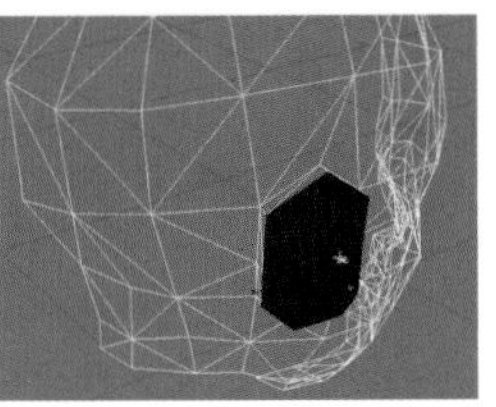

图4-23　耳朵基本形状制作

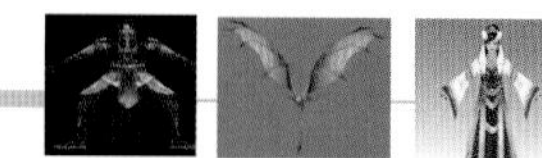

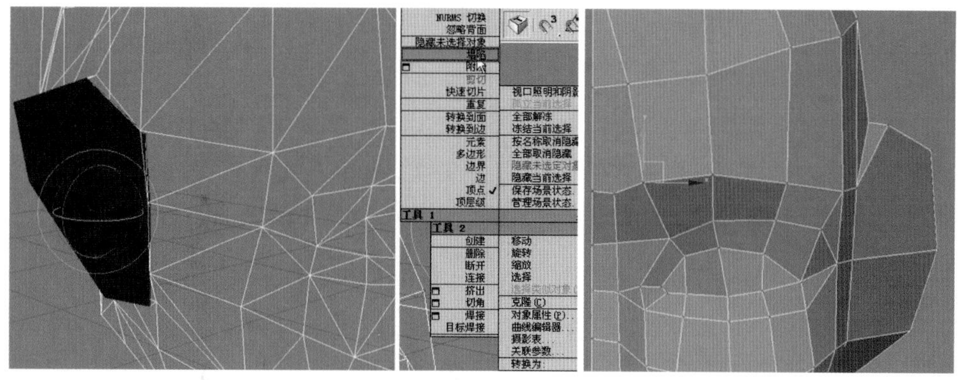


图4–24　塌陷前耳廓与面部对应的顶点，保持耳朵与面部的整体性

（22）选择完成的角色头部模型，执行修改器中的“平滑”命令，效果如图4–25所示，以便观察头部模型的结构特点及角色特征。我们在刻画角色的过程中要对脸部特征的细节做深入的分析，注意不同时代和不同民族的、不同职业男女的性格、肤色等的区别。

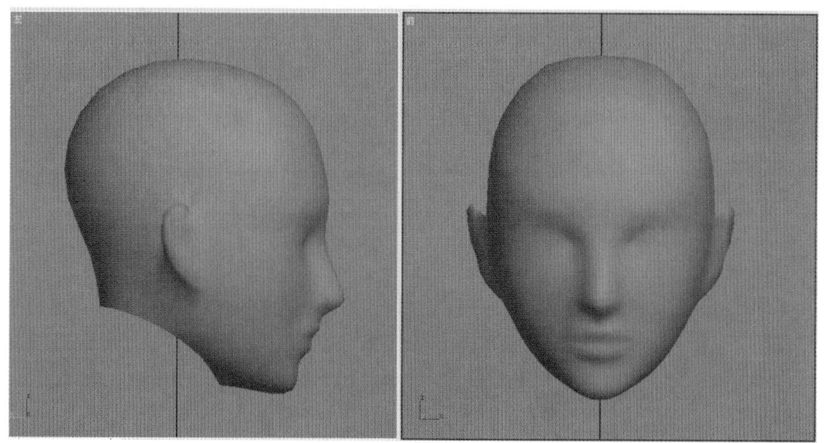

图4–25　完成头部模型的效果

### 4.2.3　头部UVW的编辑

接下来在头顶部位对角色头部进行UVW编辑。在编辑角色头部UVW的过程中，要仔细分析头部造型细节，注意指定UVW坐标时的轴向和纹理结构。

#### 1．简化模型

（1）在前视图删除头部的一半模型。

（2）选择剩下的一半模型，添加“UVW贴图”修改器。

（3）单击工具栏中的 （材质编辑器）按钮，进入材质编辑器。然后选择一个空白的材质球，单击“漫反射”颜色框右侧的方块，在弹出的“材质/贴图浏览器”对话框中选择“棋盘格”，如图4–26（a）所示，单击“确定”按钮。接着将UV平铺值调整为U：10，V：20。在调节的过程中，由于模型的左右是完全对称的，后面可以任意复制，因此任选一侧即可，效果如图4–26（b）所示。

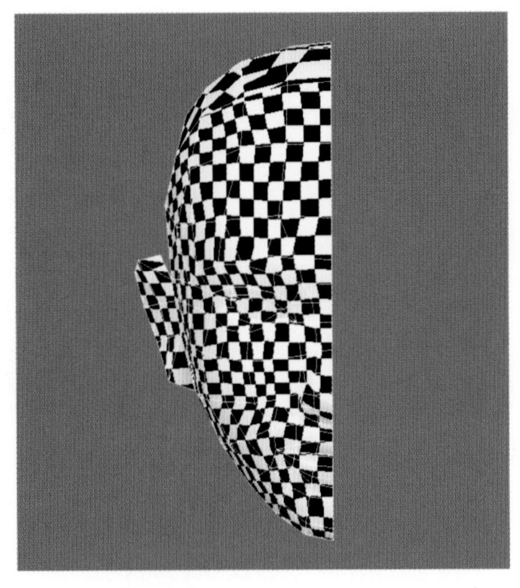

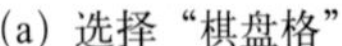
(a) 选择“棋盘格”　　(b) 用棋盘格检测头部UVW坐标是否合理

图4—26　添加UVW贴图

**提 示**

在游戏制作中，为了提高工作效率、优化游戏贴图资源，通常在模型UVW编辑的过程中，会尽量把一些复杂的面进行简化，指定最佳的UVW坐标轴向。具体操作思路与模型创建过程相似，即首先在前视图删除头部模型的一半，然后进行UVW坐标的指定和展开，调整好以后再通过“镜像”修改器镜像复制出另一半模型。并选择合适的纹理来检测UVW坐标是否合理，以避免出现很大的贴图拉伸。

### 2．编辑头部的UVW

编辑头部模型UVW的思路为：首先从头部正面和侧面分别为左侧一半的头部模型指定平面坐标，然后进行编辑，再进行融合。最后对编辑好UVW贴图的模型进行镜像复制，从而制作出整个头部UVW。具体操作步骤如下：

（1）选中头部前面的面进行分离，然后进入（修改）面板，执行修改器中的“UVW贴图”命令，接着进入Gizmo层级，对UVW进行细节的调整，尽量保持棋盘格的显示为正方形，以便在后面的绘制贴图时不会有太多的贴图拉伸，效果如图4—27所示。

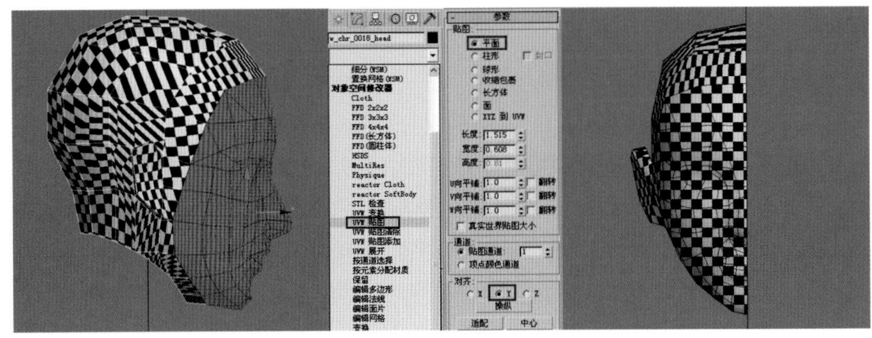

图4—27　指定平面坐标棋盘格的效果

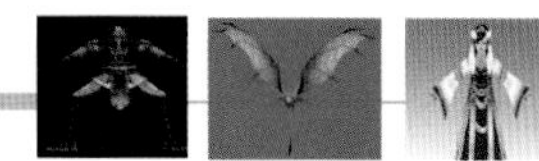

（2）进入到UVW编辑状态，观察头部UVW的映射效果，可以看到指定坐标的UVW和模型的正面造型基本保持一致，如图4–28（a）所示，这表示UVW坐标调整好了。下面在修改器堆栈中右击，在弹出的快捷菜单中选择“塌陷全部”命令，从而将头部正面的UVW贴图坐标进行保存，如图4–28（b）所示。

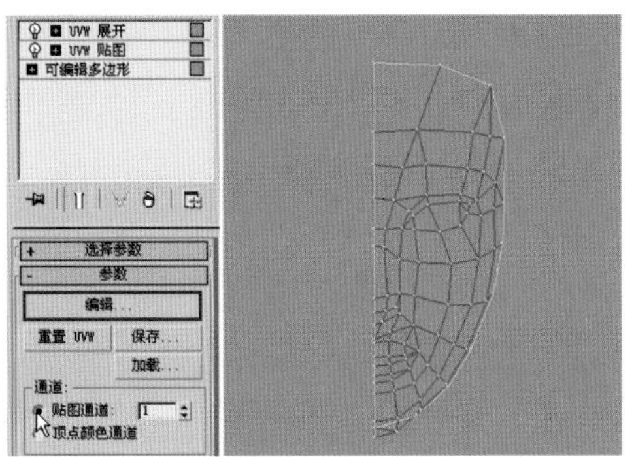


（a）进入UVW编辑，观察头部UVW映射效果

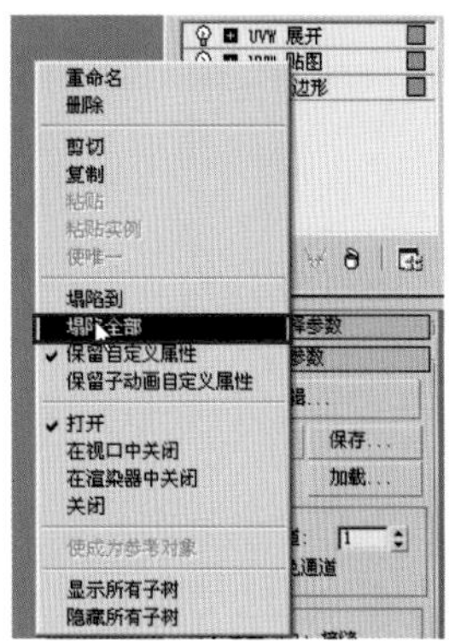


（b）塌陷正面编辑好的UVW坐标

图4–28　观察并保存UVW坐标

（3）指定好正面贴图坐标后，可以看到头部侧面的棋盘格拉伸非常严重，这是因为在指定UVW坐标时是针对头部正面而不是侧面进行的映射，下面需要选中如图4–29所示的头部侧面的多边形，再次指定UVW坐标。

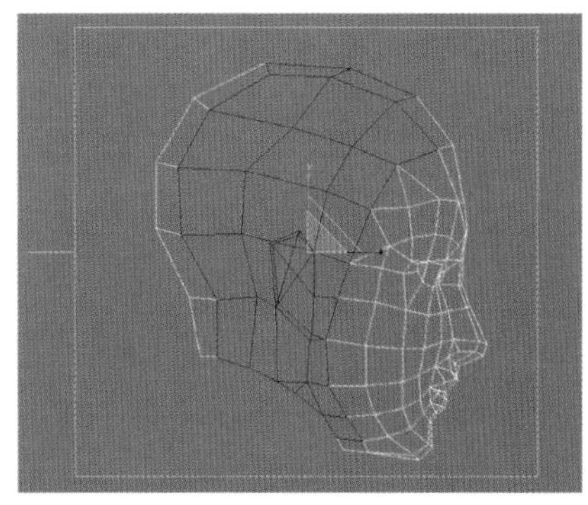

图4–29　选择侧面的面指定坐标

（4）对选择的侧面多边形进行平面坐标的指定，以便在绘制侧面贴图时不会有太多的色彩拉伸，平面坐标调整后的效果如图4–30所示。同理，将调整后的侧面坐标进行塌陷，从而将头部侧面的UVW贴图坐标进行保存。

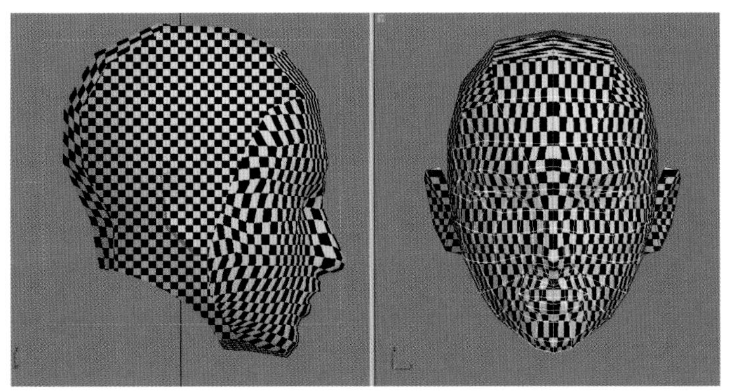

图4–30　侧面指定平面坐标效果

（5）选中整个头部模型，进入（修改）面板，然后执行修改器中的“UVW展开”命令。接着单击“编辑”按钮，如图4–31（a）所示，进入“编辑UVW”编辑器，再选择头部侧面和正面指定好的UVW线，开始运用UVW的编辑工具进行编辑，如图4–31（b）所示。

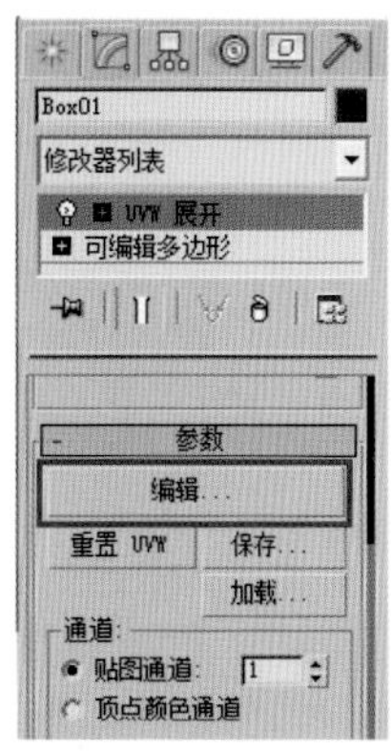


（a）单击“编辑”按钮

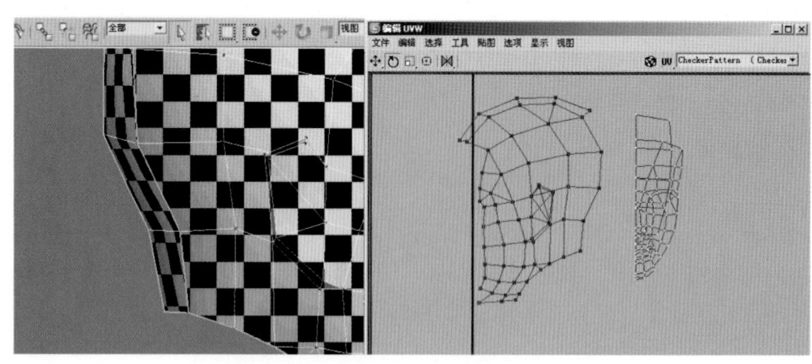


（b）UVW坐标的编辑

图4－31　编辑UVW坐标

（6）接下来利用“编辑UVW”编辑器菜单中的“工具|目标焊接”命令，对头部正面、侧面和背面3个部分的UVW进行顶点的焊接，从而使这3个部分融为一体，如图4－32（a）所示。这里要注意的是在焊接的同时，要观察模型，对棋盘格拉伸较大的地方手动进行调节，如图4－32（b）中A与B所示。

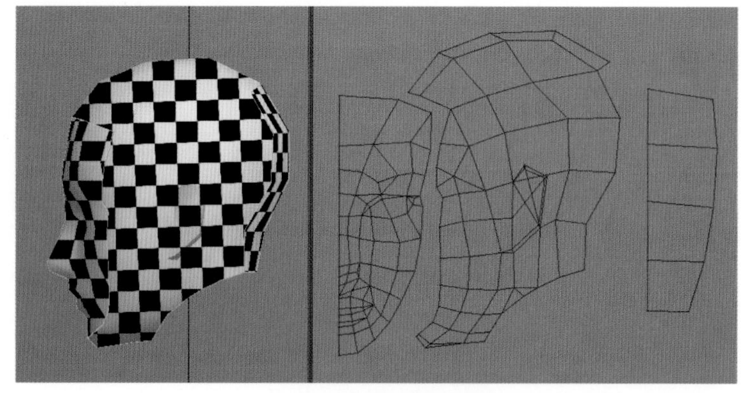

（a）头部UVW编辑效果

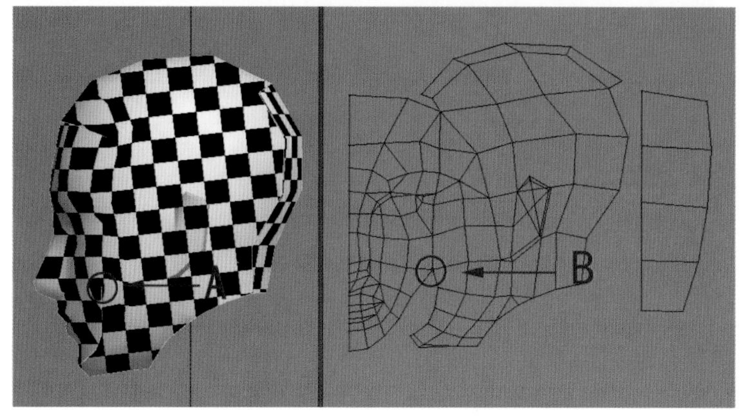


（b）对棋盘格拉伸较大的地方手动进行调节

图4－32　焊接UVW顶点

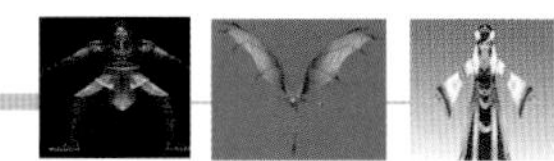

（7）焊接好之后，下面把耳朵部分的UVW单独提取出来。方法：在UVW编辑器中选择模式中的（边子对象模式），然后选中耳朵与头部的连接边，再执行修改器中的“工具|断开”命令将其单独分离开，以便根据头部整体UVW排布来进行合理的位置安排，效果如图4−33所示。接着执行菜单中的“工具|渲染UVW模板”命令，在弹出“渲染UVs”面板中将宽度和高度改为512 × 512。最后单击“渲染UV模板”按钮，从而得到一张512 × 512像素的UVW线框位图，如图4−34所示，单击（保存位图）按钮，将文件保存为“配套光盘\贴图\第4章　网络游戏中两足主角——换装女性角色的制作\ head1.tga”文件。

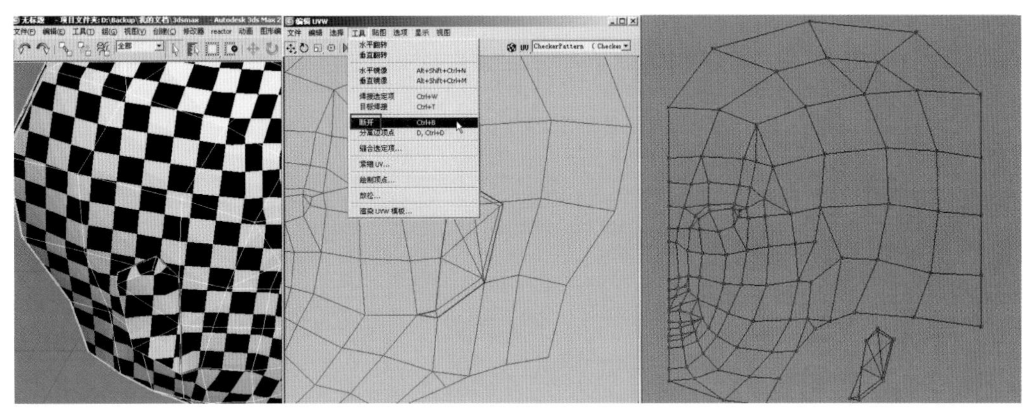

图4−33　耳部UVW编排编辑效果

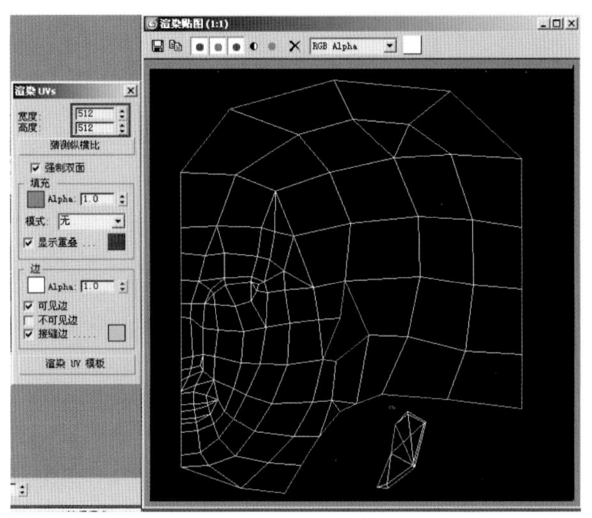

图4−34　渲染保存头部的UVW线框图

（8）考虑到本例是能够实现角色换装系统（即几个不同角色的头部、身体可以灵活互换）的女性角色，因此在输出UVW坐标线框时，就要充分考虑到后面制作贴图时的合理的空间安排。下面打开UVW编辑器，重新编排头部UVW坐标线框，如图4−35中的A所示。然后执行菜单中的“工具|渲染UVW模板”命令，在弹出的对话框中将宽度和高度改为256 × 512，如图4−35中的B所示，单击“渲染UV模板”按钮，从而得到一张256 × 512像素的UVW线框位图，如图4−35中的C所示。最后单击（保存位图）按钮，将位图保存为“配套光盘\贴图\第4章　网络游戏中两足主角——换装女性角色的制作\head.tga”。

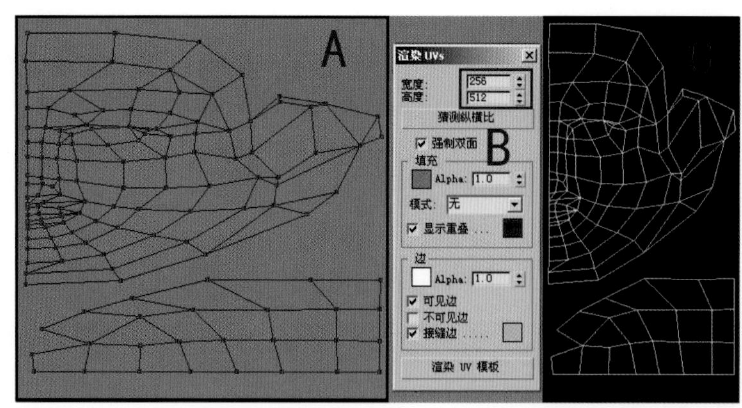


图4—35　重新排列头部UVW坐标线框

（9）在修改器堆栈中右击，执行“塌陷全部”命令，将UVW贴图坐标保存到模型。

### 4.2.4　制作角色身体模型

前面主要介绍了角色头部的制作方法，接下来将详细讲述角色身体部分的建模。在制作女性角色的身体模型时要以女性角色的身体结构为准，在深入刻画的同时，还要多考虑游戏模型制作中的一些基本要求和技巧。

#### 1．角色身体结构分析

（1）在开始制作角色身体之前，先对人体骨骼和躯干的基本结构进行大致了解，这样才能在角色模型制作中正确把握人物造型。图4—36所示为人体骨骼的基本结构。

（2）在制作女性角色时，要注意与男性形体结构的差别，仔细分析头部和躯干部分的比例关系。在游戏中可以对制作角色的形体进行夸张或变形，但还是要遵循最基本的人体结构。图4—37所示为女性人体的基本形体结构。

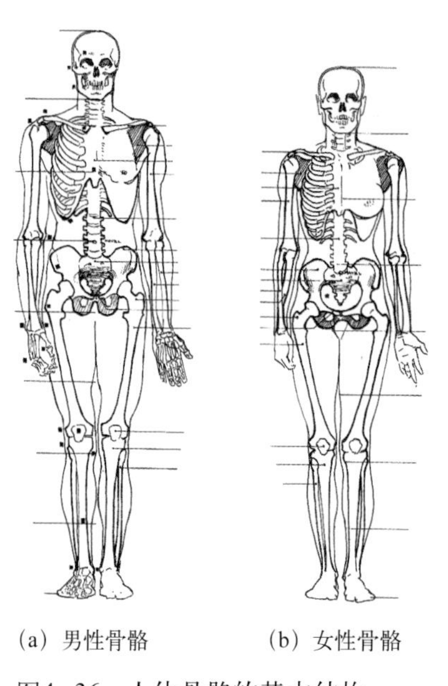

（a）男性骨骼　　（b）女性骨骼

图4—36　人体骨骼的基本结构

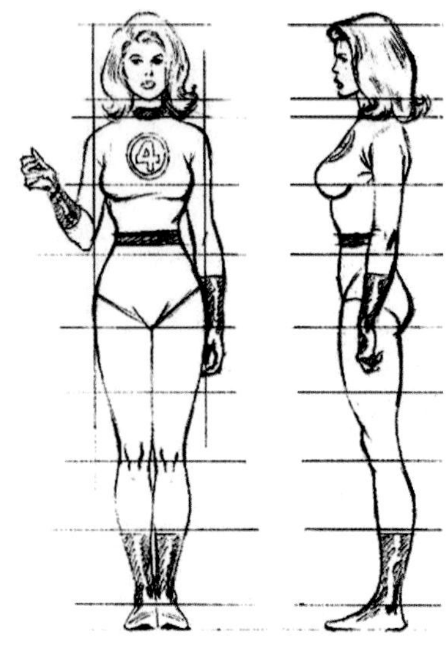

图4—37　女性人体的基本形体结构

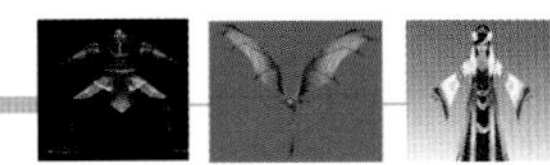

(3) 在制作过程中要经常观察和了解人体结构及身体各个部分的关系，以便更好地理解人体关节的动态节奏，为后期的动画制作提供依据。男女角色的动态线如图4−38所示。

(4) 在了解和掌握了人体基本形体比例结构以后，还可以借鉴一些人体肌肉结构及解剖学的基本知识，这些知识能够帮助我们准确地把握角色形体的变化。同时，还需要考虑角色身上的装备和饰物佩件的关系，这将直接影响到后面的建模工作。下面开始根据原画中角色的身体特征来塑造模型。首先参照和观察图4−39中的结构线。

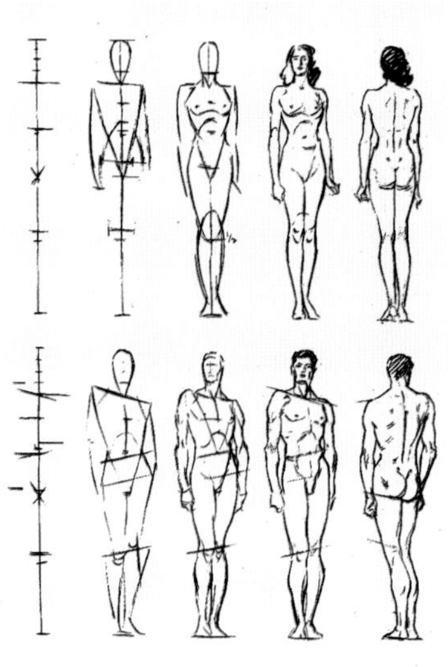

图4−38　男女角色的动态线

图4−39　为女性角色身体进行结构线划分

**提 示**

通过对身体部分进行结构线划分，可以更好地理解在建模时结构线的分布问题。

### 2．身体模型的制作

在制作过程中，模型设计师要多观察原画，充分理解游戏设计和制作的主旨，达到游戏角色设定的基本要求。

(1) 在透视图中创建一个长、宽、高分别为50、50、80的长方体，如图4−40 (a) 所示。然后右击 (选择并移动) 工具，从弹出的面板中将X、Y、Z均设置为0，如图4−40 (b) 所示。

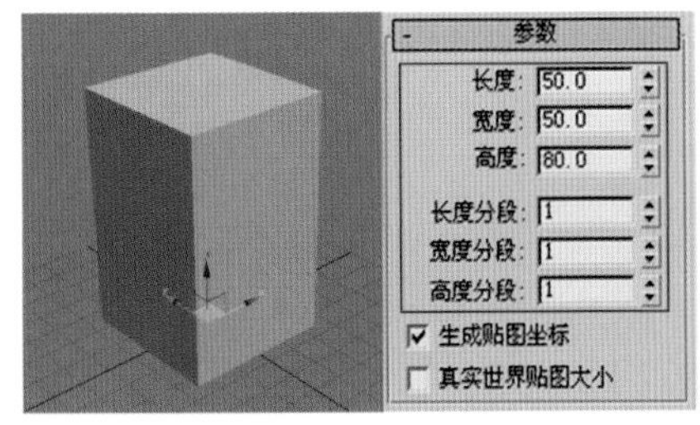


(a) 创建一个长方体

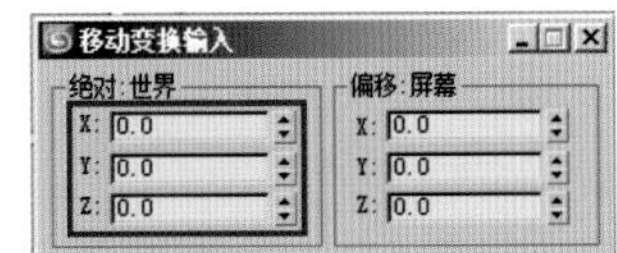


(b) 将X、Y、Z的坐标均设置为0

图4−40　创建长方体

（2）在前视图中选择长方体，进入（修改）面板，然后执行修改器中的“网格光滑”命令，设置迭代次数为2，如图4−41所示。接着右击长方体，在弹出的快捷菜单中选择“转换为可编辑多边形”命令，将其转换为可编辑的多边形物体。

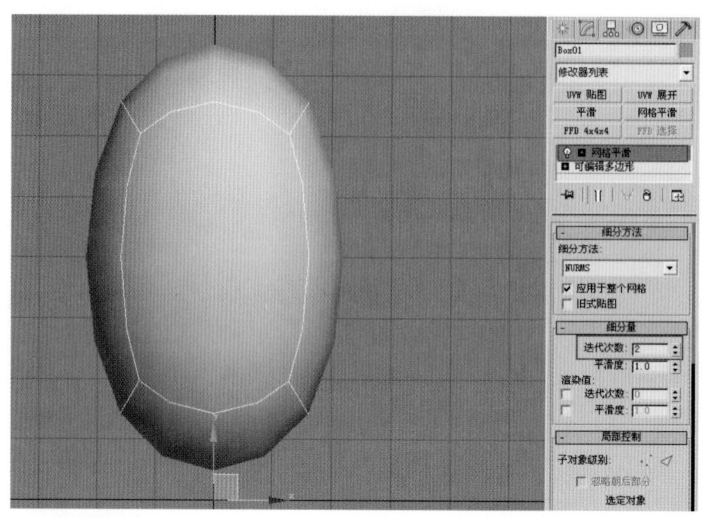

图4−41　将长方体转换为可编辑物体

**提 示**

在视图中右击，弹出的快捷菜单中包含了制作中常用的工具、显示、变换等分类命令，熟练使用这些命令能够使我们的制作工作高效快捷。大家在学习过程中，可以有针对性地了解和掌握快捷菜单的使用。

（3）接下来为多边形物体添加一个FFD 4×4×4的修改器，然后进入“控制点”层级，根据女性身体的造型特点，在前视图和左视图对多边形物体进行调节，从而形成身体侧面的厚度，效果如图4−42所示。

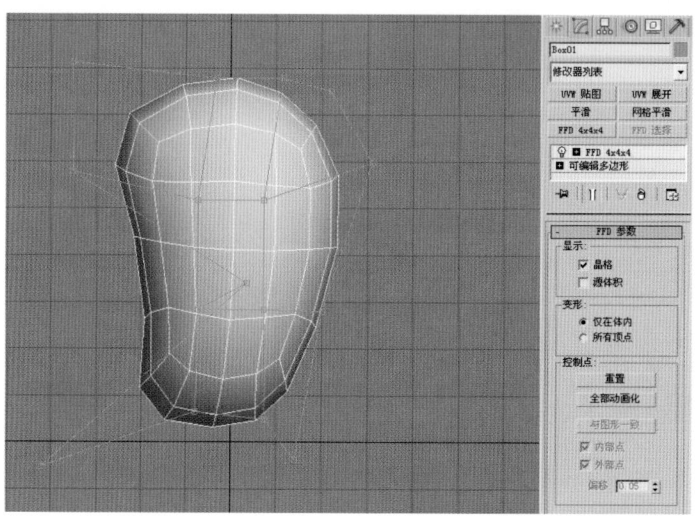

图4−42　利用FFD 4×4×4修改器调节角色基本形体

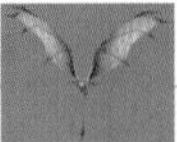

（4）调整好侧面的基本形体之后，再从正面调节角色身体的基本结构。方法：首先在前视图选中物体，然后进入■（多边形）层级，选择左边的多边形进行删除。接着利用工具栏中的（镜像）工具进行实例复制，再利用FFD 4×4×4修改器进行调整，如图4-43所示。

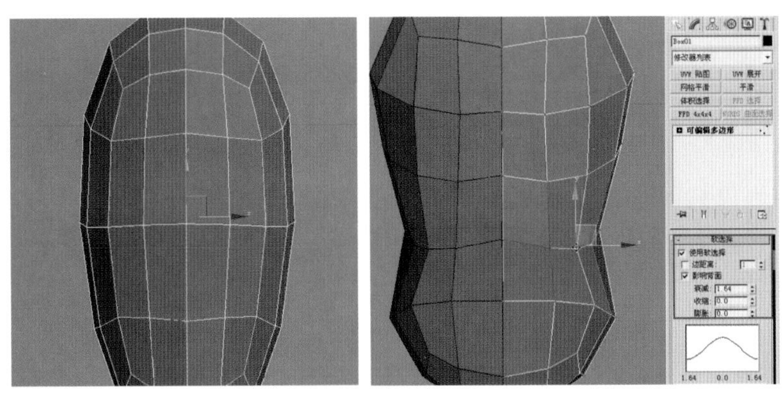

图4-43　正面调节角色身体的基本结构

（5）在选中“使用软选择”复选框的状态下，对镜像复制的物体的顶点进行调整，如图4-44（a）中A所示。同时观察另外一边的变化。此时可以看到身体部位的线段不够，为了更好地对物体的结构线进行调整，下面通过添加边来进一步调整形体结构，如图4-44（a）中B所示。接着继续调整顶点的位置，如图4-44（a）中C所示。

（6）在左视图中通过添加边刻画出胳膊的大体位置，如图4-44（b）中A所示。然后在前视图通过调节顶点来刻画身体的结构，如图4-44（b）中B所示。

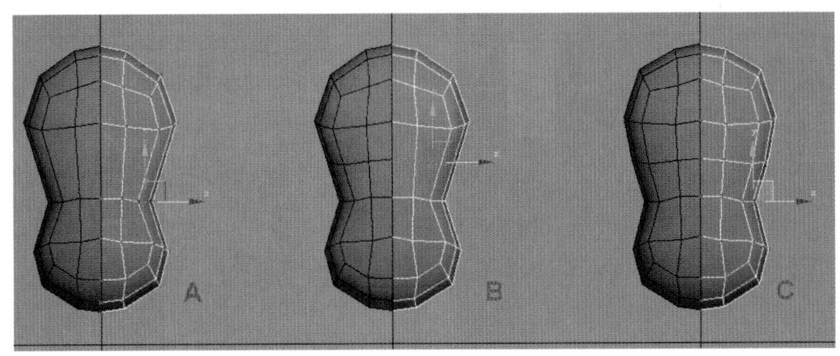


（a）调整模型的形状

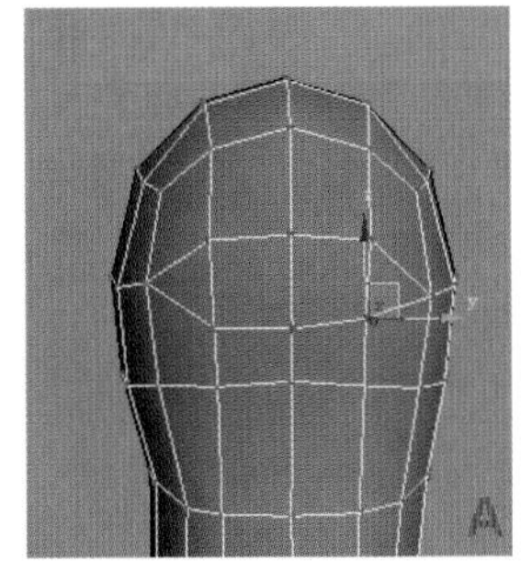


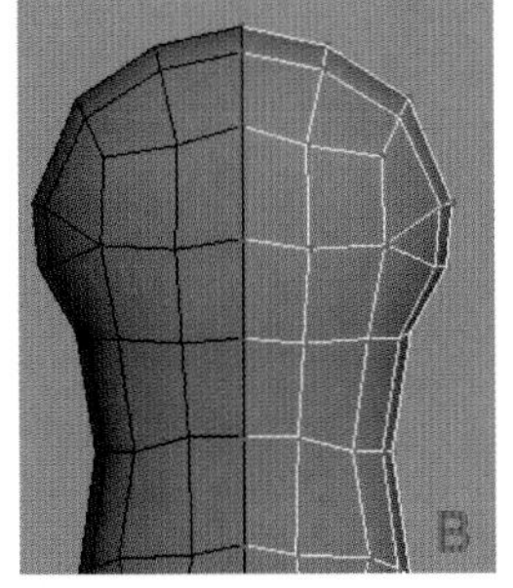


（b）为模型添加细节

图4-44　调整模型

（7）对角色身体侧面结构线的细节进行调整（主要是对肩部、胸部、腹部、臀部的结构线进行编辑）。因为是女性角色，因此在调节顶点和边的时候应注意女性形体曲线的变化，调整后的效果如图4–45所示。

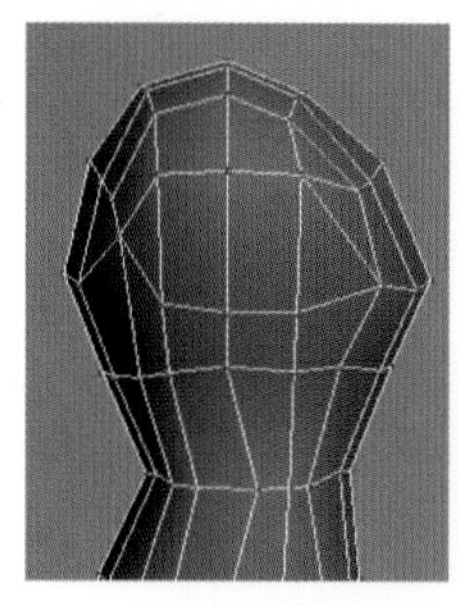
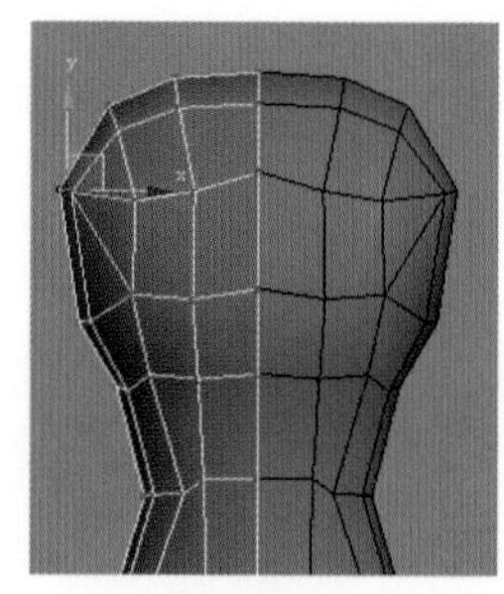
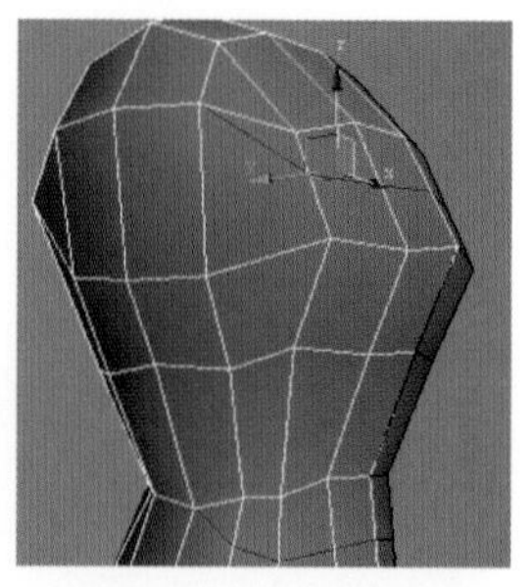

图4–45　调节模型表现女性形体的曲线

（8）接下来在各视图中对女角色的正面形体进行定位，调整胸部、腹部、臀部的基本形体。方法：进入⁚（顶点）层级，从透视图调整模型侧面的顶点，使之尽量符合原画角色的身型。在这里只调整角色模型上半身，也就是从角色的肩部到胯部，效果如图4–46所示。

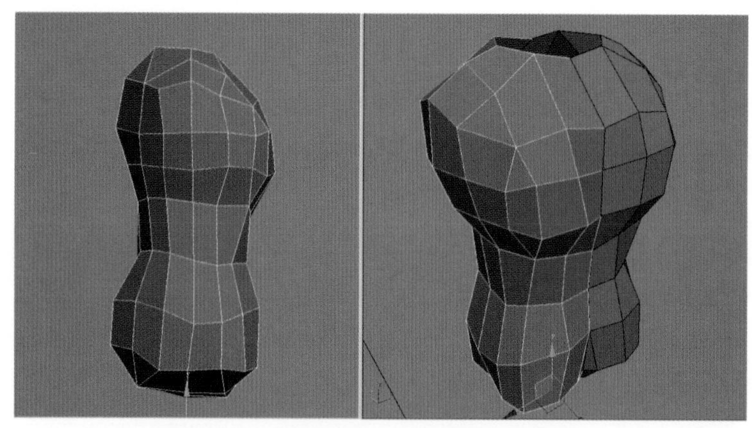

图4–46　调整角色上半身的基本形体

（9）调整好角色基本身型之后，下面结合身体部位的布线，在左视图中利用“切割”工具从侧面为角色的肩膀部位添加边，初步编辑出肩部的横断面造型，如图4–47所示。

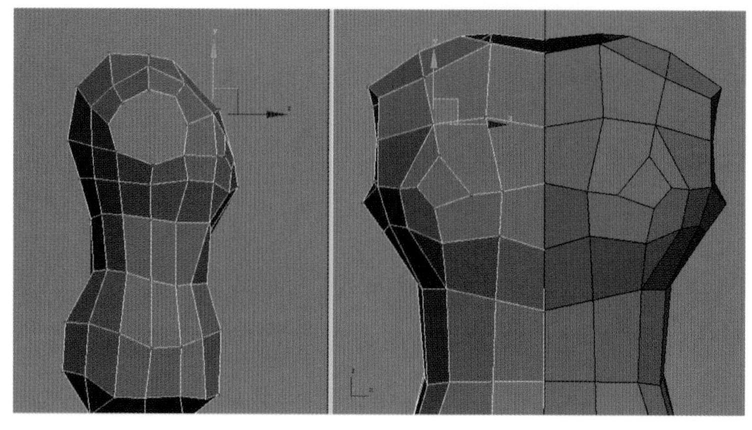

图4–47　增加肩膀的线段，编辑肩部横断面造型

（10）在各视图中对身体的细节部分进行刻画。方法：按照人体曲线走向调整上半身的顶点，调整好影响角色身体外形的女性胸部和臀部的走向，如图4–48所示。

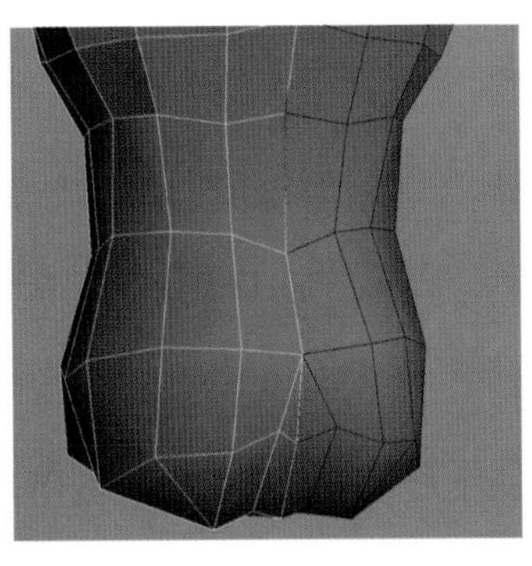
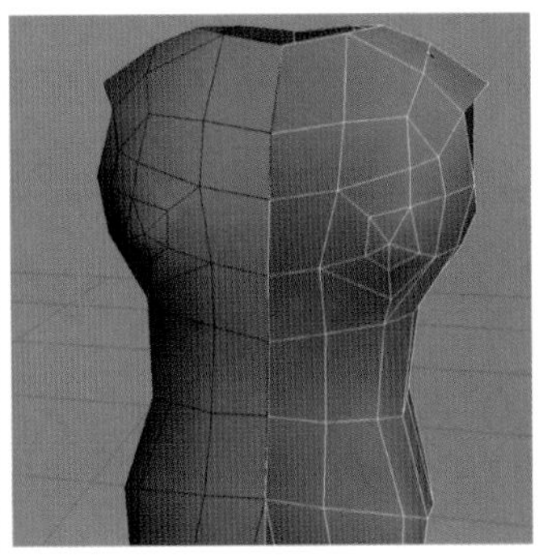

图4–48　完善女性角色形体曲线

**提 示**

在各视图中对身体的细节部分进行刻画时，可以多参考一些优秀的女性游戏角色的比例结构和造型特点，根据原画的要求进行细节的刻画。

（11）调整完成以后，现有的模型布线已经不能满足我们对模型细节制作的要求了，下面需要进一步在角色的胸部和腰部分别增加边来制作细节。方法：在左视图里选中模型身体两边的顶点，然后向中间推拉，使模型的外形圆滑，如图4–49所示。

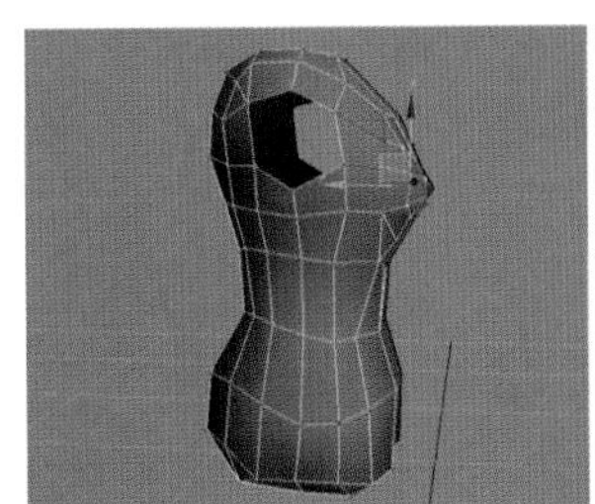
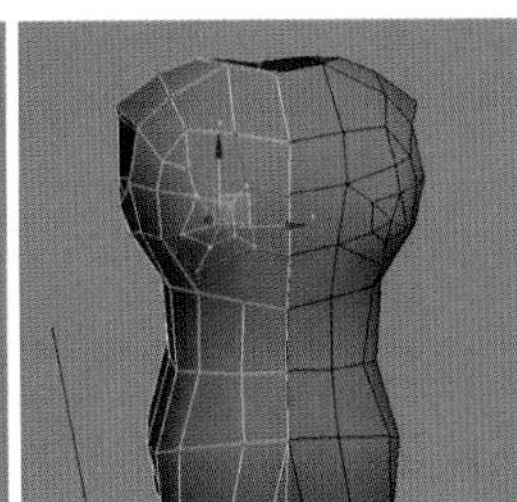
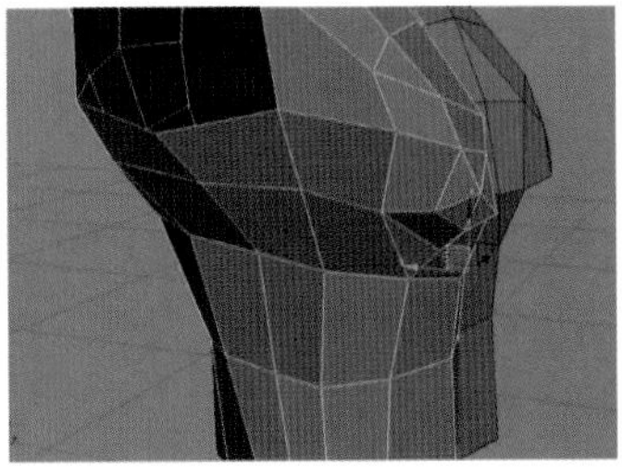

图4–49　对角色上半身模型的进一步刻画

（12）为角色增加细节需要考虑游戏引擎所能够支持的模型面数，本例中制作的是3000面左右的网游角色，因此角色的形象外貌只能通过绘制贴图来表现。为节省游戏资源，刻画角色胸部造型时用多边形直接表现，以避免面数太多造成游戏引擎超负荷，如图4–50所示。

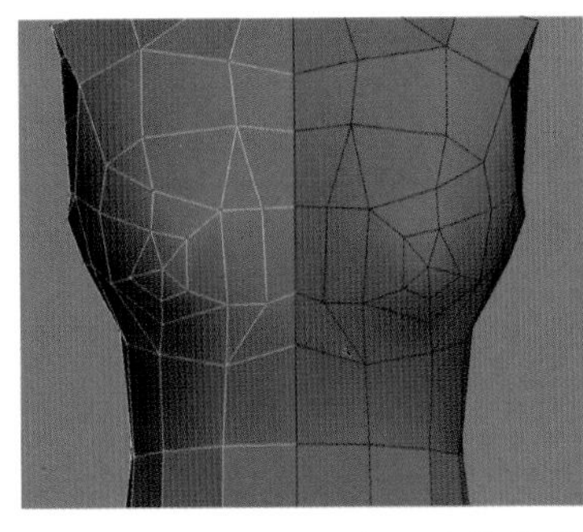
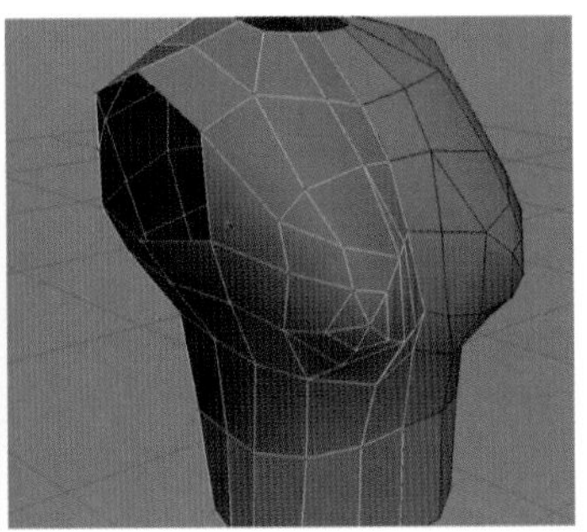

图4–50　用多边形来简化胸部的造型，以节省游戏资源

（13）在调整好人物角色身体的顶点以后，我们得到一个比较完整的角色上半身的模型。但是身体上的局部细节还不够，下面根据原画设计要求，对手臂部分的模型进行造型。方法：按住<Shift>键，从肩部直接拉伸出边，然后根据手臂的结构，参照原画设定的服装特点开始制作手臂的大体造型，如图4–51所示。但要注意关节部位的布线。

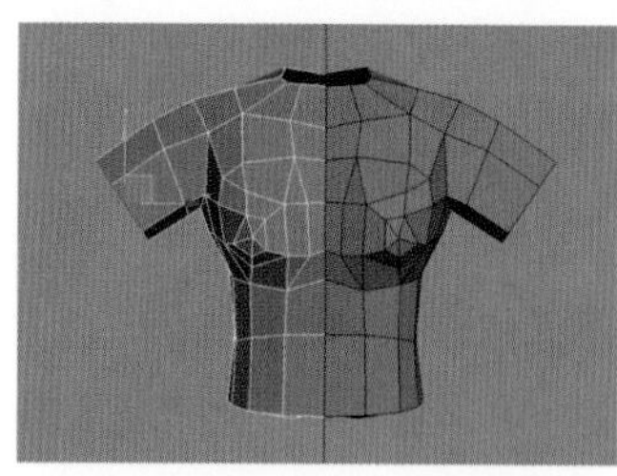
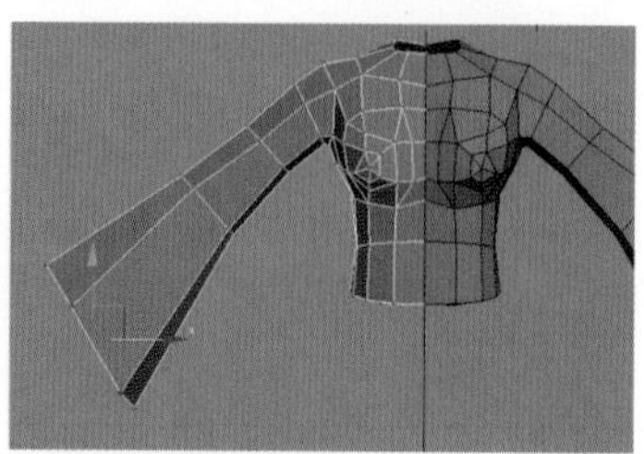

图4–51　手臂部分造型

（14）根据原画设定要求，在角色肩部、前胸和颈部增加边，考虑到肩部的边要能够满足后面制作的领口和肩部的需要，因此在转折比较大的地方最好多用三角面，如图4–52所示。

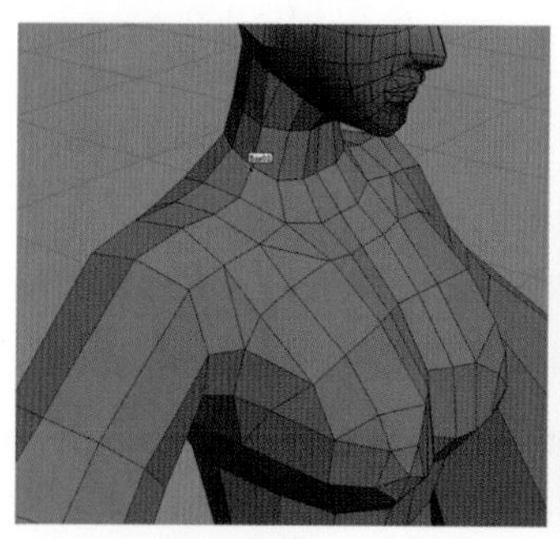
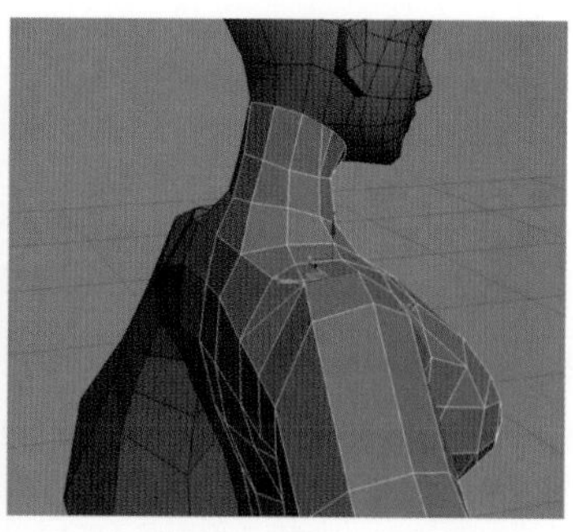

图4–52　肩部、前胸和脖子部位的线段

（15）在前胸部分将角色服饰上的一些特征部分通过添加边表现出来。方法：在角色的胸部增加边，如图4–53中A所示，然后进入（顶点）层级，调整顶点的位置，从而制作角色胸部的隆起，如图4–53中B所示。因为后面制作角色的贴身服饰模型时，是在胸部模型的基础上挤出的，因此调整时应注意，本角色胸部的线条不可能像真实人体那样有较大的曲线变化，需要做得比较平缓。

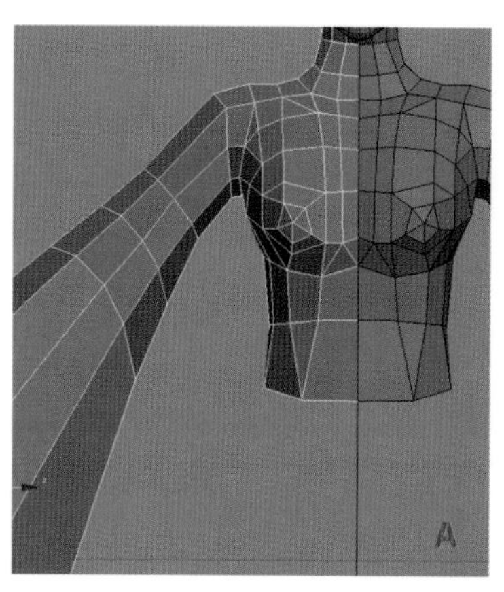

图4–53　制作角色胸部的隆起

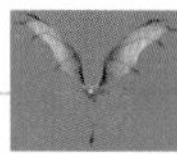

（16）进入（边）层级，选择图4-54中A所示的边，然后按住<Shift>键，将选择的边向下拉伸，如图4-54中B所示。接着进入（顶点）层级，按照臀部的结构调整顶点，使布线更为合理，如图4-54中C所示。最后在腰部外沿下部拉伸一条边，制作臀部的转折线，如图4-54中D所示。

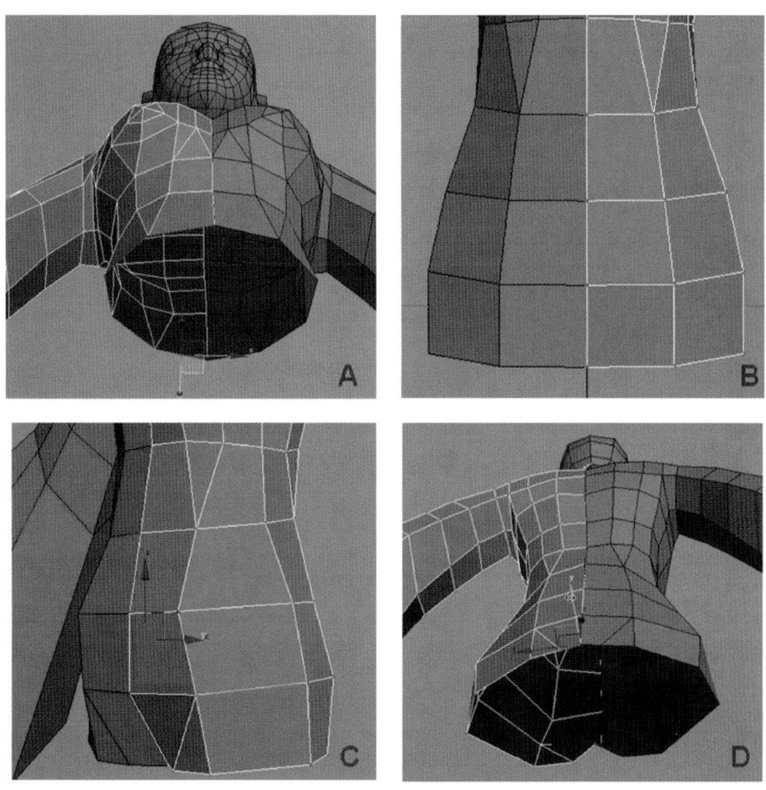


图4-54　拉伸臀部结构线效果

（17）接下来继续拉伸臀部下面的边，对臀部的结构进行调整，同时对挤压多边形上的顶点进行调节，如图4-55（a）所示，使臀部和大腿的布线与肌肉结构保持一致。在拉伸边时，要注意模型与原画中装备的设计保持一致，调整后正面臀部结构线如图4-55（b）所示。然后对臀部大腿内侧的结构线进行调整，如图4-55（c）所示。

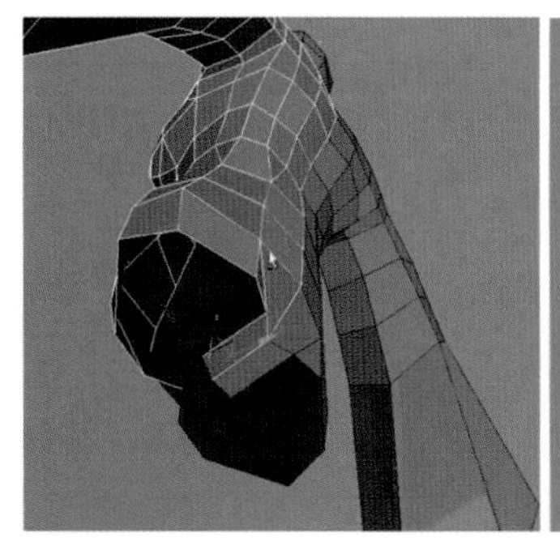

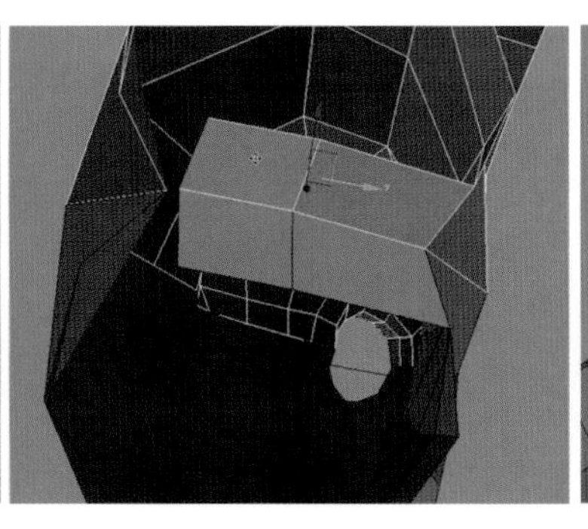

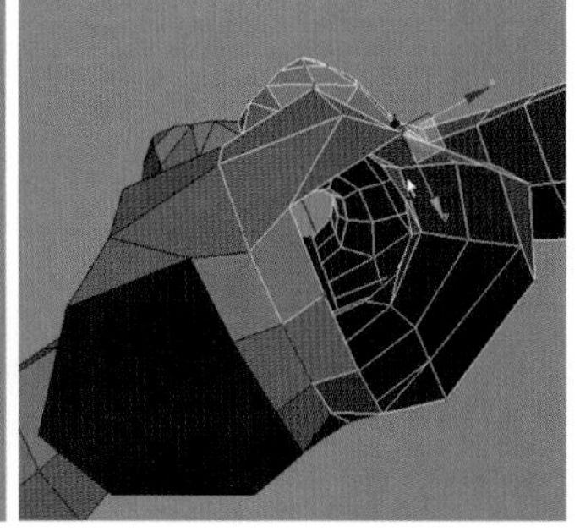

（a）臀部下面结构线效果

图4-55　调整臀部

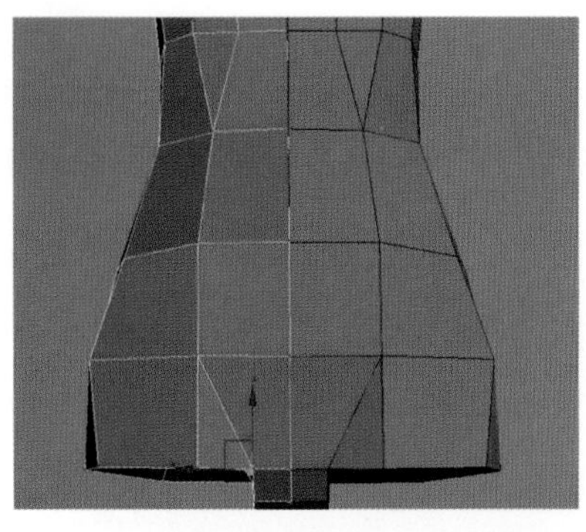

（b）正面臀部结构线效果

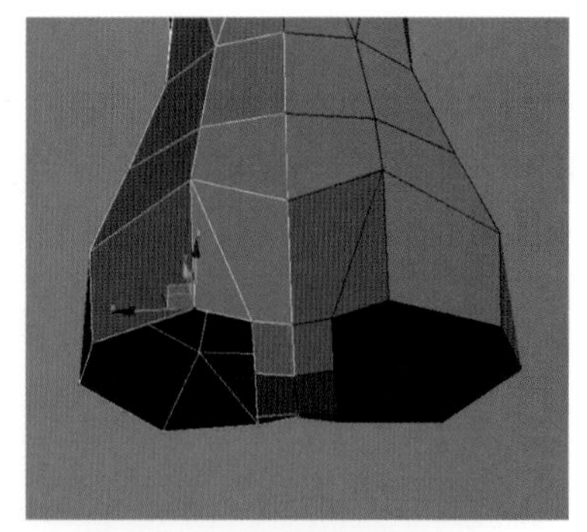

（c）大腿内侧的结构线效果

图4—55 调整臀部（续）

（18）下面选中臀部下面的边，按住<Shift>键向下拉伸出大腿部分的模型，这里要注意的是腿部的模型分段要尽量简化，然后调节身体和腿部的结合部的布线，如图4—56（a）所示。

（19）在游戏制作中，通常大腿和小腿部分结合在一起进行刻画，下面使用与上一步骤同样的方法继续拉出关节和小腿部分的基本形体，以便整体把握腿部的结构，如图4—56（b）所示。然后从透视图添加边来调整腿部侧面的造型。这里要注意臀部、大腿、关节及小腿之间的关系。特别要根据运动规律在关节部位多添加边，分别从正面和侧面调整形体结构，如图4—57所示。

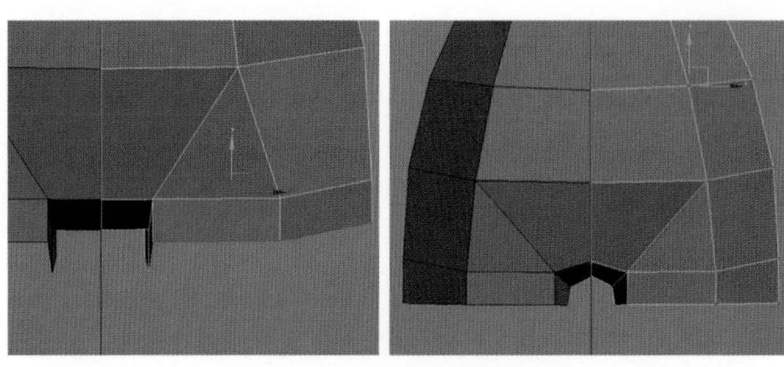

（a）向下拉出臀部与大腿结合部

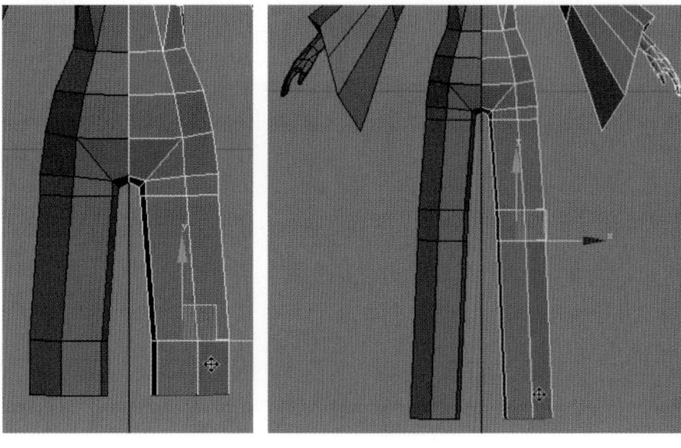

（b）向下拉出整个腿部

图4—56 制作腿部

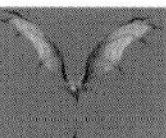

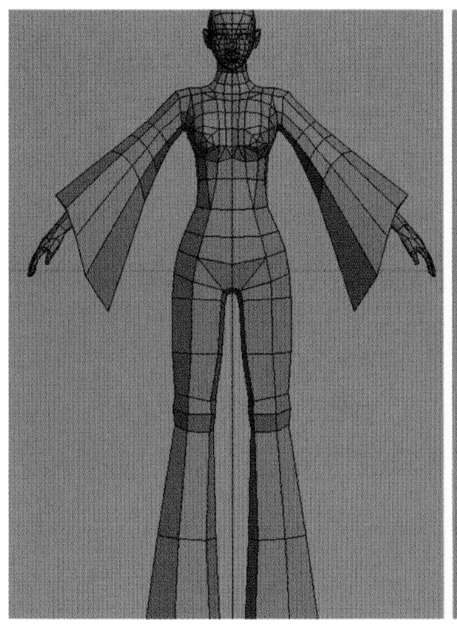
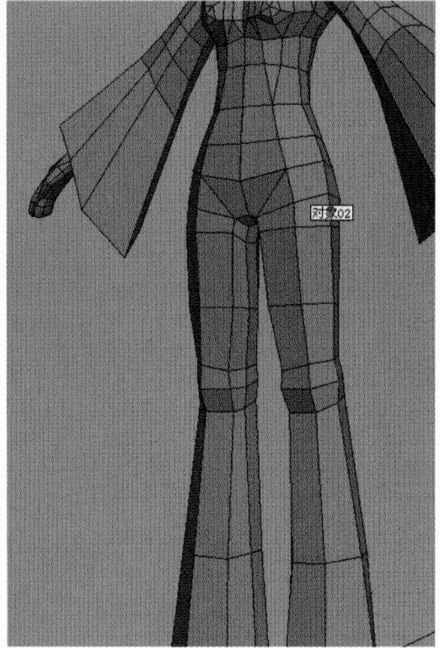

图4-57 对整个腿部造型加线调整

（20）现在身体部分的基本模型就制作完成了，下面参照前面的原画设计要求制作模型的裙摆和角色腿部的装备。方法：单击（创建）命令面板下（标准几何体）中的按钮，在前视图创建一个平面，然后将其转换为可编辑的多边形物体。接着进入（顶点）和（边）层级，制作出角色腿部的装备。此时从角色的正面和背面制作腿部前后的裙摆效果，如图4-58所示。

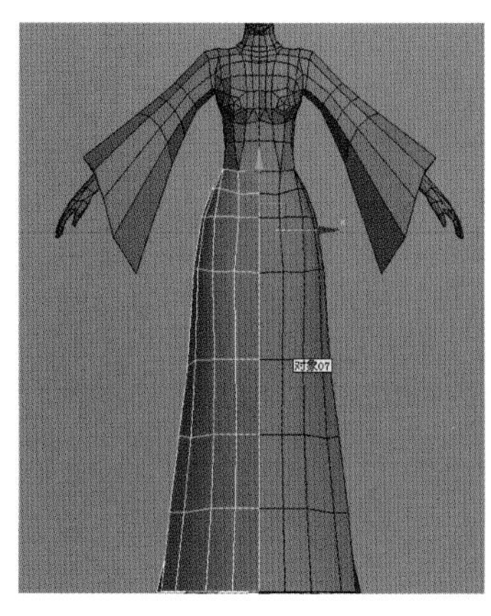
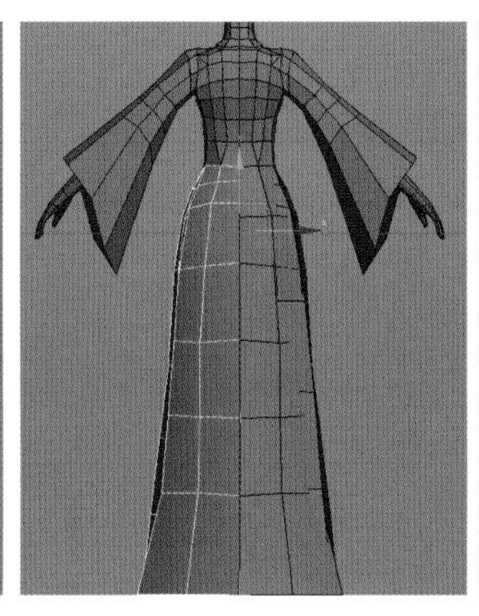
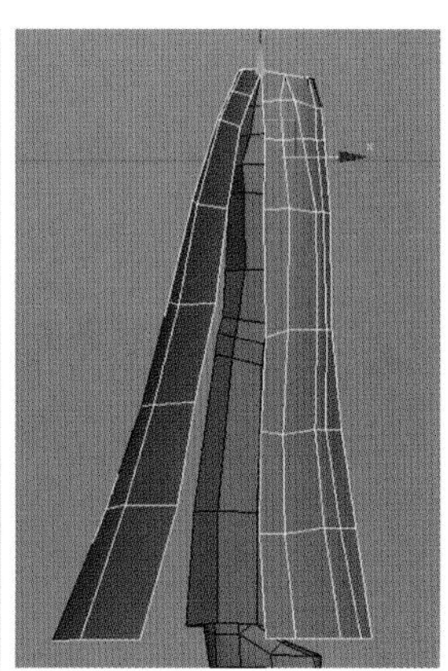

图4-58 从身体的前后部制作裙摆效果

（21）观察原画设定，女角色下身装备有比较丰富的装饰性服饰。下面根据原画为下身部分添加裙摆上面的装饰物。方法：同前面制作裙摆的思路一致，直接创建平面，然后将其转换为可编辑多边形，接着进入（顶点）和（边）进行装饰物的制作和编辑。制作完成后正面编辑效果如图4-59（a）所示，侧面编辑效果如图4-59（b）所示，底面编辑效果如图4-59（c）所示。

（22）完成下身模型后，观察角色上衣造型以及衣服上的装饰物，并参考原画设计，继续对角色上身模型进行细节调整。这个角色上身装备的重点在胸部和肩部的饰物，因此在建模时，应注意肩部模型要与身体及背部的结构线进行匹配，如图4-60（a）所示。胸部的装备要与角色上身结构线匹配，如图4-60（b）所示。

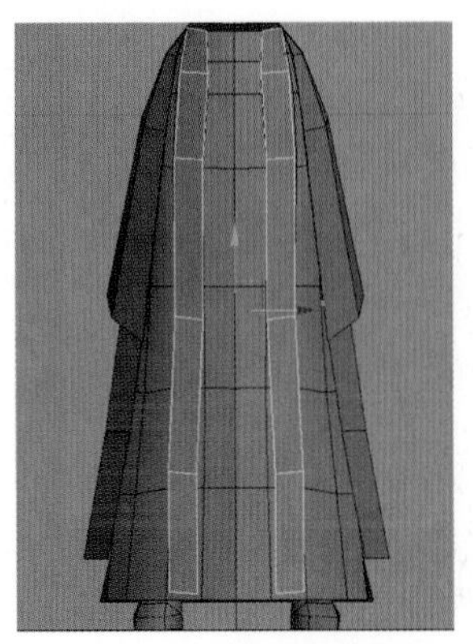

（a）正面编辑效果

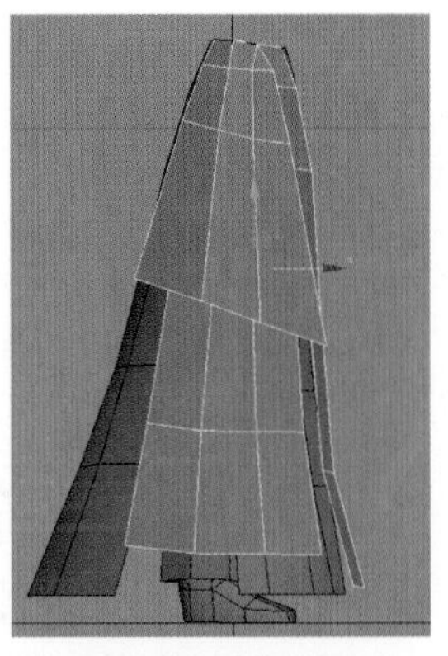

（b）侧面编辑效果

（c）底面编辑效果

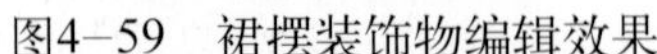

图4－59　裙摆装饰物编辑效果

（a）肩部装备与身体结构关系

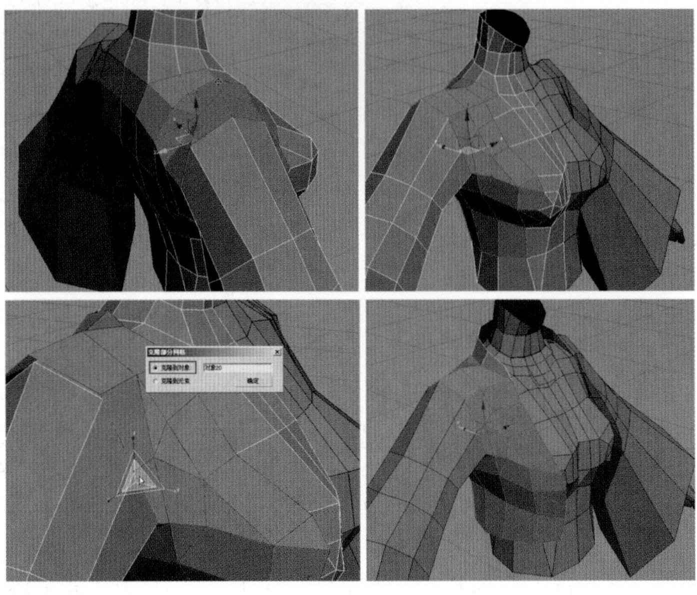

（b）胸部的装备与身体结构关系

图4－60　上身装备与身体结构关系

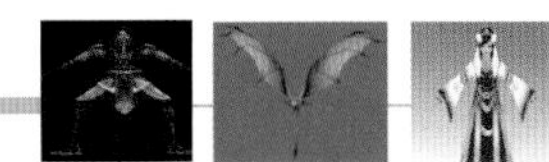

（23）进入■（多边形）层级，使用“附加”命令将身体、衣服及装饰物结合在一起，同时按照原画设定来完善细部的形体调整，并检查点、边、面的合理性。根据原画设定要求，角色颈部有较为丰富的装饰物细节，所以在建模时要注意颈部饰物与肩部的连接变化，整个颈部的装饰物模型的完成后的效果如图4–61所示。

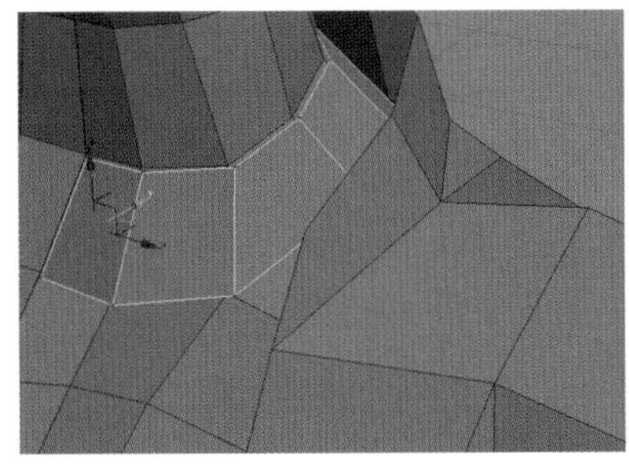

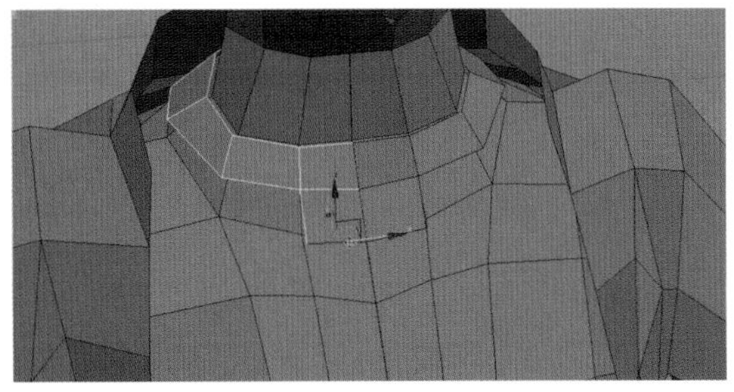

图4–61　颈部装饰物模型的制作

（24）当完成整个身体及装备部分模型后，应结合原画的设计继续调整模型布线。然后根据制作完成的头部造型制作出头发的模型。在制作头发模型时，为了更好地使头发与头部模型相匹配，需进入■（多边形）层级，直接选择头顶的多边形，然后同时按住<Shift>键向上拖动，从而得到头发的基本造型，如图4–62（a）所示。

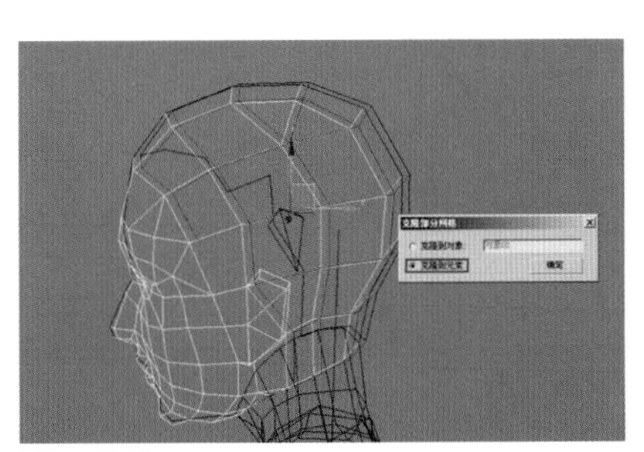

（a）选中头顶面拉出头发的效果

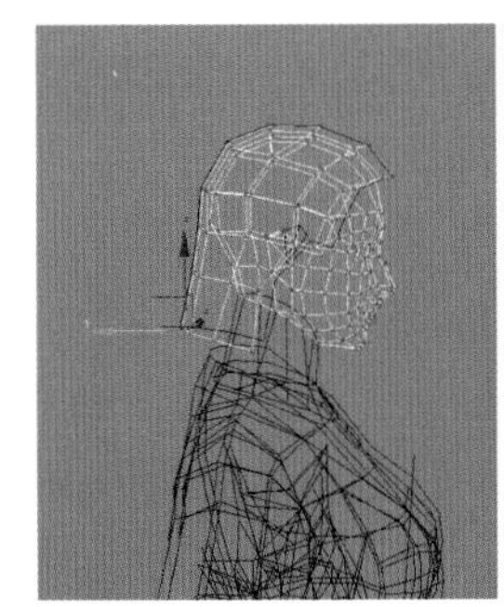

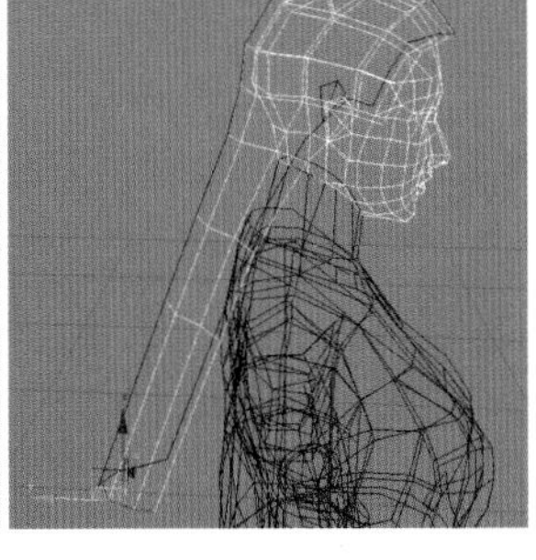

（b）拉出整体长发的效果

图4–62　拉出头发

**提 示**

观察原女角色的原画，会发现角色的头发比较长，因此在拖动时要注意控制整体长发的分段数，如图4–62（b）所示。

（25）头发的基本造型完成后，由于当前角色的左右发型是完全一致的，下面使用（镜像）工具复制出另外一半的头发。

（26）继续调整头顶头发的造型。方法：进入■（多边形）层级，拉出头部发髻造型，并刻画更多的细节造型，如图4–63（a）所示。再到角色背面调整长发底部的造型，使发梢末端线段产生一定的形体变化，如图4–63（b）所示。

（27）接下来继续制作头发上面的饰品模型，此步骤应注意结合原画发饰的造型设计。方法：在左视图创建平面，然后将其转换为可编辑多边形物体。接着进入（顶点）层级，观察原画的头发造型并根据设定调整各种发饰的造型。为了让两边的头发具有相同发型，在制作完成头部饰品模型后，使用镜像（镜像）工具复制出另一边。最后使用“附加”命令合并整个头部发饰模型。整个步骤如图4−64所示。

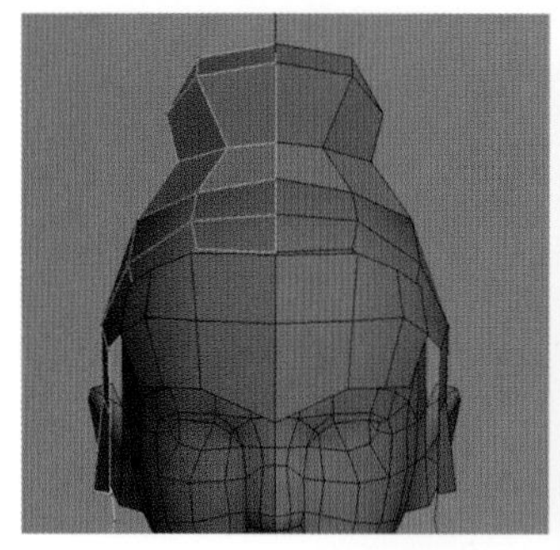
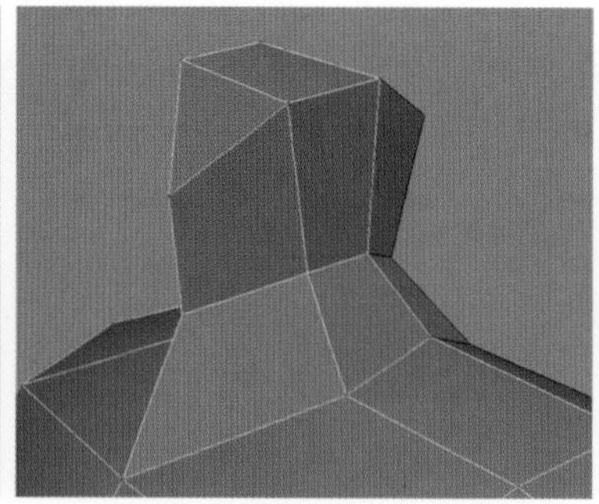
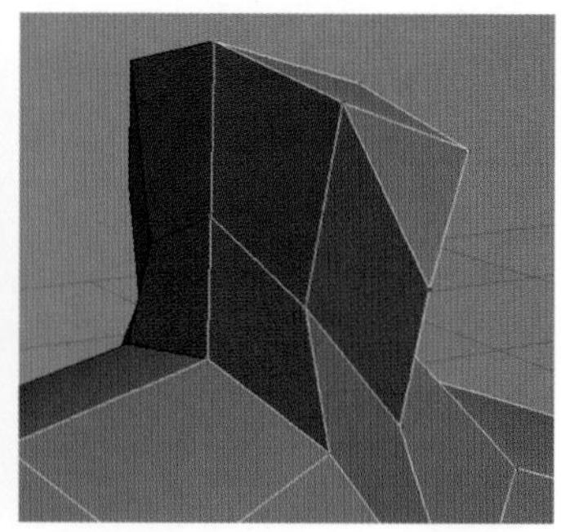

（a）调整头顶发髻的效果

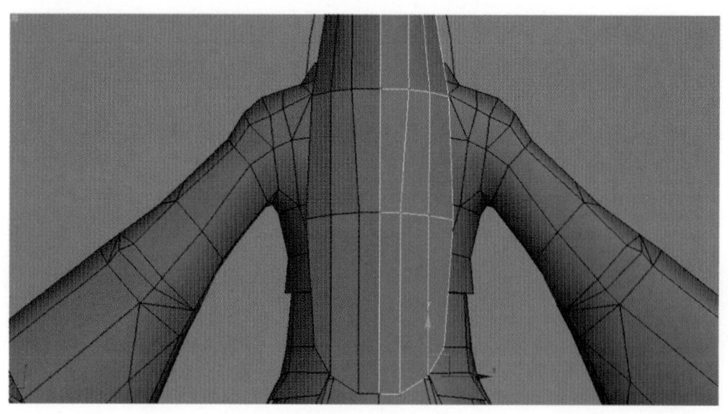

（b）调整发梢模型的效果

图4−63　调整头发

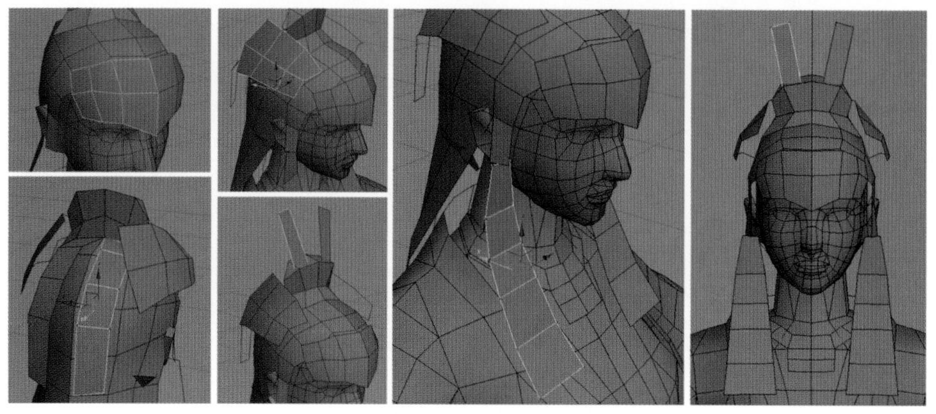

图4−64　调整头部各种发饰的造型以及最后整体合并的效果

**提　示**

这里需要注意的是要处理好头发与脖子及肩部的衔接关系。

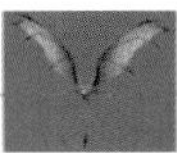

（28）制作头发上的发簪。观察原画头发部分的造型设计，会发现这个女性角色头发有比较复杂的头饰，此部分通过制作实体模型来完善头饰造型，如图4–65（a）所示。然后结合前面制作的头部模型，根据原画设定从整体上细致调整结构，再使用[镜像图标]（镜像）工具复制出发簪模型，效果如图4–65（b）所示。

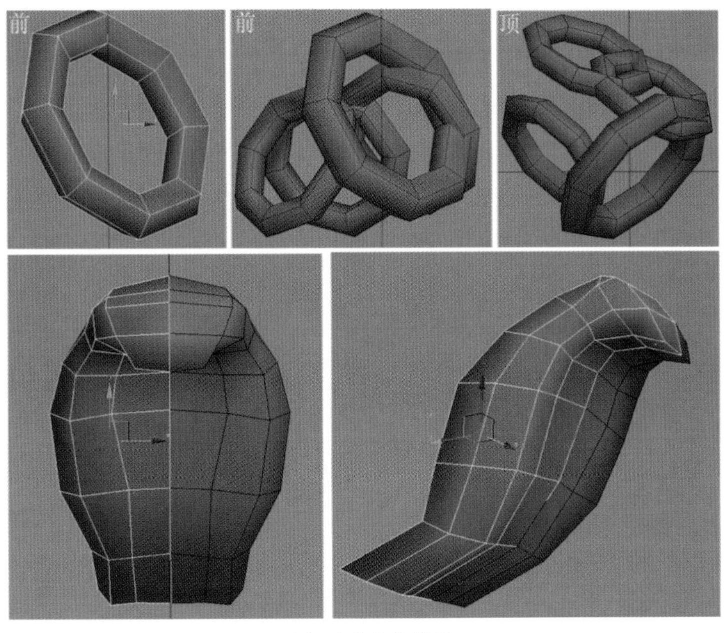


（a）实体发饰效果

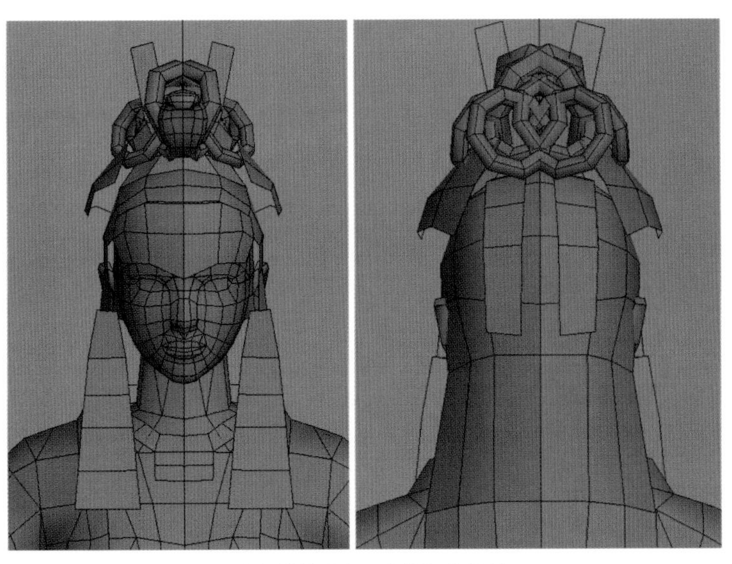

（b）整体头发及发饰组合效果

图4–65 制作发簪

（29）最后再结合原画的设定，从整体上对模型进行结构线细节的调整。至此，一个较高面数的写实角色基础建模的制作就完成了。完整女性角色的模型线框正面及侧面效果如图4–66所示。

图4–66　整体模型正面及侧面线框图效果

## 4.2.5　角色的身体UVW编辑

制作完成整体角色的模型之后，接下来开始进行UVW的编辑。在编辑UVW时，要注意根据游戏换装系统的要求，适当处理好身体各部分、着装、饰物等所占用的UVW空间分配比例。可以通过棋盘格贴图来观察UVW的分布。

（1）现在给身体模型指定UVW坐标。本例中的女性角色的身体部分主要采用平面坐标来编辑。方法：选中身体模型，进入■（多边形）层级，给身体的多边形指定平面坐标。注意在处理UVW时，要把身体各部分的接缝处理在侧面等较为隐蔽的位置，再对接缝处做仔细的调节和结合，如图4–67所示。

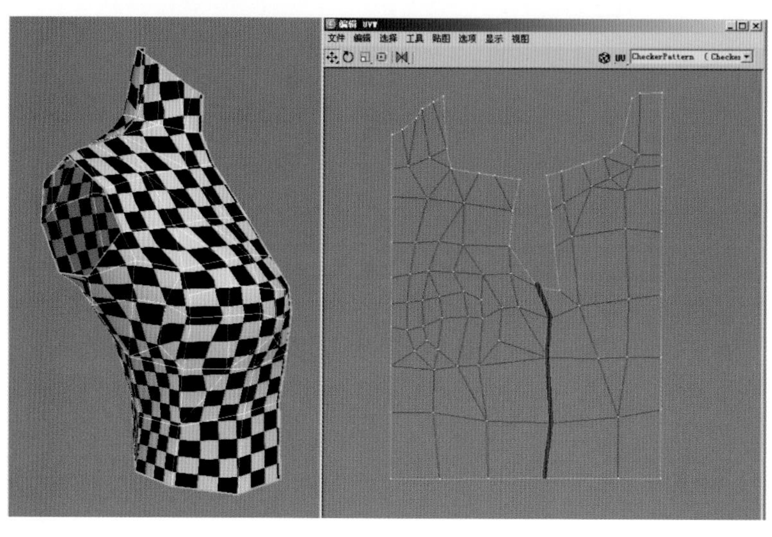


图4–67　身体UVW编辑效果

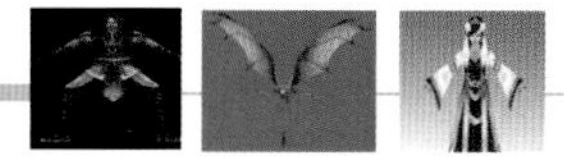



提 示

在给角色的身体部分指定UVW坐标时，游戏设计师最常采用的指定方式是用平面坐标，这样可以解决UVW贴图正反面拉扯变形问题，会更好地表现身体上的服饰贴图的变化。

（2）接下来对身体装备进行UVW坐标编辑，编辑时要注意把接缝的位置放置在侧面，同时手动进行细节的处理，如图4-68（a）所示。然后指定给手臂部分的模型平面坐标，并按照手臂的模型方向适当调整UVW的坐标轴，如图4-68（b）所示。

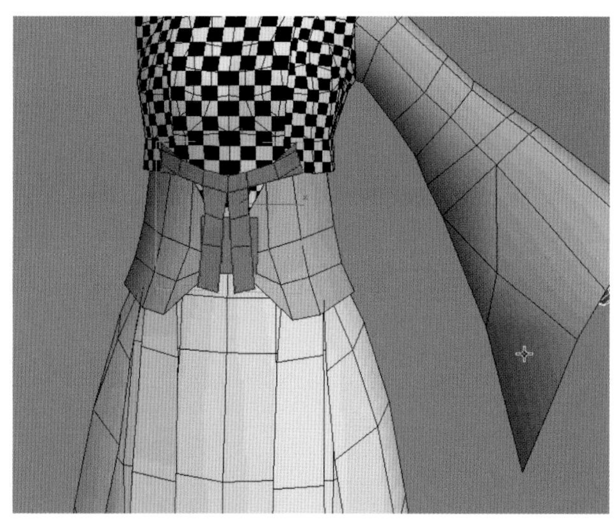

（a）身体装备UVW编辑效果

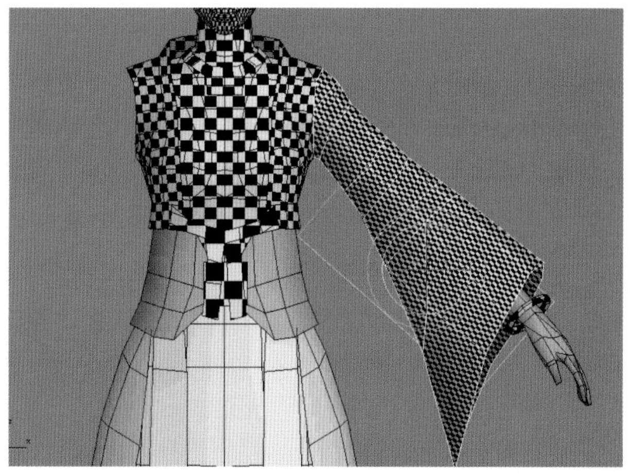

（b）手臂装备UVW编辑效果

图4-68　装备UVW编辑效果

（3）在游戏设计中，编辑UVW的方式可以根据每个人的不同习惯和对角色的不同理解来做适当的调节。接下来我们要在UVW编辑器里对手臂装备的接缝进行仔细的调节，如图4-69（a)所示，观察身体和手臂部分展开的UVW贴图，使它们能更好地衔接。同时对棋盘格贴图有拉伸的地方用手动来调节，以避免在后面绘制贴图的操作中出现大的拉伸，如图4−69（b）所示。

（a）手臂指定UVW坐标的效果

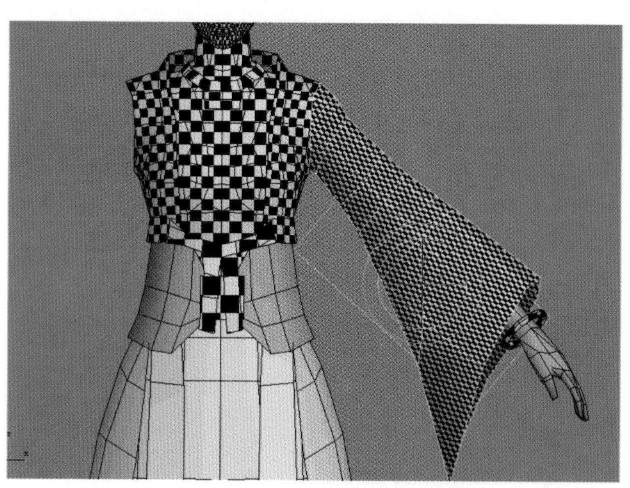

（b）在UVW编辑器编辑好的坐标效果

图4−69　编辑手臂UVW坐标

（4）下面继续完成角色下身部分的UVW坐标指定和展开。注意下身部分的UVW操作分为两个部分：在前视图给腿部指定UVW平面坐标，然后在UVW编辑器里利用菜单中的“工具|断开”命令将前面和后面的UVW分开，如图4−70（a）所示。在UVW编辑器里手动融合断开部分的UVW线。融合时尽量保持正面不出现接缝，把断开的UVW接缝处理到腿部侧面。在游戏制作中，腿部侧面的贴图拉伸不会产生很明显的像素脱节，如图4−70（b）所示。

（5）接下来主要对腿部装备进行UVW坐标的编辑。方法：选择腿部装备的正面和侧面模型，分别指定不同轴向的UVW平面坐标。注意调整棋盘格的大小以及是否均匀分布，如图4−71所示。

（6）从前视图和左视图中观察棋盘格排布效果，确认没有大的拉伸问题。至此，基本完成了对整个角色的UVW坐标编辑，效果如图4−72所示。

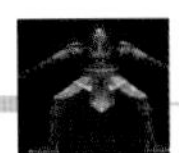
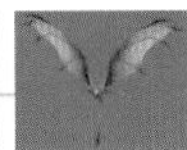

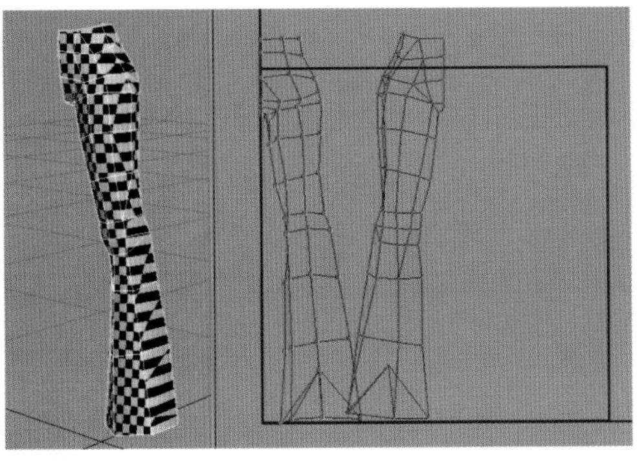

(a) 断开UVW坐标

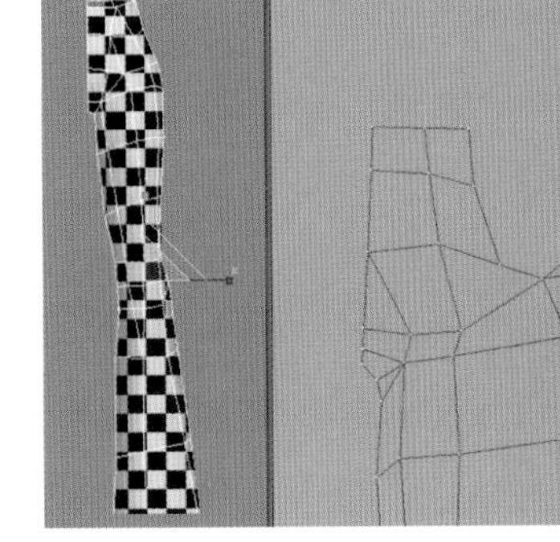

(b) 合并腿部UVW后的效果

图4－70　编辑腿部UVW坐标

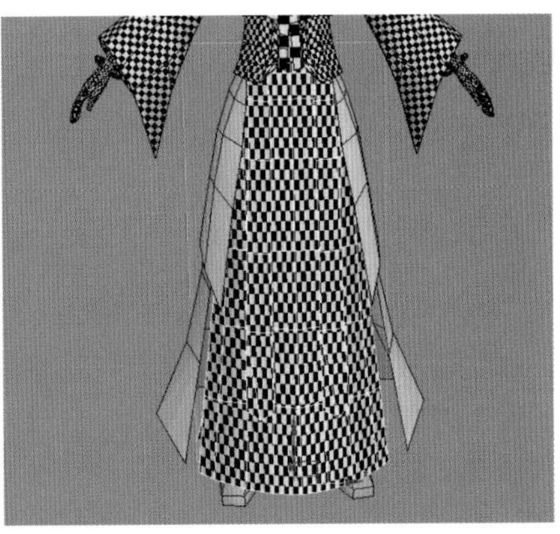

图4－71　调整下身装备的效果

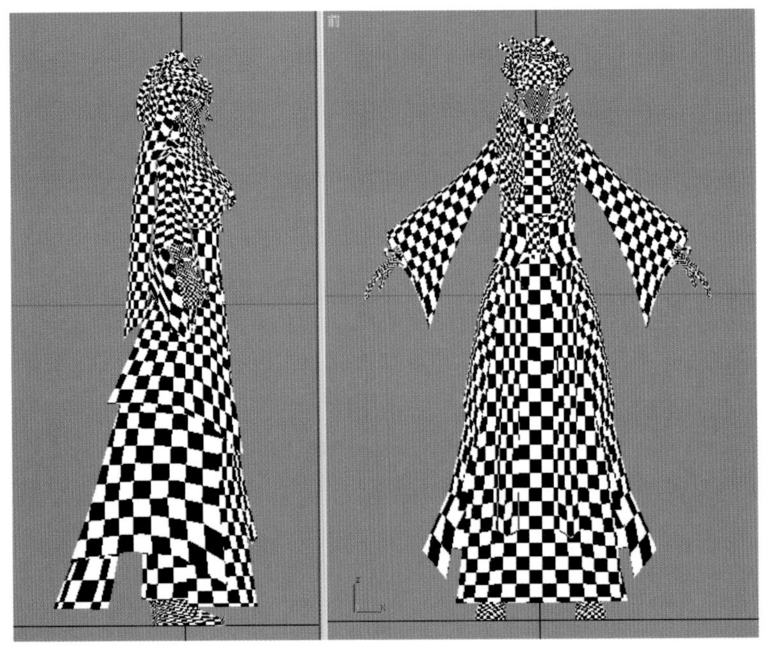

图4－72　编辑好UVW的整体效果

### 4.2.6 角色头部贴图的绘制

角色头部贴图的绘制分为头部和头发贴图绘制两部分。

#### 1. 头部贴图的绘制

前面根据角色的设定，完成了整个角色的模型制作。接下来就是给游戏人物绘制贴图的步骤。模型制作只是完成了设计工作的一半，接下来的贴图绘制会更有挑战性和表现力。因为在游戏美术制作中，贴图制作的好坏代表了游戏公司整体美术制作力量，也直接影响着游戏画面的质量，甚至关系到一款游戏的成败。好的贴图设定能生动形象地反映场景与角色的真实感，特别是对一些低多边形（低模）的游戏来说尤为重要。绘制贴图之前，可以参考国内外一些优秀游戏角色的贴图绘制技巧。下面拿日本光荣公司开发的《龙士传奇》游戏中女性角色贴图的效果作为本例参考。此角色是《龙士传奇》中一个普通的女性NPC角色，如图4–73所示。

（1）绘制角色头部的贴图。在Photoshop中打开“配套光盘\贴图\第4章　网络游戏中两足主角——换装女性角色的制作\head.tga”(已经编辑好的头部UVW线框保存文件)，如图4–74所示。

图4–73 《龙士传奇》女性角色的贴图效果

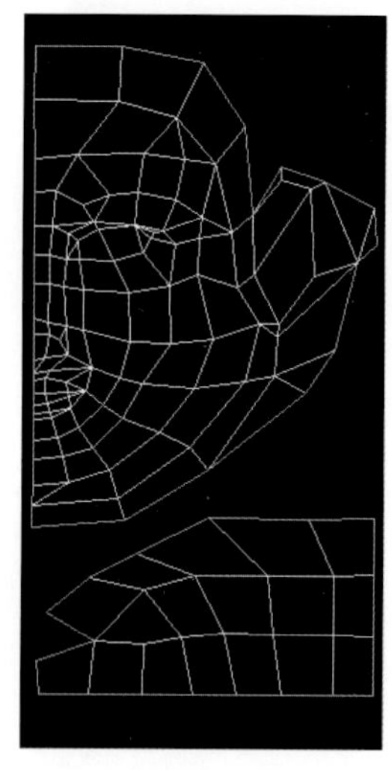

图4–74 打开头部UVW线框图

（2）执行Photoshop菜单中的“选择|色彩范围”命令，在弹出的对话框中，按图4–75（a）中A部分所示设置参数，其他选默认，同时如图4–75（a）中B部分所示，使用滴管点取图片文件中的黑色部分，然后单击“确定”按钮确认。此时头部的UVW坐标线框成为选区，如图4–75（b）所示。接下来如图4–75（c）中A部分所示，在图层面板单击圆环标记的按钮新建图层，单击选中图层1；如图4–75（c）中B部分所示，单击Photoshop工具栏下方圆环标记的按钮，设置默认的前景色和背景色（系统默认前景色为黑色，背景色为白色）。最后按<Ctrl+Delete>组合键用背景色填充选区，再单击背景，按<Alt+Delete>组合键用前景色填充全部背景。这样，一个黑色背景、白色线框的头部UVW坐标线框就被成功提取出来，如图4–75（c）中C部分所示。将文件保存为“配套光盘\贴图\第4章　网络游戏中两足主角——换装女性角色的制作\head.psd”。

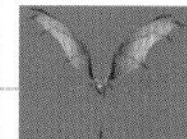

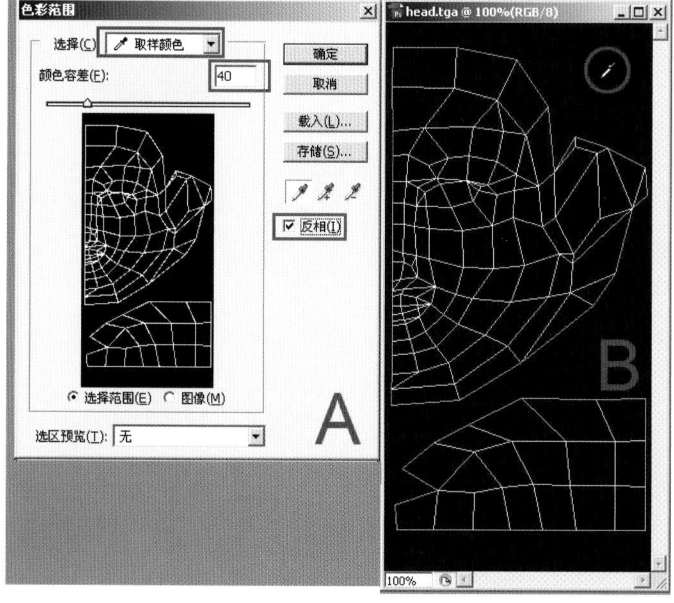


(a) 应用色彩范围提取线框的选区

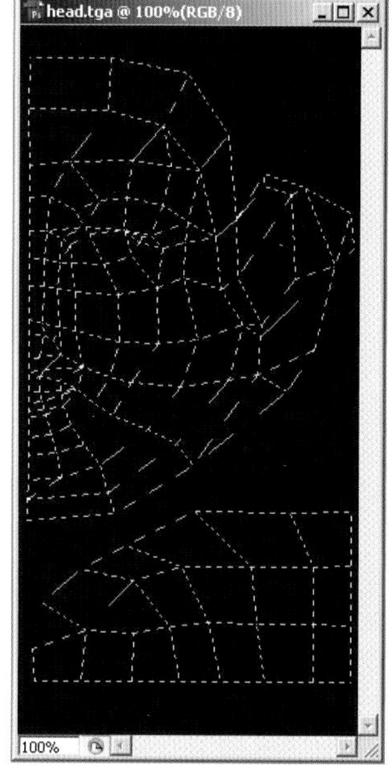


(b) 形成线框选区

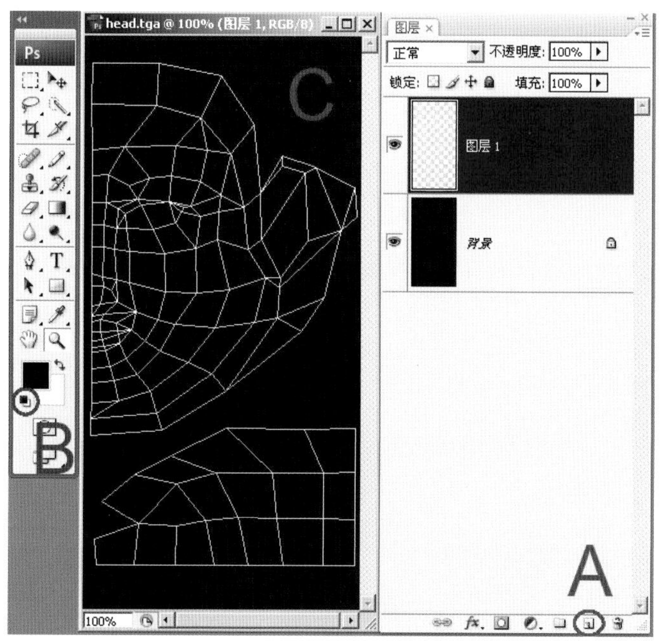


(c) 成功提取线框

图4-75 提取头部UVW线框

**提 示**

本例模型的其他部分UVW线框的提取方法相同，因此后面的提取步骤将简略带过，所有线框文件的默认保存路径位于“配套光盘\贴图\第4章 网络游戏中两足主角——换装女性角色的制作”目录中。

（3）打开“配套光盘\贴图\第4章 网络游戏中两足主角——换装女性角色的制作\head.psd”文件，选择Photoshop工具箱中的（拾色器工具），单击“设置前景色”面板，在弹出的对话框中选取脸部的基本色彩，如图4-76所示，单击“确定”按钮。然后按<Alt+Delete>组合键进行脸部基本色彩填充，接着参照前面“第2章2.4节 鹿的贴图绘制”的相关步骤，对角色脸部进行贴图的基本色彩绘制。

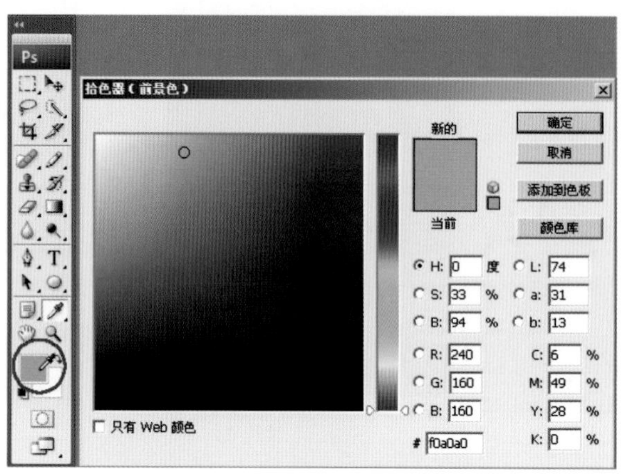


图4-76　脸部基本色彩效果

（4）接下来打开原画稿，观察脸部的皮肤材质，采取直接从原画截取脸部图片作为绘制角色贴图的材质基础。方法：利用Photoshop工具栏中的（多边形套索工具）选取原画中的脸部材质，如图4-77（a）所示。然后利用（移动工具）把选取的材质拖到UVW坐标定位线框图中作为基础材质，接着利用（画笔工具）从基础材质上吸取脸部颜色，对周围材质进行刻画。这样可以更好地保证绘制出来的贴图与原画材质保持一致，如图4-77（b）所示。

（5）利用 Photoshop中的（画笔工具）继续进行脸部五官贴图的绘制。在绘制贴图时，要尽量保持头顶和脸部侧面材质的一致性，以便有效避免脸部接缝部位出现皮肤颜色不匹配的问题。接下来继续使用（涂抹工具）、（减淡工具）、（画笔工具）进行绘制，处理好五官与整体脸部的色彩关系，效果如图4-77（c）所示。

（a）多边套索工具从原画中选取材质

图4-77　绘制脸部

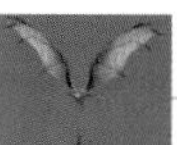

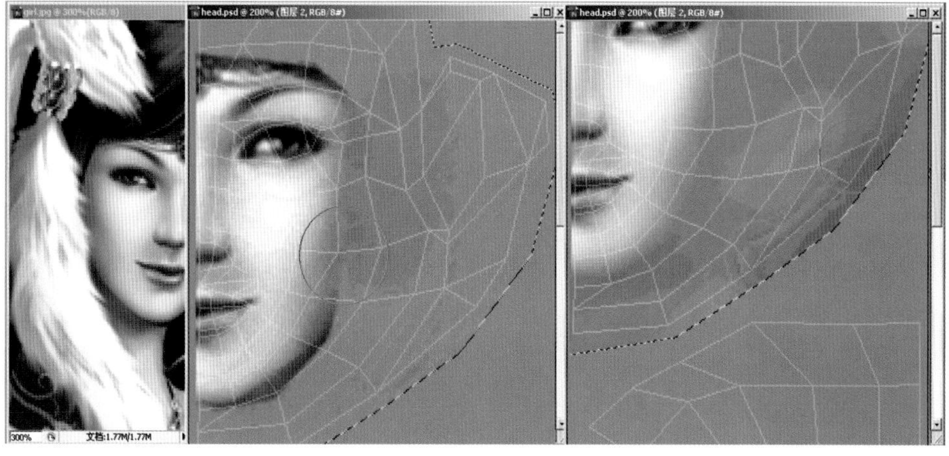


（b）绘制脸部基本材质的效果

（c）五官局部的绘制效果

图4－77　绘制脸部（续）

（6）绘制好脸部贴图后，下面开始绘制头顶部位的头发，注意要绘制出接近真实头发的色彩变化，以便区别脸部的皮肤，如图4－78所示。

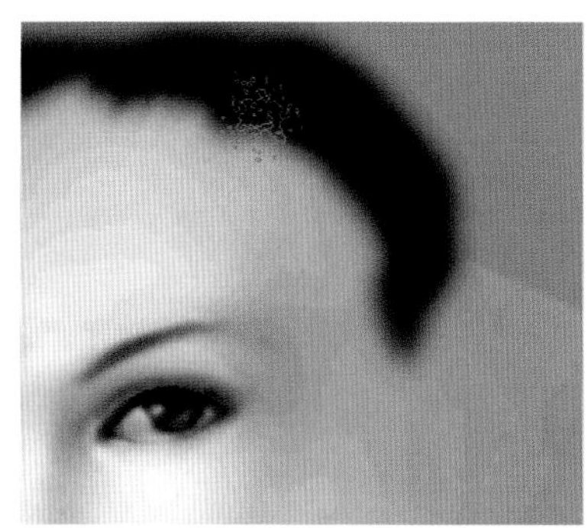

图4－78　绘制头发部分基础材质

（7）打开3ds Max 2012，进入材质编辑器，将绘制好的贴图head.psd赋予制作好的女角色头部模型。然后从各个角度观察贴图与模型结合之后的整体效果，对不满意的地方进行细微调节。接着根据原画设计，在Photoshop中继续绘制额头装饰的纹理贴图，如图4–79（a）所示，然后进行保存。此时3ds Max 2012中的头部模型的贴图会自动进行更新，效果如图4–79（b）所示。

（a）绘制额头装饰的纹理贴图

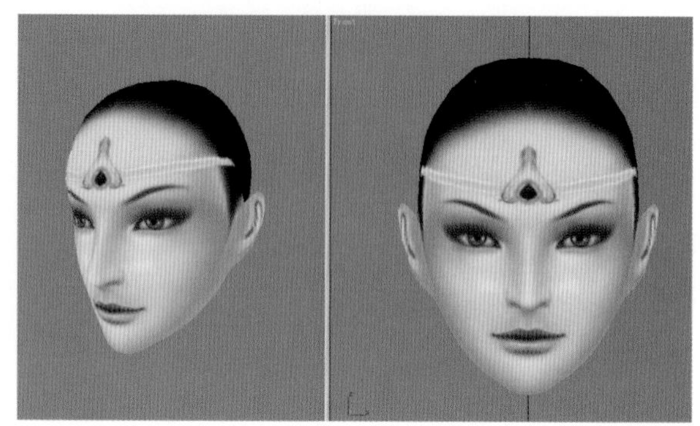

（b）绘制好贴图的模型效果

图4–79　绘制额头装饰及最终效果

## 2. 头发材质的绘制

（1）下面对头发和头部装饰物的贴图进行UVW坐标的空间排列。方法：首先在Photoshop中打开前面导出的UVW线框图绘制头发材质，如图4–80（a）所示。然后打开“配套光盘\贴图\第4章　网络游戏中两足主角——换装女性角色的制作\girl.jpg”图片文件，如图4–80（b）所示，再从中分别提取所需的相关区域。接着尽量采用原画中间的色彩，也就是色彩中的灰色调，在此基础上进行加深或者减淡处理，从而刻画出头发和发饰细节的材质，同时要注意头发材质表现风格与身体整体风格的协调，如图4–80（c）所示，最后将头发贴图保存为“c_w_npc021_hair_d.tga”图片。

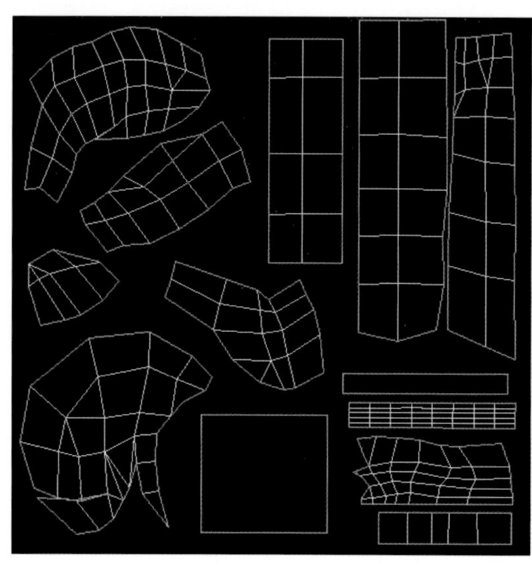

（a）头发部分UVW结构线框

（b）girl.jpg

图4–80　制作头发贴图

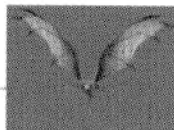

（c）头发材质效果图

图4－80　制作头发贴图（续）

**提 示**

.tga格式的图片含有Alpha通道，用于表现头发的透明效果。

（2）上一步用“c_w_npc021_hair_d.tga” 图片表现头发质感的时候，由于图片中含有能够表现透明效果的Alpha通道，因此在3ds Max 2012中把这些透明贴图指定给模型的时候，会出现很多不正确的显示问题，如图4－81（a）所示，此时材质编辑器中该材质显示，如图4－81（b）所示。为了正确显示贴图的透明效果，下面在3ds Max 2012的材质编辑器中，将“漫反射”右侧贴图复制到“不透明度”右侧按钮上，如图4－81（c）中A所示，然后在弹出的“复制（实例）贴图”对话框中选中“复制”单选按钮，如图4－81（c）中B所示，单击“确定”按钮，接着为不透明贴图指定Alpha通道，如图4－81（c）中C所示，即可解决这个问题。调整之后的正确显示效果如图4－81（d）所示。

（a）不正确的透明贴图显示效果

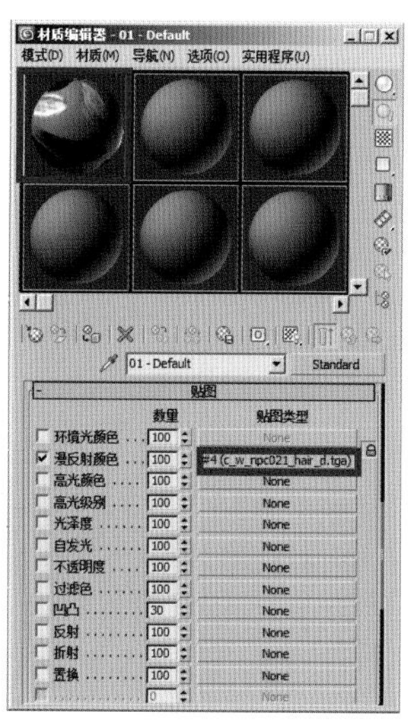


（b）材质编辑器中的材质显示

图4－81　调整头发贴图

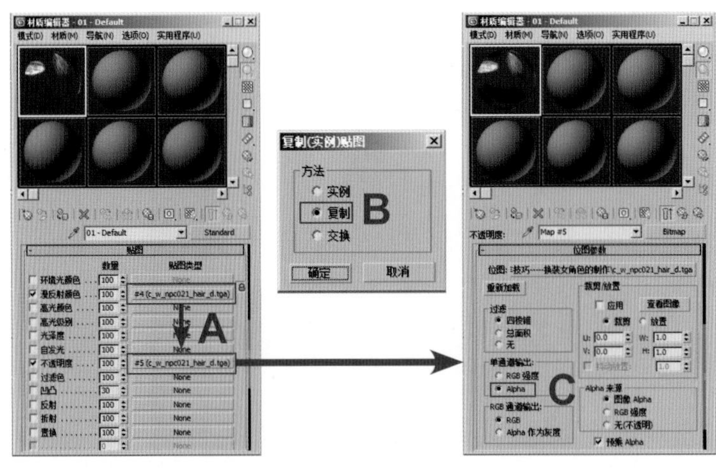

(c) 指定不透明度贴图

(d) 头发贴图的正确显示效果

图4-81 调整头发贴图（续）

### 4.2.7 角色身体贴图的绘制

角色身体材质的绘制分为上身材质绘制和下身体材质绘制两部分。

#### 1. 上身材质绘制

(1) 现在开始为角色身体绘制贴图。由于该角色是一个具有换装系统的角色，因此要对头部、上身、下身分别进行单独的贴图绘制，同时还要考虑角色装备的整体性。下面首先在3ds Max 2012中对身体部分的UVW坐标进行合理的编辑。在编排UVW坐标时要充分考虑贴图资源的充分利用。尽量把胸部和手臂装备部位的UVW贴图坐标重叠在一起，使身体部分的UVW坐标能够获得更大的空间，尽量展开，如图4-82所示。

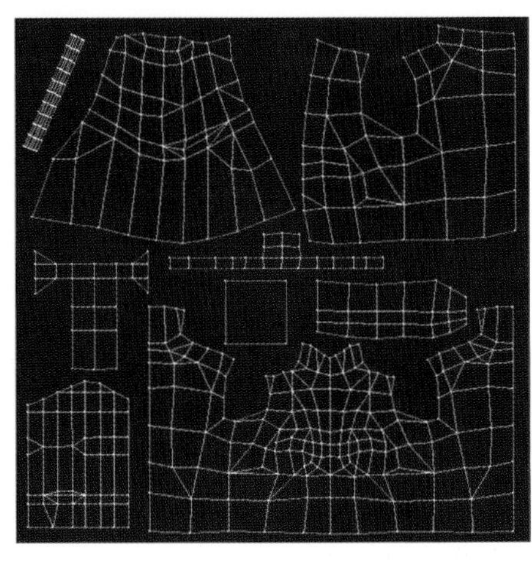

图4-82 角色上身UVW坐标的排放

(2) 在3ds Max 2012中将编辑完成的身体UVW坐标线导出为“配套光盘\贴图\第4章 网络游戏中两足主角——换装女性角色的制作\bodyUV.tga”文件，

然后在Photoshop中打开后进行编辑。方法：首先在Photoshop中把UVW线框单独提取出来，然后根据UVW坐标的排放分布，利用图层为每块不同的物件填充不同底色。接着开始绘制贴图，在绘制贴图时尽量从“配套光盘\贴图\第4章 网络游戏中两足主角——换装女性角色的制作\girl.jpg”原画上面截取基本的素材，如图4–83（a）所示。绘制角色上身材质的时候应根据UVW坐标的分布，用大块色调进行绘制，不要拘泥于小细节的刻画。要注意处理好上身侧面的接缝的贴图绘制。效果如图4–83（b）所示。

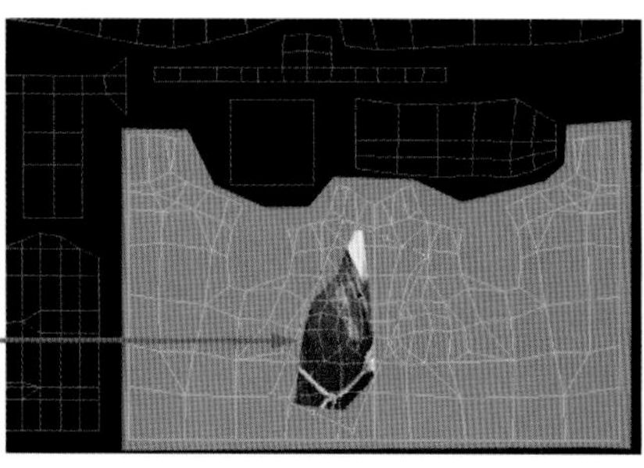

（a）原画上面截取基本的材质

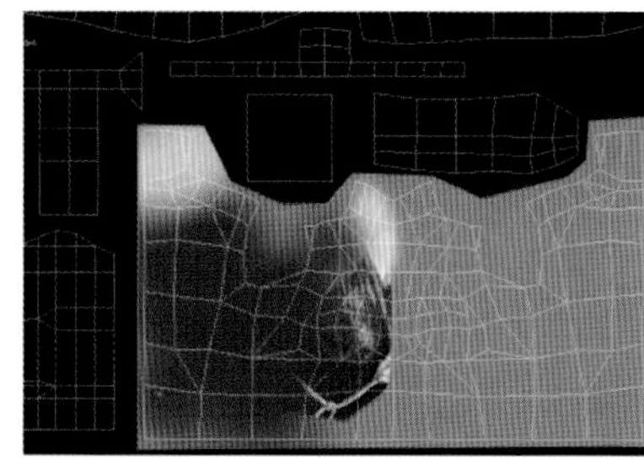
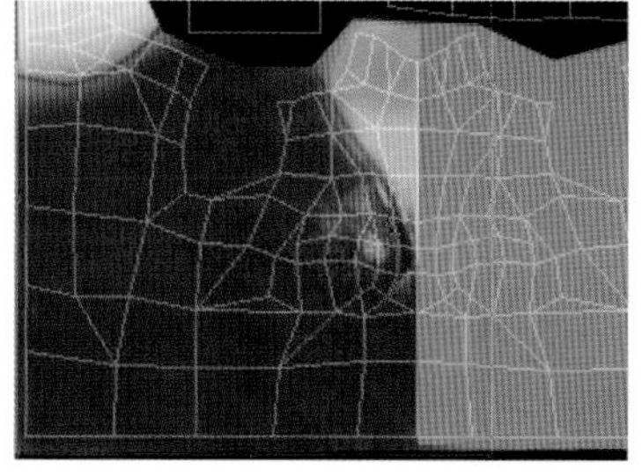

（b）大块的色调效果

图4–83 绘制上身贴图

**提 示**

在绘制上身贴图的时候，要尽量参照原画设定。具体绘制身体材质时要从整体出发，这样才能把握原画的基础色调。

（3）在Photoshop中复制前面绘制的胸部装备的贴图，然后利用菜单中的“编辑|变换|水平翻转”命令，制作出另一侧胸部贴图，从而得到相对完整的胸部基本材质，如图4–84（a）所示。

（4）参照“配套光盘\贴图\第4章 网络游戏中两足主角——换装女性角色的制作\girl.jpg”原画制作出上身衣领部分的基础材质，如图4–84（b）所示，然后在3ds Max 2012中将材质赋予角色上身模型，效果如图4–84（c）所示。

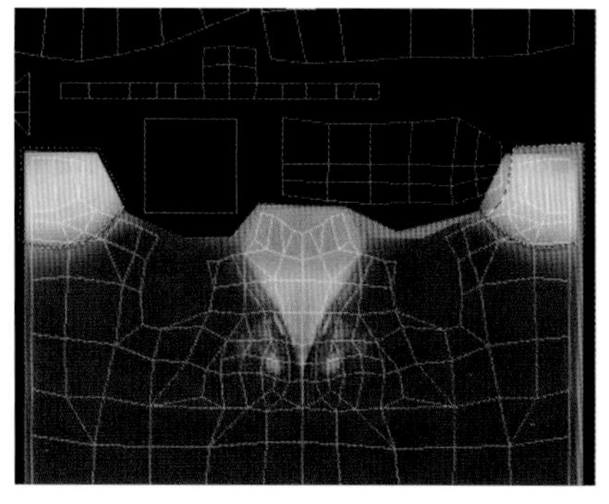

（a）整体胸部材质效果

图4–84 绘制上身材质

(b) 绘制上身衣领部分的材质

(c) 上身模型的材质效果

图4-84　绘制上身材质（续）

（5）下面绘制角色手臂装备的贴图细节。方法：在Photoshop中从girl.jpg原画上面截取基本素材，然后利用工具箱中的（移动工具）将其拖动到要绘制的贴图文件中进行绘制，绘制贴图时要注意观察角色原画装备上面的图案纹理，要遵照原画的设计理念。如果在绘制贴图过程中，存在原画表现不到的背部贴图，就要凭借制作人员对角色原画的理解来绘制，如图4-85所示。

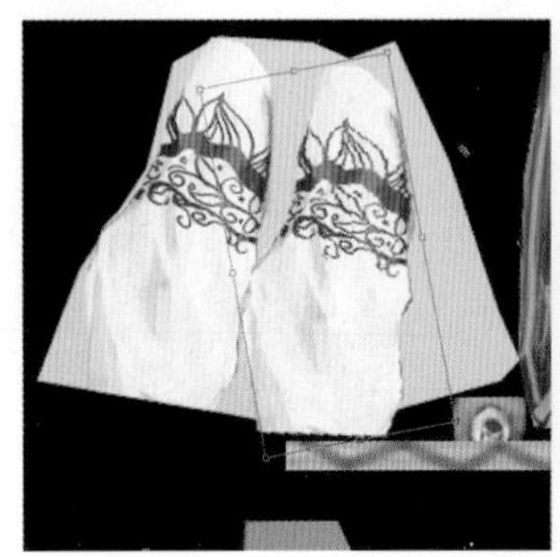

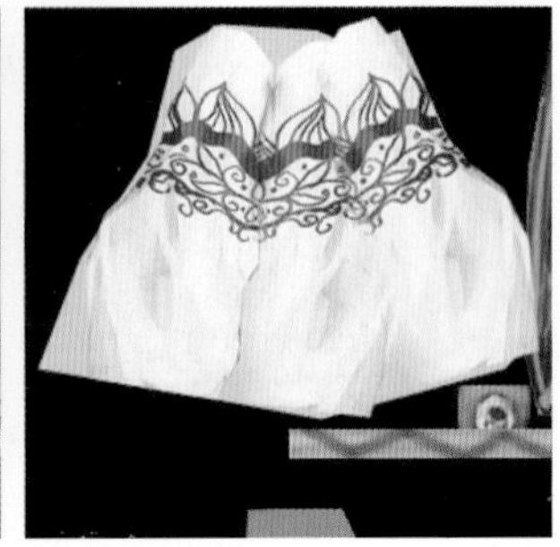

图4-85　手臂贴图纹理的绘制

（6）接下来主要对装备上装饰物的材质细节进行绘制。在游戏制作中，很多装备上的饰品通常采用制作透明贴图的方式来实现，以便更好地节约资源。绘制时要注意原画设定中的饰品造型和材质特点，贴图尽量保持和原画材质相似，如图4-84（a）所示。然后整体上对上身的细节纹理进行刻画，完成后效果如图4-84（b）所示。

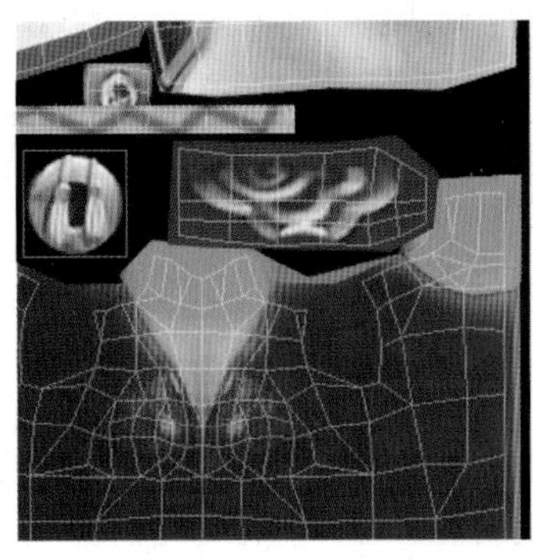

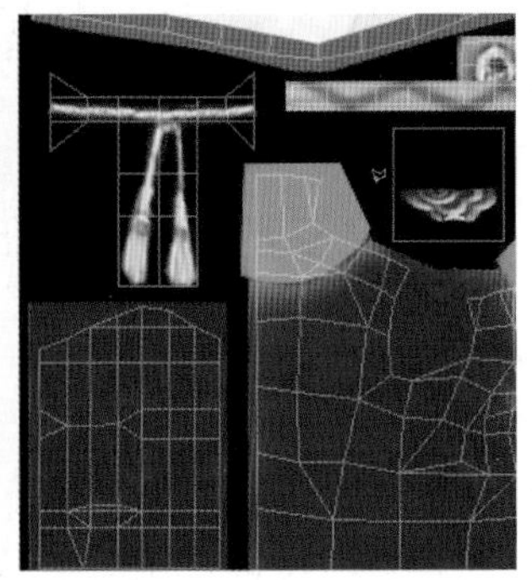

(a) 装饰物的材质效果

(b) 上身细节材质贴图效果

图4-86　绘制细节材质

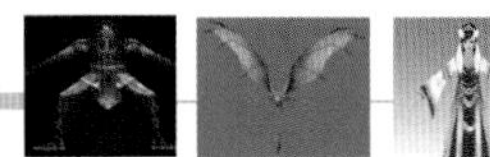

提 示

图4-86（b）所示的绘制好的上身材质的含层文件请见“配套光盘\贴图\第4章 网络游戏中两足主角——换装女性角色的制作\body.psd”文件。

（7）上身贴图细节调整完成之后，将其保存为“c_w_npc021_body_d.tga”图片，然后在3ds Max 2012中将贴图赋予.max模型文件，即可看到一个换装角色的上身部分的整体贴图效果，如图4-87所示。此时以结合原画与模型的整体效果进行比较。

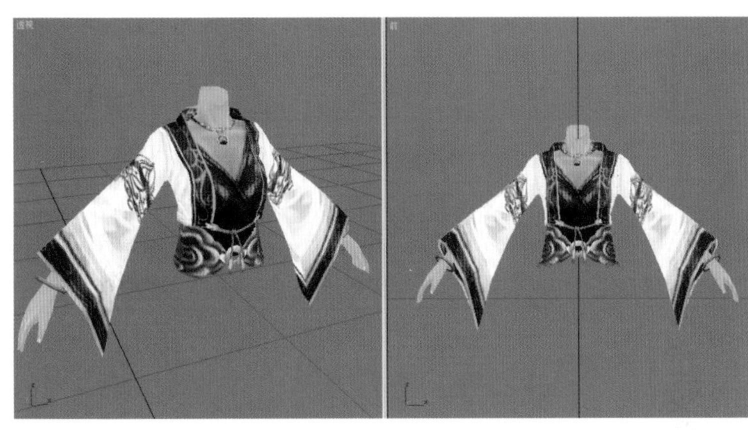

图4-87 上身部分的整体材质效果

2．下身材质绘制

（1）接下来开始绘制角色下身部分的贴图。观察原画设定会发现整个身体部分是连接在一起的，因此在排放UVW坐标的时候要与上身整体保持一致。在编辑分配UVW坐标时要尽量使各部分UVW结构简化。下身装备完成的UVW渲染效果如图4-88所示（该图为“配套光盘\贴图\第4章 网络游戏中两足主角——换装女性角色的制作/leg.tga”图片）。

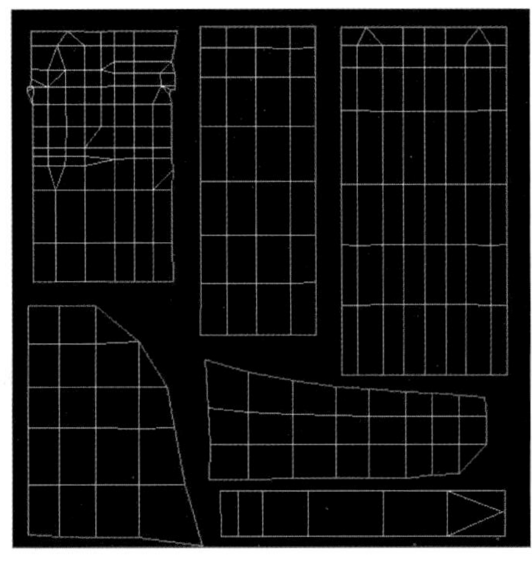

图4-88 下身UVW坐标排放效果

（2）在Photoshop中打开前面渲染导出的“配套光盘\贴图\第4章 网络游戏中两足主角——换装女性角色的制作\leg.tga” UVW线框图，然后根据UVW结构分布从“girl.jpg”原画上截取下身相应的基础材质进行局部处理，再在Photoshop中进行贴图材质的编辑，精细刻画下身布料材质的质感。具体制作思路与上身一致，完成后的如图4-89所示。

（3）在绘制出下身部分的基本材质之后，接下来给腿部正面和侧面分别绘制不同质感的材质效果。重点是装备上面的一些细节部位的材质，充分利用Photoshop的图层混合模式来制作出布料材质。之后在服装材质上添加褶皱纹理，尽量符合原画设定，如图4-90（a）所示。然后将其保存为“c_w_npc021_leg_d.tga”图片，接着在3ds Max 2012中将贴图赋予腿部模型文件。此时观察腿部的整体贴图效果，如图4-90（b）所示。

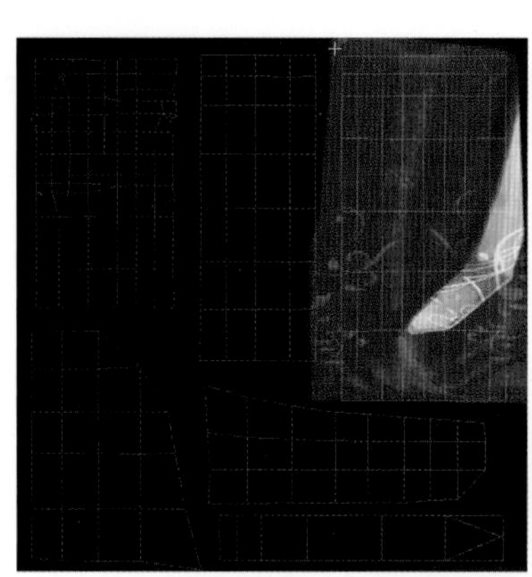
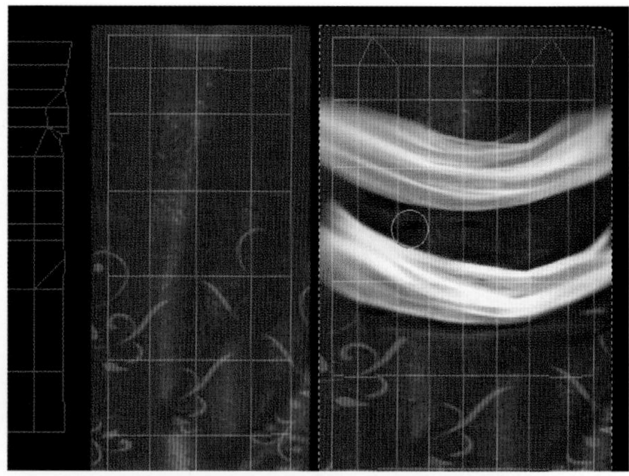

图4-89　绘制下身贴图的材质效果

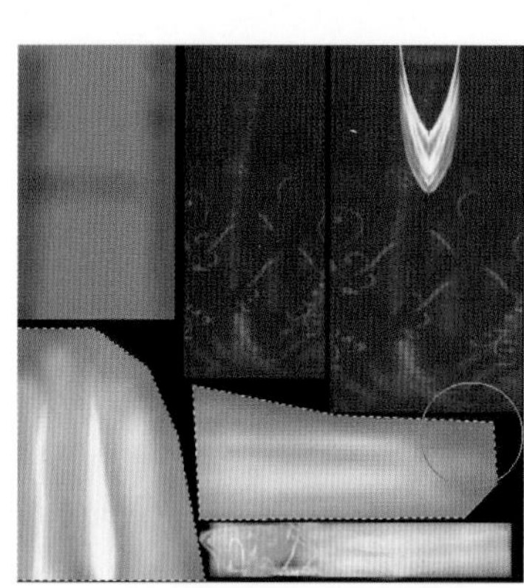

（a）完成的腿部材质贴图效果

（b）下身模型赋予材质的效果

图4-90　腿部及下身材质

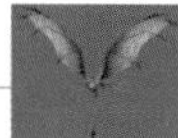

**提 示**

图4-90（a）所示的绘制好的下身材质的含层文件请见“配套光盘\贴图\第4章　网络游戏中两足主角——换装女性角色的制作\leg.psd”文件。

至此，整个角色的模型和贴图的制作完毕。下面在3ds Max 2012中对角色进行渲染，然后同原画设计进行比较。接着按照网络游戏的规范制作流程，对整个角色进行细节调整。调整完成后从正视图观察模型正面的贴图效果，如图4-91（a）所示。再用透视图视角观察角色侧面和背面最终的渲染效果，如图4-91（b）所示。

（a）正面模型材质效果

（b）侧面和背面显示效果

图4-91　材质最终渲染效果

## 4.3　角色换装赏析

在游戏制作中，对一个人物角色来说，最能表现人物性格特征的就是服饰，游戏中不同的种族、职业会有不同的服饰。因此，在创建模型之前就要考虑角色换装的问题，这样在后面的贴图绘制和动画制作中就可以通过服饰装备的刻画赋予角色强大的生命力。

网络游戏的换装部位可以分解得很细，但充分考虑到游戏资源的优化利用，角色换装部位主要体现在头发、头部、上身及下身4个比较明显的部位。本例为一个网络游戏中具备换装系统的女角色，本例女角色有3套换装。下面就通过女角色的3套4个主要部位的换装来观察网络游戏中具备换装系统的角色效果变化。

（1）头发部分的分段效果如图4-92所示。

（2）头部使用不同贴图材质的效果。头部换装主要体现在共用一个基础头部模型，共用一个UVW结构线，却使用不同的贴图纹理。同时保证头部与脖子部分的接缝位置的顶点完全一致，如图4-93所示。

（3）上身部分的换装效果，包括上衣装备和手臂部分的模型互换，同样也保持与头部及下身接缝位置的定点一致，如图 4-94 所示。

图4−92　不同头发效果

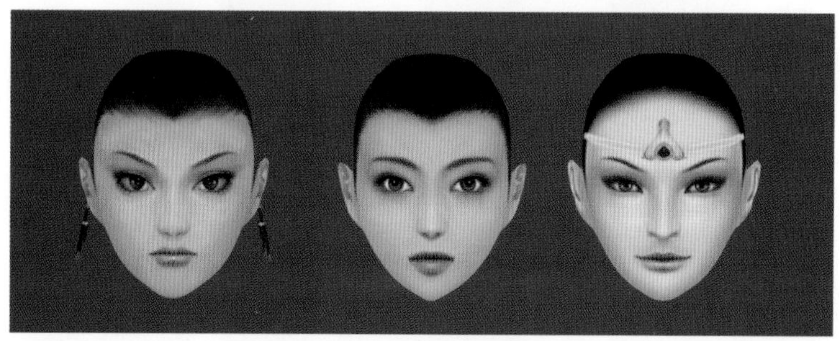

图4−93　不同头部的换装效果

图4−94　上身不同装备的互换效果

（4）下身换装效果主要是处理好与上身装备的结构线统一，同时还要处理好与上身贴图材质效果的统一，如图4−95所示。

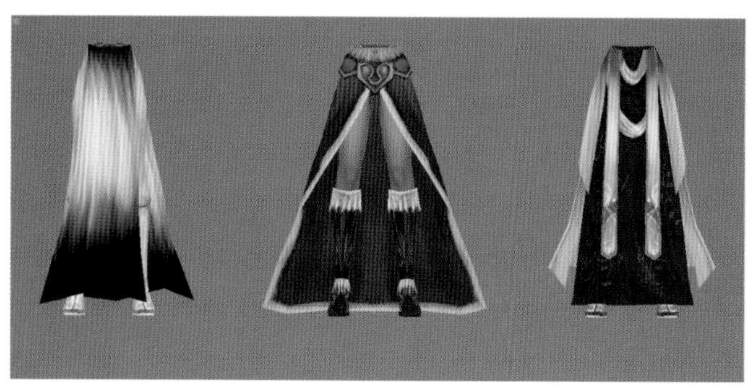

图4−95　下身换装效果

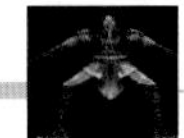
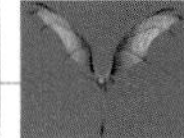

从上面可以观察到按照网络游戏换装规范制作的角色模型的分段贴图效果。最后观察3个换装的角色放置在编辑器的效果，如图4—96所示。

图4—96　3个换装的角色

## 课后练习

### 一、填空题

1. 利用“镜像”工具进行镜像复制时，有________、________、________和________4种克隆方式可供选择。

2. 可编辑多边形包括________、________、________、________和________5个层次。

### 二、问答题

1. 简述在原画造型的设定分析中应注意的问题。
2. 简述运用多边形制作人物模型的两种基本方式。
3. 简述男性骨骼和女性骨骼的基本结构，以及女性角色的基本形体划分。

### 三、操作题

制作图4—97所示的女性角色效果。

图4—97　女性角色

# 第5章

# 网络游戏中两足主角——一体化贴图男性角色的制作

第4章我们讲解了网络游戏中具有换装系统的女性角色的设计和制作技巧。在本章中，我们根据游戏角色表现的多样性，通过一个男性NPC角色的设计和制作，讲解不具备换装系统的角色制作规范。通常在游戏项目开发中，NPC角色的自身模型纹理贴图一般不会与别的NPC互换，模型是一体化的，材质也是固定的UVW空间坐标。本章男性NPC角色的制作效果及UVW展开图如图5−1所示。放置到编辑器中的最终测试效果如图5−2（a）所示，局部放大效果如图5−2（b）所示。通过本章学习，应掌握游戏中人物NPC角色的表现技巧和制作规范以及身体骨骼绑定的方法。

图5−1 男性NPC制作效果及UVW展开图

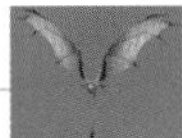

(a) 在编辑器中的最终测试效果图

(b) 局部放大效果

图5-2　男性角色效果

本例分为原画造型的设定分析和制作男性角色两部分。

## 5.1　原画造型的设定分析

角色建模是游戏建模中的重点和难点，在进行本章学习之前，首先需要对人体解剖及人体基本结构有一定的了解。本章的讲解过程将结合实际案例，严格按照游戏制作的流程顺序对角色建模工具及制作流程做一个全面系统的介绍，同时涉及部分人体结构方面专业知识的应用。完成本章的学习后，大家在角色建模方面将有一个长足的进步。

在进行游戏角色模型制作之前，要参照原画设定，对角色的形体、服饰及人物性格等方面进行仔细的分析，然后划分出角色的基本结构图，以便在制作时能够准确地把握形体，并合理地利用贴图资源，更好地对角色细节进行刻画，才能赋予角色个性和生命。

最后还要根据游戏的原画设定，把角色的身高比例、形象特征、服饰变化等作简要的标注，有时甚至要考虑根据角色的装备和等级的不同来设定不同的服饰。

本例中男性NPC角色为近战职业，护身装备为厚重金属盔甲及皮甲，其中大多数护身部件（皮甲）采用贴身而紧凑的设计，适合运动和搏击；护肩和胸前的兽角具有很强的装饰性，为保证其足够的细节表现，需要单独建模；胸甲、腰带、靴子属于紧身装备，在制作中不用考虑其结构特征，主要依靠后期贴图来表现细节；人物头部特征中，披散的头发造型突出了角色的潇洒灵动的魔幻气质，给人以无穷的想象空间。

本例要制作的男性角色的标准设定文案如下：

（1）背景：此角色表现是一个中国古代时期的一名武将。形体特征充分显示古代将军的英雄气概，在游戏表现中具备大将的风范。

（2）特征：强悍，勇猛，有很强的爆发力。装备非常具有古代武士服装的特点。

（3）技能：此男性角色擅长使用枪，长柄武器一类的武器，具备一些以刚猛见长的物理攻击技能。

本例的原画设定图如图5–3所示。

图5–3　男角色原画

## 5.2　制作男性NPC角色

制作本例男性角色分为头部模型制作分析、制作角色头部模型、头部UVW的编辑、制作角色身体模型、角色的身体UVW的编辑和角色贴图绘制6个部分。

### 5.2.1　头部模型制作分析

结合前面制作女性角色的规范流程，下面开始制作网络游戏中的男性NPC角色。

该模型同样采用多边形（Polygon）建模的方法来完成。大家除了可以进一步巩固前面章节中使用的多边形建模知识外，还可以更深入地学习游戏中人物模型的制作要点和技巧。

运用多边形来制作人物模型主要有从整体到局部和从局部到整体两种基本制作思路：

（1）从整体到局部。从整体出发，创建标准的多边形，然后通过添加边和多边形的方法

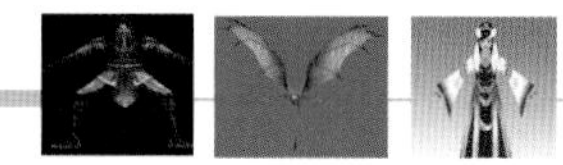

来制作人物模型，这样可以在制作过程中对人物基本形体进行准确把握，并对细节部位不断地调整和观察。

（2）局部到整体。也就是说可以从眼、耳、鼻等局部开始塑造基本形体。然后通过连接、合并等方法来结合成一个完整的形体。该方法对制作者本身的制作能力有比较高的要求（这是本章需要重点学习的地方）。

## 5.2.2　制作角色头部模型

前面分析了人物角色造型的基本方法，下面就使用从局部到整体的制作方法开始具体讲解男性NPC头部的制作。

详细步骤如下：

（1）进入3ds Max 2012的主界面，单击（创建）命令面板下（标准几何体）中的按钮，在透视图中创建一个长方体，参数设置如图5–4（a）所示。然后右击工具栏中的（选择并移动）工具，从弹出的面板中将X、Y、Z均设为0，如图5–4（b)所示。接着在材质编辑器中给长方体指定灰色材质，如图5–4（c）所示。

（a）长方体参数设置

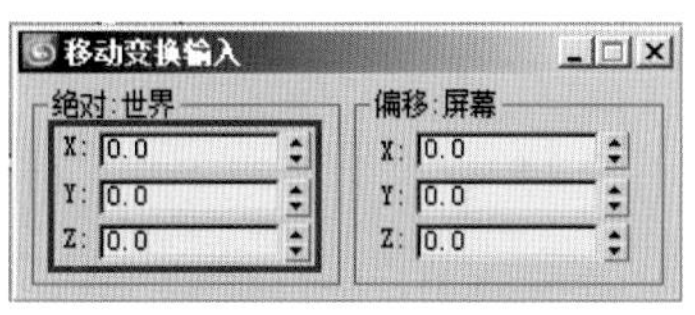


（b）将坐标归零

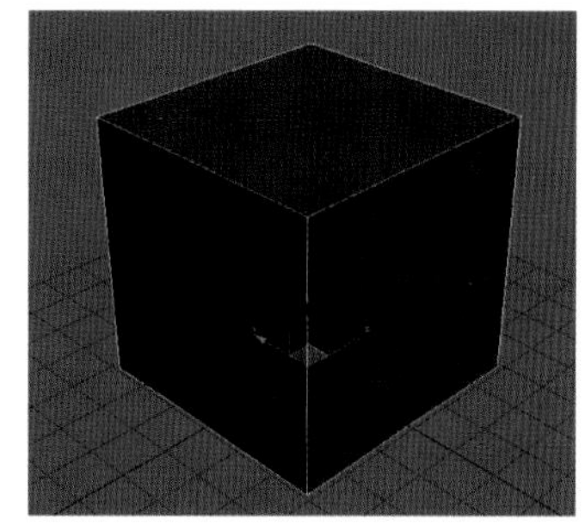

（c）为长方体指定灰色材质

图5–4　创建长方体

**提　示**

图5–4（b）是将物体坐标归零，为了便于以后进行骨骼绑定等编辑处理。

（2）右击视图中的长方体，在弹出的快捷菜单中选择“转换为|转换为可编辑多边形”命令，将其转换为可编辑的多边形物体。然后进入（修改）面板，执行修改器中的“网格平滑”命令，设置“迭代次数”为2，“平滑度”为1，效果如图5–5所示。

（3）在修改器堆栈内右击，在弹出的快捷菜单中选择“塌陷全部”命令，将添加了“网格平滑”后的长方体转换为可编辑多边形。然后在前视图中给多边形添加FFD 4×4×4修改器，如图5–6所示，以便从整体上调整角色头部的造型。

（4）根据原画中人物的形象特点制作出男性NPC角色正面的头部造型。方法：进入（修改）面板中FFD 4×4×4修改器的“控制点”层级，然后利用工具栏中的（选择并匀称缩放）工具在前视图中沿Y轴向上进行拉伸，效果如图5–7所示。

（5）调整出男角色侧面的头部造型。方法：进入FFD 4×4×4的“控制点”层级，然后在左视图中通过调整控制点的位置来调整头部侧面的造型，效果如图5–8所示。

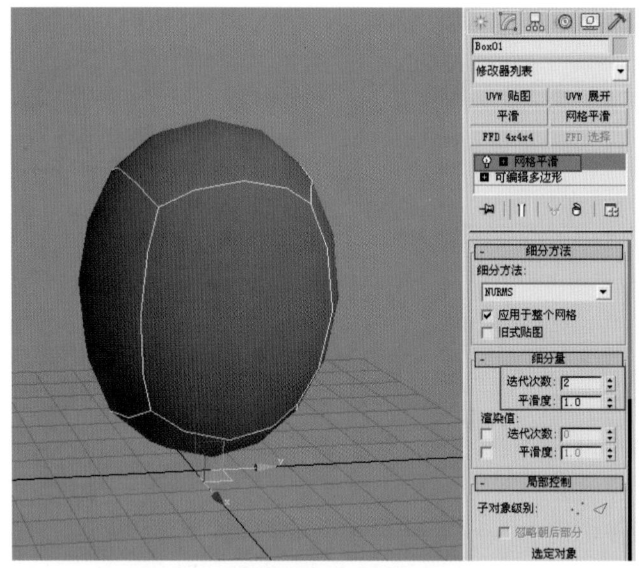


图5-5 “网格平滑”后的模型效果

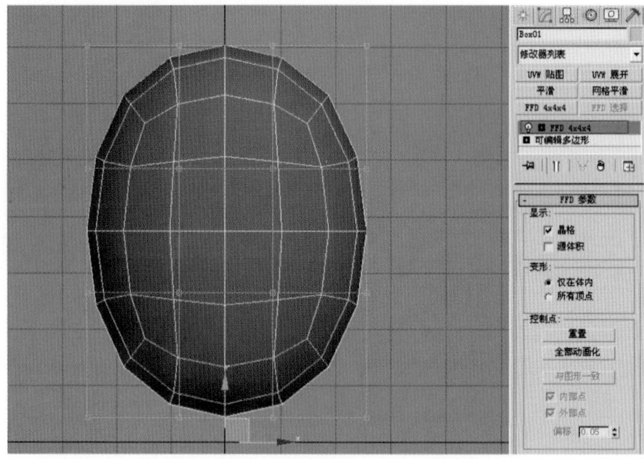

图5-6 前视图为长方体添加FFD 4×4×4修改器

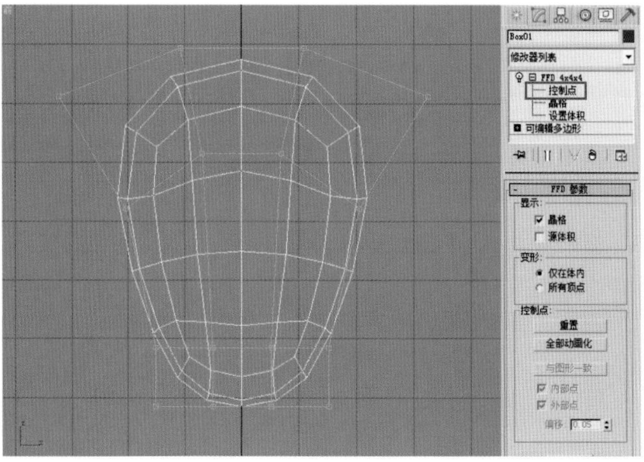

图5-7 应用FFD 4×4×4修改器调整头部正面

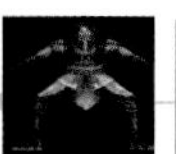
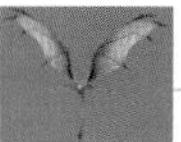

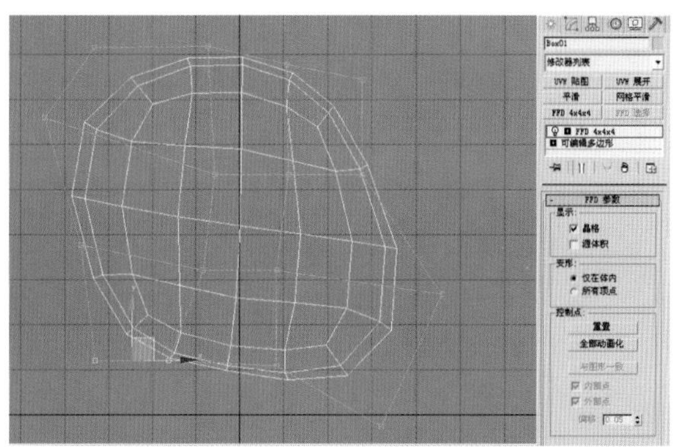

图5-8 应用FFD 4×4×4修改器调整头部侧面

（6）在修改器堆栈内右击，在弹出的快捷菜单中选择“塌陷全部”命令，保存FFD 4×4×4的变形效果。然后进入可编辑多边形的（多边形）层级，使用与上一章女角色头部相同的方法，在前视图中框选左侧一半头部的面，如图5-9（a）所示，按<Delete>键删除，接下来选中剩下的模型，单击工具栏中（镜像）工具，选择“实例”模式，复制出另外一半的头部模型，结果如图5-9（b）所示。

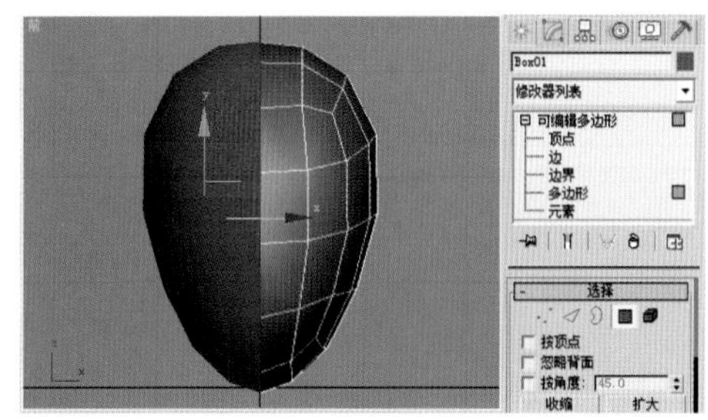

（a）选择左侧一半头部的多边形

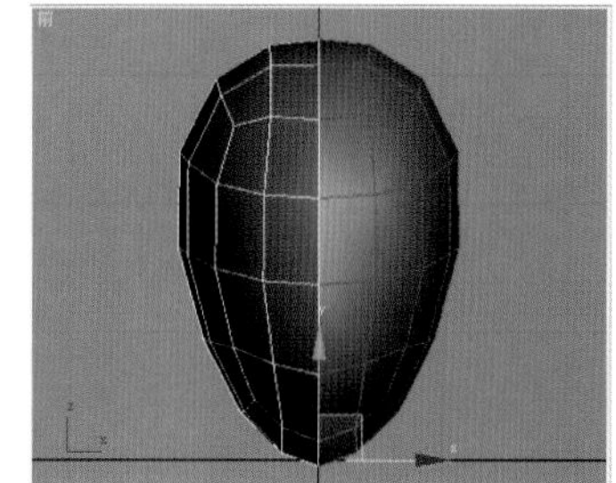

（b）镜像复制后的效果

图5-9 复制出另外一半头部模型

（7）进入（修改）面板中可编辑多边形的（顶点）层级，然后选中“使用软选择”复选框，根据头部的结构变化对模型进行细节编辑，如图5-10所示。接着进入（边）层级，根据男性角色的造型特点，使用“剪切”工具对五官部位进行加边，从而定位出基本的嘴部、眼部、鼻子等五官的基本结构，如图5-11所示。

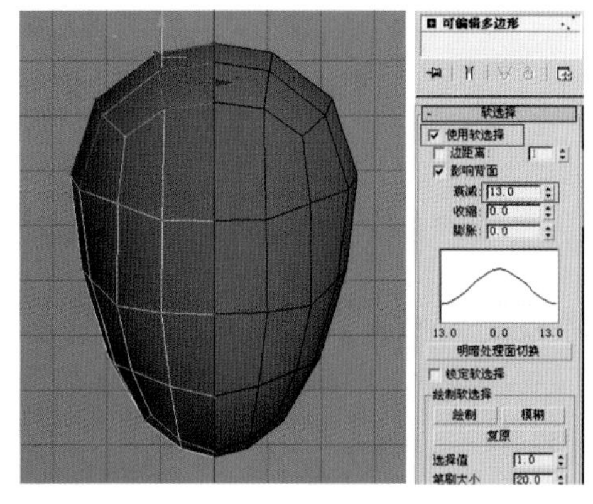

图5-10 根据头部的结构变化进行细节编辑

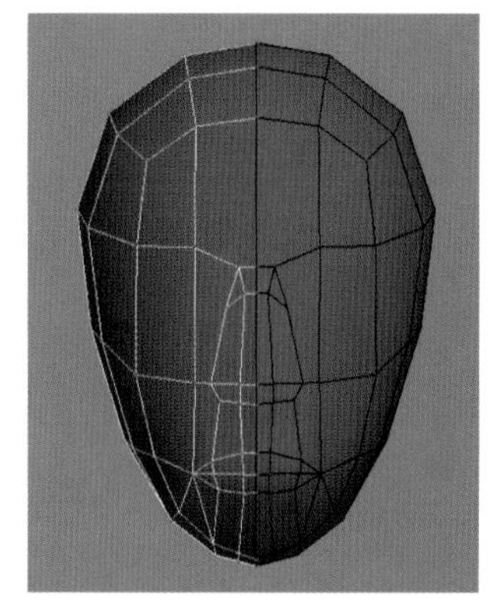

图5-11 刻画五官基本造型的效果

（8）嘴部和眼睛部位是头部制作的关键点，需要细致刻画。下面根据脸部肌肉结构走向，进入◁（边）层级，分别在左视图和前视图中对嘴部及眼睛的模型进一步加边，从而制作出嘴部和眼睛部位的细节，如图5–12所示。

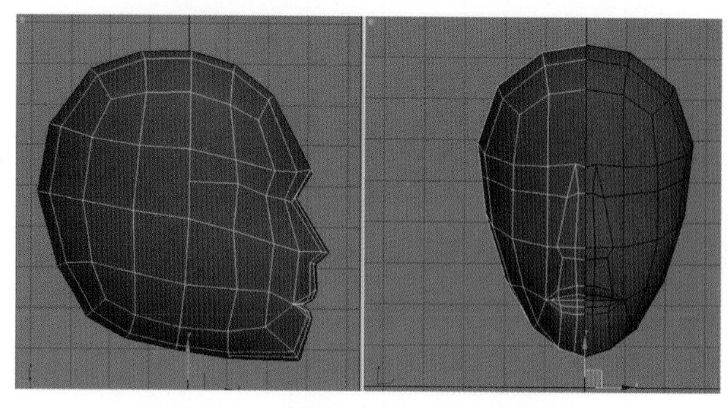

图5–12　嘴部模型的细节编辑效果

（9）调整出大体的头部模型后，下面根据头部骨骼的造型变化对头部三庭五眼的位置作进一步的调整。方法：首先进入◁（边）层级，在前视图添加相应的边，刻画眼睛造型，如图5–13所示。然后进入⁛（顶点）层级，在前视图和左视图中分别调整角色面部的顶点位置，使其外形尽可能符合原画中角色脸型。然后调整面部的顶点和边，使面部线段纵向比例基本符合三庭五眼的比例，为后面添加面部细节做好准备，如图5–14所示。

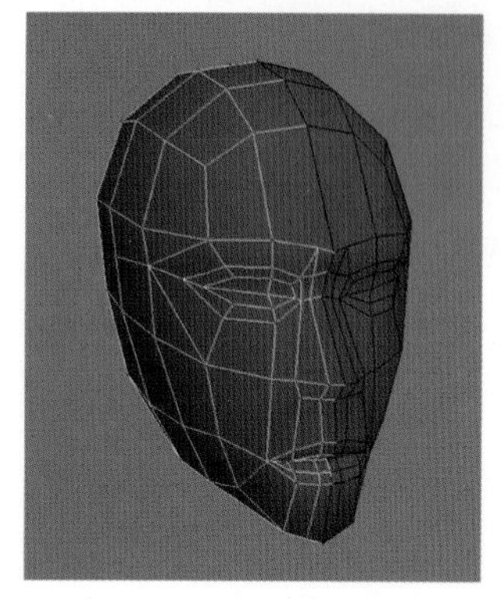

图5–13　刻画眼睛基本造型

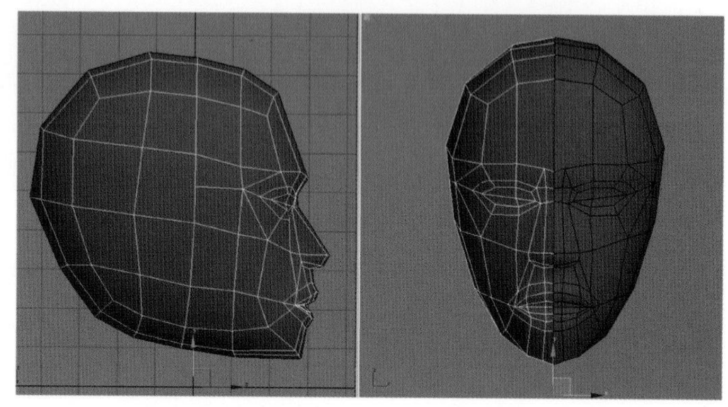

图5–14　在前视图和左视图中调整头部造型

**提 示**

关于“三庭五眼”的概念可参见“第1章1.1节”的相关概念。

（10）进一步对五官（眼、耳、口、鼻等）进行定位。进入⁛（顶点）层级，在左视图调整脸部和后脑部位的顶点位置，使面部线段横向比例基本符合五眼的比例，调整后的效果如图5–15所示。

**提 示**

在这里可以借鉴一些美术或解剖方面的资料来深入掌握头部的基本结构，也参照一些优秀的游戏角色造型来提高理解力。

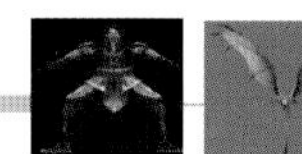
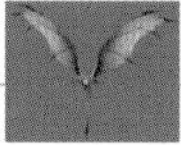

（11）进入 （边）层级，在透视图利用剪切工具为面部增加边来制作五官的细节。这里需要注意的是在增加嘴角部分的分解线时，要处理好嘴角、上嘴唇、下嘴唇之间的转折关系，拉出口轮肌肉的结构线，如图 5–16 所示。

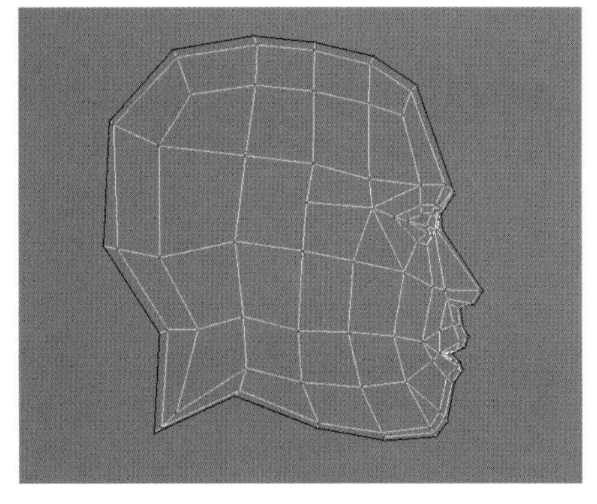
图5–15　头顶细节调整效果

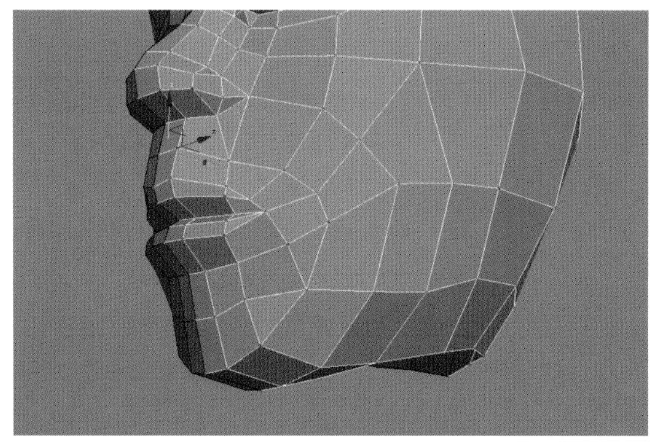
图5–16　口轮肌肉的结构线效果

（12）接下来进入 （顶点）层级，对眼睛部位的侧面造型（鼻根、脸部、眉弓3个部位的交叉点，也是最能表现形体结构的关键部位）进行细节的调整，效果如图5–17所示。

图5–17　眼睛侧面造型的调整效果

（13）为角色头部模型增加细节。方法：进入 （边）层级，在前视图中增加角色的眉弓、鼻尖和嘴部的边，然后进入 （顶点）层级，到左视图调整侧面的顶点，刻画出角色的嘴、鼻、眼等部位的细节，如图5–18所示。

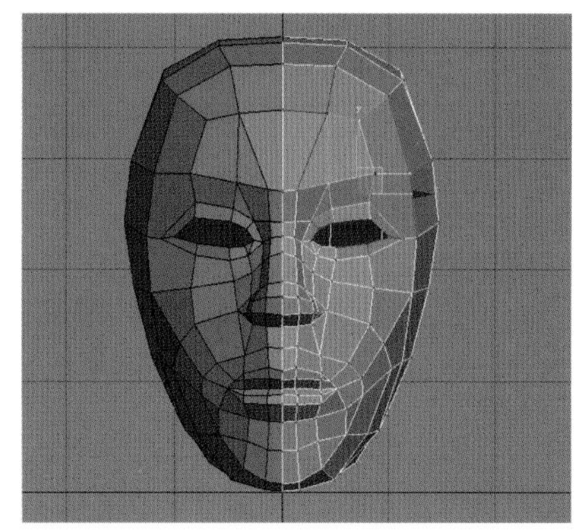
图5–18　五官结构线的调整

（14）调整和刻画头部模型的细节。方法：参考头部骨骼和肌肉的结构形体，使用剪切工具增加耳朵部分的细节线段，然后进入透视图，调整刚才多添加的顶点和边，调整头顶模型的外形结构。在调整的同时可以考虑为面部添加或删除一些顶点和边，使形体更加完善，如图5–19所示。

（15）调整角色的面部和嘴部模型的结构，然后进入 （边）层级，分别在脸侧面眉弓至下巴处和下嘴唇隆起处添加一条边来表现细节，要注意与肌肉的结构走向相统一，效果如图5–20所示。

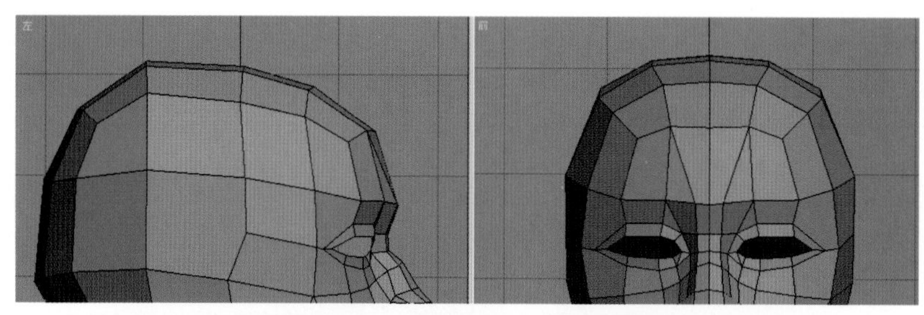

图5-19　头顶部位的调整效果

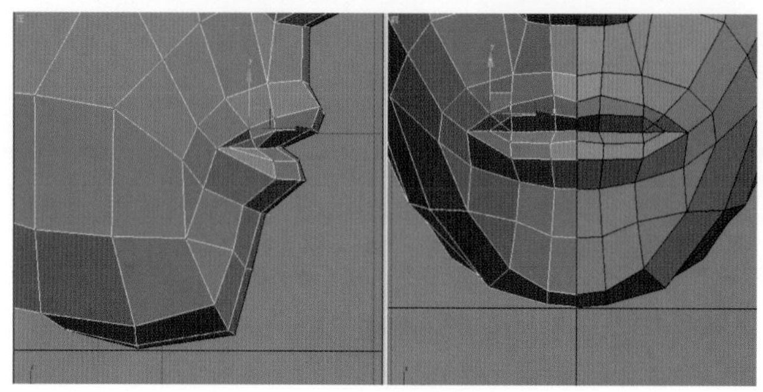

图5-20　嘴部结构线段的调整

（16）进入 ⁚ （顶点）层级，结合原画设定调整鼻子的细节造型，如图5-21所示。

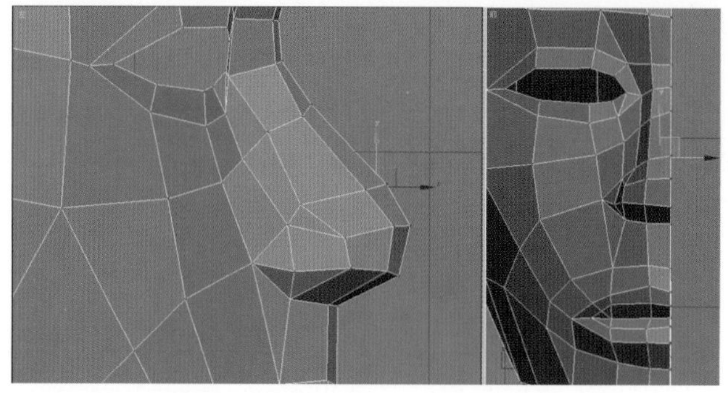

图5-21　调整鼻梁部分的外形

（17）进入 ⁚ （顶点）层级，根据原画的造型特点从各个角度调整角色头部的顶点，同时注意对角色脖子部位的形体调整，效果如图5-22所示。

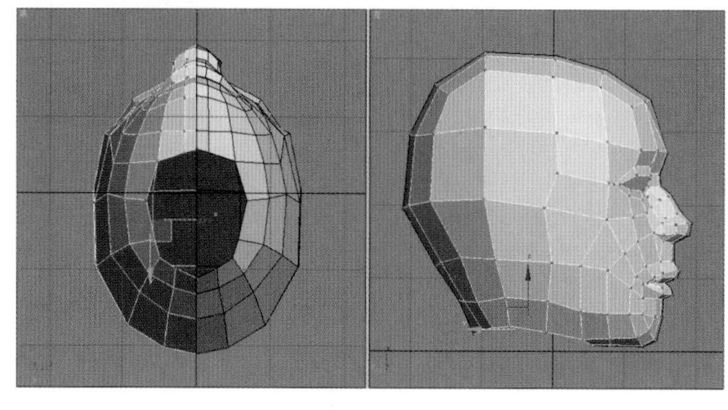

图5-22　调整底面脖子部分的效果

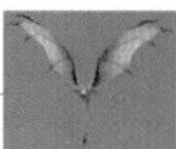

（18）根据嘴部和面部的肌肉结构走向，进入◁（边）层级，在透视图调整模型的边，然后从各个角度观察整体头部的结构造型，并进行细节的调整，如图5–23所示。

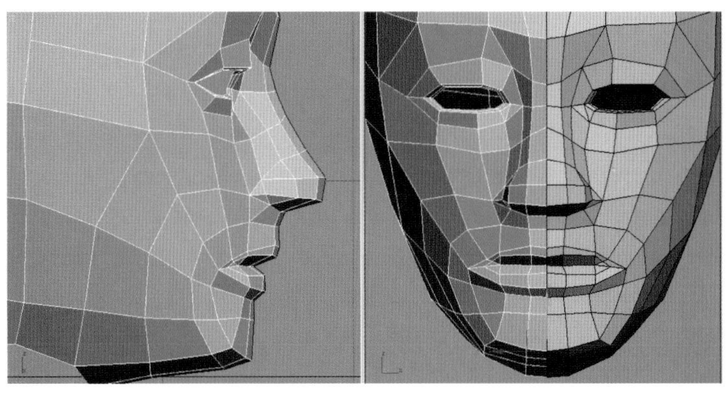

图5–23　为嘴部和面部添加细节的效果

（19）在游戏制作中，角色头部五官部分的主要是对嘴、鼻子和眼睛进行细节的刻画，而对耳朵的制作相对会比较简化，只要刻画出基本的形体即可，效果如图5–24所示。

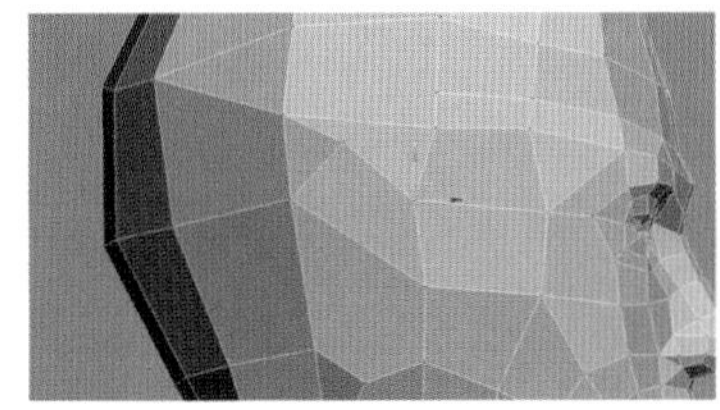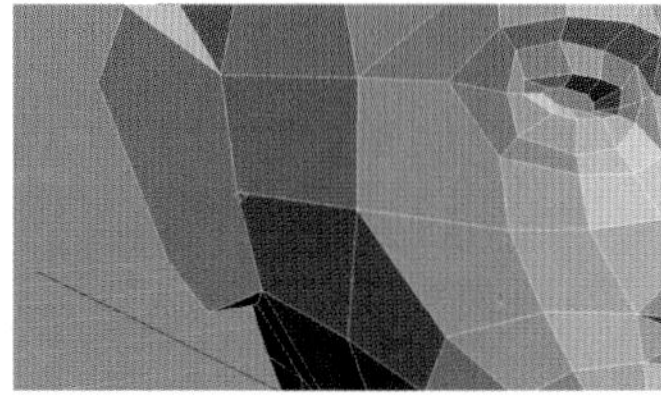

图5–24　耳朵基本形体结构的制作

（20）选择完成的角色头部模型，右击，在弹出的快捷菜单中选择“NURMS切换”命令，在光滑显示模式下，观察头部模型的结构特点及角色特征，如图5–25所示。

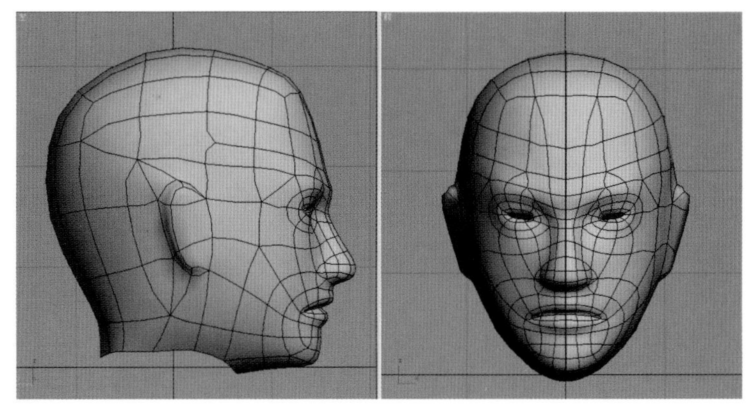

图5–25　完成头部模型的效果

**提 示**

在刻画角色的过程中要对脸部特征的细节做深入的分析，注意不同时代和不同民族、不同职业男女的性格、肤色等的区别。

### 5.2.3 头部UVW的编辑

在完成男性NPC头部模型之后，开始编辑头部的UVW坐标。在编辑过程中，除了要接续调整头部造型的细节之外，注意指定UVW坐标时的轴向和纹理结构。取消“NURMS切换”，参考前面制作章节，删除头部一半模型，然后进行UVW贴图坐标的编辑，然后通过“镜像”命令复制出另一侧的模型。

（1）为头部模型指定UVW贴图坐标。方法：首先进入■（多边形）层级，如图5–26（a）中A所示选择头部前面的多边形，然后执行修改器中的“UVW贴图”命令，给选择的多边形指定UVW平面坐标，参数设置如图5–26（a）中B所示。接着给模型指定棋盘格贴图，检测UVW坐标位置是否合理，并调整相应的UVW坐标顶点，保持棋盘格的显示为正方形，效果如图5–26（b）所示。

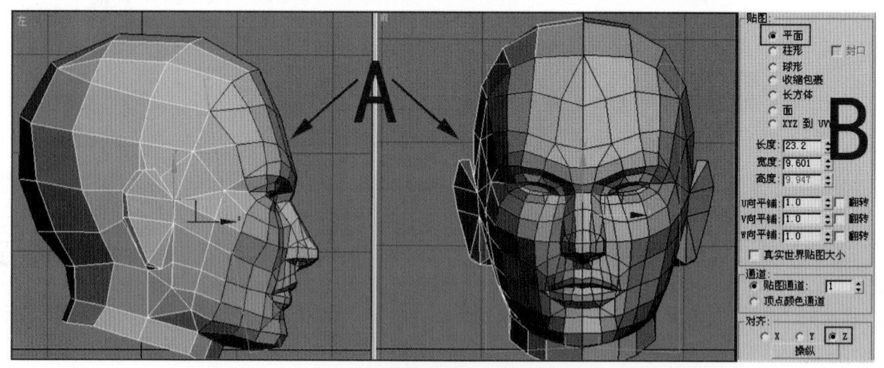


（a）指定平面坐标设置

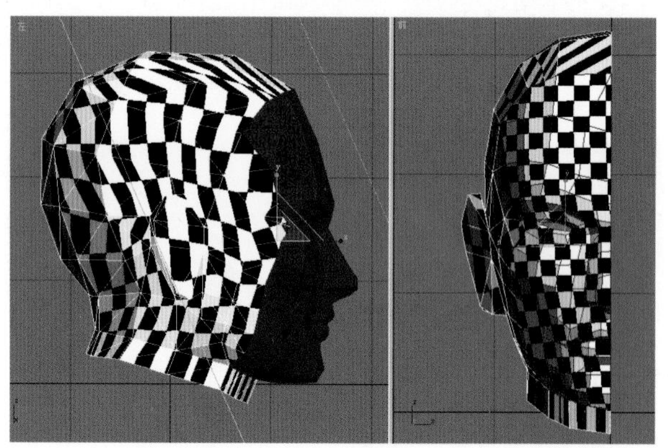

（b）给模型指定棋盘格贴图测试并调整UVW的效果

图5–26 为头部模型指定UVW贴图坐标

（2）接下来为选中的多边形指定“UVW展开”修改器，此时可以看到UVW贴图坐标的分布形状和选择的头部正面造型基本保持一致，如图5–27所示。这说明UVW贴图坐标基本是准确的，可以根据坐标的定位来绘制贴图。下面塌陷保存调整好的UVW坐标。

（3）指定好正面的贴图坐标之后，进入■（多边形）层级，选中模型头部侧面的多边形，如图5–28（a）所示。然后为其指定平面坐标，沿X轴对齐，单击“适配”按钮。此时，观察棋盘格图案的变化，如图5–28（b）所示。

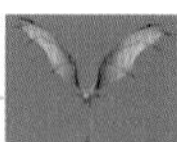

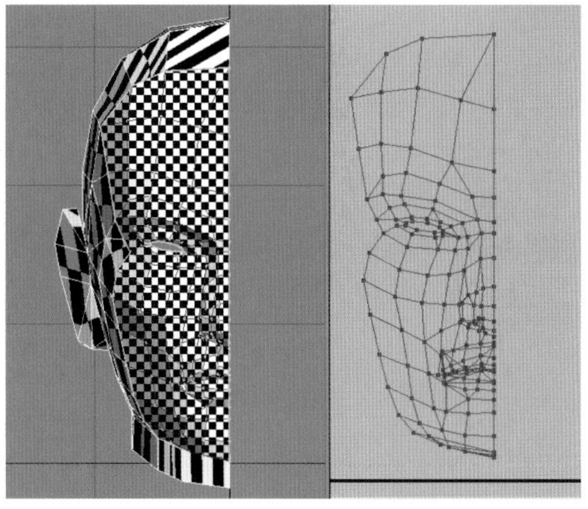

图5—27　头部UVW映射效果

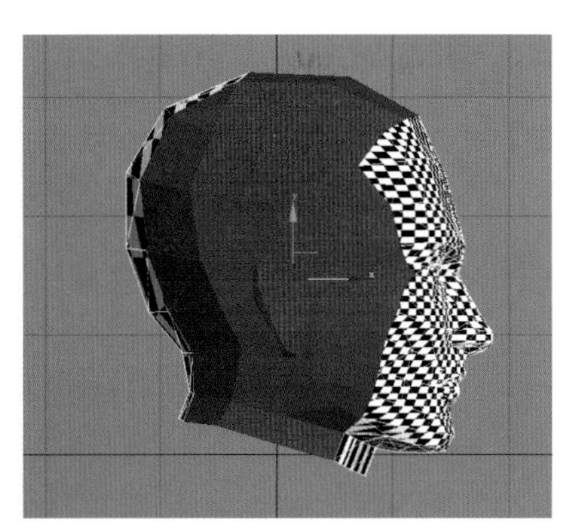

（a）选择侧面的面指定坐标图

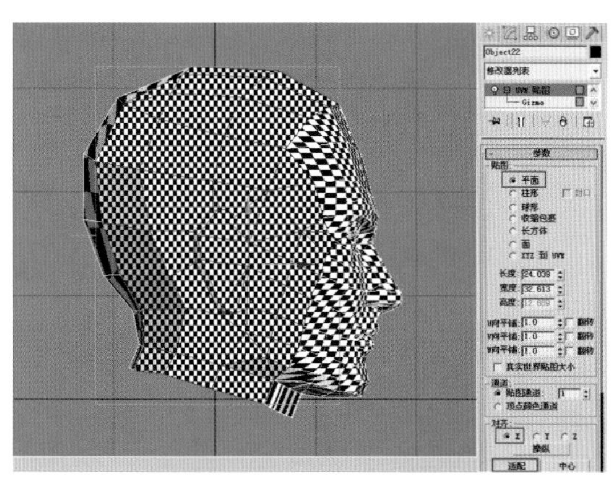

（b）调整UVW坐标的完成效果

图5—28　调整UVW坐标

（4）完成侧面的UVW坐标指定之后，为侧面模型指定“UVW展开”修改器。然后单击“编辑”进入UVW编辑器，采用手动的方式调整UVW坐标的顶点，使棋盘格的黑白图案排布均匀平整。调整后的效果如图5—29所示。接着塌陷保存已经调整好的UVW贴图坐标。

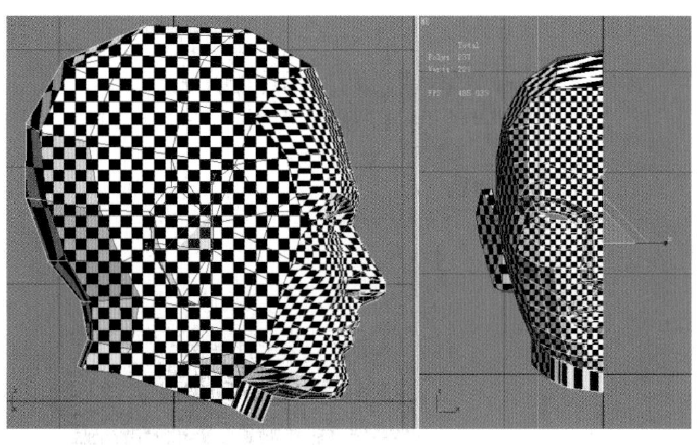

图5—29　侧面指定平面坐标效果

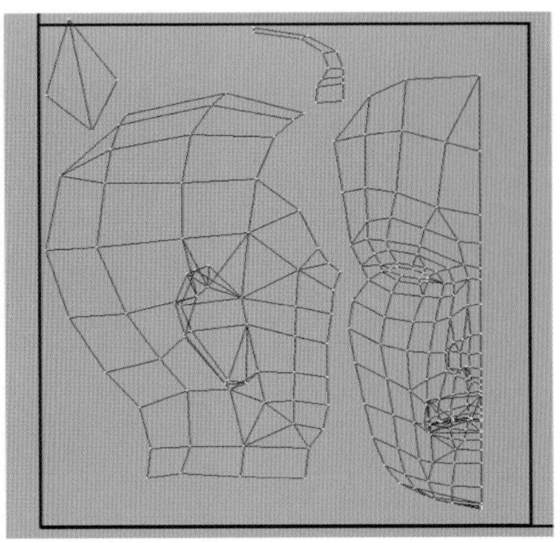

图5–30 头部UVW坐标的编辑

（5）为整个头部模型指定“UVW展开”修改器，进入UVW编辑器，将已经展开的头部侧面和正面的UVW贴图坐标线全部排放在第一象限内，结合头部模型对UVW的顶点作细微调整，如图5–30所示。

（6）在“编辑UVW”对话框中执行菜单中的“工具|目标焊接”命令，把头部侧面和正面的UVW坐标顶点连接起来，使这两个部分的UVW成为一体。同时对拉伸部分较大的地方再次手动进行调节，如图5–31所示。

（7）分离耳朵部分重叠在一起的UVW坐标。选择UVW编辑器中▣（边子对象模式），选中耳朵与头部连接的边，单击执行“工具|断开”命令，将耳朵的UVW坐标线打断，与头部整体UVW坐标线分离，与头部整体UVW坐标合理排放在一起，效果如图5–32所示。

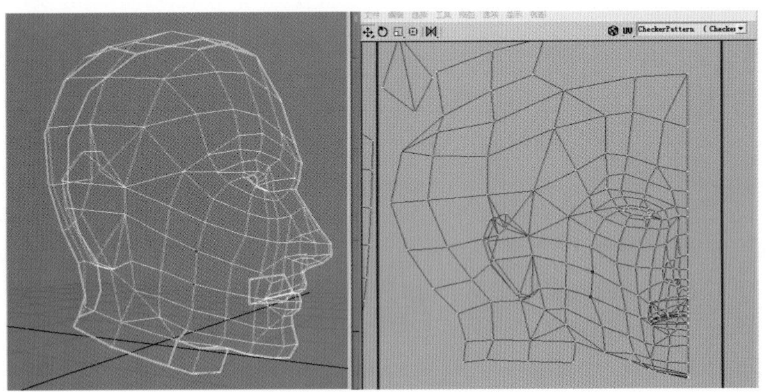

图5–31 头部UVW编辑效果

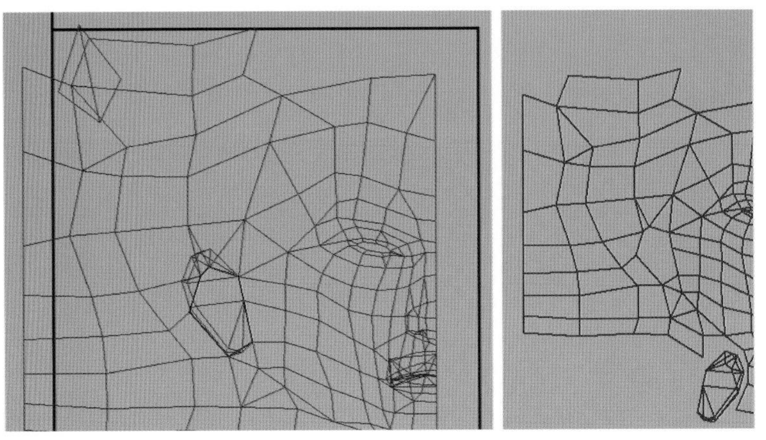

图5–32 断开耳部UVW进行整体编排

（8）最后把后脑部分的UVW坐标也进行编辑，编排到第一象限内的合理位置。由于网络游戏NPC有独立的装备系统，因此在输出UVW贴图坐标纹理时要充分利用每处坐标空间。

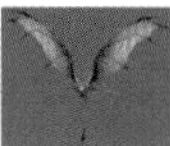

最终头部的UVW编排效果如图5–33所示。

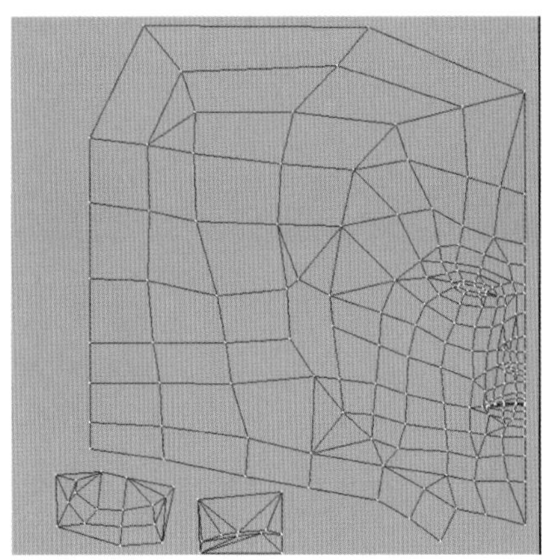

图5–33　头部的UVW整体编排效果

## 5.2.4　制作角色身体模型

前面主要介绍了男性NPC角色头部模型的制作技巧，接下来详细讲述男性角色身体部分的模型制作。在制作NPC角色的身体装备部分时，要根据原画的结构来创建模型。

### 1. 角色身体结构的分析

(1) 在制作男性角色时要注意区分与女性人体的形体差别。在开始制作之前，首先要了解男性人体骨骼和躯干的基本结构，这样才能在角色建模时正确把握人物的基本造型。人体骨骼的基本结构参照如图5–34所示。

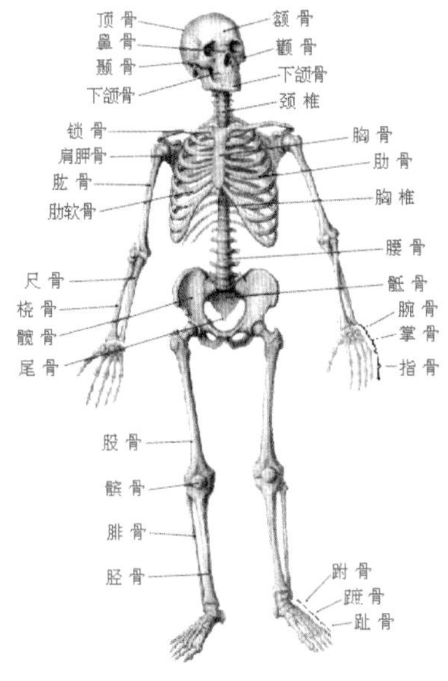


图5–34　人体骨骼的基本结构

(2) 仔细分析头部和躯干部分的比例关系。在游戏中可以对所制作的角色的形体有意夸张或者变形，但还是要遵循最基本的人体结构，男性人体的基本形体结构如图5–35所示。在制作中还要注意观察和了解人体各个部分的肌肉结构，以便帮助理解人体关节的动态节奏，为后期的动画制作提供依据。男性人体的肌肉结构如图5—36所示。

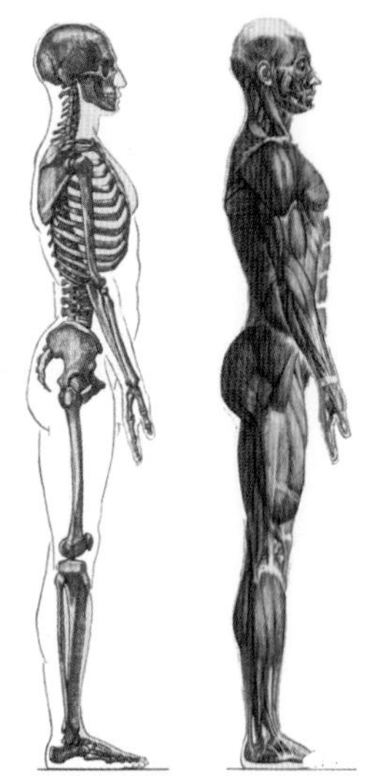

图5—35　男性人体的基本形体结构

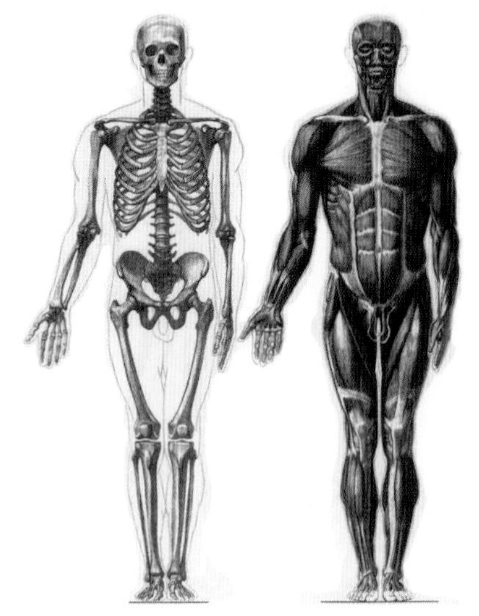
图5—36　男性人体的肌肉结构

（3）在了解掌握人体的基本形体比例结构以后，下面根据原画中角色的身体特征来进行模型的塑造。在这里可以参照和观察图5—37中的结构线，同时还需要考虑身上的装备和各个配件之间的关系，这将直接影响到后面的建模工作。

图5—37　模型身体和装备的结构线

## 2．身体模型的制作

### 1）上身模型的制作

在制作过程中，要抓住男性角色的结构特点，把握原画设计和制作主旨，按照游戏角色NPC制作规范开始进行游戏角色身体模型的创建。

（1）创建一个长、宽、高分别为50、50、80的长方体，如图5—38（a）所示。然后右击（选择并移动）工具，从弹出的面板中将X、Y、Z均设置为0，如图5—38（b）所示。

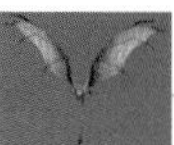

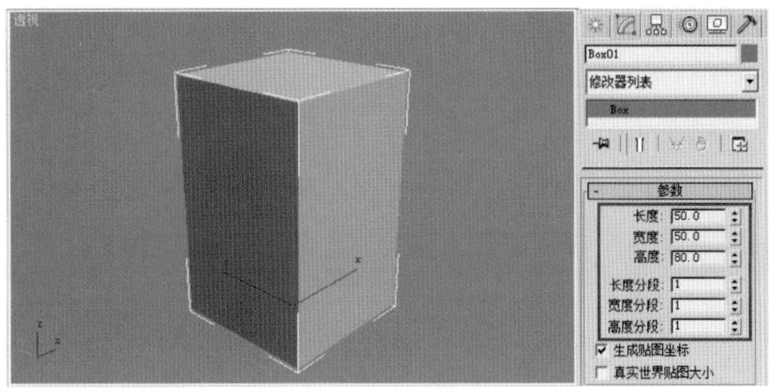


（a）创建长方体

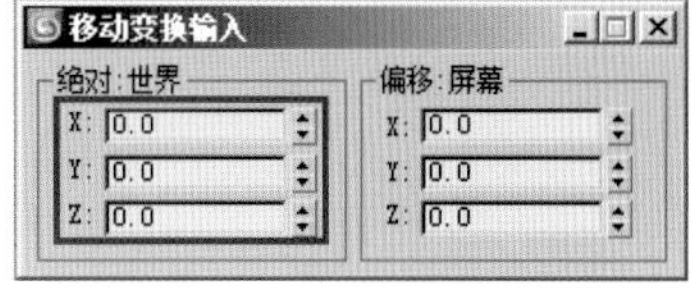


（b）将坐标归0

图5-38　制作长方体

（2）选择长方体，指定“网格平滑”修改器，然后设置迭代次数为2，如图5-39所示。然后塌陷保存修改器的变化效果。

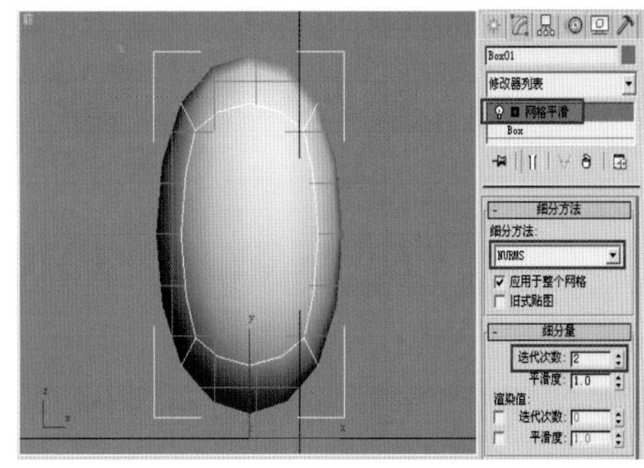


图5-39　添加网格光滑效果

（3）为多边形物体指定FFD 4×4×4的修改器，如图5-40（a）所示。然后进入“控制点”层级，在前视图中对多边形物体进行变形修改，接着在左视图中调整男性身体的基本造型，效果如图5-40（b）所示。

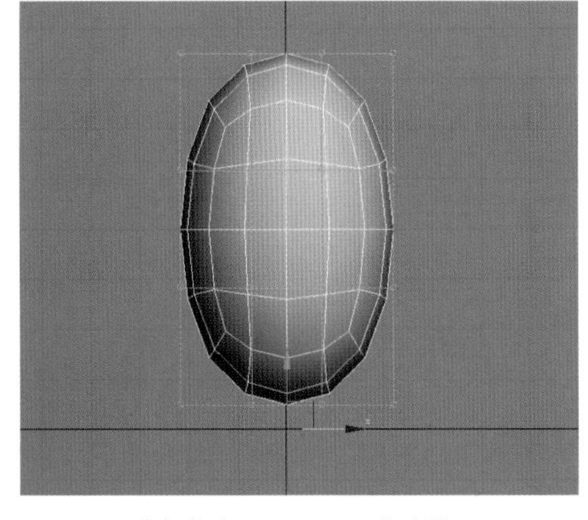

（a）指定FFD 4×4×4修改器

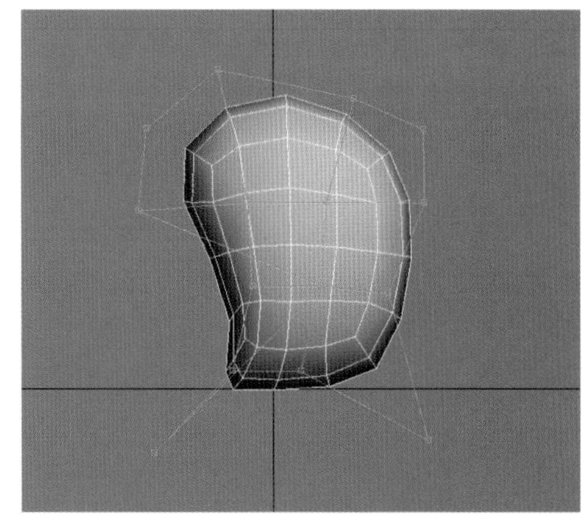

（b）在左视图中调整身体造型

图5-40　指定修改器并调整身体造型

（4）从正面调节角色身体的基本结构。方法：在前视图选中物体，然后进入■（多边形）层级，选择模型身体左半边的多边形进行删除，接着利用工具栏中的镜像（镜像工具）以实例的方式复制出左边的模型。最后进入⁚（顶点）层级，选中“使用软选择”复选框，如图5−41中A所示，再调整身体模型，如图5−41中B所示。

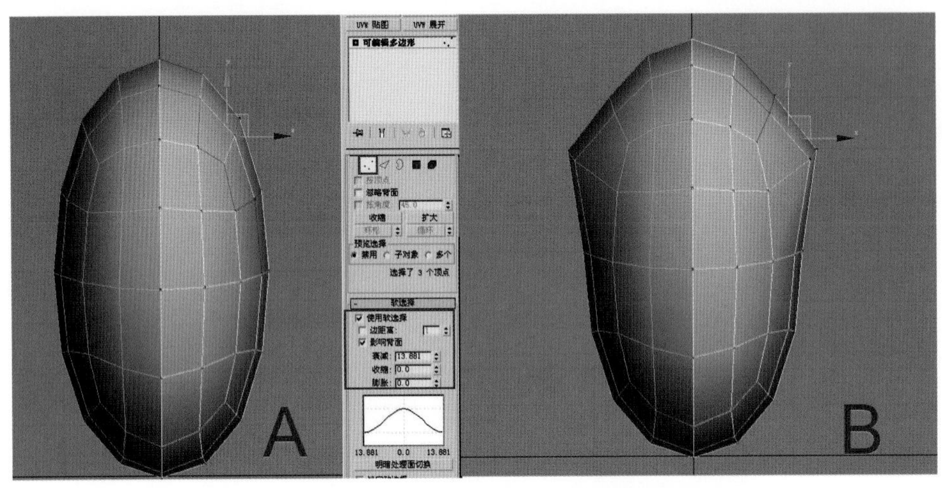


图5−41　正面调整身体模型

（5）调整模型时会发现，角色身体的细节不够，下面进入⁚（顶点）层级，使用剪切工具为角色身体添加线段，然后选中“使用软选择”复选框，进一步调整角色的形体结构，如图5−42所示。

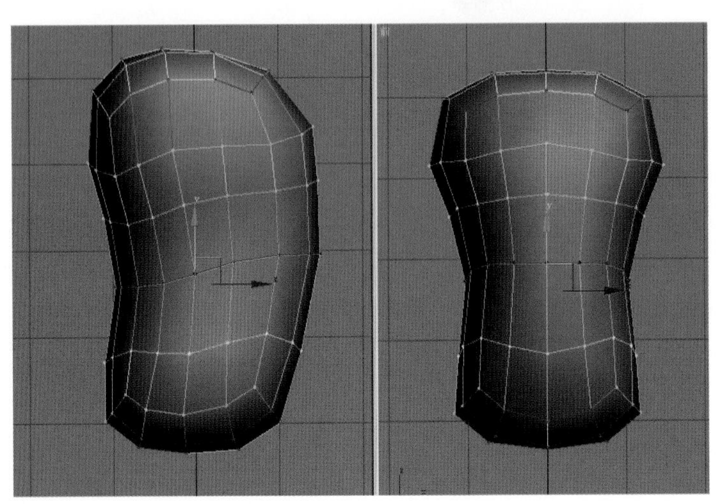

图5−42　腰部添加细节效果

（6）在前视图和左视图中对角色身体的结构线作细节调整，主要对肩部、胸部、腹部、臀部的结构线进行编辑。由于是男性角色，因此在调节顶点和边的时候注意形体的特征变化，调整后的效果如图5−43所示。

（7）接下来在各个视图对角色正面形体结构线进行调整。方法：进入⁚（顶点）层级，从透视图调整模型侧面的顶点，使之能够比较符合原画角色的身材体型。调整时要注意胸部、腹部、臀部的基本形体变化以及胸、腹之间的结构变化，效果如图5−44所示。

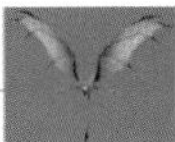

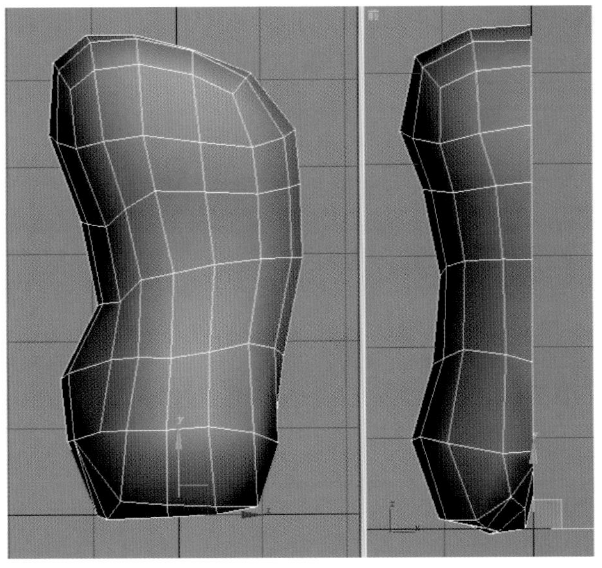

图5-43　身体结构线的细节调整效果

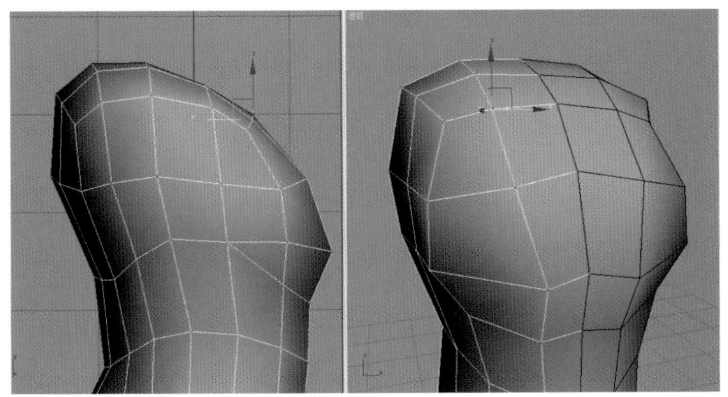

图5-44　调整胸部结构线效果

（8）刻画手臂细节。方法：进入⁚（顶点）层级，使用“剪切”命令，在左视图中为角色模型的肩膀部位添加边，然后结合身体部位的布线，从侧面拉伸边，从而初步编辑出手臂和肩部的造型，效果如图5-45所示。

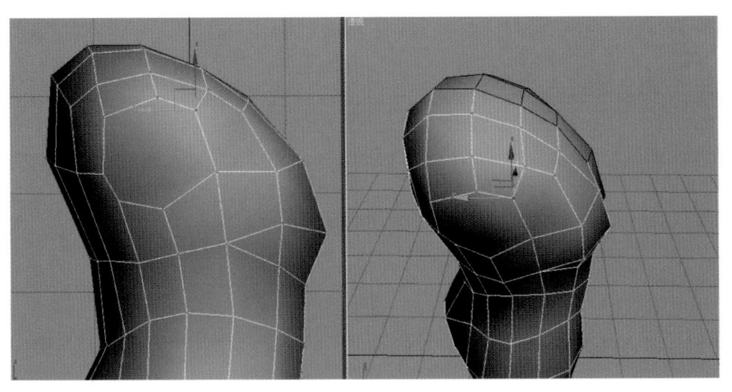

图5-45　手臂和肩部的基本造型

（9）进入透视图，根据男性角色的造型特点对身体的肩部和胸部添加边，然后进入■（多边形）层级，删除用于拉伸手臂的多边形，如图5–46所示。

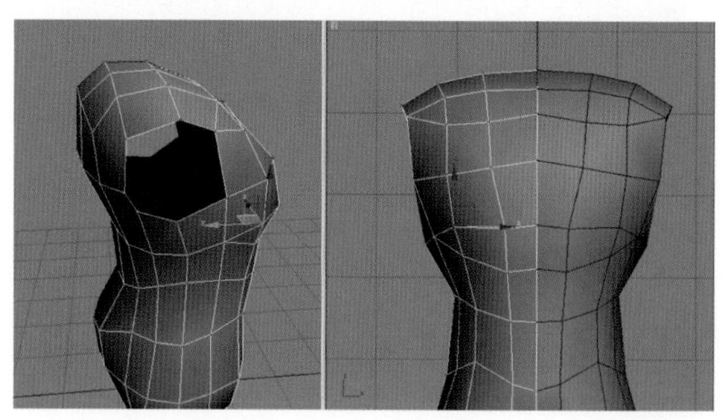

图5–46　调整身体结构线并删除用于拉伸手臂的面

**提 示**

这里要注意与第4章制作女性角色之间的形体区别。本例制作的这个角色是男性NPC，整个身体和装备是一体化的模型。

（10）拉伸出手臂造型。方法：进入◁（边）层级，单击循环按钮，选择构成拉伸手臂部分一圈边，如图5–47所示。进入前视图，按住<Shift>键并拖动选中的边，从而拉伸出手臂造型。拉伸时需考虑游戏引擎能够支持的模型面数，在拉伸关节部位时还要考虑为模型适当添加边，从而使身体和手臂之间的转折在后期动画制作时能很好地过渡，如图5–48所示。

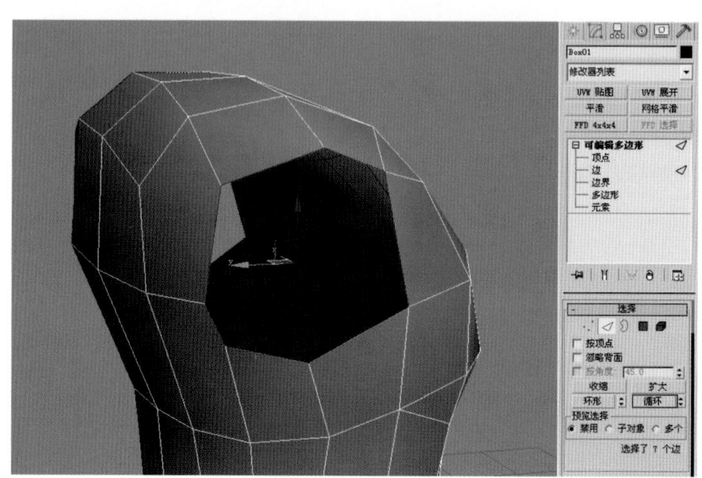


图5–47　循环选择线段编辑手臂造型

（11）进入⁛（顶点）层级，在透视图中进一步调整对男性NPC角色胸部和手臂的造型，主要要处理好胸部、背部及手臂之间的关系，如图5–49所示。

（12）制作角色腰部的装备。方法：进入◁（边）层级，选择腰部的底边，按住<Shift>键向上拉伸，从而制作出腰部的装饰物体，如图5–50（a）所示。同理，进入■（多边形）层级，按住<Shift>键复制选择的多边形，从而制作出腰带护甲部分的模型，如图5–50（b）所示。

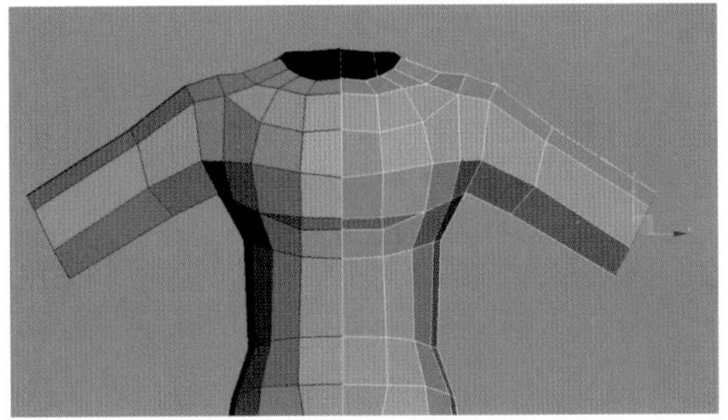

图5-48　拉伸手臂线段的效果

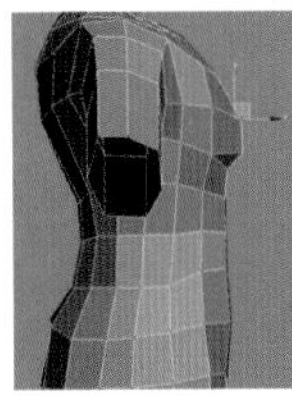
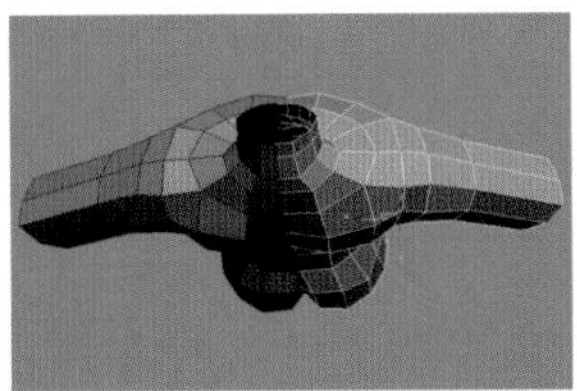
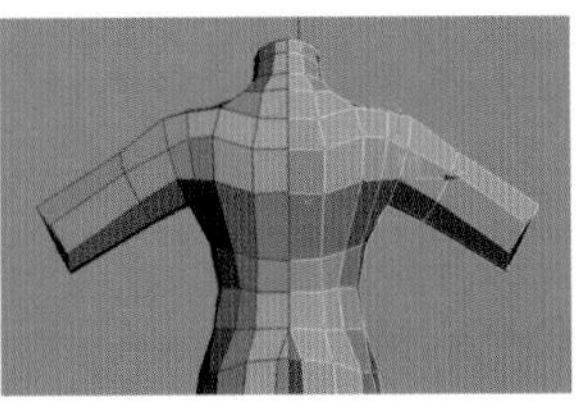

图5-49　在透视图调整上身的效果

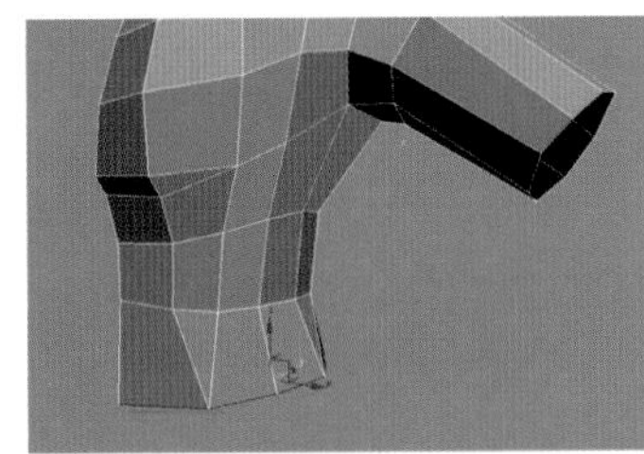
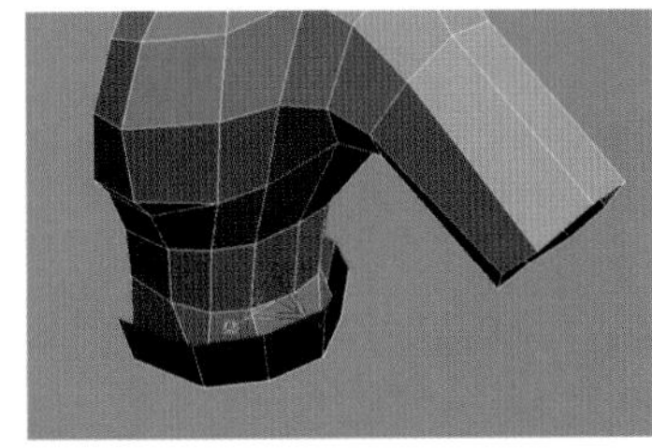

（a）腰部的装饰物体

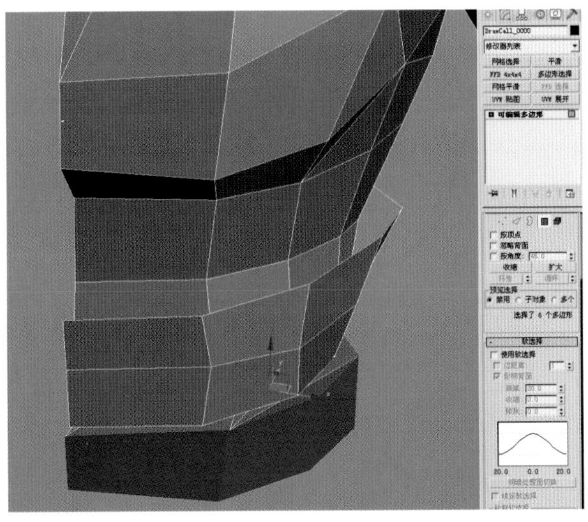

（b）腰带护甲部分的模型

图5-50　制作腰部的装备

（13）选择角色胸部模型，按照胸部装备的结构分别调整顶点、边、多边形的布局。并沿胸部外沿下部拉伸一条线段，制作出胸部的转折线，如图5-51所示。

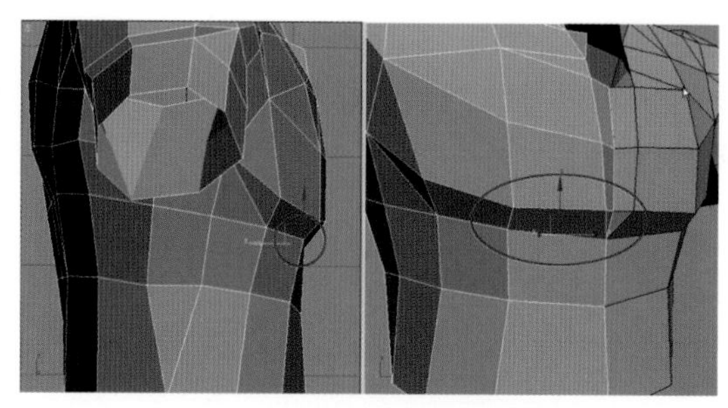

图5-51　拉伸胸部结构效果

（14）观察原画设定，制作角色前肩部与胸部装备的造型。进入（边）层级，使用剪切工具添加模型肩部的边。然后进入（顶点）层级，使用（选择并移动工具）调整顶点，拉出装备造型，注意处理好装备与胸、肩部位的关系，效果如图5-52（a）所示。

（15）接下来进入（多边形）层级，选中前胸部的多边形，并按住<Shift>键进行复制。然后根据原画设定，进入（顶点）层级和（边）层级，调整复制出来的多边形，从而制作出前胸部的装备造型，如图5-52（b）所示。接着刻画出肩部、领口等上身装备的细节，最终效果如图5-52（c）所示。

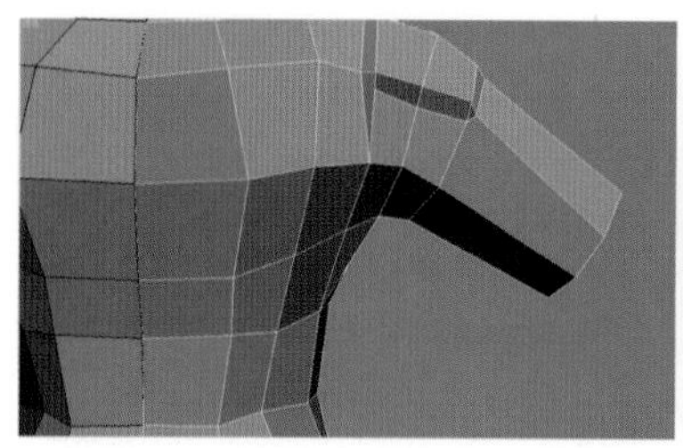

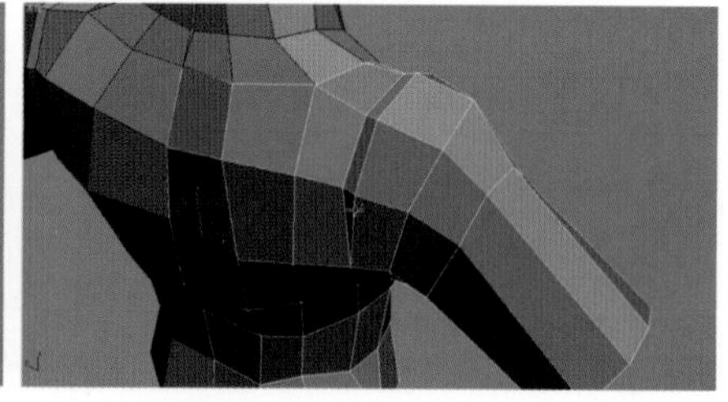

（a）初步编辑出肩部的装备造型

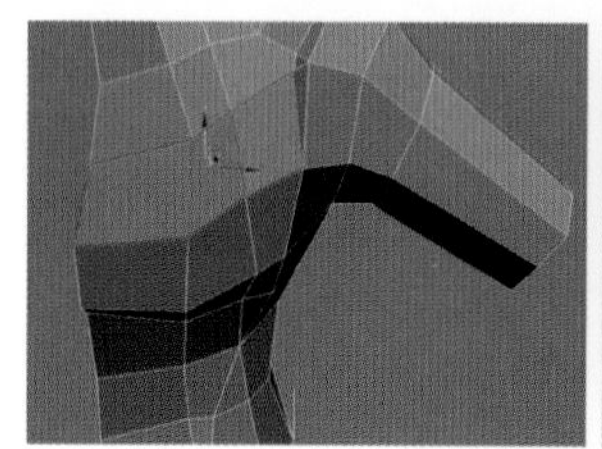

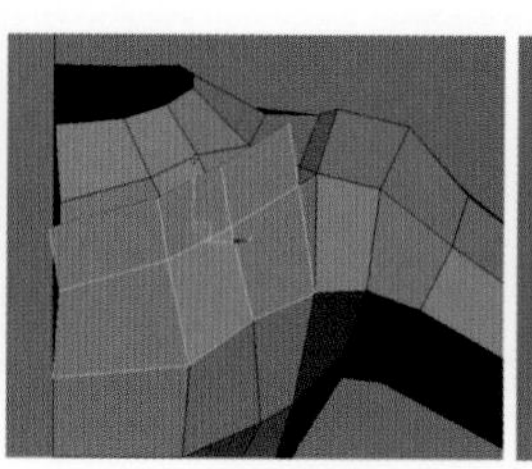

（b）制作前胸部装备造型

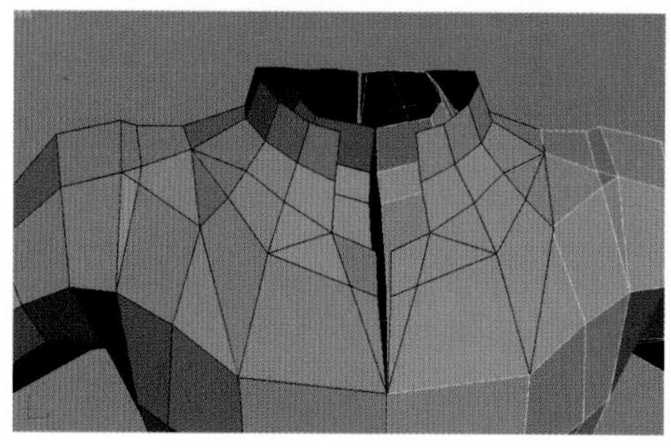

（c）完成上身的装备造型

图5-52　制作上身装备模型

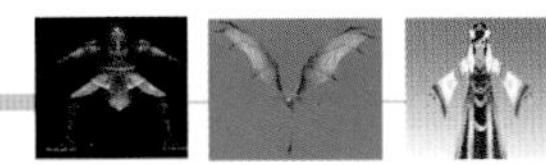

（16）制作脖子造型。方法：隐藏制作好的前胸部装备，然后进入◁（边）层级，增加角色脖子部位的边。接着根据脖子与肩部、胸部、领口造型的关系进行调整，如图5–53中A所示。最后选中脖子上端的一圈边，按住<Shift>键拉伸出脖子的造型，再取消隐藏的装备造型，如图5–53中B所示。

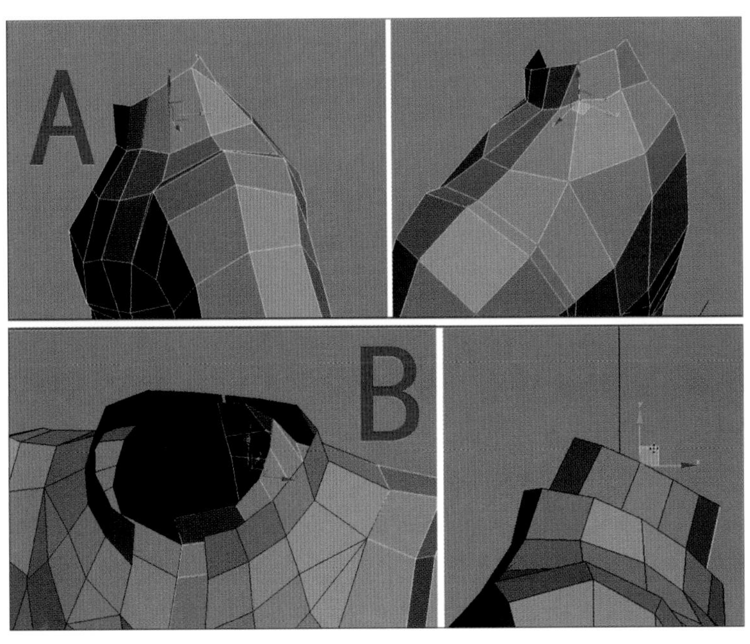


图5–53　完成上身的装备造型

（17）完善角色手臂造型。方法：首先在透视图继续完善角色身体部分的造型，然后进入◁（边）层级，选择手臂最外侧的一圈边，按住<Shift>键拉伸出上臂和前臂的基本造型，如图5–54所示。

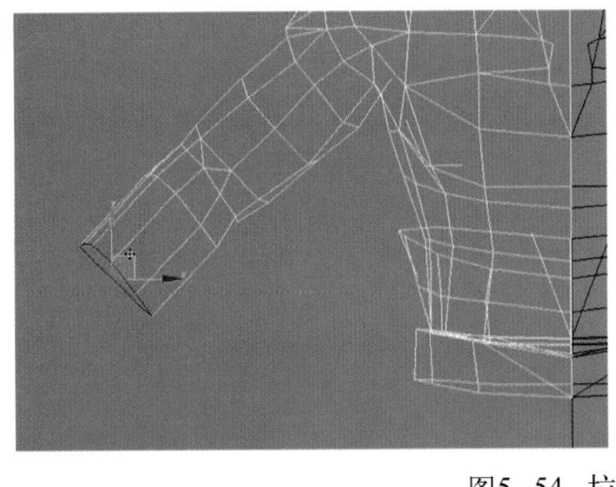

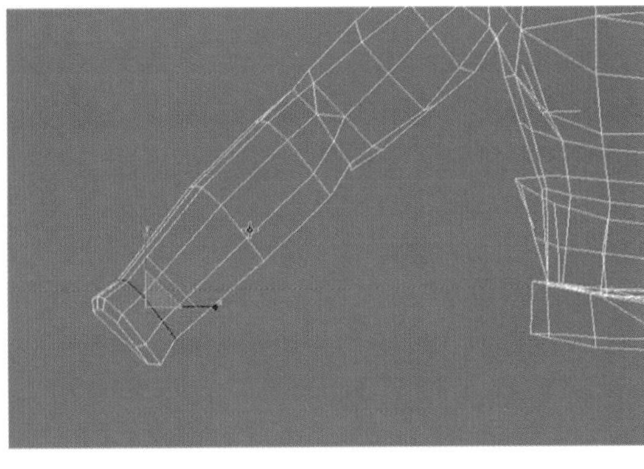

图5–54　拉伸出手臂的效果

**提 示**

手臂造型要注意结合手臂部分装备的造型来制作。

（18）完成手部模型制作。方法：根据网络游戏的通用性，参考原画设定的造型特点，采用一个比较接近的手部模型进行编辑，尽量匹配前面制作的手臂衔接位置的结构线段，如图5–55所示。

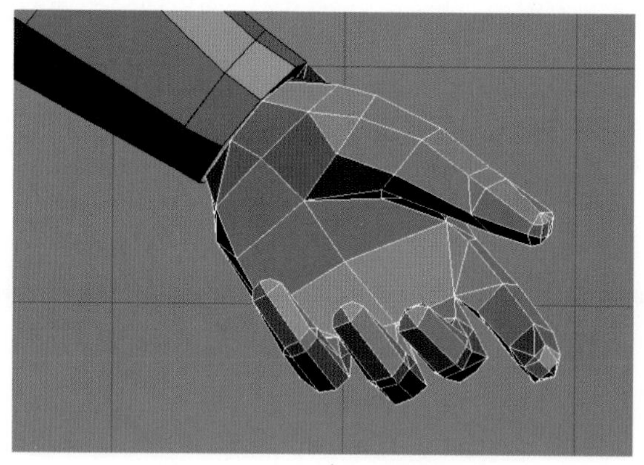

图5–55　手部模型调整效果

2）下身模型的制作

（1）制作角色腿部的装备。在制作时要结合原画设定处理好腿部装备与上身装备之间的关系。方法：进入◁（边）层级，拉伸出大腿部分的护具装备，然后分别在⁝（顶点）和◁（边）层级模式下，调整拉伸出来的装备造型，使腿部的结构线与肌肉结构保持一致。腿部装备结构初步制作后的效果如图5–56（a）所示。

（2）在透视图中观察模型，然后从大腿侧面和背面拉伸出装备造型，如图5–56（b）所示，接着进入⁝（顶点）层级，完成装备的最后调整，如图5–56（c）所示。

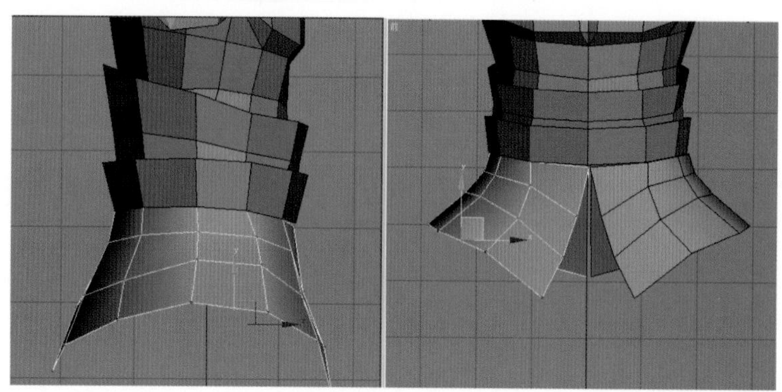

（a）添加腿部装备的效果

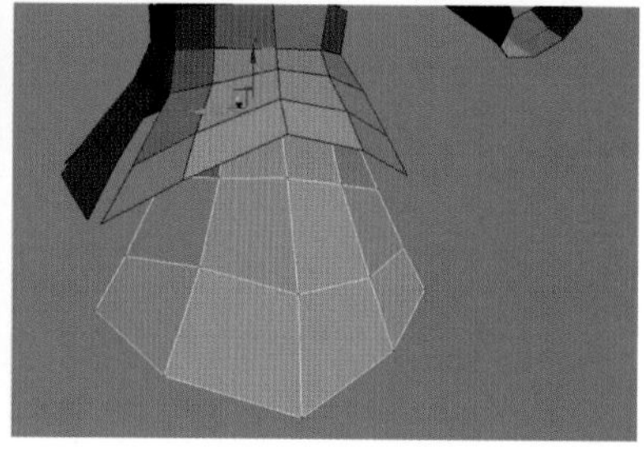

（b）大腿侧面装备的结构

图5–56　制作腿部装饰

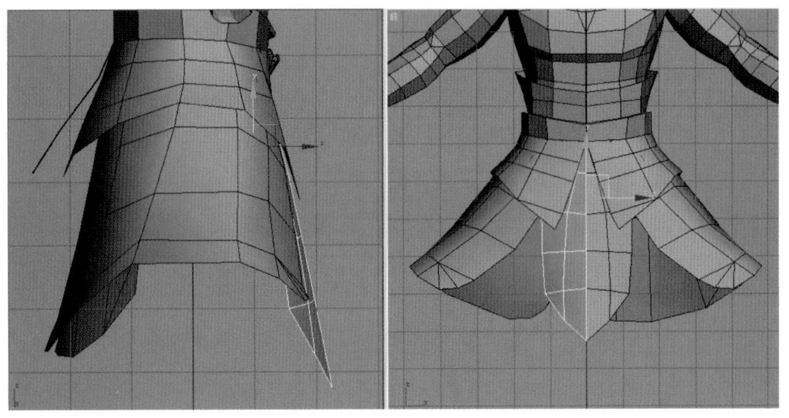

(c) 整体调整的腿部装备效果

图5−56　制作腿部装饰（续）

（3）制作大腿部分模型。方法：进入◁（边）层级，选中臀部下面的边，按住<Shift>键向下拉伸出大腿部分的模型。注意腿部模型的线段要与腿部肌肉的结构走向保持一致，效果如图5−57所示。

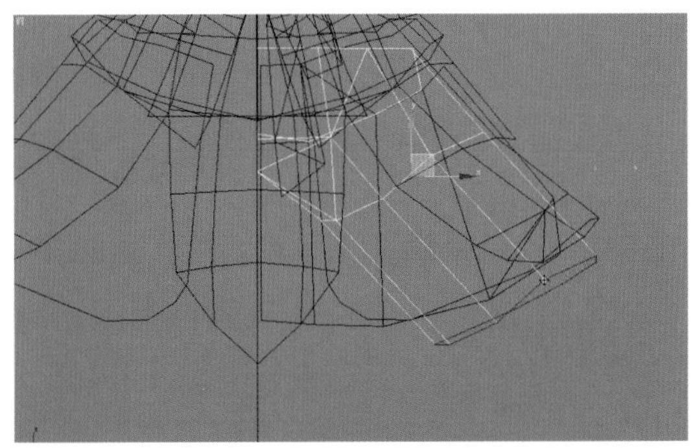

图5−57　编辑大腿基本造型的效果

（4）在游戏制作中，通常大腿和小腿部分是结合在一起进行刻画的，下面按住<Shift>键继续拉伸出关节和小腿部分的基本造型，如图5−58所示。

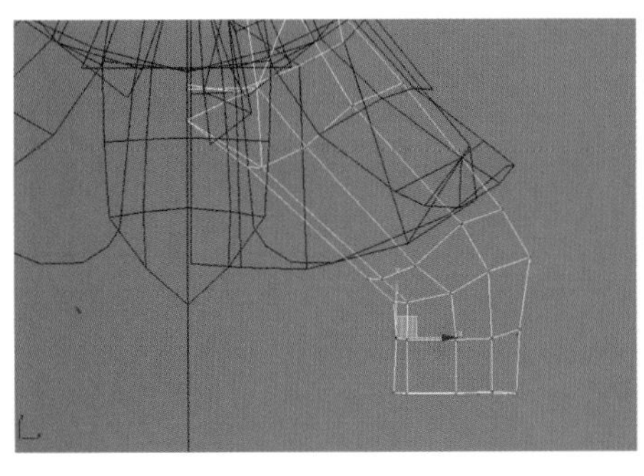
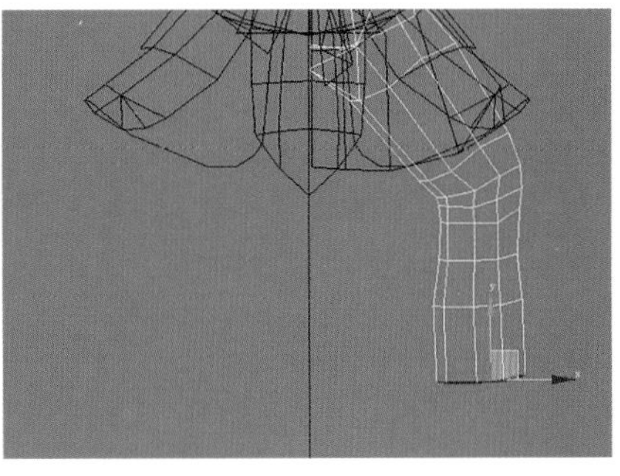

图5−58　拉伸出腿部关节和小腿部分

（5）调整腿部侧面的造型。方法：通过从侧面添加边来调整腿部造型，要注意腿部整体与臀部之间的关系。特别要在关节部位多添加边，如图5−59（a）所示。然后在角色背部创建平面，设置段数为3，接下来将平面转换为可编辑多边形物体，进入⁖（顶点）层级，将模型调整为腿部后面披风的造型，如图5-59（b）所示。

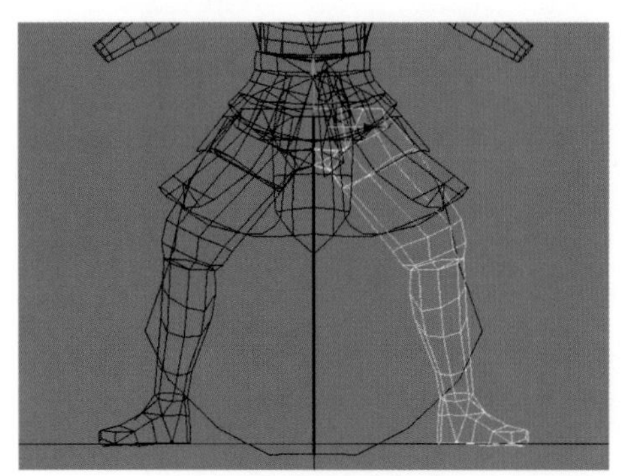
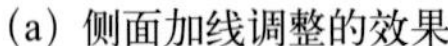

（a）侧面加线调整的效果

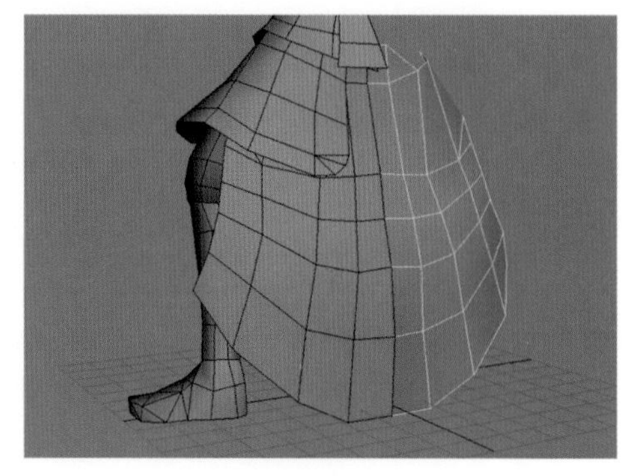

（b）腿部后面披风的造

图5-59　调整腿部侧面的造型

（6）合并模型。制作完成角色身体部分的基本模型后，将头部、身体各部分通过“附加”命令合并到一起，保证模型的一体化结构，如图5-60所示。

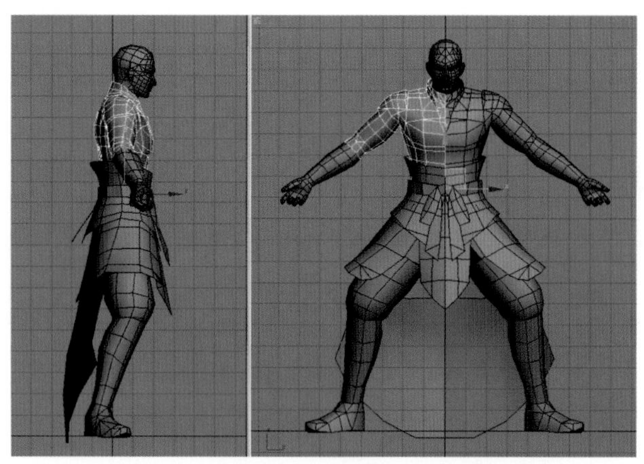

图5-60　制作完成的整体角色模型效果

**提 示**

在完成男性NPC角色的模型制作后，比较原画设定发现角色模型的形体结构有问题，特别在关节转折部位的形体不是很合理，因此对模型的肩部、臀部及肘、手腕、膝等关节部位进行了细节调整，使模型看起来更为完善。

### 3. 身体骨骼设置

在使用3ds Max2012进行游戏制作时，主要通过创建Biped骨骼和为模型指定蒙皮修改器来完成绑定骨骼和动作设定两个过程。

（1）在给角色模型指定骨骼之前，对制作完成的角色模型按照游戏规范进行以下几方面设置：

a．合并创建的男性角色模型的各个部分，注意要同时把关节部位的顶点使用“焊接”命令进行合并，然后进入 （边界）层级检查顶点合并情况，未合并顶点所在的边会出现红色

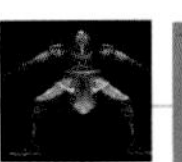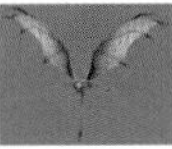

显示。接下来从右视图和前视图进行观察，如图5－61所示。

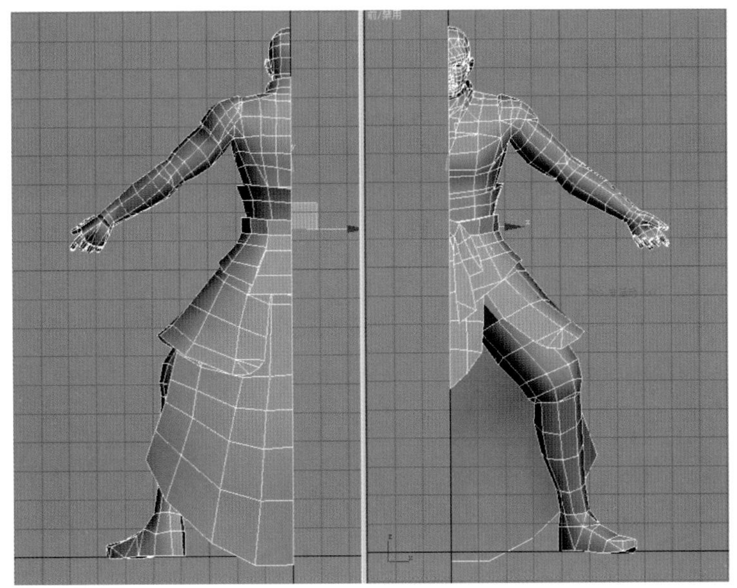

图5－61　合并模型角色整体模型

**提 示**

在为本例一体化模型绑定骨骼时，可以采用首先完成右侧模型的骨骼绑定及蒙皮操作，调整好之后再复制出左侧模型的方法。

b．选中合并后的模型，单击工具面板中的“重置变换”按钮，然后单击“重置选定内容”按钮，纠正模型中错误的顶点信息，如图5－62所示。接着塌陷保存应用“变换”后的效果。

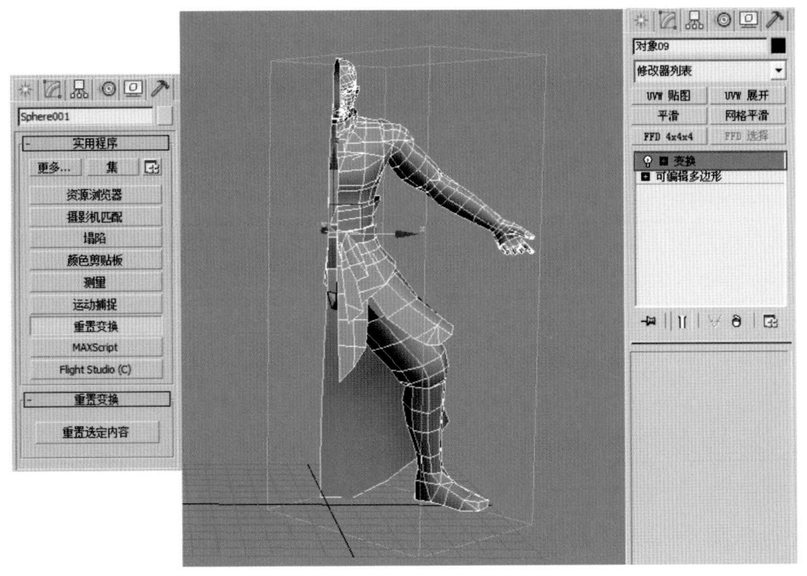


图5－62　重置变形设置

c．检查模型的面数。进入“文件”菜单选择摘要信息，在弹出的对话框中查看制作的模型的基本信息，如图5–63所示。

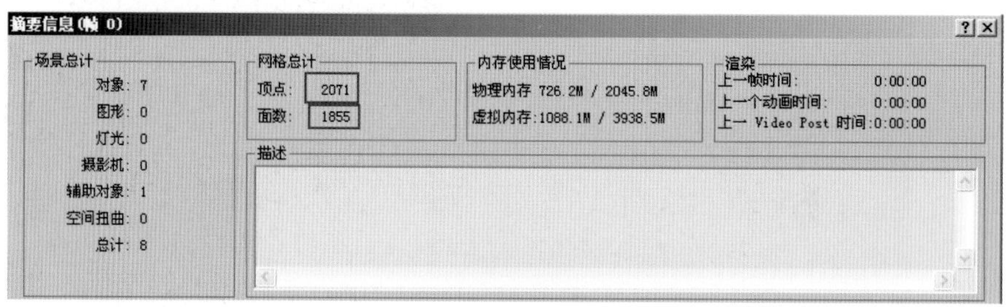


图5–63　模型面数信息显示

d．设置角色模型的坐标轴心点为原点（0，0，0）。进入（层次）面板，单击“仅影响轴”按钮，如图5–64中A所示。然后右击工具栏中的（选择并移动）工具，设置对话框中的X、Y、Z坐标值都为0，如图5–64中B所示，将模型的轴心点归零。

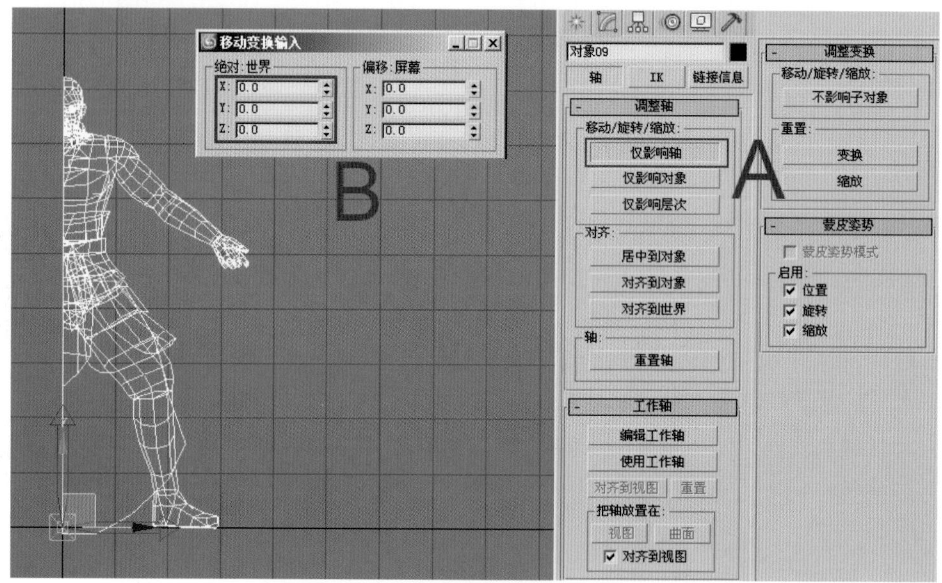


图5–64　设置模型坐标到坐标原点

（2）为了调整出角色的基本造型，下面对角色的骨骼进行简单设定。方法：首先隐藏男性NPC的模型。然后单击（创建）面板下（管理）中的 “Biped”按钮，开始创建Biped骨骼，设置参数如图5–65所示。

（3）根据步骤（2）中设置的创建参数，在透视图中用鼠标拉出一个基础的男性骨骼，如图5–66中A所示。然后调整参数如图5–66中B所示。接着右击工具栏中的（选择并移动）按钮，在弹出的对话框中设置X、Y轴坐标为0。

（4）显示被隐藏的男性NPC的模型，进入（运动）面板，激活（体形模式），匹配骨骼与角色模型的高度，如图5–67所示。

（5）完全匹配骨骼与模型。方法：进入（体形模式）状态，选择轴心点骨骼移动到模型的臀部中心，如图5–68（a）中A所示。然后调整胸部和手臂部分的骨骼，尽量保持骨骼

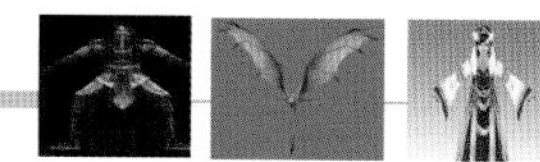

和模型在大小、位置、角度方面的一致，如图5−68（a）中B所示。接下来对下身骨骼和下身模型进行匹配，注意处理好与关节部位对应的骨骼位置关系，如图5−68（b）所示。

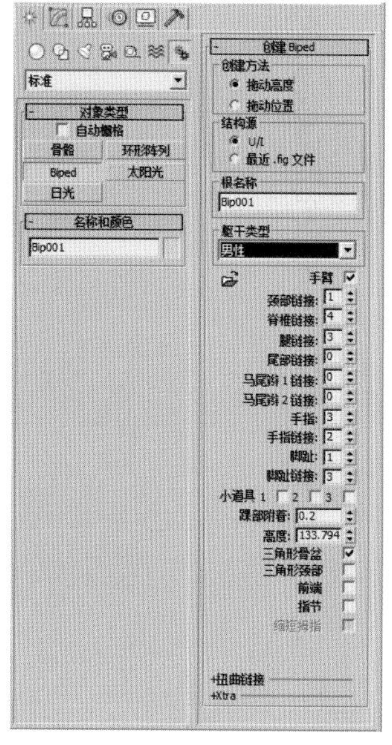


图5−65　骨骼的参数设置

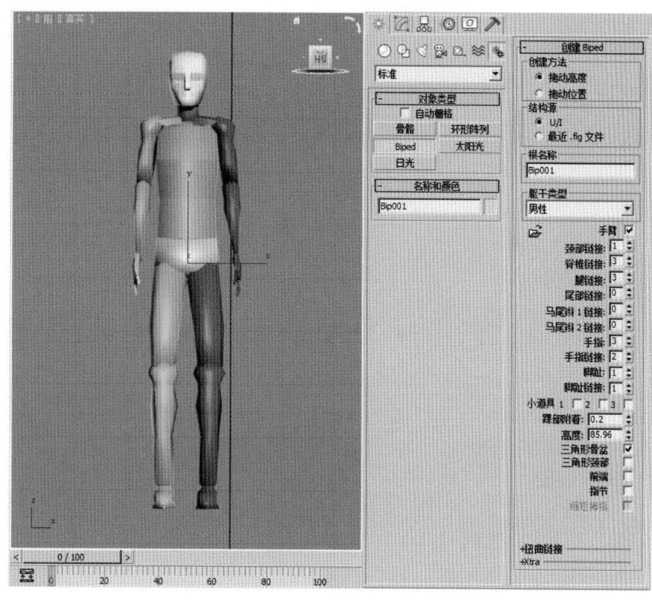


图5−66　设置骨骼基本参数

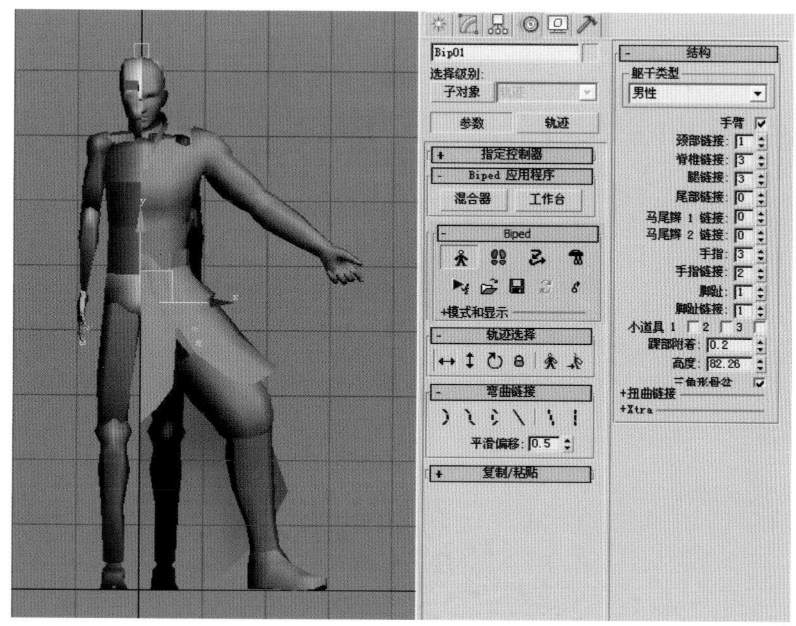


图5−67　匹配骨骼和模型的初步效果

（6）选择指定好骨骼的模型，进入（修改）命令面板，在修改器列表中选择“蒙皮”命令。然后单击“添加”按钮，如图5−69中A所示。接着在弹出的“选择骨骼”对话框中按<Ctrl+A>组合键选中全部骨骼，单击“选择”按钮，如图5−69中B所示。完成蒙皮操作。

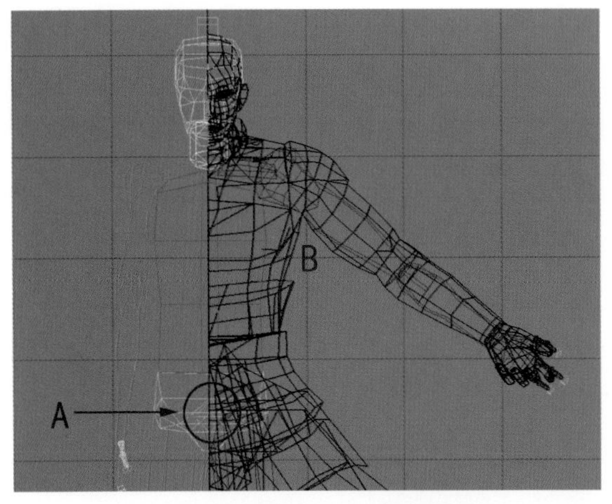


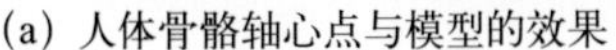
(a) 人体骨骼轴心点与模型的效果

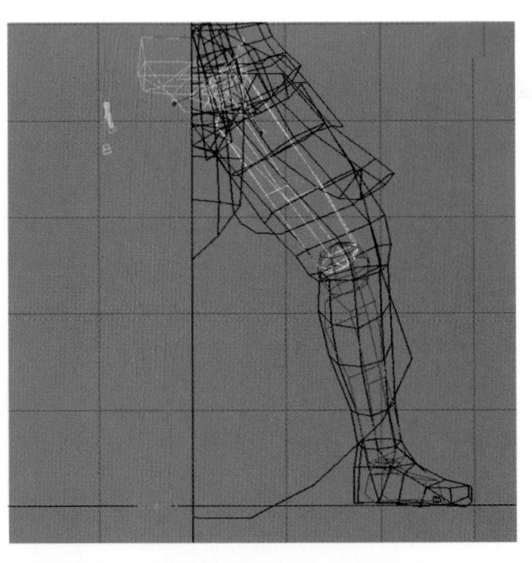
(b) 骨骼与下身模型匹配对效果

图5–68　完全匹配骨骼与模型

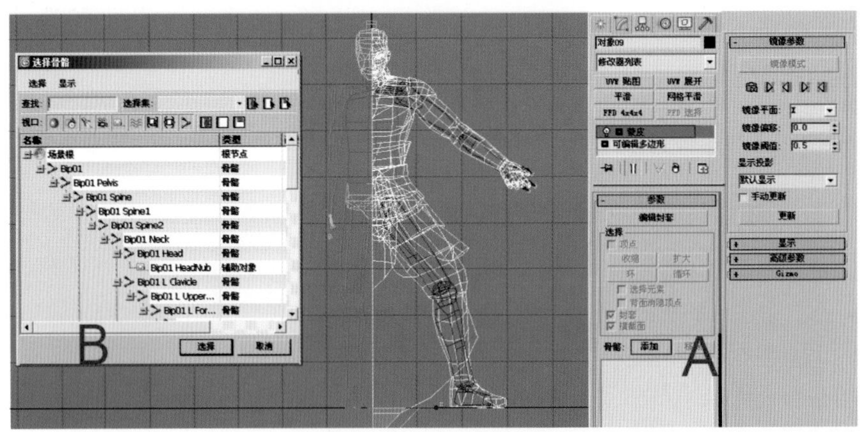


图5–69　角色蒙皮的效果

**提 示**

角色动画蒙皮的规范部分在后续的动画模块再进行细节讲解。

(7) 给绑定骨骼的模型设置蒙皮权重点。方法：单击（权重工具）按钮，如图 5–70a 中 A 所示，然后在弹出的“权重工具”面板中根据骨骼点的排列对角色模型各个部分进行不同权重值的设置，重点是对关节部位的权重值设置，如图 5–70 (a) 中 B 所示。接着观察手臂骨骼的权重点设置，再利用“权重工具”从各个角度细微调节整体模型的骨骼权重值，权重工具的设置如图 5–70 (b) 所示。

(8) 完善身体其他部位的权重设置，同时对骨骼进行细微地移动和旋转，使骨骼与模型更好地匹配。然后观察指定了“蒙皮”修改器之后，模型和骨骼之间的关系变化。通过调节骨骼和整体模型的结构，使角色模型符合原画中所设置的姿势形态。接下来进入（运动）面板的（体型模式），调整手臂造型，如图5–71 (a) 中A所示。再依次单击“复制/粘贴”展卷菜单中的（创建集合）下（复制姿态）按钮后单击（向对面粘贴姿态）按钮，如图5–71 (a)

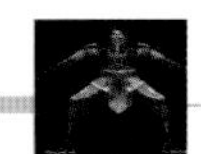
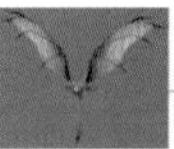

中B所示，从而复制出另外一侧骨骼的姿态，如图5–71（a）中C所示。同理复制出腿部的骨骼姿态。最后使用（镜像）命令复制模型另一半，效果如图5–71（b）所示。

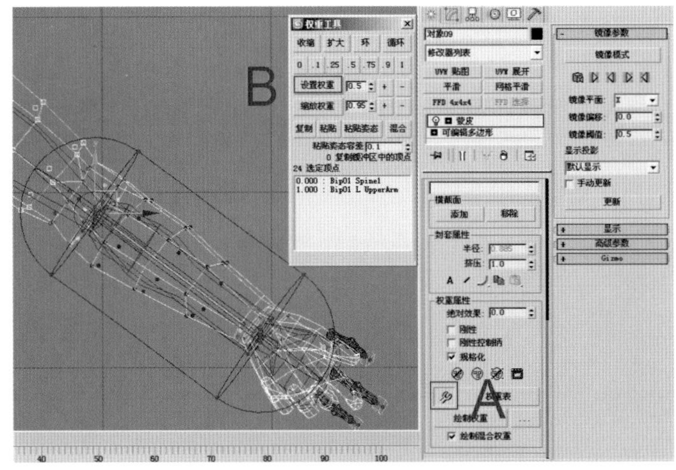


(a) 设定手臂关节部位骨骼的权重值

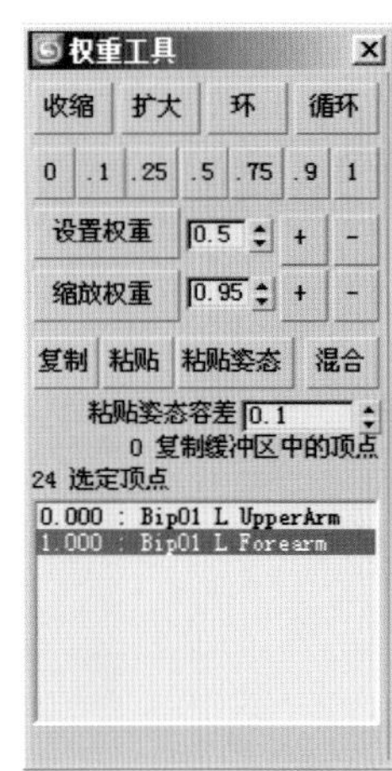


(b) 权重工具面板

图5–70 设置蒙皮权重点

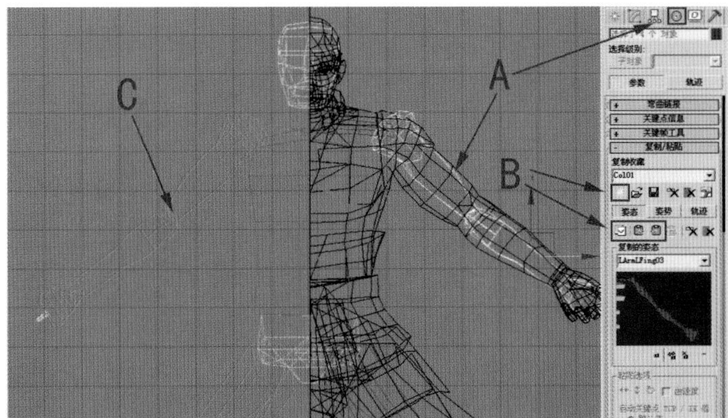


(a) 调节并复制骨骼姿态

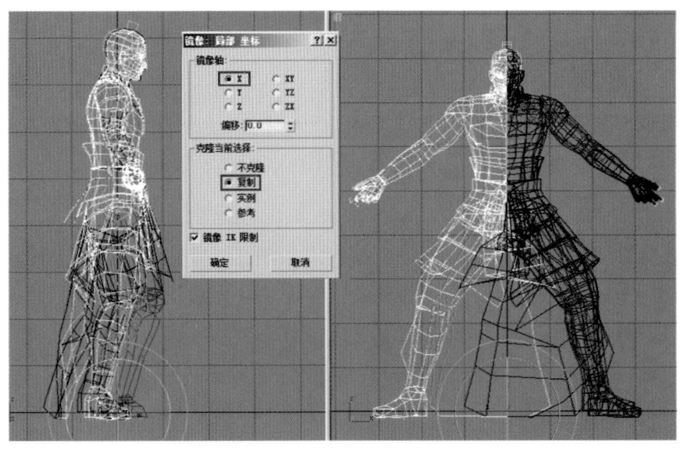

(b) 设置好角色骨骼，蒙皮的模型

图5–71 完善其他部分的权重设置

### 5.2.5 角色的身体UVW编辑

制作完成角色身体的模型后，下面进行身体模型的UVW贴图坐标编辑。编辑时要注意根据角色贴图一体化的特点和规范，处理好身体各部分结构之间的UVW空间分配比例，这对后期贴图细节的制作有非常重要的意义。

（1）给身体模型指定UVW坐标。方法：进入■（多边形）层级，选择角色身体部分的面，指定“UVW贴图”修改器，选择为“平面”方式，沿Y轴对齐。然后进入材质编辑器为模型指定棋盘格贴图，并观察身体UVW坐标纹理显示效果，如图5−72所示。

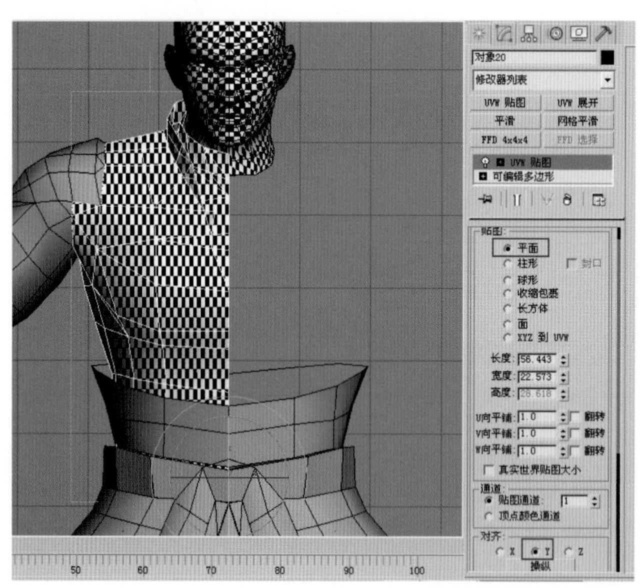

图5−72　身体UVW编辑效果

**提 示**

在游戏角色的身体模型指定UVW坐标时，指定为平面方式，可以解决贴图的正反面拉扯变形问题，更好地表现身体和装备的贴图纹理变化。

（2）调整身体装备的UVW坐标。方法：激活UVW贴图的“Gizmo”模式，使用工具栏中的（选择并均匀缩放）工具沿Y轴进行缩放，使棋盘格贴图显示为均匀的正方形，要注意把接缝的位置放置在侧面，如图5−73（a）所示。同理，为上臂模型指定UVW平面坐标，使用工具栏中的（选择并旋转）工具适当旋转UVW的坐标轴，使之与手臂模型的方向保持一致，如图5−73（b）所示。接下来依次为前臂和手掌部分的模型指定UVW坐标，调整好合适对角度，并使用（选择并均匀缩放）工具调整棋盘格大小分布，如图5−73（c）所示。

（3）调整模型侧面的拉伸。方法：参考本章5.2.3小节中编辑头部UVW坐标的方法，为身体模型指定“展开UVW”修改器。然后单击“编辑”按钮，进入“编辑UVW”对话框，激活（边子对象模式），选中位于身体模型接缝处的边，执行“编辑UVW”菜单中的“工具|断开”命令，将身体的UVW坐标分为前、后两部分。接着调整接缝处的坐标顶点，纠正棋盘格贴图的拉伸，再用“目标焊接”将接缝处的坐标点一一焊接，如图5−74（a）所示。同理将手臂及手掌侧面接缝处的拉伸问题解决，如图5−74（b）所示。最后塌陷保存UV贴图坐标。

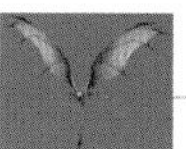

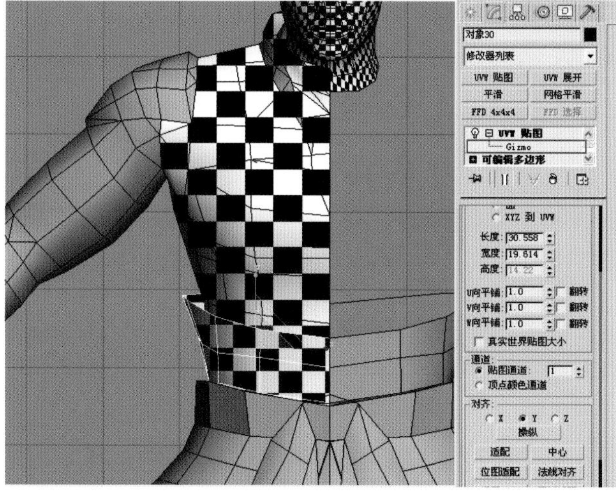


（a）身体及装备的UVW编辑效果

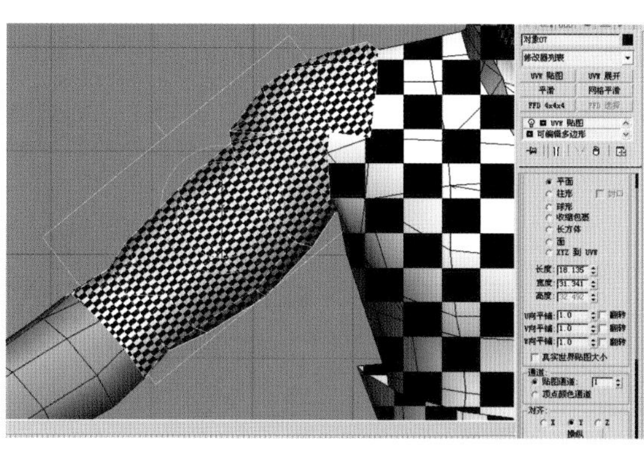

（b）上臂的UVW编辑效果　　（c）整个手臂的UVW编辑效果

图5—73　调整身体装备的UVW坐标

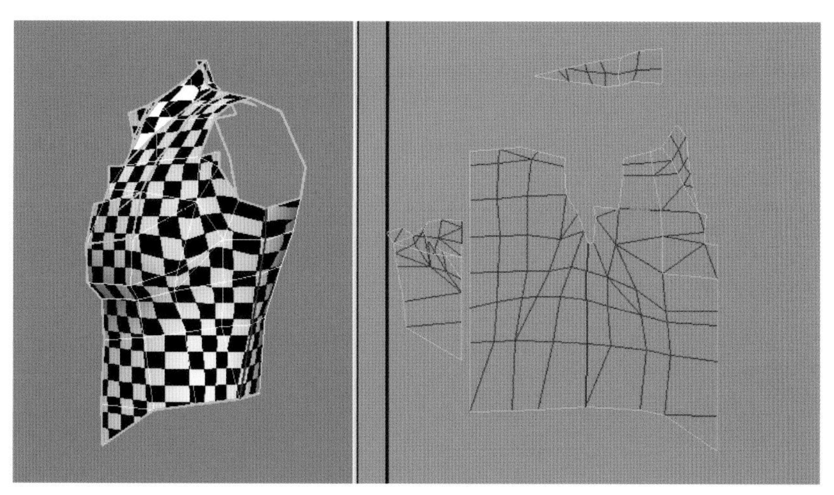

（a）身体UVW坐标的编辑效果

图5—74　调整模型侧面的拉伸

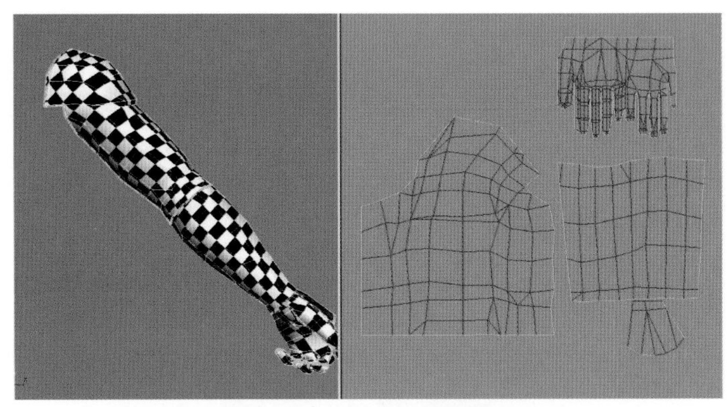

（b）手臂UVW坐标的编辑后效果

图5–74　调整模型侧面的拉伸（续）

（4）完成角色下身部分的UVW坐标编辑。注意下身分为两个部分，参考步骤（3）中的方法，在前视图给腿部指定一个UVW平面坐标，然后在UVW编辑器里使用菜单中的“工具|断开”命令，把腿部的前、后UVW分离，如图5–75（a）所示。接着进行UVW坐标顶点的调整，并将调整好的UVW坐标顶点使用“目标焊接”工具手动融合。融合时注意把断开的UVW接缝隐藏在腿部侧面，如图5–75（b）所示。最后完成调整后，塌陷保存腿部的UVW贴图坐标。

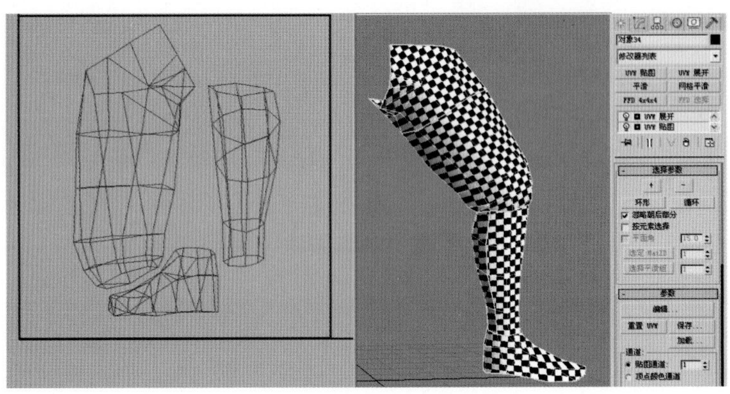

（a）断开UVW的效果

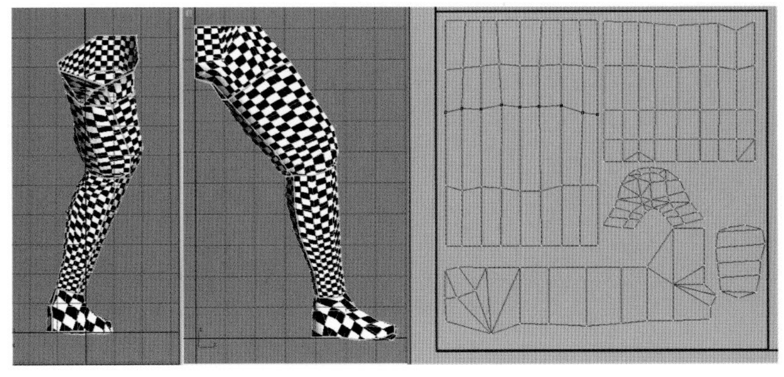

（b）融合腿部UVW坐标后的效果

图5–75　编辑角色下身部分的UVW坐标

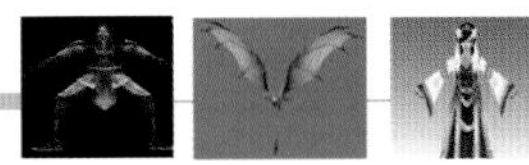

**提 示**

将贴图上的接缝处理在侧面，这样玩家在游戏中，就很难看到出现在角色模型侧面细微的贴图拉伸。

（5）编辑腿部装备UVW坐标。方法：进入■（多边形）层级，分别选择腿部装备的正面和侧面的多边形（面），指定不同轴向的UVW平面坐标，同时进行细节的调整。注意棋盘格的大小分布，如图5–76所示。

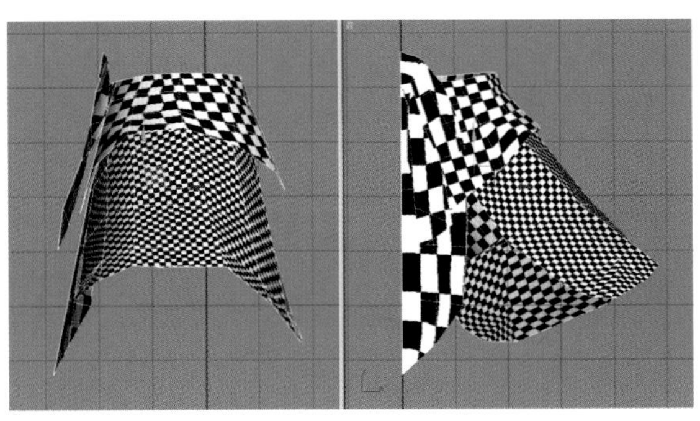

图5–76 调整下身装备的UVW贴图坐标

（6）在完成男性NPC的基本模型和UVW编辑之后，头发部分的制作在此调用一个已经单独完成的模型，在本节角色制作中不做重点分析，如图5–77所示。

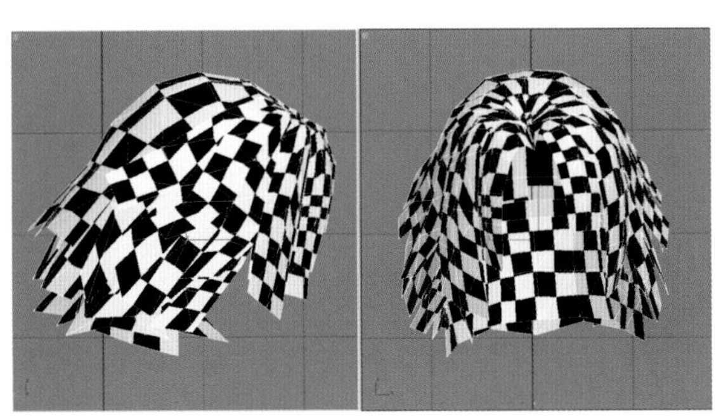

图5–77 头发部分模型和UVW贴图纹理的效果

（7）此时，整个角色的UVW编辑就基本完成。下面从前视图和左视图观察棋盘格排布效果，如图5–78所示。

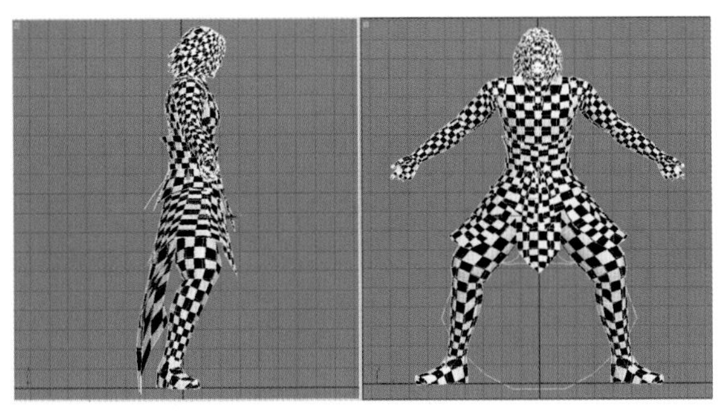

图5–78 编辑整体UVW贴图坐标的效果

### 5.2.6 角色贴图的绘制

本章制作的是网络游戏中的男性NPC角色，不需要考虑换装系统的设定。作为被制作成一体化的模型，每个NPC角色都具有独立的贴图纹理和个性特点。这种多样性的设定为游戏增添了很多的可玩性。

一体化模型的制作中，很多看不到的面都会被优化（删除），所以角色的各个部分UVW显得比较散乱，因此需要对整体UVW进行细致调节和编排，并合理放置于统一的UVW象限空间，这样便于在后面绘制贴图时把握整体材质效果。

#### 1. 男性NPC角色的UVW整体编排

在绘制贴图之前，UVW的合理编排对合理分配后面的材质像素空间至关重要。

（1）首先把完成UVW编辑的各部分模型进行合并，并为模型指定“UVW展开”修改器。然后单击“编辑”按钮进入“编辑UVW”对话框，此时可以看到整个角色模型的UVW的排布非常杂乱，如图5−79（a）所示。下面按照网络游戏NPC角色的制作规范对这些杂乱的UVW坐标进行合理的编排，要注意头部、胸部以及特殊装备等在游戏中被重点显示的UVW贴图坐标所占用的空间较大，鞋子等远视角显示的部分所占空间较小。根据这一原则，完成整体UVW效果如图5−79（b）所示。

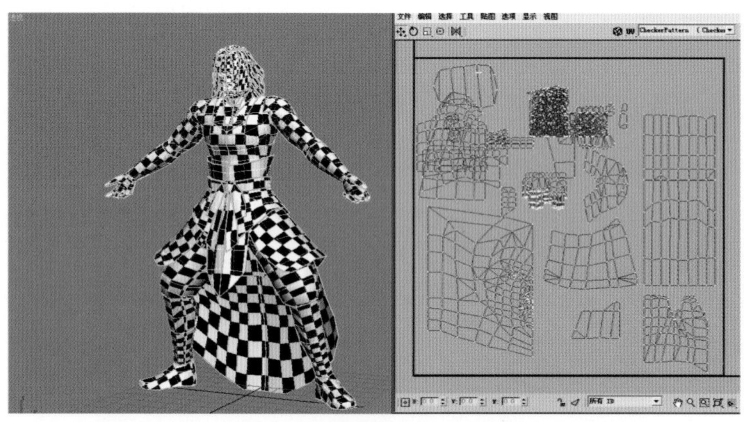

（a）合并模型之后的UVW变化

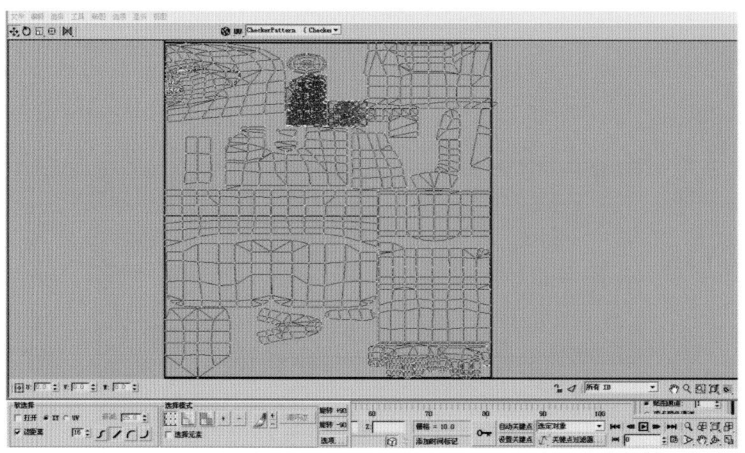

（b）完成UVW编辑的效果

图5−19 编辑UVW坐标

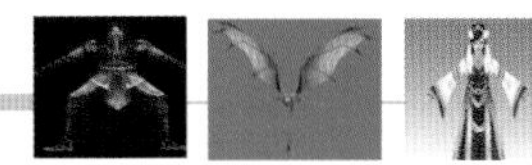

（2）在合理的编排好UVW坐标之后，在“编辑UVW”对话框中执行菜单中的“选项|首选项”命令，在弹出的“展开选项”对话框中设置导出的贴图坐标的宽高尺寸为512×1024像素，如图5−80所示，单击“确定”按钮。

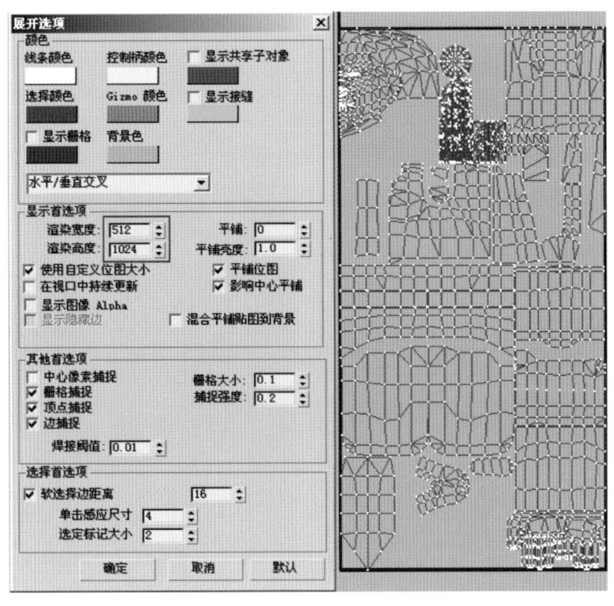


图5−80　导出UVW的布局效果

（3）渲染输出UVW坐标位图。在“编辑UVW”对话框中执行菜单中的“工具|渲染UVW模板”命令，在弹出的对话框设置参数，如图5−81（a）中A所示。然后单击“渲染UV模板”按钮，将输出的UVW坐标位图命名为npc_001.tga文件，保存到“配套光盘\贴图\第5章网络游戏两足主角——一体化贴图男性角色的制作”目录下，如图5−81（a）中B所示。保存参数如图5−81（b）所示。

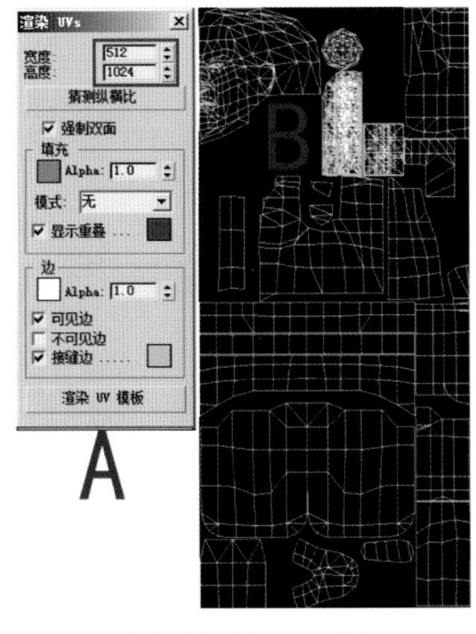


（a）渲染输出UVW模板

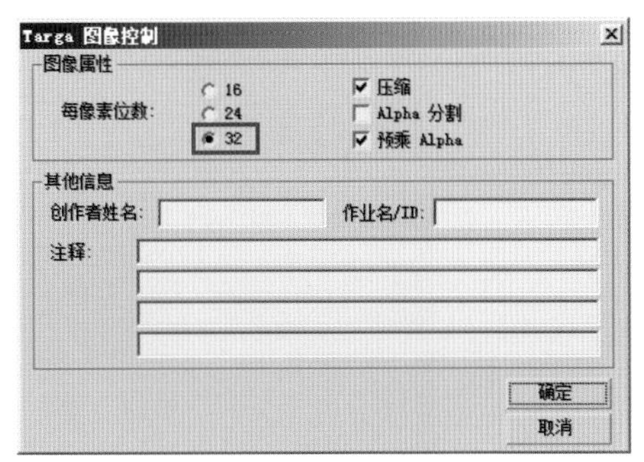


（b）渲染输出UVW模板

图5−81　渲染输出UVW坐标位图

## 2．绘制角色贴图

（1）提取UVW坐标线框。在Photoshop软件中打开npc_001.tga文件，然后使用菜单中的“选择|色彩范围”命令提取线框，如图5–82（a）所示。方法参考“第4章 网络游戏中两足主角——换装女性角色的制作4.2.6 角色头部贴图的绘制”中的内容，把提取的线框文件命名为man_001.psd，保存到“配套光盘\贴图\第5章 网络游戏中两足主角——一体化贴图男性角色的制作”目录下。此时线框位图文件如图5–82（b）所示。

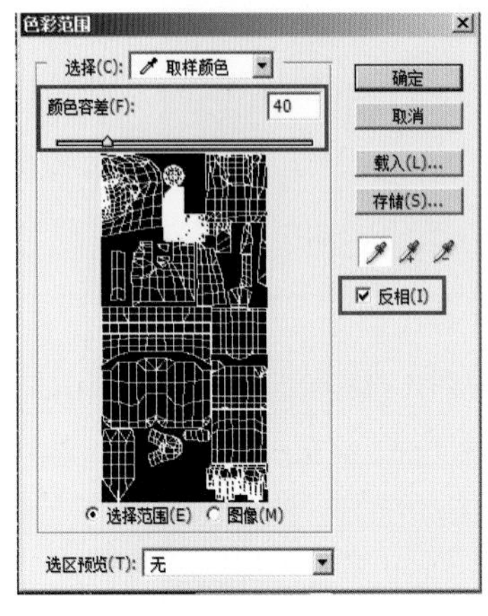


（a）提取坐标线框

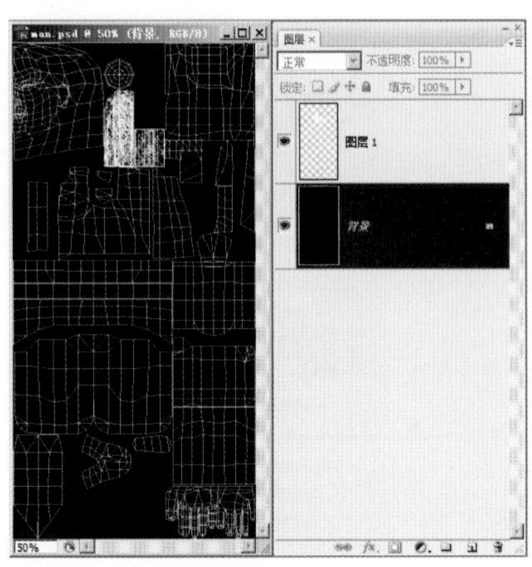


（b）提取坐标线框

图5–82　提取UVW坐标线框

（2）绘制角色脸部贴图。方法：首先观察原画，然后在Photoshop中新建“图层2”，利用（吸管工具）吸取与原画中面部色彩接近的颜色，作为填充脸部的基本色，如图5–83（a）所示。再参照UVW坐标线框，使用（多边形套索工具）把角色脸部的UVW坐标线框选择出来，按<Alt+Delete>组合键进行中间色的填充。接着开始绘制脸部的中间色彩，如图5–83（b）所示。最后使用（多边形套索工具）截取原画脸部材质并拖动到UVW线框文件里面与头部进行对位，再使用（画笔工具）从基础材质上吸取颜色，再配合使用（涂抹工具）、（加深）/（减淡）等工具对脸部周围材质进行绘制，如图5–83（c）所示。

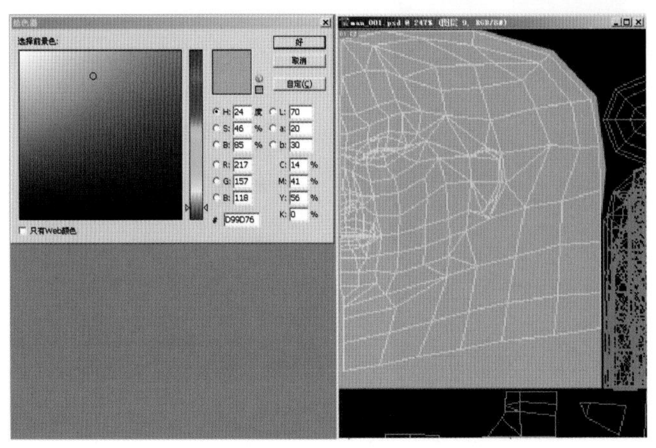


（a）绘制脸部基本色彩的效果

图5–83　绘制脸部贴图

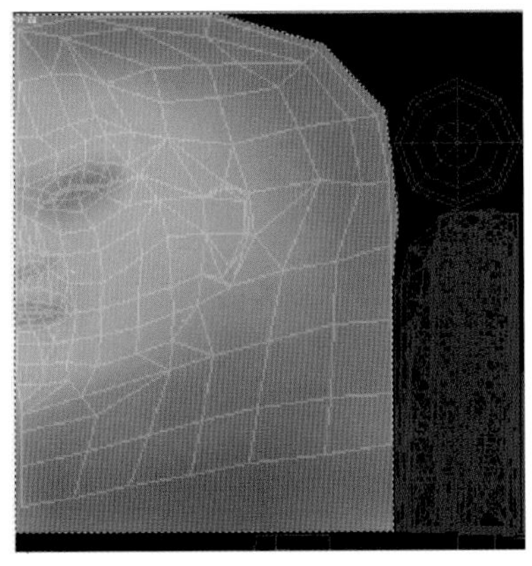
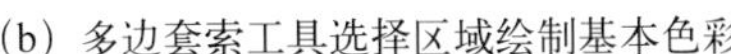

（b）多边套索工具选择区域绘制基本色彩

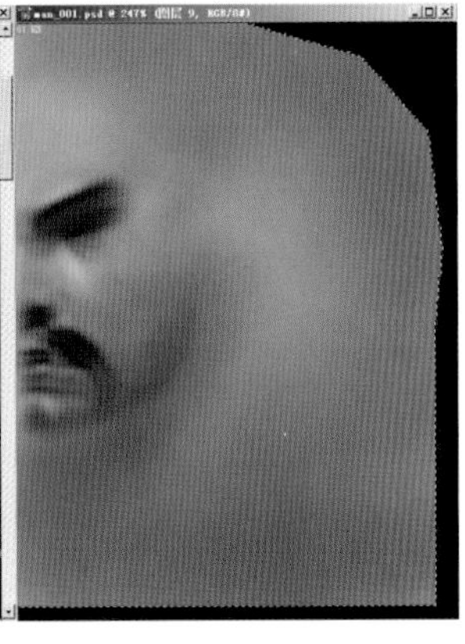

（c）绘制脸部基本材质效果

图5–83　绘制角色脸部贴图（续）

（3）使用Photoshop的（画笔工具）继续进行脸部五官部位贴图的绘制，注意保证头顶和脸颊部分材质的一致，可以用一些真实皮肤的纹理材质作为绘制角色皮肤的基础纹理，以最大程度减少接缝部位的色彩错位问题，绘制脸部材质的效果如图5–84（a）所示。完成脸部材质的绘制后，再将一张真实的脸部皮肤材质与完成绘制的脸部材质运用图层混合模式，得到写实的角色脸部材质，如图5–84（b）所示。接下来在3ds Max 2012材质编辑器中，将绘制的贴图文件man.psd替换掉角色模型原来显示的棋盘格材质，观察效果如图5–84（c）所示。

（a）基本的脸部材质效果

（b）面部皮肤的混合材质效果

（c）头部模型的材质效果

图5–84　绘制五官部位贴图

（4）分别绘制角色身体和身体装备部分的材质。方法：按照步骤3中讲解的流程，首先选择角色胸部的UVW坐标线框，在Photoshop中绘制胸部基本材质，注意要尽量采用中间色，也就是在色彩中的灰色调，如图5–85（a）所示。然后在基本色的基础上进行（加深）/（减淡）处理，绘制手臂及和腰部装备材质的细节纹理，如图5–85（b）所示。注意与整体材质表现风格的协调统一。接着保存man_001.psd文件，到3ds Max 2012中观察整体材质效果，如图5–85（c）所示。

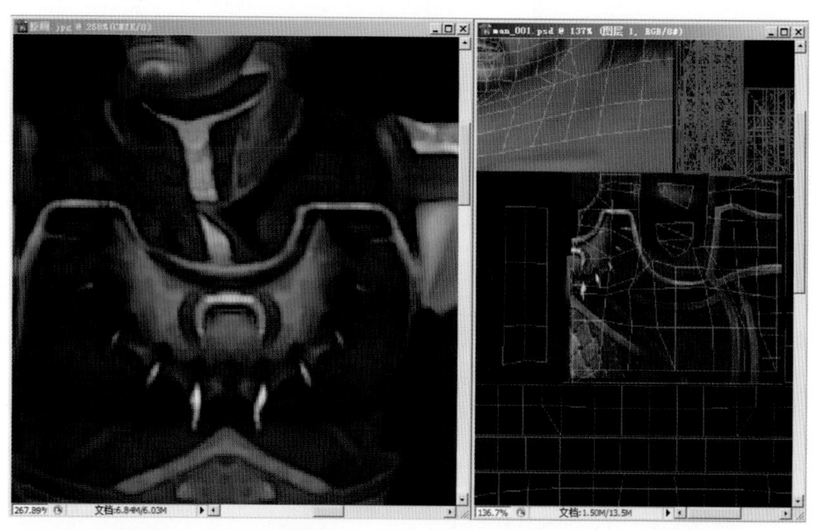

（a）胸部贴图及装备的贴图绘制

（b）调整完成的材质效果图

（c）模型的整体材质效果

图5–85　绘制角色身体和身体装备部分的材质

（5）绘制手臂的贴图材质。因为现在制作的是具有网络游戏中的NPC角色，整个角色的UVW是一体化的，因此在绘制贴图的时候也要从整体出发。结合原画表达的色彩信息整体调整，角色其他部位的材质绘制与前面的制作流程一样。观察指定给角色材质的整体的效果，如图5–86所示。

图5–86　角色整体的材质效果

（6）绘制手掌部分的贴图材质。前面绘制女性角色的手掌部分主要是皮肤材质，而男性NPC表现的是粗布手套，因此可以用一块布料来进行材质处理。注意运用Photoshop根据手的结构来表现纹理，如图5–87所示。

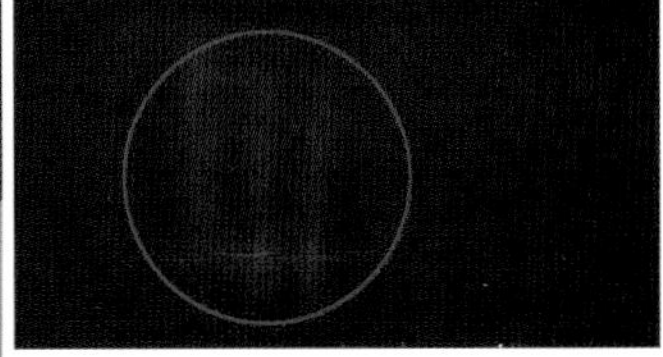

图5–87　手套的材质效果

（7）完成上半身的材质之后，接下来开始制作男性NPC的下半身的纹理材质。在绘制材质的时候，尽量先绘制腿部的主体材质，然后根据材质的整体层次变化，协调处理腿部装备与腿部的色彩及明暗变化，使二者风格尽量保持统一，如图5–88所示。

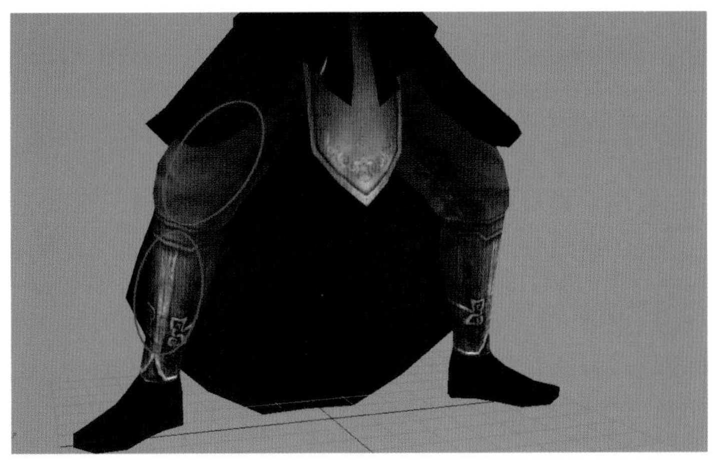

图5–88　腿部的材质效果

（8）绘制角色的腰部细节材质。腰部是连接整个身体的关键，需要对材质的质感准确刻画，同时把握好材质的黑白灰的层次关系，如图5–89所示。

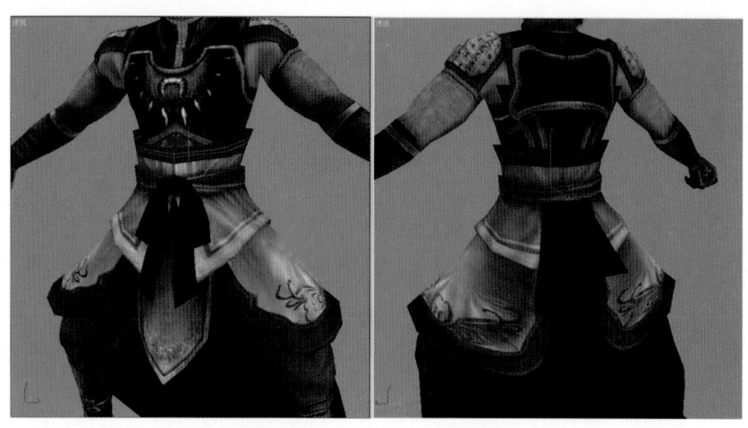

图5–89　腰部材质的效果

（9）绘制头发的材质。在绘制头发时，如果直接指定到3ds Max 2012中的模型上时，会出现很多错误的显示，如图 5–90（a）所示。为了避免这种错误，使用 Photoshop 制作大量的透明贴图来表现头发的质感。然后在 3ds Max 2012 中将透明贴图指定给模型文件时，还要将贴图的色彩输出指定为包含有 Alpha 通道的格式。下面将贴图文件 man_001.psd 另存为 man_001.tga 文件，并用 man_001.tga 文件替换掉角色模型原来显示的贴图文件，调整之后的正确显示效果如图 5–90（b）所示。

（a）不正确的头发材质显示效果

（b）正确的头发材质显示效果

图5–90　绘制头发的材质

（10）绘制角色的整体贴图材质。由于 NPC 角色的 UVW 贴图一体化的特点，因此在完成重点要表现的局部特征后，需要结合原画表达的色彩信息，整体调整和绘制贴图。参照前面绘制流程，陆续完成其他部位的材质绘制，如图 5–91（a）所示。保存文件，回到 3ds Max 2012 中观察完成整体贴图的模型效果，如图 5–91（b）所示。

现在已经完成了整个角色的模型材质的制作，最后对角色进行渲染，和原画的概念设计进行比较。按照网游的规范流程制作对整个角色的进行细节的调整。完成后从正视图观察正面的模型材质效果，如图5–92（a）所示。再以透视图视角观察角色侧面和背面最终的渲染效果，如图5–92（b）和图5–92（c）所示。

（a）角色整体的材质效果

（b）最终完成贴图的模型效果

图5–91　绘制角色的整体贴图材质

（a）正面渲染效果

（b）侧面渲染效果

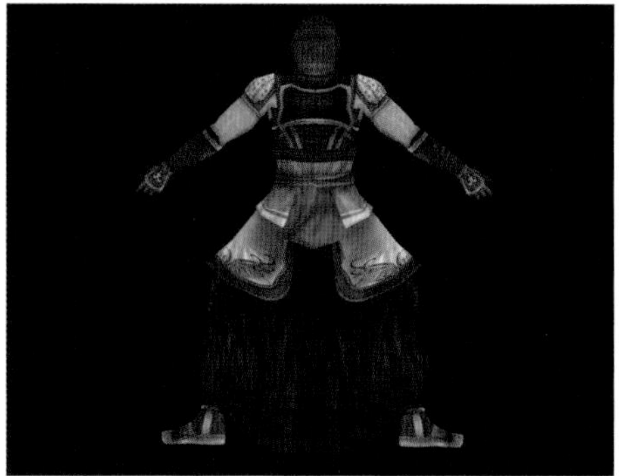

（c）背面渲染效果

图5–92　角色渲染效果

## 课后练习

### 一、填空题

1．在“UVW展开”对话框中有________、________、________和________3种选择方式。

2．可“编辑UVW”对话框中选择“________”|“________”命令，设置相关参数后，单击“渲染UV模板”按钮，即可渲染输出UVW坐标位图。

### 二、问答题

1．简述男性人体的基本形体结构。

2．简述身体骨骼绑定的方法。

### 三、操作题

制作图5–93所示的男性角色效果。

图5–93　男性角色